宋代农书研究

Research on Agricultural Books of the Song Dynasty

邱志诚 著

凤凰出版社

本书为国家社会科学基金项目（15BZS067）成果

本书获得温州大学资助

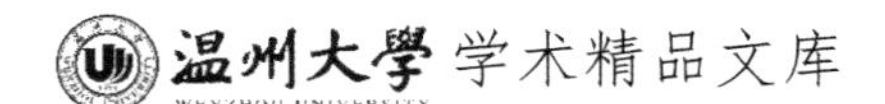

作者介绍

邱志诚

1973 年 4 月生，四川巴中人。历史学博士，温州大学瓯江特聘教授、博士生导师。

主要研究方向为宋史、科技史、文献学。出版《国家、身体、社会：宋代身体史研究》等专著 2 部，发表论文近 50 篇，主持完成国家社科基金项目、浙江省社科规划项目各 1 项，获得浙江省哲学社会科学优秀成果三等奖 1 项。以“诚心诚道，鉴古鉴今”自励。

序

张邦炜

邱志诚君的专著《宋代农书研究》给我的第一感受是释疑解惑。说宋代有一场“农业革命”，或许夸张了些，但宋代的农业生产超越前代是个不争的事实，然而宋代在历史上竟并不以农书知名。在中国古代四大农书中，宋代一部也没有，甚至不如农业生产总体状况不佳的元代。元代三大农书，史家津津乐道。元朝官修《农桑辑要》、元人王祯所著《农书》名列中国古代四大农书。宋代农书为什么居然不如元代？疑问长期纠结于心。读过《宋代农书研究》方知，原因在于学界从前对此探究欠深入，尤其缺乏综合性的系统研究。其实元代农书多有因袭宋代农书之处。仅此也可见，邱君选择这一课题做探讨，在学术上具有开拓性，可谓眼光独到。

《宋代农书研究》功夫下得深。邱志诚君是在查阅数万种包括域外资料在内的各类文献，全面系统地研究了这一课题之后，写成的这部长达80余万言的厚重之作。对于数量极大的文献，邱君不是“捡到篮里就是菜”，而是经过认真辨析，包括史实的真伪、农业技术细节是否准确等等，仔细到文本、句读的校订。邱君多年前有论文《宋代农书考论》《宋代农书的时空分布及其传播方式》发表，这次由略到详、由少到多，全方位地探讨了宋代农书的类型、特点、成就及影响，还对宋代各种农书的版本、作者的生平等做了尽可能详尽的考论，订正了以往相关研究中的讹误。我不大了解邱君的作息习惯，按照我的想象，他应当起早贪黑熬了许多夜。这一研究成果只怕是近千年之后，对宋代农书的第一次全面系统的总结。

《宋代农书研究》创获颇多。宋代农书的数量，前人著录仅一百来种，而邱志诚君搜寻考证所得，多达255种，是唐代农书的9倍，是包括唐代在内的前代农书总和的3.3倍，是元代农书的5.9倍，与明代农书、清代农书(除去抄自前代的)数量大体差不多。这一创获很了不起。在本书的各种新见中，最引人注目的是，邱志诚君判定宋代是中国传统农书的鼎盛期，宋代农学是北魏以来传统农学发展的新高峰。他认为，宋代农书不仅数量大大超过前代甚至后代，而且质量比前代明显提高。书中论据颇多，如两个“涌现出”：涌现出不少新类型农书，如粮食作物类、农具类、农田水利类、灾害防治类等；涌现出很多“第一”，如第一部农业气象专著《耒耜岁占》，第一部水稻专著曾安止《禾谱》，第一部柑橘分类学专著《永嘉橘录》，第一部甘蔗、制糖专著王灼《糖霜谱》，等等。诸如此类，不一而足。在我个人看来，邱君的“高峰论”论据充分，论点可信，至少说服了我。本人毕竟对农史无专门研究，此说究竟如何，有待农史研究者评判。值得肯定的是，邱君态度客观，出语审慎。他特别强调，宋代虽是以经验农学为基础的传统农学最高峰，但古代农学的最高峰不是两宋时代，而是晚清时期。邱君指出，传统农学在明代后期向以实验农学为基础的现代农学转型，到晚清、民国初年建立起现代农学学科，宋代农学的总体水平显然不能同这一部分农学知识相比。此足见邱君治学之严谨。

《宋代农书研究》视野开阔。邱志诚君不囿于就事论事，注重此事与彼事的关联。如他注意到农业科学进步与农业生产的作用与反作用关系，但并不满足于对这一一般性规律的认识，强调农业科学进步在多大程度上推动农业生产发展取决于农业科学与技术的传播是否广泛、有效。这个论断颇有新意。邱君在分析问题时，往往不是就宋代论宋代，而是上联前代，下挂后代，旁及辽、金、西夏，瞻前顾后，左顾右盼，揭示不同时代、不同地域之间的相互影响与促进。他还将宋代农书问题放到更广阔的东亚文化圈视野下考察，探究了宋代农书的世界性影响与贡献。

邱志诚君十余年前曾在四川师范大学历史系攻读硕士。当时我即将退休，他的指导老师不是我。他听过我讲的宋史专题研究课,课堂讨论踊跃发言,且不时向我问学。他是一位既尊敬师长,又不死守师说的好学生。记得当时他发表了一篇论文,题目叫《错开的花:反观宋代相权与皇权研究及其论争》,对我的看法在赞同之余,也有商榷。我觉得这样的学生应当鼓励,从此交往不断。后来他的硕士论文《宋代官员自杀研究》、博士论文《国家、身体、社会:宋代身体史研究》都有些别出心裁,这两个题目只怕不是出自导师的建议,而是他的自主选择。他是一位既敢于创新,又善于创新的学者,《宋代农书研究》这部成功的学术专著又一次、更充分地展示了他的创新精神。邱志诚君正当年富力强出成果之年,相信他定会有更好更多的新成果问世。

2021 年 11 月于海南琼海

目　录

图目录

表目录

绪论
中国传统农学的涵义及传统农书分类

农学简言之即研究农业生产的科学技术，则中国传统农学指中国古代社会中形成的有关农业生产的科学技术，传统农书就是传统农学的物化载体。这一定义方式反映了现代农学学科建立之后学者持之反观传统农学的历史情景——1920年代初，引领中国现代农学发展的金陵大学编刊《中国农书目录汇编》，称之为第一次“结数千年农学之总账”[①]即是明证。在此认识框架下，很长时期内学者并未考虑中国传统社会农学概念本身的历史发展过程。[②] 传统农学概念内涵与外延在不同时代的盈缩变化，产生的一个显著的结果便是有些书籍在今天看来应该属于农书，但在古代（或某一朝代）却未入史志书目之“农家类”或“农书类”；有些书籍在古代虽一向被视作农书，但以今天标准看却应汰其出列。这就产生了一个矛盾：研究传统农书应当依照现代农学学科分类体系和标准，还是依照古代（比如本书要讨论的宋代）的认识和标准？因此，本书的首要任务就是在梳理传统社会农学概念历史发展过程的基础上，反思传统农书分类所应秉持的立场和标准，对传统农

① 金陵大学图书馆编：《金陵大学图书馆概况》，南京：金陵大学图书馆，1929年，第13页。按：今之点校本、影印本，仅在第一次出现时给出详细出版信息，后即省略以避繁冗，若阅读过程中欲了解相关信息，可由书末征引文献中查知；古籍版本因多有书名相同者，为相区别，不予省略。又，引用文献中学报类期刊凡未标明版别者均为人文社会科学版。

② 似仅曾雄生涉及这一问题，其《中国农学史》指出最早使用“农学”这一概念的为明末徐光启，此前“有的只是‘农家’这一称呼”（福州：福建人民出版社，2008年，第16页）。实际上最早者为朱元璋，详见下文。

书分类问题加以再检讨，冀求得一个科学的、合乎中国传统农学发展实际情况的分类体系。此或有裨于传统农学、传统农书在新条件下的深入研究。其次，自清末传统学术转型以来，中国传统农书的研究历史大致可以划分为起步、发展、停滞、复兴四个阶段，其间一代代学人努力耕耘，不同研究范式兴起嬗代，取得了极为丰硕的成果。这也是《绪论》将要考察的内容，以期对传统农书百年研究史有一个全景式的了解，在研究方法上获得一些新的认识和启迪。

第一节　中国传统农学的涵义及传统农书分类

中国古代社会前期没有"农学"一词，涵义类似者最早为出现于战国时期的"神农之言""神农之教"：

有为神农之言者许行……其徒数十人，皆衣褐，捆屦织席以为食。①

孔子曰："……吾恐（颜）回与齐侯言尧、舜、黄帝之道，而重以燧人、神农之言。"②

神农之教曰："士有当年而不耕者，则天下或受其饥矣。女有当年而不绩者，则天下或受其寒矣。"故身亲耕，妻亲绩。所以见致民利也。③

① （清）焦循正义，沈文倬点校：《孟子正义》卷11《滕文公上》，北京：中华书局，1987年，第365页。

② （清）王先谦集解，沈啸寰点校：《庄子集解》卷5《至乐》，北京：中华书局，1999年，第152页。

③ 许维遹集释，梁运华整理：《吕氏春秋集释》卷21《爱类》，北京：中华书局，2009年，第593页。

显然，神农因“教民耕农”的传说而被视为最早的“农学家”。托名其下的有《神农》二十篇，班固认为系六国时“诸子疾时怠于农业，道耕农事”[①]而作；又有《神农教田相土耕种》十四卷、《神农黄帝食禁》七卷、《野老》十七篇，[②]皆早不传。战国时“农书”传世者有《吕氏春秋》中的《上农》《任地》《辩土》《审时》四篇[③]、《管子》中的《地员》篇[④]、儒家所传《夏小正》及《礼记》中的《月令》篇[⑤]。

到了汉代，人们将“神农之言”“神农之教”称之为“神农之道”“神农之法”：

> 许，姓。行，名也。治为神农之道者。[⑥]
>
> 神农之法曰：“丈夫丁壮而不耕，天下有受其饥者。妇人当年而不织，天下有受其寒者。”故身自耕，妻亲织，以为天下先。[⑦]

更多的则是称为“农家”。西汉初年，司马谈《论六家要旨》第一次提出了“家”的概念，把活跃在春秋战国时期的学者分为阴阳、儒、

① 《汉书》卷30《艺文志》，北京：中华书局，1962年点校本，第1742页。按：《神农》早佚，清人马国翰《玉函山房辑佚书》中所辑《神农书》，采自《吕氏春秋》《淮南子》及唐《开元占经》等书。

② 《汉书》卷30《艺文志》，第1773、1777、1742页。

③ 马国翰《玉函山房辑佚书》合此四篇为《野老书》，是不对的，王毓瑚已有批驳。参见氏著《中国农学书录》，北京：中华书局，2006年，第5—6页。

④ 《管子》一书作者及成书年代自宋以来即众说纷纭，一般多认为作于春秋战国时期。

⑤ 《礼记·月令》成书年代说法甚多，最晚的是汉代说，不过汉代说亦认为系汉儒据先秦书改定。详参杨宽：《月令考》，《古史探微》，上海：上海人民出版社，2016年，第501—550页。

⑥ （清）焦循正义，沈文倬点校：《孟子正义》卷11《滕文公上》赵注，第365页。

⑦ 何宁：《淮南子集释》卷11《齐俗训》，北京：中华书局，1998年，第821页。

墨、名、法、道德(后称为“道”)六家。[①] 司马迁在乃父基础上发展出“百家”“诸子百家”[②]的说法,将他们的学术著作称为“百家语”[③]、“百家之语”[④]、“百家言”[⑤]、“百家之言”[⑥],然尚未提出“农家”概念。垂至西汉末,刘向奉诏整理图书,为了辨章学术、考镜源流,他每一书已,“辄条其篇目,撮其旨意”,并打算把这些叙录汇为《别录》一书,然未竟而卒。刘歆继其父业,成《七略》,除作为总要的《辑略》外,分《六艺略》《诸子略》《诗赋略》《兵书略》《术数略》《方技略》六个部分。在《诸子略》中,刘歆又把诸子分为十家:儒家、道家、阴阳家、法家、名家、墨家、纵横家、杂家、农家、小说家;把诸子著作分为十大流派:儒家者流、道家者流、阴阳家者流、法家者流、名家者流、墨家者流、纵横家者流、杂家者流、农家者流、小说家者流。农家者,“盖出于农稷之官。播百谷,劝耕桑,以足衣食”[⑦],即讲神农之言、行神农之教者。可见,“农家”概念的提出是向、歆父子尤其是刘歆的贡献。《别录》《七略》虽佚,然东汉班固《汉书·艺文志》据以删节而成[⑧],从中可见大略。因小说家著作是“道听途说者之所造也”,故班固认为“诸子十家,其可观者九家而已”,[⑨]则十大流派只剩九大流派,后世乃有“九流十家”之说。

古人视上古之世为黄金时代、天下大同,同时又本着一种英雄

① 《史记》卷130《太史公自序》,北京:中华书局,2013年修订本,第3967—3969页。

② 《史记》卷6《秦始皇本纪》、卷84《屈原贾生列传》,第349、3004页。

③ 《史记》卷6《秦始皇本纪》,第322页。

④ 《史记》卷87《李斯列传》,第3075页。

⑤ 《史记》卷112《平津侯主父列传》,第3553页。

⑥ 《史记》卷48《陈涉世家》、卷61《儒林列传》,第2367、3762页。

⑦ 《汉书》卷30《艺文志》,第1701、1743页。

⑧ 《汉书》云:“(刘)歆于是总群书而奏其《七略》,故有《辑略》,有《六艺略》,有《诸子略》,有《诗赋略》,有《兵书略》,有《术数略》,有《方技略》。今删其要,以备篇籍。”(卷30《艺文志》,第1701页。)

⑨ 《汉书》卷30《艺文志》,第1746页。

史观，将一切发明创造皆归诸古圣先贤，即《淮南子》所谓“世俗之人，多尊古而贱今，故为道者，必托之于神农、黄帝而后入说”[①]，《墨子》所谓“古之民未知为饮食时，素食而分处，故圣人作诲男耕稼树艺，以为民食”[②]。因神农有“斫木为耜，揉木为耒，耒耨之利，以教天下”[③]、“身亲耕，妻亲绩”“并耕而王，以劝农也”[④]的传说，后稷有“稷降播种，农殖嘉谷”[⑤]、“躬稼而有天下”[⑥]的传说，《墨子》中的“圣人”遂指实为神农、后稷：春秋战国“诸子疾时怠于农业，道耕农事，托之神农”[⑦]而有《神农》一书，《吕氏春秋》之《上农》《任地》篇则托为后稷之言，故《汉书》乃云农家盖出于农、稷之官。虽据此认为“战国农家，可分两派。一派托始于神农……一派托始于后稷”[⑧]难免胶柱，但彼时农家“可分两派”则为确实：一派为讲行“播百谷，劝耕桑”之农业技术者，一派为宣言“贤者与民并耕而食，饔飧而治”[⑨]之政治主张者。《汉书》引孔子“所重民食”语评农家“此虽其所长也。及鄙者为之，以为无所事圣王，欲使君臣并耕、悖上

---

① 何宁：《淮南子集释》卷19《修务训》，第1355页。

② （清）孙诒让间诂，孙启治点校：《墨子间诂》卷1《辞过》，北京：中华书局，2001年，第35页。

③ （清）李道平纂疏，潘雨廷点校：《周易集解纂疏》卷9《系辞下》，北京：中华书局，1994年，第624页。

④ （清）汪继培辑，黄曙晖点校：《尸子》卷下，上海：华东师范大学出版社，2009年，第56页。

⑤ （清）孙星衍注疏，陈抗、盛冬玲点校：《尚书今古文注疏》卷27《吕刑》，北京：中华书局，2004年，第525页。

⑥ 程树德集释，程俊英、蒋建元点校：《论语集释》卷28《宪问上》，北京：中华书局，1990年，第952页。

⑦ 《汉书》卷30《艺文志》，第1742页。

⑧ 孙次舟：《许行是否为墨家的问题》，顾颉刚编著：《古史辨》第6册，上海：上海古籍出版社，1982年，第190页。

⑨ （清）焦循正义，沈文倬点校：《孟子正义》卷11《滕文公上》，第367页。

下之序”[①]可证。故齐思和云农家“起而与各家争鸣，或倡并耕之说，或阐垦莱之术”[②]，吕思勉更明指“农家之学，分为二派：一言种树之事……一则关涉政治”[③]。在当时社会能激起较大反响者为宣言农民政治主张之一派，如许行、陈仲之流，以致有人咒骂“今也南蛮鴃舌之人（指许行），非先王之道”[④]，“於陵子仲尚存乎？是其为人也，上不臣于王，下不治其家，中不索交诸侯。此率民而出于无用者，何为至今不杀乎？”[⑤]所以有学者认为农家与耕稼农桑之事绝无关系，实为一个“以君臣并耕为宗”，主张“均贫富，齐劳逸”“平上下”的学术政治派别。[⑥] 而讲行农业技术者如《神农》《野老》《神农教田相土耕种》诸书作者，当时影响既渺，久则人书俱息。总之，“农家”的兴起既与战国时期生产力发展相关[⑦]（故有“技术

① 《汉书》卷30《艺文志》，第1743页。

② 齐思和：《先秦农家学说考》，《中国史探研集》，北京：中华书局，1981年，第184页。

③ 吕思勉：《先秦学术概论》，《吕思勉全集》第3册，上海：上海古籍出版社，2016年，第445页。

④ （清）焦循正义，沈文倬点校：《孟子正义》卷11《滕文公上》，第367页。

⑤ （汉）刘向集录，范祥雍笺证，范邦瑾协校：《战国策笺证》卷11《齐策四》，上海：上海古籍出版社，2006年，第656页。

⑥ （清）江瑔：《读子卮言》，上海：华东师范大学出版社，2012年，第130页。

⑦ 随着“铁器时代的到来，铁器逐步被广泛应用于农业生产，农业生产的规模进一步扩大，人们对自然条件和作物生长规律的认识、把握能力进一步提高，人们便有可能使长期积累的分散、零星、偏于感性的农业生产经验，逐步地系统化、理性化。这样，一门新的学问，即研究农业生产技术和管理的学问也就产生了，专门从事这门学问研究，后来被称之为‘农家’的，也就实际出现了”（林其锬：《略论农家源流及其在中国经济思想史中的地位》，《中国社会经济史研究》1983年第3期，第77页）。简言之，即“农业生产的发展推动了农业科学的进步，因而注重农业科学研究的农家学派应运而生”（潘富恩、施昌东：《农家学派“耕之大方”的朴素辩证法思想》，《复旦学报》1982年第2期，第76页）。

派”)，也与生产关系发展有关[①](故有“政治派”)。严格言之，战国时期“农家”技术派著作才是所谓传统农书。

自班固作出农家“播百谷，劝耕桑”的定义，后世多依其说。如《南齐书》云“农家之教，播植耕耘，善相五事，以艺九谷”[②]，《唐六典》云“农家，以纪播植种艺”[③]。唐代“农家”已演变成仅含“农学”“农学家”语义的一个词，换言之，宣言农民政治主张之学者或学派一义已被磨损掉了，人们完全忽略了先秦“农家”曾有两派的事实。除了“农家”普遍取代先秦“神农之言”“神农之教”、汉代“神农之道”“神农之法”的表述，宋元时人还偶尔将“神农之言”“神农之教”称为“神农学”：

> 浅圳须穿浚，荒畦要粪除。何尝舍耒出，亦或带经锄。古有神农学，今传氾胜书。野儒曾涉猎，未可议空疏。[④]
>
> 惟犁之有金，犹弧之有矢。弧以矢为机，犁以金为齿。起土臿刃同，截荒剑锋比。缅怀神农学，利端从此始。[⑤]

垂至明代，上承“神农之言/神农之教”→“神农之道/神农之

① “春秋战国的社会大变革使阶级关系发生了很大的变动。由于奴隶主阶级的统治土崩瓦解，新兴地主阶级的政权尚未巩固，因而在意识形态领域里代表各阶级利益的学派和学说十分活跃。反映劳动人民利益的思想学说，在当时有其存在和活跃的条件。剥削阶级的思想不能代表被剥削阶级的利益，被剥削阶级在一定条件下表现出自己的思想理论”就是所谓农家学说(孙开太:《战国农家的代表人物——许行的思想》，《天津社会科学》1982年第5期，第66页)。

② 《南齐书》卷54《高逸传》，北京:中华书局，1972年点校本，第948页。

③ (唐)李林甫等撰，陈仲夫点校:《唐六典》，北京:中华书局，1992年，第300页。

④ (宋)刘克庄撰，王蓉贵、向以鲜校点:《后村先生大全集》卷26《田舍即事十首(其八)》，成都:四川大学出版社，2008年，第712页。

⑤ 王毓瑚校:《王祯农书·农器图谱》集之三，北京:农业出版社，1981年，第224页。

法”→“农家”→“神农学”学术轨辙，近沐东渐之西学，“农学”一词方告产生：

> 朕（朱元璋）谓谒者曰：“尔为儒士耳，士有士学，农有农学，工有工学，商有商学。其帝王之政务尔能知之，亦曾学乎？”①
>
> 沿自唐宋以来，国不设农官，官不庀农政，士不言农学，民不专农业，弊也久矣。②
>
> 余（徐光启）读《农书》，谓王（祯）君之诗学胜农学，其农学绝不及苗好谦、杨师文辈也。③

自兹而后，“神农之言”“神农之教”“神农之道”“神农之法”“农家”等概念偃息而“农学”概念挺出。

“神农之言”“神农之教”产生时间不长即被取代，且先秦相关文献非常少，无法深入探究。“农学”这一概念基本是在西学影响下形成、普及的，涵义同于今日。“农家”概念虽然行用几近两千年之久，但在不同时代其内涵与外衍不同，各代农家类著作收书范围自亦不同。《汉书·艺文志》“农家者流”仅收《神农》《野老》《宰氏》《董安国》《尹都尉》《赵氏》《氾胜之》《王氏》《蔡癸》9书，其余《种树臧果相蚕》《昭明子钓种生鱼鳖》等园艺类、水产类著作均被排除在外。唐修五代史志，其《经籍志》农家著作收入《陶朱公养鱼法》《卜式养羊法》《养猪法》《月政畜牧栽种法》，可见唐人“农家”概念范围较前代有所扩大，把畜牧业纳入了农业范畴。五代刘昫等修《旧唐

---

① （明）朱元璋：《资世通训·君道章》，《续修四库全书》第935册，上海：上海古籍出版社，2002年影印本，第263页。

② （明）徐光启撰，王重民辑校：《徐光启集》卷1《拟上安边御虏疏》，北京：中华书局，1963年，第8页。

③ （明）徐光启撰，石声汉校注：《农政全书》卷5《农桑诀田制篇》，朱维铮、李天纲主编：《徐光启全集》第6册，上海：上海古籍出版社，2011年，第115页。

书》对农家的定义虽然仍上承《隋书》“所以播五谷，艺桑麻，以供衣食者也”[①]而云“纪播植种艺”[②]，但实际操作中却将《竹谱》、《钱谱》、《禁苑实录》、《相鹤经》、《鸷击录》、《鹰经》、《相马经》(伯乐)、《相马经》(徐成等)、《相马经》(诸葛颖等)、《相牛经》、《相贝经》诸书列入，“农家”范围进一步扩大了。

但“钱谱、相贝、鹰鹤之属，于农何与焉?”[③]《旧唐书》之扩而不当必会招致反动，北宋前期由国家编纂的目录学巨著《崇文总目》即大张“农家者流，衣食之本原也”[④]的旗帜，辟“岁时类”以处月令书，划谱录(花谱、茶书等)入“小说类”，归《周穆王相马经》《医驼方》等兽医、相畜书于“艺术类”，返求《汉书》本旨，只将《齐民要术》《孙氏蚕书》等8部与树艺有关之书视作农书。但稍晚《新唐书·艺文志》再次呼应《旧唐书》，突破汉魏以来祖庭，将上述谱录类、兽医相畜书如《竹谱》《钱谱》《相鹤经》《相马经》等皆归入农书(谱录中茶书仍留置“小说家类”)，可见欧、宋对“农家”概念的料简复订(欧阳修是《崇文总目》编者之一)。成书于南宋初的《郡斋读书志》，初刊本(蜀刻四卷本)率沿《新唐书》，更首次将茶书收入农家类；后晁公武对这个本子作了大量修订补充，重刊本(蜀刻二十卷本)农家类所收较前略有更革，如以《钱谱》“不类，移附类书”[⑤]。大致与晁《志》同

---

① 《隋书》卷34《经籍志三》，北京：中华书局，1973年点校本，第1011页。

② 《旧唐书》卷46《经籍志上》，北京：中华书局，1975年点校本，第1963页。

③ (宋)陈振孙撰，徐小蛮、顾美华点校：《直斋书录解题》卷10，上海：上海古籍出版社，2015年，第294—295页。

④ (宋)王尧臣等编，(清)钱东垣辑释：《崇文总目》卷3，上海：商务印书馆，1939年，第147页。

⑤ (宋)晁公武撰，孙猛校证：《郡斋读书志校证》卷12，上海：上海古籍出版社，1990年，第527页。按：两种蜀刻本早佚，今所传前者系理宗淳祐九年(1249)黎安朝袁州(治今江西宜春市)重刊本，称袁本；后者系同年洪钧重刊于衢州(治今浙江衢州市)之本，称衢本。曾雄生《中国农学史》谓晁《志》中“钱谱之类的书又回到了农家之中”(第19页)，当系据袁本为说，一般而言，应以晁公武最后改定的衢本为据。前后两个本子的差别正是晁(注转下页)

时的《通志·艺文略》"农家类"基本同于《崇文总目》,而将豢养、种艺、茶、酒之书移入"食货类",显然郑樵对何者为农书抱持传统观点。成书于南宋中期的《遂初堂书目》则采取了一种折衷态度:既不将宋代蔚为大观的谱录著作归入"农家类",也不归入"小说类",而是"别立谱录一门"专收花谱、茶书等。这一做法虽被四库馆臣盛誉"为例最善"[①],但谱录只是一种体裁,对以著作内容为分类标准而言等于没有分类。宋代四大书目中最晚出的《直斋书录解题》则将月令书排除而重新引入谱录。需要注意的是,陈氏对谱录不是全部引入而是有选择的,用他的话说就是"钱谱、相贝、鹰鹤之属,于农何与焉?"故不收;"而花果栽植之事,犹以农圃一体",故"附见"。[②]惟又将茶书列入"杂艺类"。其在"农家"概念认识上的进步是显而易见的。宋末元初《文献通考·经籍考》则上绍晁《志》,拓大农书范围,复纳茶书于"农家"。可见,从总体趋势上说,宋代"农家"义域、农书范围在不断扩大,这正是其时农学发展的一个表现。[③]至元修《宋史》,更将农书的范围扩及于土地测量和农业政策,收书达107部之多,"著录的规模是前所未有的"[④],实为宋代农学义域扩大之余绪。

和宋元相比,明清农学虽已开始现代转型(Modern transformation,或译近代转型),但总体上对农学、农书的认识反而退步了,如《文渊阁书目》《四库全书总目》等大部分目录学著作尤其是

(续上页注)公武对"农学"概念长时间思考的结果。

① 《四库全书总目》卷85《目录类一》,北京:中华书局,1965年影印本,第730页。

② (宋)陈振孙撰,徐小蛮、顾美华点校:《直斋书录解题》卷10,第294—295页。

③ 此观点笔者2011年即撰文揭述(《宋代农书的时空分布及其传播方式》,《自然科学史研究》2011年第1期,第56—57、70页),后有研究者专文论述,为明源流先后,特表出之,以明笔者非蹈袭他人观点而不称引。

④ 曾雄生:《中国农学史》,第18页。

官修目录学著作均重返宋以前传统观点，“农家”类收书范围反归于狭窄。前者仅收《齐民要术》《农桑辑要》《种莳占书》《四时纂要》《僧道利论》《山居四要》《橐驼医药方》《鹰鹘雕鹞方》《治民书》《栽桑图》《节令要览》《国老谈苑》等 20 部；后者仅收《齐民要术》《陈旉农书》《农桑辑要》《救荒本草》《农政全书》《泰西水法》《钦定授时通考》《耒耜经》《耕织图诗》《经世民事录》《野菜谱》《豳风广义》等 19 部，园艺、水产、畜牧兽医等均不为录。

清代后期师夷长技，学界栉沐欧风美雨，以“农学”为名的著作、报刊、学术团体在在而有。截至 1920 年代初，全国有农科大学 4 所，农业专门学校 8 所，甲种农业学校 79 所，乙种农业学校 327 所。[①] 这些事实表明，中国传统农学完成了现代转型，建立起了现代农学学科。自然而然，研究者遂因现代“农学”之名而将古代社会（先秦至清末）中形成的农业科学技术称为“古代农学”或“古农学”，又有因称古代社会为传统社会而将古代农学称为“传统农学”者，并与古代“农家”之学等同起来。如前所揭，这些并非等价范畴：严格意义上的中国传统农学是以经验为基础的、中国固有的农业生产技术知识。古代农学是古代社会中的农业生产技术知识。中国古代既有传统农学，又有现代农学；中国古代农学既包括传统农学部分，又包括现代农学部分——此语乍闻似乎显谬，实际不过佯谬，原因在于世界不同地区历史发展阶段的错位、交流，及“古代”“现代”所指在一般理解上的对立（比如，将“古代”一词换成不具专称色彩的“历史上”就明白很多）。赘言之，严格意义上的传统农学与对应于古代社会的“古农学”及对应于传统社会的“传统农学”含义有所不同。当然，一般所称的“古农学”及“传统农学”已被人普遍接受，自无力矫之之必要，而可通过视其为整个古代社会（或传统社会）的、包括严格意义的（狭义的）传统农学知识和转型过程中的现代农学知识在内的一个广义概念来解决这一矛盾——

① 邹秉文：《吾国农业教育之现状及将来之希望》，《中国农业教育问题》，上海：商务印书馆，1923 年，第 24—25 页。

这也正是本书的处理方式——总之，作为一名研究者，必须能详细区分此中分际，否则就会形成混乱和误解。

中国传统农学概念本身既有一个历史发展过程，那么研究传统农书应该以现代农学的定义为标准还是以古人对农学的认识如农家的定义为标准？譬如本书研究宋代农书，如果以宋代农家定义为准，虽然这更符合宋代社会发展和科学认识水平，但以之为准绳，则有的著作在宋代被视为农书而在其他朝代（包括现代）不被视为农书，或在宋代不被视为农书而在其他朝代被视为农书甚至是重要农书。所以，原则上只能以现代农学概念为标准格之于古代典籍，符此义者则为农书，不符此义者则不得为农书，即使该书在古代被视为农家类著作。例如两唐志收《钱谱》之类著作入“农家”，后世就多有讥诮：

> 《唐志》著录杂以岁时、月令及相牛马诸书，是犹薄有关于农者。至于钱谱、相贝、鹰鹤之属，于农何预焉？[①]
>
> 农家条目至为芜杂，诸家著录大抵辗转旁牵，因耕而及《相牛经》，因《相牛经》及《相马经》《相鹤经》《鹰经》《蟹录》，至于《相贝经》，而《香谱》《钱谱》相随入矣。因五谷而及圃史，因圃史而及《竹谱》《荔支谱》《橘谱》，至于《梅谱》《菊谱》，而《唐昌玉蕊辨证》《扬州琼花谱》相随入矣。因蚕桑而及《茶经》，因《茶经》及酒史、《糖霜谱》，至于《蔬食谱》，而《易牙遗意》《饮膳正要》相随入矣。触类蔓延，将因《四民月令》而及算术、天文，因《田家五行》而及风角、鸟占，因《救荒本草》而及《素问》《灵枢》乎？……茶事一类与农家稍近，然龙团、凤饼之制，银匙、玉碗之华，终非耕织者所事。[②]

---

① (元)马端临：《文献通考》卷218《经籍考四十五》，北京：中华书局，1986年影印本，第1773页。

② 《四库全书总目》卷102《农家类》，第852页。

不在原则上坚持现代农学概念标准——这是人类社会发展至今在农学方面取得的最高科学认知——将之汰出农书，岂非不如古人识见？[①] 也等于抹杀了中国传统农学自唐宋以来一千年的发展进步。

现代农业科学包括土壤学、肥料学、农艺学、作物育种学、作物栽培学、植物病理学、农药学、动物营养学、动物遗传学、兽医学、林学、水产学、农业气象学、农业工程学、农业经济学等众多分支学科，现代农学书籍按照中图分类法分为13类：一般性理论，农业科学技术现状与发展，农业科学研究、试验，农业经济，农业基础科学，农业工程，农学（农艺学），植物保护，农作物，园艺，林业，畜牧、动物医学、狩猎、蚕、蜂，水产、渔业。欧美广泛使用的杜威十进分类法把农学书籍分为9类：技术、器具、材料，农作物损害、疾病、害虫，田地及农作物，果树、水果、林业，花园作物（园艺），畜牧业，酪农业及相关产品，昆虫文化，狩猎、钓鱼、生态保护。按照这两种分类法，包括宋代农书在内的中国传统农书只能归入少数类别，在这些类别之下又多集中于少数二级类目中。换言之，完全按照现代农学学科标准和分类体系对传统农书进行分类是不合适的。

另一方面，以中国传统农学、传统农书为研究对象，而完全忽视古人对“农学”的认知、忽视今虽不应视作农书但古代（比如宋代）广泛承认的“农书”本身也不妥当，不能反应传统农学发展的阶段性，不能反应历史的真实面貌。邵雍说：“以今观今，则谓之今

---

① 有的学者没有坚持这一点，将一些涉农经济法规、文学典籍、名物疏解著作也纳入农书范畴考察，只能徒添混乱。如方健《宋代茶书考》（《农业考古》1998年第2期，第269—278页）提到所谓《中国农学书录》未收之茶书22种，然除了范逵《龙焙美成茶录》、王庠《蒙顶茶记》、佚名《北苑修贡录》三书外，余19种皆为政府榷茶法规，不应归入作为农书的茶书之列。管成学《南宋科技史》所列《宋代园艺著作一览表》（北京：人民出版社，2009年，第267—268页）中谢翱《楚辞芳草谱》记《楚辞》草木之名、沈括《本朝茶法》（为人自《梦溪笔谈》卷12《官政二》析出）述茶政，皆无涉种茶采制之法，均不应视为园艺类农书。

矣；以后观今，则今亦谓之古矣；以古自观，则古亦谓之今。”[1]因此，对于传统农学、传统农书的涵义，在坚持“以今观古”的同时，恐怕也需要在一定程度上兼顾“以古观古”，这样才能尽可能地对传统农学、传统农书作出科学的、合乎实际情况的认识和分类。所谓“以古观古”，即是要考虑到中国传统农学、农书本身的特殊性。在这一方面，著名农学史家王毓瑚、胡道静是很好的典范。胡道静在1963年针对中国传统农书的特点，提出应设立“山居系统”一类：“这是从唐代王旻所著《山居要术》以来的一派农书。这派农书的作者，大抵都是退隐的士大夫或修道之士，在山林或田野躬自耕作，取得了一些耕作的经验。在他们的农学著作中，总结了直接与间接的农业技术经验，另外也大谈颐养之道。这一系统农书的内容，是种艺、养生和闲适的混合物。”[2]王毓瑚也非常赞成，认为自己在讨论农书分类时“没有举出‘山居’这一类型来，现在想来应当说是一种遗漏”。[3]

显然，研究中国传统农学、传统农书，寻求一个合适的分类法很有必要，这一分类法既要考虑到现代农学学科的系统性，又要考虑到中国传统农学发展实际的特殊性。

中国传统农学完成现代转型后最早的一部传统农书目录学著作是1924年毛雝编刊的《中国农书目录汇编》，该书将传统农书分为总记类、时令类、占候类、农具类、水利类、灾荒类、名物诠释类、博物类（下分博物之属、植物之属、动物之属、昆虫之属）、物产类、作物类、茶类、园艺类（下分园艺总记之属、果属、蔬属、花属、园林之属）、森林类、畜牧类、蚕桑类、水产类、农产制造类、农业经济类、

---

① （宋）邵雍撰，卫绍生校注：《皇极经世书》卷5《观物内篇五》，郑州：中州古籍出版社，1993年，第262页。

② 胡道静：《沈括的农学著作〈梦溪忘怀录〉》，《文史》1963年第3辑，第222—223页。

③ 王毓瑚：《中国农学书录·后记》，北京：中华书局，2006年，第359页。并参见同书附录《关于中国农书》（第349—358页）。

家庭经济类、杂论类、杂类，计 21 类。这一分类法是现代学者在现代农学背景下对传统农书知识体系最早、最全面的审视与研究。毛雝时为金陵大学图书馆与美国国会图书馆合作部副主任，万国鼎“最初即与以助力”，毛氏赴美留学后万氏“更为任校雠之责”。[①] 因此，此书在一定程度上也反映了万国鼎早期的有关思考。

新中国成立初期，万国鼎又提出将“古农书”即“中国清以前的农书”[②]分为 21 类：总论农业的书（附月令），农具、水利、栽培法及占候，粮食作物及经济作物，园艺作物，竹木，茶，蚕桑，畜牧，鱼蟹水产，其他动物，总论动物的书，总论植物的书，本草，博物，方物，诗书离骚名物疏，饮食及农产制造，荒政，类书，史籍、方志及政书，杂考、杂记及其他。[③] 王毓瑚在撰写《中国农学书录》的过程中，形成了中国传统农书应以“中国固有的（传统的）”“讲述农业生产技术以及与农业生产技术直接有关的知识的著作为限”[④]的认识，并将传统农学著作分为：农业通论，农业气象、占候，耕作、农田水利，农具，大田作物，竹木、茶，虫害防治，园艺通论，蔬菜及野菜，果树，花卉，蚕桑，畜牧、兽医，水产等 14 类。[⑤] 后其又著文将之进一步概括为 9 类：综合性农书，天时、耕作专著，各种专谱，蚕桑专书，兽医书籍，野菜专著，治蝗书，农家月令书，通书性质的农书。[⑥] 胡道

---

① (美)克乃文(William Clemons)：《序》，毛雝编：《中国农书目录汇编》，南京：金陵大学图书馆，1924 年，第 2 页。

② 万国鼎讲，褚守庄记：《整理古农书》，《万国鼎文集》，北京：中国农业科学技术出版社，2005 年，第 326 页。按：本文是一篇面向学生的演讲记录，初刊于《农林新报》第 187 期，1929 年 11 月 1 日，第 3—4 页。

③ 万国鼎：《中国农业史料整理研究计划草案》附件一《编刊中国农业科学史料便检说明》，《万国鼎文集》，第 319—320 页。

④ 王毓瑚：《中国农学书录 · 凡例》，第 2、1 页。

⑤ 王毓瑚：《中国农学书录 · (甲)分类索引》，第 303—319 页。

⑥ 王毓瑚：《中国农学书录》附录《关于中国农书》，第 349—358 页。按：初刊于《图书馆》1963 年第 1 期，后又收入《王毓瑚论文集》，北京：中国农业出版社，2005 年，第 20—28 页。

静在概述古代农学发展与成就时将传统农书大致分为：土壤、物候、耕作、农具与农业机械、园艺技术、野生可食植物、粮食作物、经济作物、全面性著作9类[①]；又提出应设置"山居系统"农书一类（包括《山居要术》《梦溪忘怀录》等农书）。此外，北京图书馆编《中国古农书联合目录》，将中国古代农书分为：农业通论，时令、占候，土壤、耕作、灌溉，农具，治蝗，作物，蚕桑，园艺，菜蔬，果木，花卉，畜牧、兽医，水产等13类。北京图书馆善本特藏部编《北京图书馆善本特藏部藏中国古代科技文献简目》，将中国古代农书分为：农业通论（附农具），农业气象，农作物（下分粮食作物、经济作物、病虫害防治），园艺（下分蔬菜园艺、果树园艺、观赏园艺），畜牧、兽医、蚕业，水产等6类。

改革开放后，梁家勉提出将古农书分为农业综类（除综合性和通论性农书外，还包括农家思想、传统农学理论、农业史地、古农文献目录等）、社会农学（包括农业政制、农业经济、农村社会、农业教育等）、自然农学三大类，其中自然农学又分为基础科学（数学、占候、农时、土壤、肥料、农田水利、农具、生物、植保等）、栽培科学（农艺、园艺、林学等）、养殖科学（家畜、家禽、蚕桑、蜂和其他益虫、生产等）、农产加工科学四小类。[②] 后来他又提出将唐宋农书分成8类：一般性农书、种植经验、农植物概述、茶作专著、庭园和花卉专著、谷蔬果木专著、农具专著、农时物候专著；将元明清农书分成12类：辑自官方的一般性农书、撰自个人的一般性农书、专释农业名词的书、综述农植物和一般植物的专著、各种农植物（包括农艺、园艺、森林等方面）专谱、种植法著作、野生植物利用专著、荒政和

① 胡道静：《我国古农学发展概况和若干古农学资料概述》，《胡道静文集：农史论集、古农书辑录》，上海：上海人民出版社，2011年，第55—63页。

② 梁家勉：《入藏古农书及有关古书的善本目录著录条例（简稿）》，《梁家勉农史文集》，北京：中国农业出版社，2002年，第475页。

蝗害等专著、蚕桑专著、动物昆虫专著、畜牧兽医著作、农业机械著作。[①] 石声汉对农书分类亦颇究心，他指出分类标准不一样结果就不一样：从作者角度看，可分为官修农书和私撰农书；从讨论范围看，可分为全国性农书和地方性农书；从内容上讲，可分为整体性农书和专业性农书。整体性农书又分为农家月令书、以《齐民要术》为代表的农业知识大全型农书、通书性质的农书三类，专业性农书又分为相畜、畜牧、兽医，花卉，果树，种茶，蚕桑，农具等类别。[②] 21世纪初，张芳、王思明主编《中国农业古籍目录》，将中国古代农书分为综合性、时令占候、农田水利、农具、土壤耕作、大田作物、园艺作物、竹木茶、植物保护、畜牧兽医、蚕桑、物产（方物）、水产、食品与加工、农政农经、救荒赈灾、其他（骚雅名物疏解、本草等）等17个类目。[③]

上述分类法在不同时期对中国传统农书研究起到了不同的指导作用，但随着时代发展和学术进步，也表现出了明显的局限性。仅以一级类目来看，有的分类法太过于繁琐，如早期分类法均在20类以上，分类太多太细势必影响传统农书的准确归类，难以避免重出复见。有的分类法过于强调现代农学的系统性，甚至将数学都包括在内，就传统农书实际来说，势必导致大多数类目有目无书，等于白立其类，毫无用处。有的虽较简明，但从现代农学学科看，系统性又略显不足，不能涵盖全部传统农书类型。有的分类法为不同朝代农书分立内涵、数量各不相同的类目，必然为贯通性研究带来极大不便。有的分类法类目（如“治蝗书”）包容性太小，有的类目又嫌过大而漫无旨归（如“其他”）。有的分类法一级类目下

---

① 梁家勉：《逐步丰富的祖国农业学术遗产——中国古代农业文献简述》，《梁家勉农史文集》，第6—10页。

② 石声汉：《中国古代农书评介》，北京：农业出版社，1980年，第5—8页。

③ 张芳、王思明主编：《中国农业古籍目录》，北京：北京图书馆出版社，2003年。

的二级类目设置不够恰当，如王毓瑚将野菜与蔬菜归为一类，但食用野菜主要是人们因灾害、战争导致大饥荒时借以果腹的无奈选择，归入灾害防治类农书中的救荒类显然更合理。因此，笔者认为可将传统农书分为：综合性农书（下分通论类，时令、占候类，方物、类书类），耕作、农具、农田水利类农书（下分耕作、农具类，农田水利类），作物类农书（下分粮食作物类、经济作物类、茶书类），蚕桑类农书，园艺类农书（下分花谱类、果谱类、蔬菜类），畜牧类农书（下分饲育类、兽医类、相畜类），水产类农书，食品加工类农书（下分食谱食疗类、酿造类），灾害防治类农书（下分病虫防治类、救荒类）9 类。就现代农学分类系统来说，经济作物包括棉、麻等纤维作物，胡麻等油料作物，甘蔗等糖料作物，茶叶等饮料作物，以及蔬菜作物、观赏作物、果树等园艺作物，换言之，茶书类农书、园艺类农书当属经济作物类农书之下的二级类目，但茶、园艺作物有其特殊性，且二者均为古代农书大宗，故本书将茶书类农书、园艺类农书分别作为二级类目、一级类目独立出来。另外，有的时代某一类农书阙如，如宋代农书一般言耕作技术必言具体作物，是则成综合性农书而非仅论耕作之书，五代慎温其《耕谱》之作竟成绝响。倘仅从宋代农书的这一实际情况出发，实不必置耕作类农书一类，但从农学学科系统性出发，固应有此一类；同时，从长时段看，虽宋代无耕作类专著，但其他朝代是有的，为便比较研究，亦应立此一类。且即就宋代而言，以后未必没有新的发现。至于前揭胡道静所提“山居系统”农书，实为记一方之物产，故为本分类法方物类农书类目所涵盖。如此，庶几可弥补前此分类法之缺失，在现代农学学科系统性、传统农学发展实际的特殊性和涵盖农书类型的全面性之间求得一个较好的平衡。[①]

① 本节据拙文《中国传统农学概念的历史发展及传统农书分类再议》修改，原刊于《河北师范大学学报》2022 年第 1 期，第 17—24 页。

第二节　范式转移:中国传统农书研究回顾与反思

罗振玉于清光绪二十三年(1897)创办的《农学报》每期都刊有翻译的国外农学论著或中国传统农书,这是传统农书第一次在现代学术视野下曝光。从那时算起,国人对传统农书的整理研究已有125年历史,这一历程既是中国传统学术现代转型与发展总过程的组成部分,也是继承、发扬优秀传统文化总实践的具体内容之一。其间,不同研究范式的形成及嬗代,反映了传统农书研究对时代主题的因应。从这一角度反观百年传统农书研究史,可以获得一些新的认识、深刻启发和经验教训,对推动传统农书、传统农学研究向更高水平发展具有重要意义。[①]

---

① 20世纪与21世纪之交,学术界纷纷进行回顾与总结,传统农书、农学研究领域也不例外。最早者为张波《我国农史研究的回顾与前瞻》(《中国农史》1986年第1期,第20—26页)一文,其后有惠富平《中国传统农书整理综论》(《中国农史》1997年第1期,第98—106页)、《二十世纪中国农书研究综述》(《中国农史》2003年第1期,第117—124页),卜风贤《二十世纪农业科技史研究综述》(《中国史研究动态》2000年第5期,第13—18页),王思明《农史研究:回顾与展望》(《中国农史》2002年第4期,第6—13页),李根蟠、王小嘉《中国农业历史研究的回顾与展望》(《古今农业》2003年第3期,第70—85页)诸文。大体言之,都是将20世纪的研究历史划分为若干不同阶段,并对每一阶段重要成果加以评价,最后指出今后研究的重点或趋势。这对于了解农史学科发展过程及研究前沿、热点具有重要价值。亦有针对某一断代农书、农学及某一特定领域研究所作的回顾,如唐秋雅《魏晋南北朝农史研究述评》(《中山大学研究生学刊》2006年第1期,第41—52页),黄颖、王思明《中国农学思想史研究的回顾与展望》(《自然辩证法研究》2009年第10期,第88—93页)等。

一、传统农学的现代转型与文献学研究范式的确立

（一）传统农学的现代转型

晚清以降，中华民族面临三千年未有之大变局，中国社会开始了向西方学习的过程。先是器物层面及制度层面的学习（洋务运动、戊戌变法），失败之后又转向更深一层的思想文化方面的学习，遂有以“德先生”（民主）和“赛先生”（科学）为旗帜的新文化运动。有识之士栉沐此风频频发出学习西方农学的号召：光绪二年（1876）前往费城参观美国建国100周年博览会的李圭，认为中国不仅要学习美国农业机械的“便巧”，更要学习其“讲究何以长茂，何以蕃实，穅秕麸荚何以能薄能少”[①]的种植之法。光绪十七年（1891）孙中山撰文建议清政府委派专官“综理农事，参仿西法”，派人“赴泰西各国，讲求树艺农桑、养蚕牧畜、机器耕种、化瘠为腴一切善法”，[②]以急兴包括农家之地学、化学，农家之植物学、动物学，农家之格物学（即物理学）、医学在内的西方农学。[③] 后又在广州创立农学会，欲移译国外农学著作、办学堂培养农学教师“以教农民”。[④] 孙氏文章曾经郑观应改写后收入其社会影响非常大的《盛世危言》之中，[⑤]而为康有为所见采，其于《上清帝第二书》即著名的《公车上书》中建言云：“天下百物皆出于农……外国讲求树畜，城邑聚落，皆有农学会，察土质，辨物宜。入会则自百谷、花木、果蔬、牛羊牧畜，皆比其优劣，而旌其异等。田样各等，机车各式，农

---

① （清）李圭著，谷及世校点：《环游地球新录》卷1《美会纪略》，长沙：湖南人民出版社，1980年，第37页。

② 孙中山：《农功》，《孙中山全集》第1册，北京：中华书局，1981年，第5页。

③ 孙中山：《上李鸿章书》，《孙中山全集》第1册，第11页。

④ 孙中山：《拟创立农学会书》，《孙中山全集》第1册，第25页。按：此文为基督教牧师、兴中会会员区凤墀代笔。

⑤ 夏东元编：《郑观应集》，上海：上海人民出版社，1982年，第735—736页。按：《盛世危言》八卷本改篇名《农功》名为《农事》。

夫人人可以讲求。”[1]梁启超认为“采用西法”为“兴天地自然之利，植国家富强之原”的“盛举”。[2] 一些传统知识分子的态度也发生了变化，罗振玉从传统农学向西方农学的转变就是一个很好的例证。他自言少时“念农为邦本，古人不仕则农，于是有学稼之志”，所读皆《齐民要术》《农政全书》《授时通考》等古农书，及后“读欧人农书译本，谓新法可增收获”，[3]乃于上海创立务农会，后更名农学会（因位于上海，故又被称为上海农学会）、江南农学总会，倡言“广树艺、兴畜牧、究新法（即西方农学）、浚利源”[4]以发展中国农业，先后翻译农书百余种。

随着学习西方农学的呼声越来越大，统治阶层认识到学习、推广西方农学好处甚巨，如光绪二十三年（1897）张謇奏称：“考之泰西各国，近百年来，讲求农学，务臻便利，亦日新月异而岁不同。其见于近来西报中者，谓以中国今日所有之土田，行西国农学所得之新法，岁增入款可六十九万一千二百万两。”[5]次年四月二十三日，光绪皇帝发动变法，《明定国是》诏指出“农务为国家根本，亟宜振兴”，要求“各督抚督饬各该地方官劝谕绅民，兼采中西各法”切实

---

① 康有为撰，姜义华、张荣华编校：《康有为全集》第2卷，北京：中国人民大学出版社，2007年，第39页。

② 《〈务农会章（程）〉编者按》，《知新报》第13册，光绪二十一年三月二十一日，叶四b。

③ 罗振玉：《贞松老人遗稿甲集·集蓼编》，《民国丛书》第5编第96册，上海：上海书店，1989年影印本，叶七b至八a。

④ 《〈务农会章（程）〉编者按》，《知新报》第13册，光绪二十一年三月二十一日，叶四b。

⑤ 张謇：《请兴农会奏》，李明勋、尤世玮主编：《张謇全集》第1册《公文》，上海：上海辞书出版社，2012年，第27页。按：次年江南道监察御史曾宗彦也上奏云：“若以西法农学经营之，利可六倍……西人推算中国之地，若用西国农学新法，每年可增款六十九万万两有奇。今纵不必尽如其数，但能得半，而中国已岁增三十余万万。”（杨家骆主编：《戊戌变法文献汇编》第5册，台北：鼎文书局，1973年，第386页。）则用西方农学指导生产必获巨利为时人共识。

发展农业，设立农学会，编译“外洋农学诸书”，[①]后又要求在通商口岸及出丝茶省份设立茶务学堂及蚕桑公院，[②]西方农学遂得以在全国范围内引进、推行。虽然戊戌变法仅维新百日，但历史的潮流是不可阻挡的，比如次年清政府仍决定继续“选译农工商矿各书”，并“续派高等留学生出洋肄业”。[③] 连著名的保守派、直隶总督荣禄也拟在其辖区设立“农工务学堂，延聘东、西农学博，选择英敏学生入学肄业，将上海《农学会报》以及东、西各报，凡有关农事者，广为翻译购置刊布，以期推行尽利”。[④] 1901年，湖南巡抚赵尔巽在长沙创办农务试验场。次年，北洋大臣袁世凯上奏朝廷于保定设立直隶农事试验场。1903年朝廷更要求在全国范围内设立农务学堂、农务试验场[⑤]，此后山东、山西、福建、北京、辽宁、南京、湖北等地都陆续兴办了农事试验场。

戊戌变法期间，张之洞创立湖北农务学堂，后改名湖北高等农业学堂，是中国最早的综合性农科学校。1901年山西林学堂在太

---

① 光绪二十四年五月十六日上谕，中国第一历史档案馆编：《光绪朝上谕档》第24册，桂林：广西师范大学出版社，1996年影印本，第228页。

② 光绪二十四年七月二十六日上谕，中国第一历史档案馆编：《光绪朝上谕档》第24册，第380页。

③ 光绪二十五年七月二十七日总理各国事务衙门《奏遵议出洋学生肄业实学章程折》，《约章成案汇览·乙篇》卷32上《游学门》，台北：华文书局股份有限公司，1969年影印本，第9册，第5321、5323页。按：清朝政府向国外派遣留学生始于同治十二年（1873）夏30人留美（詹天佑即其中之一），所学主要为军工制造技术；留欧始于光绪元年（1875）福州船政学堂学生赴法，学习舰艇制造；留日较晚，始于光绪二十二年（1896）。戊戌变法前派出的留学生较少，总计约400人。详参舒新城：《近代中国留学史》，上海：上海古籍出版社，2014年，第8—14页。

④ 光绪二十一年七月二十一日北洋大臣、直隶总督荣禄奏折，沈云龙主编：《近代中国史料丛刊续编》第317册《戊戌变法档案史料》，台北：文海出版社，1976年，第395页。

⑤ 光绪二十九年十月一日上谕，中国第一历史档案馆编：《光绪朝上谕档》第29册，第313页。

原创立，设有农、林两科。1902年袁世凯在保定设立直隶农务学堂，两年后改为直隶高等农业学堂。1904年癸卯学制实施，规定大学堂分为八科，农科为其中之一，下设农学、农艺化学、林学、兽医学四门；高等农业学堂分为农学、森林、兽医三科；还兴办了很多中等、初等农业学堂。1905年，京师大学堂设立分科大学，其中有农科大学，1910年农科大学开设本科，分农艺、农艺化学两学门。在这种社会氛围之下，研习农学等"有用之学"的才智杰出之士甚多。截至戊戌变法逾十年后的1909年，全国有高等农业学堂5所，在校生530人；中等农业学堂31所，在校生3226人；初等农业学堂59所，在校生2272人。[①] 截至清朝灭亡的1911年，出国的农科留学生达175人，其中日本112人，美国51人，欧洲12人。[②]

民国时期，政府上承清朝利用美、英等国退还庚子赔款的决定继续将派遣学生留学（主要是留美）常态化，计划以十分之八的名额学习农工商矿等科，并专门设立了国立清华留美预备学校。从1912年开始至1924年仅十余年间，就派出留学生689人。[③] 1909—1920年间派出赴美农科留学生共计74人，1921—1929年间共计61人。[④] 公费生既多，自费留学者亦大幅增加，据《留美学生录》载，截至1924年自费留美学生达1075人[⑤]，其中多有学习农学者。1912年中华民国教育部颁布《大学规程》改革学制，规定

① 杨士谋、彭干梓、王金昌编著：《中国农业教育发展史略》，北京：北京农业大学出版社，1994年，第41页。

② 参见曹幸穗：《启蒙与体制化：晚清近代农学的兴起》，《古今农业》2003年第2期，第45—46页。按：1897年赴日学习蚕桑的陈筱西（著名天文学家陈遵妫之父）是中国农科留学生之第一人。

③ 舒新城：《近代中国留学史》，第44—48页。

④ 刘曰仁主编：《中国农科研究生教育》，沈阳：辽宁科学技术出版社，1991年，第118页。按：1929—1946年农科留学生共计736人，占其时留学生总数9524人的7.73%；另沦陷区有农科留学生452人，两者相加达1188人。参见同书第118—119页。

⑤ 舒新城：《近代中国留学史》，第50页。

大学分文、理、法、商、农、医、工七科，规定农科大学分农学、农业化学、林学、兽医四学门；将高等农业学堂改称农业专门学校，中等、初等农业学堂改称甲种、乙种农业学校。至1920年代初，全国有农科大学4所（国立东南大学农科、岭南大学农科、金陵大学农林科、南通大学农科），农业专门学校8所（北京国立农专、直隶省立农专、山西省立农专、山东省立农专、河南省立农专、四川省立农专、江西省立农专、广东省立农专），甲种农业学校79所（河南13所，山西12所，安徽7所，湖南6所，江苏、江西、直隶各5所，浙江4所，其余各省至少1所），乙种农业学校327所（山东75所、河南63所、云南33所、山西28所，其余各省除甘肃、吉林、广西外至少1所）。①

这些事实表明，晚清有识之士“学习西方农学”的号召到了民国时期已经变成了现实，换言之，中国传统农学在20世纪初叶完成了现代转型。根据上述农科大学、农业专门学校的地理分布，可知现代农学的中心是东部沿海地区，全国4所农科大学江苏就占了3所（此外尚有甲种农业学校5所、乙种农业学校20所），拥有国立东南大学农科和金陵大学农林科的南京更是现代农学“中心的中心”。这不仅是今天我们梳理历史发展脉络后得出的结论，胡适作为时代亲历者也有同样感受：“民国三年以后的中国农业教育和科研中心是在南京。南京的中心先在金陵大学的农林科，后来加上南京高等师范学校的农科。这就是后来金大农学院和东南大

① 邹秉文：《吾国农业教育之现状及将来之希望》，《中国农业教育问题》，第24—25页。按：到1927年，全国有农科大学14所（新增10所为：国立中山大学农科、国立北京农业大学、国立浙江大学劳农学院、国立上海劳动大学农学院、国立清华留美预备学校农科、河北大学农科、山东大学农学院、四川大学农科学院、私立厦门大学农科、燕京大学农科），农业专门学校10所（原8所中除升为国立北京农业大学的国立北京农业专门学校外，新增天津棉业专门学校、上海公立高等专门垦殖学校、江苏省立蚕丝专门学校3所）。参见周邦任、费旭主编：《中国近代高等农业教育史》，北京：中国农业出版社，1994年，第55—56页。

学(中央大学)的农学院。”[①]国立东南大学农科前身是成立于1903年的三江师范学堂农业博物科,1906年学校改为两江优级师范学堂,1908年农业博物科改为博物农学部,不久又改为农学博物科。清亡后,1915年学校改名南京高等师范学堂,农学博物科改为农业专修科。1921年学校升格为国立东南大学,农业专修科改为农科,1928年改为国立中央大学农学院。金陵大学由美国基督教美以美会1888年设立的汇文书院等于1909年合并成立。1914年初,美籍教授裴义理创设农科,次年设立林科,1916年合为农林科,1922年增设农业专修科,1928年农林科改设农学院。[②] 两校早期主要师资多为日本、欧美籍外国专家,后清末民初出国修学农科的留学生学成回国后多曾在此任教[③],成为中国现当代农学(狭义)、园艺学、

① 胡适:《沈宗翰自述》序,沈宗翰:《沈宗翰自述》第2部《中年自述》,台北:传记文学出版社,1984年,第2页。

② 详参张宪文主编:《金陵大学史》,南京:南京大学出版社,2002年,第294—297页。按:植树节即由裴氏首倡设立,参见董维春、邓春英、袁家明:《金陵大学农学院若干重要史实研究》,《中国农史》2014年第6期,第131页。

③ 曾任教于南京高等师范学院农业专修科(国立东南大学农科、国立中央大学农科)的如原颂周(1886—1975),1911年在爱荷华农业大学获得学士学位;过探先(1886—1929),先在威斯康辛大学学习,后转入康奈尔大学并获得学士、硕士学位,1915年毕业;孙恩麟(1893—1961),1917、1918年分别在伊利诺伊大学、路易斯安娜大学获得学士、硕士学位;陈焕镛(1890—1971),1919年在哈佛大学获得硕士学位;王善佺(1895—1988),先后在乔治亚大学获得学士、硕士学位,1920年毕业;蔡无忌(1898—1980,蔡元培长子),1914年赴法,先后在翁特农业学校、格里农学院、阿尔福兽医大学学习,1924年获得博士学位;顾复(1894—1979),先后在名古屋第八高等学校、早稻田大学学习,1920年获得东京帝国大学学士学位;汪启愚(1890—1951),先后在伊利诺伊大学、康奈尔大学学习,1916年获得硕士学位;冯肇传(1895—1943),1921、1922年分别在乔治亚大学、康奈尔大学获得学士、硕士学位。曾任教于金陵大学农林科(农学院)的如邹秉文(1893—1985),1915年在康奈尔大学获得学士学位;钱天鹤(1893—1972),1918年在康奈尔大学获得硕士学位;钱崇澍(1883—1965),1914、1915年分别在伊利(注转下页)

林学、植物学、畜牧兽医学等领域的开拓者和奠基人。所培养的学生(大多续有留学深造经历)很多亦成为相关学科泰斗级人物。①

(续上页注)诺伊大学、芝加哥大学获得学士、硕士学位;陆费执(1892—?),1918、1919年分别在伊利诺伊大学、佛罗里达大学获得学士、硕士学位;吴耕民(1896—1991),1917年毕业于北京农业专门学校,1917—1919年在日本静岗县兴津园艺试验场进修;陈嵘(1888—1971),1913年毕业于北海道帝国大学农林部,回国创立浙江省甲种农业学校,后赴哈佛大学学习,1924年获硕士学位;沈宗翰(1895—1980),1924、1926年分别在乔治亚大学、康奈尔大学获得硕士、博士学位。过探先、陈焕镛也曾任教于金陵大学农林科。

① 金陵大学农林科(农学院)毕业的如陈桢(1894—1957),1918年毕业,后赴康奈尔大学、哥伦比亚大学学习,1921年获得硕士学位;郝钦铭(1896—1943),1923年毕业,1936年在康奈尔大学获得农学硕士学位;李继侗(1897—1961),1921年毕业,1923、1925年先后在耶鲁大学获得硕士、博士学位;王绶(1897—1972),1924年毕业,1933年在康乃尔大学获农学学士学位;秦仁昌(1898—1986),1925年毕业,1929—1932年在丹麦哥本哈根大学学习;俞大绂(1901—1993),1924年毕业,1932年获得美国爱荷华州立大学博士学位;杨显东(1902—1998),1927年毕业,1937年在康奈尔大学获得博士学位;肖辅(1905—1968),1929年毕业,1933年在明尼苏达大学获得硕士学位;吴绍骙(1905—1998),1929年毕业,1936、1938年先后在明尼苏达大学获得硕士、博士学位;彭寿邦(1905—1974),1930年毕业,1945年在康奈尔大学进修;戴松恩(1907—1987),1931年毕业,1936年在康奈尔大学获得博士学位;庄巧生(1916—2022),1939年毕业,1945—1946年在美国堪萨斯州立学院进修;黄率诚(1916—1969),1939年毕业,1945—1946年在康奈尔大学学习;谢家声(1887—1983),1914年毕业于金陵大学文科(与陶行知为同班同学),后于密歇根大学改攻农学,获得硕士学位。南京高等师范学院农业专修科(东南大学农科)毕业的有金善宝(1895—1997),1920年毕业,1930—1932年先后在康奈尔大学、明尼苏达大学学习;王宗佑(1895—1987),1921年毕业;胡竞良(1897—1971),1921年毕业,1934—1936年在德州农工大学获得硕士学位;周拾禄(1897—1979),1921年毕业,1931—1933年在东京帝国大学进修;冯泽芳(1899—1959),与胡竞良、周拾禄是同学,1921年南京高等师范学校升格为东南大学,他到1925年修满本科学分后才毕业,1930、1933年在康奈尔大学获得硕士、博士学位。他们大(注转下页)

总之，两校汇聚、培养了大量农学人才，是中国传统农学现代转型过程的一个绝佳缩影。

（二）文献学研究范式的确立

中国现代农学学科在20世纪头20年形成之后，必然会反观自身历史，即关注中国历史时期的农学发展情况，这既是一个学科真正成立的标志，更是学科体系化建设的要求。1923年秋，金陵大学农林科拨款在图书馆成立农业图书研究部，目的在“汇集并整理我国农业文献”。这一宏大任务完全是在文献学研究范式下进行的，首先是目录学工作：“欲图整理我国农业文献，其第一步必将各种有关农业之图书杂志等，一一考其源委，辨其优劣，以为收集整理之根据。故自初即着手于《中国农书目录汇编》之编纂。”[①]该书1924年出版，共收书2000多种，虽略如主事者所谦言“遗漏固必甚多，而所采集亦必有不甚称旨者”[②]，但这一工作是现代农学背景下对传统农书的首次全面检视，其学术格局之恢弘、工作量之巨大令人惊叹——第二部同类型同规模著作要等到半个世纪之后——其价值是显然的：第一次“结数千年农学之总账”[③]，“以为进求中国农书内容之阶梯”[④]。这种具有时代开创性、标志性的成果出现在（也只能出现在）中国农学随着时代转型、发展的中心——金陵大学农林科，本身就昭示着背后的学术逻辑——文献

（续上页注）多曾在其母校担任过教职。以金陵大学农林科（农学院）为例，其教师和学生中产生了18名两院院士（张宪文：《金陵大学史》，第566—568页）；《中国科学技术专家·农学编》已出《植物保护卷》所收52名专家中有23人，《作物卷》所收45名专家中有14人，《土壤卷》所收40名专家中有8人，是金陵大学农林科（农学院）师生（鲁彦：《金陵大学农学院对中国近代农业的影响》，南京农业大学硕士学位论文，2005年，第27—29页）。

① 金陵大学图书馆编：《金陵大学图书馆概况》，第14页。

②④ （美）克乃文（William Clemons）：《序》，毛雝编：《中国农书目录汇编》，第1页。

③ 金陵大学图书馆编：《金陵大学图书馆概况》，第13页。

学研究范式的确立是现代农学学科发展的产物，是以现代农学研究为目标取向的。

在《中国农书目录汇编》基础之上，金陵大学图书馆农业图书研究部又主持推动了四项跟传统农书研究相关的重大项目。一是编纂传统农书类编全集，因为“但恃书目及索引，不足以竟整理之功”，故计划将“现存关于农业之全部文献，审定除复，分类排比，汇为一编，名之曰《先农集成》”。[①] 最终整理成420册3000多万字的皇皇大典，后增编36册并更名为《中国农业史资料》。这一工作一直延续到新中国成立之后，1956—1959年时任中国农业遗产室主任的万国鼎又组织同事编纂了《中国农史资料续编》157册，总计达1500多万字。万氏还组织编纂了《中国农学遗产选集》，计划分四类112个专辑：甲集为植物各论，如稻、麦、棉、茶、柑橘、菌类等；乙集为动物各论，如牛、马、羊、猪、养鱼、养蚕等；丙集为农事技术，如土壤肥料、耕作技术等；丁集为农业经济，如灾荒问题、土地制度等。当时出版了陈祖椝主编《棉（上编）》（中华书局，1958年）、《稻（上编）》（中华书局，1958年），胡锡文主编《麦（上编）》（中华书局，1958年）、《粮食作物（上编）》（农业出版社，1959年），李长年主编《豆类（上编）》（中华书局，1958年）、《油料作物（上编）》（农业出版社，1960年）、《麻（上编）》（农业出版社，1962年），叶静渊主编《柑橘（上编）》（中华书局，1958年）等专辑。二是传统农书版本研究，对各书之撰者、内容、版本、真伪、存佚、全缺等一一加以考订。三是传统农书校刊，选择重要农书，择善本加以校勘笺注并予出版。[②] 四是整理方志中的农史材料，1926年编印《金陵大学图书馆中文地理书目》，1929年增订重编，1933年再次增订为《金陵大学方志目》，收方志2104种；并陆续对所收方志加以考订。[③] 此一工作亦延续到新中国成立之后方克完成：1960年代初，中国农业

① 金陵大学图书馆编：《金陵大学图书馆概况》，第13页。

② 金陵大学图书馆编：《金陵大学图书馆概况》，第14—15页。

③ 张宪文主编：《金陵大学史》，第359页。

遗产室组织研究人员分赴全国各地，从 8000 多部地方志中搜集了 3600 万字的农史资料，编成《方志综合资料》120 册、《方志分类资料》120 册、《方志物产资料》449 册。

粗看起来文献学研究范式似乎是“一蹴而就”，但深入考察，就会发现其确立也是有一个发展过程的。光绪二十三年(1897)罗振玉在上海创办《农学》半月刊(翌年改旬刊并改名《农学报》)，至光绪三十一年底(1906 年 1 月)停刊，共出 315 期。虽发刊辞云“专译东(指日本)西农学各报及各种农书”[①]，实际上特设“古农书辑佚”栏目，对传统农书亦加整理刊载。后又将《农学报》所刊书文选编为《农学丛书》，1897—1905 年间共出 7 集 82 册，其中虽总体数量不多，但也包括传统农书。如第 1 集第 1 册即刊出陈旉《农书》，其他宋代农书还有秦观《蚕书》、韩彦直《橘录》，余均为明清农书。虽然这一行为出现在传统农学转型的众声喧哗之中，让人有不一样的观感，但其出版方式尚跟明清重刊唐宋农书完全一样，都只是将全书照原本刊行而已。1918 年底，刚从康奈尔大学回国的钱天鹤(次年任金陵大学农科教授兼蚕桑系主任，万国鼎的老师。万氏 1920 年毕业留校所任即钱氏助教)发表《讲农古籍汇录》一文，将 75 种传统农书分别录其作者、时代，并列其英文译名。最重要的是，该文将全部农书分为花草、果蔬、杂类三种类型使部居之。[②] 这虽然只是现代农学对传统农书不经意的一瞥，但已体现出其

① 《农会报馆略例》，《时务报》第 22 期，光绪二十三年三月初一，沈云龙主编:《近代中国史料丛刊三编》第 324 册，台北:文海出版社有限公司，1987 年影印本，第 1519 页。

② 钱天鹤:《讲农古籍汇录》，《钱天鹤文集》，北京:中国农业科技出版社，1997 年，第 31—34 页。按:初刊于《科学》1918 年第 4 卷第 3 期，第 269—273 页。钱氏此文虽受到竺可桢《孛赖施奈豆〈中国植物学〉短评》启发，但竺文仅检孛赖施奈豆(E. Bretschneider)《中国植物学》所涉农书数种略记作者及卷帙(《竺可桢全集》第 1 卷，上海:上海科技教育出版社，2004 年，第 36—38 页。初刊于《科学》1917 年第 3 卷第 3 期，第 378—382 页)，实为备忘性质之札记而已。

将之整合纳入自身学科体系的要求。可以说,《讲农古籍汇录》这篇短文揭开了用文献学方法整理研究传统农书的序幕,也是前揭金陵大学图书馆传统农书文献学研究工作之滥觞。1924年,随着《中国农书目录汇编》的出版及金陵大学图书馆其他相关项目的推进,传统农书的文献学研究范式由具体研究实践进一步被概括为经验、理论文章,产生了更大的社会影响。如万国鼎在1928年前后发表《古农书概论》《整理古农书》等,论述了传统农书的性质、源流、分类、数量以及用文献学方法加以研究整理的原因及目的;[①]陆费执在1927—1929年陆续发表的《中国农书提要》[②]古今兼收,对每一书的叙录虽少创见,为例亦不善,但开创之功也是不可抹杀的。

二、新中国成立三十年:农学范式蔚为主流

1949年,中华人民共和国在战争的废墟上成立了,但社会总体科学技术水平及经济发展水平相当落后,农业生产条件跟传统社会相差无几,生产方式基本上还是牛耕加有机肥的传统型农业。因此,中央政府提出了"自力更生""古为今用"的指导思想,发出了"整理祖国农学遗产"的号召。整理的主要目的是"致用",即用传统农书中的知识技术指导现实农业生产活动。这一明确的目的和要求决定了此后直至1978年改革开放30年间传统农书农学研究范式的主流地位。所谓传统农书的农学研究范式,用石声汉的话说,就是对传统农书"先作一些服务性质的加工整理",然后再"作科学的分析,择取其中有用的,以实践验证后,改进提高,让它们在

---

① 万国鼎:《整理古农书》、《古农书概论》,《万国鼎文集》,第326—327、328—330页。

② 陆费执:《中国农书提要》,《中华农学会报》1927—1929年第54、55、56、58、60、62、66期,第73—80、73—77、97—104、121—134、76—81、87—89、75—78页。

农业生产中发挥应有的效果，达到古为今用的最后目的”。[1] 概括言之，即运用现代农学理论、方法对传统农书加以研究并应用于生产实践。1955年农业部“整理祖国农业遗产座谈会”召开后，南京农学院、西北农学院、北京农业大学、华南农学院相继成立了专门机构，对传统农书的整理研究在全国范围内全面展开，这四个单位也因之更上层楼，成为传统农书、农学研究的“四大门派”，产生了“东万(国鼎)西石(声汉)、北王(毓瑚)南梁(家勉)”四大家。他们的研究活动构成了新中国成立三十年传统农书研究学术画卷的主要图景，其成果当然也是此期农学研究范式的代表性著述。

万国鼎一方面带领南京农学院同仁继续原金陵大学的宏大计划，到1960年代前期终于基本完成，所取得的成果《中国农史资料续编》《中国农学遗产选集》《方志综合资料》《方志分类资料》《方志物产资料》当然是文献学范式研究成果。另一方面，他们也开始了农学范式下的研究活动，如万国鼎个人先后完成了《氾胜之书辑释》(中华书局，1957年)、《王祯和农书》(中华书局，1962年)、《陈旉农书校注》(农业出版社，1965年)；并于1958年组织编写了《中国农学史(初稿)》(作者有万国鼎、邹树文、缪启愉、李长年、邹介正、陈祖槼、章楷、叶静渊等，上册1959年由科学出版社出版，下册至1984年方出)，此书“编写原则是古为今用”，是要“供农业实践者参考”[2]的，是农学研究范式下第一部由“书”进到“学”的贯通性的传统农学研究专著。[3]

石声汉为了“进一步整理其他篇幅较大、内容较复杂的农书”，

---

[1] 石声汉：《论我国古代几部大型农书的整理》，《石声汉农史论文集》，北京：中华书局，2008年，第184页。按：初刊于《中国农业科学》1963年第10期，第44—50页。

[2] 中国农业遗产研究室编著：《中国农学史(初稿)·序》，北京：科学出版社，1959年，第3页。

[3] 最早的研究专文似为刘兴唐《中国农业技术之史的发展》(《中国经济》1934年第10期，第1—14页)、王兴瑞《中国农业技术发展史》(《现代史学》1935年第3、4期，第82—108、1—22页；1936年第1期，第1—90页)。

1956年先对西汉《氾胜之书》作了“今释”，俾便“用来指导生产”。[①]这种(即前揭文献整理—科学分析—实验验证—服务生产的)方法受到了广泛好评，被推许为“第一次用现代科学方法整理《氾胜之书》”[②]，石氏遂执之再撰《齐民要术今释》(科学出版社，1958年)、《齐民要术概论》(英文版，科学出版社，1958年)，后又撰成《农桑辑要校注》(1963年脱稿，1982年始由农业出版社出版)、《四民月令校注》(中华书局，1965年)、《农政全书校注》(1965年脱稿，1979年始由上海古籍出版社出版)。石声汉虽也有《中国古代农书评介》(1963年撰成，1980年始由农业出版社出版)一类文献学范式的研究成果，但更多为《齐民要术今释》一类农学范式或者更准确地说是文献学范式其表、农学范式其里的研究成果。当时很多的“校释”“校注”“今译”成果基本同此，正如夏纬瑛《管子地员篇校释》所言：“管子地员篇……历来注释虽不少，但大多是文字上的考证。现在这个校释是从土地与植物的关系出发所作的探讨，与历来的校注不同。”[③]赘言之，这些“校释”“校注”“今译”著作表面看似乎是文献学成果，但实质上与新中国成立前的文献学范式研究是大异其趣的。

王毓瑚1955年辑录《区种十种》(财政经济出版社，1955年)之后，又相继辑录、点校了《秦晋农言》(中华书局，1957年)、《农圃便览》(中华书局，1957年)、《梭山农圃》(农业出版社，1960年)、《农桑衣食撮要》(农业出版社，1962年)、《王祯农书》(1966年撰成，1981年始由农业出版社出版)、《先秦农家言四篇别释》(撰写于1970年代，1981年始由农业出版社出版)等书。王氏整理的多为北方农书典籍，他还汇编了《中国畜牧史资料》(科学出版社，1958年)。就四大家此期研究来说，万国鼎是文献学范式为主而兼农学范式，石声汉是文献学范式、农学范式并重，梁家勉是农学

① 石声汉：《氾胜之书今释(初稿)·前言》，北京：科学出版社，1956年，第1页。

② 万国鼎：《氾胜之书辑释·序》，北京：中华书局，1957年，第6页。

③ 夏纬瑛：《管子地员篇校释》内容提要，北京：中华书局，1958年。

范式为主，王毓瑚基本是文献学范式。

梁家勉对于用文献学方法整理传统农书亦常为鼓与呼，也写过若干文献学范式的论文，如谈《齐民要术》《农政全书》诸篇[①]，但他的主要成就还是农学范式的研究成果，特别是其衔命主编的《中国农业科学技术史稿》（王毓瑚、朱洪涛、李长年、李永福、胡锡文为副主编，作者有李根蟠、缪启愉、董恺忱、游修龄、闵宗殿、杨直民、朱自振、叶静渊等），时间上涵盖整个中国历史时期，内容上包括广义农业各个领域，更是传统农学研究的集大成之作。换言之，《中国农业科学技术史稿》可以说是新中国成立三十年传统农书农学研究范式所取得的全部成果的一个完美总结。只是该书编纂任务虽于1965年即已提出，但到1979年才具体实施，出版更是在改革开放十多年之后，是时曾经蔚然主流的农学研究范式已成明日黄花，因此序言虽仍指出“中国农业的优良传统……至今仍有许多值得参考和借鉴的经验”，但却更强调：

> 对传统农业必须进行实事求是的全面的科学分析，正确地认识它的生命力及其局限性……要用社会主义工业和现代科学技术武装农业……把生产决策、生产技术、经营管理都放在科学基础上……在农业现代化过程中，仍然必须一靠政策、二靠科学。[②]

这说明1978年改革开放之后，随着社会经济及科学技术的发展，人们已经深切认识到传统农学知识已不能一味“古为今用”，不能再直

---

① 梁家勉：《〈齐民要术〉的撰者、注者和撰期——对祖国现存第一部古农书的一些考证》，《华南农业科学》1957年第3期，第92—98页；《〈农政全书〉撰述过程及若干有关问题的探讨》，《徐光启纪念文集》，北京：中华书局，1963年，第78—109页。

② 刘瑞龙：《序》，梁家勉主编：《中国农业科学技术史稿》，北京：农业出版社，1989年，第5—6页。

接拿来“指导农业生产”了。显然，传统农书的研究范式即将迎来新的嬗递。

除万、石、王、梁四大家外，夏纬瑛、胡道静、缪启愉三人也取得了很大成就，亦堪与之并称。夏纬瑛工作的重心是先秦文献涉农内容的整理与研究。[①] 胡道静除《梦溪笔谈》方面的重要成果，其在传统农书研究方面的贡献主要是对《琐碎录》《梦溪忘怀录》《种艺必用》等亡佚农书的辑佚和研究。《琐碎录》等长期不为人知，经胡氏辑出后一时影响颇大，甚至中国传统农学发展史局部因之而有某种程度的改写。作为王(毓瑚)氏高弟，胡道静的研究主要也是文献学范式的成果，但他也强调：“整理农学遗产，从农业技术角度看，是要吸收其中对今天农艺仍然有用的部分，使之为生产服务。”[②]于兹可见时代主题对学者研究取向的巨大影响。缪启愉很多工作都完成于新中国成立三十年间，但在改革开放以后才出版。[③] 将其改革开放后修订过的《齐民要术校释》《四民月令辑释》与前揭石声汉出版于1958、1965年的《齐民要术今释》《四民月令校注》对照，即可明见其间研究范式转移之迹——相对而言，石书究心于“学”，而缪书更偏于版本、校勘、集注集疏，着重在“书”。

此期除了以探研传统农学知识以为今用的、“文献学其表、农

① 除前揭《管子地员篇校释》外，尚有《吕氏春秋上农等四篇校释》(农业出版社，1956年)、《〈周礼〉书中有关农业条文的解释》(1967年撰成，1979年始由农业出版社出版)、《夏小正经文校释》(1975年撰成，1981年始由农业出版社出版)、《〈诗经〉中有关农业条文的解释》(1975年撰成，1981年始由农业出版社出版)等。

② 胡道静：《我国古代农学发展概况和若干古农学资料概述》，《胡道静文集：农史论集、古农书辑录》，第67页。

③ 主要有《四民月令辑释》(撰于1960年代初，1978年修订，1981年始由农业出版社出版)、《四时纂要校释》(1965年完稿，1978年修订，1981年始由农业出版社出版)、《齐民要术校释》(缪桂龙参校，1965年完稿，1979年修订，1982年始由农业出版社出版)、《太湖塘浦圩田史研究》(1965年完稿，1980年修订，1985年始由农业出版社出版)。

学其里”的校注校释今译成果外，新中国成立伊始即有纯粹农学范式的研究，经过初期十年左右文献整理研究奠定较好基础之后，此类成果就更多了。主要可分为以下几个方面：土壤、肥料方面，如万国鼎《中国古代对于土壤种类及其分布的知识》(《南京农学院学报》1956 年第 1 期)、桑润生《我国古代对施肥的认识及其经验》(《土壤通报》1963 年第 1 期)；耕作、栽培方面，如万国鼎《我国二千二百年前对于等距密植全苗的理论与方法》(《农业学报》1956 年第 1 期)、唐启宇编著《中国作物栽培史稿》(1966 年完稿，1986 年始由农业出版社出版)；生产工具及农业加工方面，如刘仙洲《中国古代农业机械发明史》(科学出版社，1963 年)；园艺方面，如吴耕民《祖国的蔬菜园艺》(大中国图书局，1952 年)、辛树帜编著《我国果树历史的研究》(农业出版社，1962 年)[①]；虫害防治及益虫利用方面，如周尧《中国早期昆虫学研究史(初稿)》(科学出版社，1957 年)；畜牧兽医方面，如张仲葛、朱先煌主编《中国畜牧史料集》[②](编成于 1964 年，1986 年始由科学出版社出版)，谢成侠《中国养马史》(科学出版社，1959 年)；林业方面，如干铎《中国林业技术史料初步研究》(农业出版社，1964 年)等。需要指出的是，正如上文所述，由于时代原因，有不少启动、完成于此期的农学范式、文献学范式的研究成果是在改革开放之后才出版面世的，本书将之纳入此期予以考察。

三、改革开放以来：研究范式的创新与多元

1978 年改革开放(特别是 1990 年代)之后，中国政治经济、科

① 后经伊钦恒增订，易名为《中国果树史研究》，农业出版社于 1983 年再版。

② 该书名为“史料集”，实非史料汇编，而是传统畜牧兽医技术研究论文集，所收文章如邹介正《我国古代养羊技术成就史略》、杨诗兴《我国古代常用的家畜饲料及其调制法》、马孝劬《我国古代的家禽孵化技术》、耕隐《我国家畜阉割技术的发展》、于船《从〈本草纲目〉看我国古代在家畜疾病防治方面的生物学知识》等。

学技术、社会生活等各个方面,都发生了翻天覆地的巨大变化。传统农书研究原有主流范式——文献学、农学范式已不再适应时代、学术发展需要,逐渐形成了很多新的研究范式,如经济史范式、社会史范式、环境史范式、灾害史范式、思想史范式等,可总称之为历史学研究范式。另一方面,文献学、农学研究范式虽然不再居于主流地位,但作为基础范式自有其老树新枝的学术价值,仍然继续发展。一言以蔽之,改革开放以来传统农书研究范式呈现出多元化格局。

(一) 新范式的嬗递

1. 经济史范式

1920 年代末至 1930 年代中期,知识界掀起了关于中国社会性质的大论战,引发了中国社会史大讨论和中国经济史研究热潮。1978 年以后,国家以经济建设为中心、各行各业以“搞活经济”为主要工作,一时百废俱兴,经济史研究随之迎来第二个热潮。不仅在理论、方法上取得新的重大突破,实证研究领域更是得到极大拓展,横向上宽到经济全领域,纵向上长到历史全过程,取得了长足进步。[①] 在此社会、学术背景下,传统农书研究取径经济史范式作为寻求突破的一种选择自为理之必然。传统农书经济史范式的研究,即以经济史理论、方法处理书中材料(并结合其他材料),探讨历史时期的农业经济问题。当然,农业史本身即为经济史的一个部门,早在第一个经济史研究热潮前就已有论著问世,[②]但数量极少,大量成果是改革开放后随着经济史研究范式成为主流范式之一才出现的。这些成果可以概括如下:一是农业通史、断代史或区

---

① 代表性研究成果参见魏明孔、丰若非:《改革开放 40 年中国经济史研究的回顾与展望》,《中国经济史研究》2018 年第 5 期,第 77—84 页;李根蟠:《二十世纪的中国古代经济史研究》,《历史研究》1999 年第 3 期,第 135—148 页。

② 如君实《中国之农业》(《东方杂志》1918 年第 9 期,第 65—71 页)、吴蛰扈《中国农业史》(上海:新学会社,1918 年)等。

域农业史方面，代表性著作除农业部重点科研项目成果《中国农业通史》（按朝代分为8卷，加《总论卷》《附录卷》共10卷，中国农业出版社2007年后陆续出版）外，赵冈、李根蟠、任继周、樊志民、李伯重、方健、衣保中等学者的专著亦为重要成果。[①] 二是农业部门史或专题史方面，除种植业外，可能由于和生活息息相关而又通向风雅之路，茶业研究成果最为宏富。[②] 最后要指出的是，在经济通史、断代史或区域经济史著作中，农业史也是重要内容，如“中国古代经济史断代研究”书系（后定名为《中国经济通史》，按朝代分为9卷，经济日报出版社，1999年），赵德馨主编《中国经济通史》（按朝代分为10卷，湖南人民出版社，2002年），傅筑夫《中国封建社会经济史》（本计划7卷，因作者逝世仅完成5卷至宋代而止，人民

① 赵冈、陈钟毅：《中国农业经济史》，台北：幼狮文化事业公司，1989年；李根蟠：《中国农业史》，台北：文津出版社，1997年；任继周主编：《中国农业系统发展史》，南京：江苏凤凰科学技术出版社，2015年；樊志民：《秦农业历史研究》，西安：三秦出版社，1997年；李伯重：《唐代江南农业的发展》，北京：农业出版社，1990年；方健：《南宋农业史》，北京：人民出版社，2009年；中国农业遗产研究室编著：《太湖地区农业史稿》，北京：农业出版社，1990年；衣保中：《中国东北农业史》，长春：吉林文史出版社，1993年。

② 主要有朱自振《茶史初探》（北京：中国农业出版社，1996年），关剑平《茶与中国文化》（北京：人民出版社，2001年），贾大泉、陈一石《四川茶业史》（成都：巴蜀书社，1989年），陈文华《长江流域茶文化》（武汉：湖北教育出版社，2004年），沈冬梅《宋代茶文化》（北京：学海出版社，2000年。后修订易名为《茶与宋代社会生活》），余悦总主编《中华茶史》（仅唐代卷、宋辽金元卷出版。西安：陕西师范大学出版社，2013、2016年），姚国坤《惠及世界的一片神奇树叶——茶文化通史》（北京：中国农业出版社，2015年）等。茶业为茶叶种植、采制、贸易等行业的总称，属于农业经济研究范畴；饮茶习俗、礼仪属于下文所述饮食文化研究范畴，但很多茶研究专著都包括两块内容，这里亦合并述之，下不再及。论文成果可参见陶德臣：《中国茶业经济史研究综述》，《农业考古》2001年第4期、2002年第2期，第245—258、298，258—270、282页；朱聿婧：《21世纪以来茶史研究综述》，《长江文史论丛》，武汉：湖北人民出版社，2018年，第152—167页。

出版社，1981—1989年)，李剑农《中国古代经济史稿》(分先秦两汉、魏晋南北朝隋唐、宋元明3册，三联书店，1957年)，洪焕椿等《长江三角洲地区社会经济史研究》(南京大学出版社，1989年)，李清凌《西北经济史》(人民出版社，1997年)等。传统农书经济史范式研究有价值的论文成果还有很多，兹不一一。[①]

2. 社会史范式

中国社会史研究兴起之初即受到社会科学尤其是社会学的深刻影响，改革开放后人民群众的社会生活日益丰富多彩，“文化搭台，经济唱戏”频见报端，“食文化”“酒文化”“茶文化”之语耳熟能详，“××花卉节”“××水果节”不一而足。了解、反观古代民众生活方式、岁时习俗等历史知识成为一种“现实需求”，职是之故，改革开放初期社会史研究都指向了社会生活史。理论上如王玉波认为“社会史可以说就是生活方式演进史”[②]，冯尔康强调“社会史以人们的群体生活与生活方式为研究对象”[③]；研究实践中宋德金的《金代社会生活》(陕西人民出版社，1988年)、中国社科院历史所组织撰写的《中国古代社会生活史》丛书(1990年代由中国社会科学出版社陆续出版)等都是典范之作。换言之，传统农书社会史范式的研究主要是利用所载史料探讨历史时期的社会生活，故也可称为社会生活史研究范式。研究焦点集中在岁时民俗、饮食文化两个方面，多以民俗学理论方法为分析工具，故亦可称为民俗学(民俗史)研究范式。中国是农业古国，历代皆以农立国，从起源及习俗上看，传统社会岁时节日均深受农业文化影响。因此岁时民俗研究非常重视对(岁)时(节)令类、食品加工类、园艺类传统农书

① 可参见李根蟠、王小嘉：《中国农业历史研究的回顾与展望》，《古今农业》2003年第3期，第70—85页；李根蟠：《二十世纪的中国古代经济史研究》，《历史研究》1999年第3期，第126—150页；张芳：《中国地区农业史的研究现状与趋势》，《中国农史》1993年第1期，第55—63页。

② 王玉波：《为社会史正名》，《光明日报》1986年9月10日。

③ 冯尔康：《开展社会史研究》，《历史研究》1987年第1期，第79页。

的利用,重要成果如郭兴文、李惠芳、萧放、张勃、李浩等学者的论著。[①] 此外,众多名标"社会史""社会生活史""民俗史""风俗史"的通史、断代史或区域史也都利用传统农书并与地方志、笔记史料结合,专论或辟专章论述历史时期各种生产及生活习俗。[②]

饮食文化方面除前揭综合性社会史、民俗史著作多有论述外,还涌现出了众多专著、专文。虽然此类论著伴随社会史研究的兴起早在20世纪初期即已产生,但总体上讲也是随着社会史研究复兴在改革开放后才真正繁荣的,四十年来所取得的成果可分为以下几类:一是贯通性综合研究,代表性成果如陶文台、林乃燊、赵荣光、姚伟钧、俞为洁、徐兴海等学者的著作,[③]徐海荣、赵荣光分别主编的《中国饮食史》(按朝代分为6卷,华夏出版社,1999年)、《中国饮食文化史》(按地域分为10卷,中国轻工业出版社,2013年)则为集大成之作。二是断代、区域性研究,主要有姚淦铭、黎虎、王子辉、刘朴兵、伊永文、王利华、熊四智、姚伟钧、梁国楹等学

---

① 郭兴文、韩养民:《中国古代节日风俗》,西安:陕西人民出版社,1987年;李惠芳:《传统岁时节日的形成及特点》,《武汉大学学报》1994年第5期,第112—117页;萧放:《〈荆楚岁时记〉研究——兼论传统中国民众生活中的时间观念》,北京:北京师范大学出版社,2000年;张勃:《明代岁时民俗文献研究》,北京:商务印书馆,2011年;李浩:《〈四时纂要〉所见唐代农业生产习俗》,《民俗研究》2003年1期,第132—139页。

② 如龚书铎总主编:《中国社会通史》,太原:山西教育出版社,1996年;陈高华、徐吉军主编:《中国风俗通史》,上海:上海文艺出版社,2001年;钟敬文主编:《中国民俗史》,北京:人民出版社,2008年;陈华文等:《浙江民俗史》,杭州:杭州出版社,2008年。

③ 陶文台:《中国烹饪史略》,南京:江苏科学技术出版社,1983年;林乃燊:《中国饮食文化》,上海:上海人民出版社,1989年;赵荣光:《中国饮食文化史》,上海:上海人民出版社,2006年;姚伟钧:《中国饮食礼俗与文化史论》,武汉:华中师范大学出版社,2008年;姚伟钧、刘朴兵、鞠明库:《中国饮食典籍史》,上海:上海古籍出版社,2011年;俞为洁:《中国食料史》,上海:上海古籍出版社,2011年;徐兴海、胡付照:《中国饮食思想史》,南京:东南大学出版社,2015年。

者的著作。[①] 三是专题性研究，主要有林正秋、徐海荣、陈梅清《中国宋代菜点概述》（中国食品出版社，1989 年），邱庞同《中国面点史》（青岛出版社，1995 年）、《中国菜肴史》（青岛出版社，2001 年），张平真《中国酿造调味食品文化——酱油食醋篇》（新华出版社，2001 年）、《中国蔬菜名称考释》（北京燕山出版社，2006 年）等；再如黄时鉴、李华瑞、何满子等的酒文化研究[②]，周新华、刘云、李春祥、张景明等的饮食器具研究[③]。洪光住（《中国食品科技史稿》，中国商业出版社，1985 年）、季鸿崑（《中国饮食科学技术史稿》，浙江工商大学出版社，2015 年）对食品加工技术史的研究更是重要成果。饮食文化史研究成果极富，相关论文不再枚举。[④]

---

① 姚淦铭：《先秦饮食文化研究》，贵阳：贵州人民出版社，2005 年；黎虎：《汉唐饮食文化史》，北京：北京师范大学出版社，1998 年；王子辉：《隋唐五代烹饪史纲》，西安：陕西科技出版社，1991 年；刘朴兵：《唐宋饮食文化比较研究》，北京：中国社会科学出版社，2010 年；伊永文：《明清饮食研究》，台北：洪叶文化事业有限公司，1997 年；王利华：《中古华北饮食文化的变迁》，北京：中国社会科学出版社，2000 年；熊四智、杜莉：《举箸醉杯思吾蜀：巴蜀饮食文化纵横》，成都：四川人民出版社，2001 年；姚伟钧：《长江流域的饮食文化》，武汉：湖北教育出版社，2004 年；梁国楹：《齐鲁饮食文化》，济南：山东文艺出版社，2004 年。

② 黄时鉴：《阿剌吉与中国烧酒的起始》《中国烧酒的起始与中国蒸馏器》，《黄时鉴文集》第 2 册，上海：中西书局，2011 年，第 182—198、199—213 页（初刊于《文史》第 31、41 辑，1988、1996 年，第 159—172、141—152 页）；李华瑞：《宋代酒的生产和征榷》，保定：河北大学出版社，1995 年；何满子：《中国酒文化》，上海：上海古籍出版社，2001 年。

③ 周新华：《调鼎集：中国古代饮食器具文化》，杭州：杭州出版社，2005 年；刘云主编：《中国箸文化史》，北京：中华书局，2006 年；李春祥：《饮食器具考》，北京：知识产权出版社，2006 年；张景明、王雁卿：《中国饮食器具发展史》，上海：上海古籍出版社，2011 年。

④ 可参见徐吉军、姚伟钧：《二十世纪中国饮食史研究概述》，《中国史研究动态》2000 年第 8 期，第 12—18 页；姚伟钧、罗秋雨：《二十一世纪中国饮食文化史研究的新发展》，《浙江学刊》2015 年第 1 期，第 216—224 页。

3. 环境史范式

环境史(或称生态史)研究最早兴起于美国,是建立在环境科学和生态学基础上的、研究人类社会与自然界关系发展变化的一门历史学分支学科。进入21世纪后,中国大陆的环境史研究成为学术热点之一。传统农书的环境史范式,就是利用传统农书中的有关记载及其他材料研究历史时期的环境问题。成果主要集中以下几个方面:一是气候变迁与农业生产,如倪根金、秦冬梅对历史时期气候变迁对农业生产影响的研究等①。二是森林资源与环境,如蓝勇、周宏伟对长江流域森林资源分布变迁的研究等②,王子今、陈登林对秦汉、宋元林业发展及造林育林措施的研究等③。三是水利、水环境与农业生产,如张芳、王利华、王建革对古代南北方水环境、水利治理、渔业生产与环境变迁的研究等④。四是生态环境与农业灾害,如许怀林、陈业新对水旱、虫灾与生态环境的研究等⑤。五是

---

① 倪根金:《试论气候变迁对我国古代北方农业经济的影响》,《农业考古》1988年第1期,第292—299页;秦冬梅:《试论魏晋南北朝时期的气候异常与农业生产》,《中国农史》2003年第1期,第61—70页。

② 蓝勇:《历史时期三峡地区森林资源分布变迁》,《中国农史》1993年第4期,第44—49页;周宏伟:《长江流域森林变迁的历史考察》,《中国农史》1999年第4期,第3—14页。

③ 王子今:《秦汉时期的护林造林育林制度》,《农业考古》1996年第1期,第156—160页;陈登林编著:《宋元时期林业史》,哈尔滨:东北林业大学出版社,2015年。

④ 张芳:《清代南方山区的水土流失及其防治措施》,《中国农史》1998年2期,第50—61页;王利华:《中古时期北方地区的水环境和渔业生产》,《中国历史地理论丛》1999年第4期,第41—55、250页;王建革:《清浊分流:环境变迁与清代大清河下游治水特点》,《清史研究》2001年第2期,第33—42页。

⑤ 许怀林:《近代以来江西的水旱灾害与生态变动》,《农业考古》2003年第1、3期、2004年第1期,第203—215、240—248、239—244、258页;陈业新:《近五百来淮河中游地区蝗灾初探》,《中国历史地理论丛》2005年第2期,第22—32页。

综合性探讨，如赵敏《中国古代生态农学研究》(湖南科学技术出版社，2002年)、张全明《两宋生态环境变迁史》(中华书局，2015年)等。

灾害史本属环境史研究的重要内容，但由于灾害对人类的巨大影响，遂由附庸而为大国，成为一个相对独立的分支学科；并且早在环境史概念产生之前，学者即已开始对灾害史加以研究。中国传统社会是将灾害与救荒(救灾赈灾)联系在一起的，因此灾害史研究亦常被称作灾荒史研究[①]。灾害史研究早期阶段，研究者多为自然科学工作者，如翁文灏、竺可桢、丁文江、李仪祉、吴福桢等。这对灾害史研究范式的形成产生了重大而深远的影响——具有较强的自然科学色彩。直至20世纪末，灾害史研究领域很多取得了重要成果的工作都是由自然科学工作者完成的[②]。正因为这一点，夏明方才指陈"历史学家的长期缺场以及由此造成的灾害史研究的自然科学取向乃至某种'非人文化倾向'，已经严重制约了中国灾害史乃至环境史研究的进一步发展"[③]。20、21世纪之交中

① 严格地说，这两个概念当然是有区别的，前者属于科学史学科，后者属于历史学学科，但研究者实际上往往不加分别——这也涉及灾害史定义及其学科定位的争议。

② 如中国科学院地震工作委员会历史组编：《中国地震资料年表》，北京：科学出版社，1956年；谢毓寿、蔡美彪主编：《中国地震历史资料汇编》，北京：科学出版社，1983年；满志敏：《中国历史时期气候变化研究》，济南：山东教育出版社，2009年；葛全胜等：《中国历朝气候变化》，北京：科学出版社，2011年；宋正海总主编：《中国古代重大自然灾害和异常年表总集》，广州：广东教育出版社，1992年；宋正海等：《中国古代自然灾异群发期》，合肥：安徽教育出版社，2002年。

③ 夏明方：《中国灾害史研究的非人文化倾向》，《史学月刊》2004年第3期，第16页。按：最近尚有学者认为："时至今日，此情并未有多大改观，甚有愈盛之势。如此，不仅不利于全面厘清历史灾害的真实情状，而且有悖于灾害史研究的初衷，削弱了灾害史研究的价值和意义。"(陈业新：《深化灾害史研究》，《上海交通大学学报》2015年第1期，第88页。)这一说法并不符合21世纪以来灾害史研究现状，可以说灾害史之成为热点主要"热"在人文社会科学研究领域。

国频发重大灾害，灾害史研究赢得极大关注，成为学术热点之一。更多人文社会科学研究者加入到灾害史研究队伍之中，传统农书研究援此视角与方法，遂有灾害史研究范式之勃兴。历史时期灾害材料主要保存在史书、方志及传统农书中（救荒书中尤为集中），传统农书关于灾害书写的重点是灾害种类和相应的减灾技术措施，涉及风雨水旱、霜雪雹雷、虫鼠鸟雀等气象灾害和生物灾害。所以，传统农书灾害史范式的研究主要是利用农书史料和其他史料进行的农业灾害史研究，主要内容是历史时期农业灾害及其成因、减灾赈灾措施、灾民生活等。代表性成果有袁林《西北灾荒史》（甘肃人民出版社，1994 年），李华瑞《宋代救荒史稿》（天津古籍出版社，2014 年），李向军《清代荒政研究》（中国农业出版社，1995 年），夏明方《民国时期自然灾害与乡村社会》（中华书局，2000 年），朱浒《地方性流动及其超越：晚清义赈与近代中国的新陈代谢》（中国人民大学出版社，2006 年），袁祖亮主编《中国灾害通史》（郑州大学出版社，2008—2009 年）等。有价值的论文成果亦多，可参见相关综述文章。①

4. 思想史范式

从思想史角度研究传统农书，探讨中国传统农学（农书、农学家、学派）的重要思想、理论及其发展历程，传统农业、农学思想理论与中国哲学、文化的关系及其贡献等内容，即所谓思想史范式的研究。这一范式的前提是不证自明的——农家在历史上确为一个重要学派，其与儒、墨、道、法、名、释等共同构建了中国传统思想文化的骨架。这一范式的研究兴起于 1980 年代末期，主要成果集中于以下几个方面：一是对重要农书、学者的农学、农业思想的研究，如樊志民、巫宝三、乐爱国、盛邦跃对《吕氏春秋》《管子》《齐民要术》的

① 如卜风贤：《中国农业灾害史研究综论》，《中国史研究动态》2001 年第 2 期，第 2—9 页；朱浒：《中国灾害史研究的历程、取向及走向》，《北京大学学报》2018 年第 6 期，第 120—130 页。

研究[①]，孙振民、范楚玉、郭文韬、陈晓利对氾胜之、陈旉、王祯、徐光启的研究[②]。二是对传统农学重要理论范畴及农业、农学哲学基础的研究，如梁家勉、李根蟠对"三才"理论的研究[③]，金善宝等主编《农业哲学基础》（科学出版社，1990 年）对农业、农学领域的哲学问题的系统阐述（侧重于当代）。三是对农学思想、农业思想的断代或通史性研究，如朱森溥、鲁奇、程遥、赵敏、阎万英、钟祥财、胡火金等学者的论著[④]，

---

① 樊志民：《〈吕氏春秋〉与秦国农学哲理化趋势研究》，《中国农史》1996 年第 2 期，第 22—28 页；樊志民：《〈吕氏春秋〉与中国传统农业哲学体系的确立》，《农业考古》1996 年第 1 期，第 113—118 页；巫宝三：《试论〈管子〉中〈度地〉〈地员〉二篇农学论文对于发展农业生产力的意义及其农学思想渊源》，《中国经济史研究》1986 年第 1 期，第 147—158、80 页；乐爱国：《〈管子〉的农学思想初探》，《管子学刊》1991 年第 4 期，第 18—22 页；盛邦跃：《试论〈齐民要术〉的主要哲学思想》，《中国农史》2000 年第 3 期，第 79—82 页。

② 孙振民、刘玉芝：《农学家氾胜之的哲学思想内涵探析》，《淮北师范大学学报》2019 年第 5 期，第 33—36 页；范楚玉：《陈旉的农学思想》，《自然科学史研究》1991 年第 2 期，第 169—176 页；郭文韬：《王祯农学思想略论》，《农业考古》1997 年第 3 期，第 1—7 页；陈晓利：《徐光启农业哲学思想研究》，大连理工大学博士学位论文，2013 年。

③ 梁家勉：《从"三才"观到制天命而用的"人治"观——"中国传统农业的哲学思想"漫谈之一》，《农业考古》，1989 年第 2 期，第 181—182 页；李根蟠：《农业实践与"三才"理论的形成》，《农业考古》1997 年第 1 期，第 100—103、114 页；李根蟠：《精耕细作、天人关系和农业现代化》，《古今农业》2004 年第 3 期，第 85—91 页。

④ 朱森溥：《先秦农家思想初探》，《四川大学学报》1986 年第 1 期，第 49—56 页；鲁奇：《中国古代农业经济思想：元代农书研究》，北京：中国科学技术出版社，1992 年；程遥：《中国古代农学思想史初探》，南京农业大学博士学位论文，1988 年；赵敏：《中国古代农学思想考论》，北京：中国农业科学技术出版社，2013 年；阎万英编著：《中国农业思想史》，北京：中国农业出版社，1997 年；钟祥财：《中国农业思想史》，上海：上海交通大学出版社，2017 年（1997 年上海社会科学院出版社初版）；胡火金：《协和的农业：中国传统农业的生态思想》，苏州：苏州大学出版社，2011 年；胡火金：《经验与哲理：中国古代农业思想与文化》，苏州：苏州大学出版社，2014 年。

尤以郭文韬《中国传统农业思想研究》(中国农业科技出版社,2001年)、杨直民《农学思想史》(湖南教育出版社,2006年)二书体大思精,成绩卓著。郭书分为“传统农业哲学研究”“传统农学思想研究”及“专题研究”三个部分,对三才论、气论、阴阳说、五行说、圜道观、尚中观、时气论、土壤论、物性论、耕道论、粪壤论、水利论、农器论、畜牧论、树艺论、生态农学等范畴或理论作了全面而详细的研究。杨书在深入探讨重要农学家、学派及农业著作理论与思想的基础上清楚地揭示了农学理论、思想的产生、演变图景(不局限于中国)。

此外一些综合性著作亦多涉此,如前揭梁家勉主编《中国农业科学技术史稿》在重点探讨农业科学技术的同时,对历代农学思想也有扼要的论述,并对《吕氏春秋》《齐民要术》等著作有具体论述。前揭农业部重点科研项目成果《中国农业通史》中的战国秦汉卷、魏晋南北朝卷辟专章论述了秦汉、魏晋南北朝时期的农业及农学思想。此风流被,学者对非农书典籍如儒、道典籍中的农学思想亦多加考察。[①]

(二)“旧”范式的新进展

如前所述,改革开放后中国传统农书研究范式呈现出多元化格局,原有文献学、农学研究范式虽然不再居于主流地位,作为基础范式仍然得到继续发展。

文献学范式一方面在原有研究领域进一步深耕,如缪启愉的《元刻农桑辑要校释》(农业出版社,1988年)、《汉魏六朝岭南植物“志录”辑释》(与邱泽奇合撰,农业出版社,1990年)、《东鲁王氏农

① 主要有袁名泽《道教农学思想发凡》(桂林:广西师范大学出版社,2012年)、《道教农学思想史纲要》(北京:人民出版社,2016年)、谭清华:《魏晋南北朝时期高道的农学思想探微》(《佳木斯大学社会科学学报》2017年第3期,第135—137页)、《谭峭〈化书〉及其农学思想探微》(《社科纵横》2017年第3期,第80—82页)、《〈易经〉农学思想初探》(《安徽农业大学学报》2017年第1期,第130—134页)、《〈诗经〉中农事诗的农学思想探析》(《山东农业大学学报》2017年第2期,第11—15、125页)等。

书译注》(上海古籍出版社,1994年。2008年再版)、《齐民要术译注》(与缪桂龙合撰,上海古籍出版社,2006年)。万国鼎主持的《中国农学遗产选集》也在继续推进,陆续出版了王达等编《稻(下编)》(农业出版社,1993年),叶静渊主编《常绿果树》(农业出版社,1991年)、《落叶果树(上编)》(中国农业出版社,2002年)等专辑。又如彭世奖编著《中国农业传统要术集萃》(中国农业出版社,1998年),邹介正、和文龙《司牧安骥集校注》(农业出版社,1982年),于船等《元亨疗马集校注(丁宾序本)》(北京农业大学出版社,1990年),中国畜牧兽医学会编《中国近代畜牧兽医史料集》(中国农业出版社,1992年)等;惠富平、牛文智《中国农书概况》(西安地图出版社,1999年)则将文献学范式由叙录推至综论阶段。另一方面扩展到前此较少关注的农书类别之中,最典型的是茶书、食谱食疗、水利及救荒类文献的整理研究。前者如陈祖槼、朱自振编《中国茶叶历史资料选辑》(农业出版社,1981年),朱自振编《中国茶叶历史资料续辑》(东南大学出版社,1991年),吴觉农编《中国地方志茶叶历史资料选辑》(农业出版社,1990年),郑培凯、朱自振主编《中国历代茶书汇编校注本》(商务印书馆,2014年)等。后者如李文海等主编《中国荒政书集成》(天津古籍出版社,2010年),赵连赏、翟清福主编《中国历代荒政史料》(京华出版社,2010年)。食谱食疗文献如《中国烹饪古籍丛刊》(中国商业出版社,1982—1993年),水利类文献如《清代江河洪涝档案史料丛书》(中华书局,1981—1998年)、《中国近五百年旱涝分布图集》(地图出版社,1981年)等。

农学范式主要成果有中国农业遗产室《北方旱地农业》(中国农业科技出版社,1986年),游修龄《中国稻作史》(中国农业出版社,1995年),何红中、惠富平《中国古代粟作史》(中国农业科学技术出版社,2015年),郭文韬、曹隆恭主编《中国近代农业科技史》(中国农业科技出版社,1989年),董恺忱、范楚玉主编《中国科学技术史(农学卷)》(科学出版社,2000年),曾雄生《中国农学史》(福建人民出版社,2008年),张秉伦等编著《安徽科学技术史稿》(安徽科学技术出版社,1990年)等。农具方面,以周昕的研究最为杰出，其毕生精力萃于其间，自1980年出版《农具史话》之后，又陆续撰成《中国农具史纲及图谱》（中国建材工业出版社，1998年）、《中国农具发展史》（山东科技出版社，2005年）、《中国农具通史》（山东科技出版社，2010年）等多部专著，尤其是后者，可谓中国古代农业生产工具研究集大成的代表性成果。此外，陈文华编著《中国古代农业科技史图谱》（中国农业出版社，1991年）等亦为重要成果。农田水利方面，主要有集体署名的《中国水利史稿》（上下册，水利电力出版社，1979、1989年），姚汉源《中国水利史纲要》（水利电力出版社，1987年）、《黄河水利史研究》（黄河水利出版社，2003年），周魁一《农田水利史略》（水利电力出版社，1986年）、《中国科学技术史·水利卷》（科学出版社，2002年），郑肇经主编《太湖水利技术史》（农业出版社，1987年），汪家伦、张芳编著《中国农田水利史》（农业出版社，1990年），张芳《明清农田水利研究》（中国农业科技出版社，1998年），谭徐明主编《中国灌溉与防洪史》（中国水利水电出版社，2005年）等。畜牧兽医方面有谢成侠编著《中国养牛羊史》（农业出版社，1985年）、《中国养禽史》（中国农业出版社，1995年），张仲葛《中国古代的牛种——它的起源、种别、分类和分布》（《农业考古》1997年第1期），徐旺生编著《中国养猪史》（中国农业出版社，2009年），张波《西北农牧史》（陕西科学技术出版社，1989年），于船、牛家藩编著《中兽医学史简编》（山西科学技术出版社，1993年），邹介正等编著《中国古代畜牧兽医史》（中国农业科技出版社，1994年），薄吾成《中国家畜起源论文集》（天则出版社，1993年）等。熊大桐等主编《中国林业科学技术史》（中国林业出版社，1994年）则是林学方面的重要成果。

四、中国传统农书研究范式转移之反思

根据上文梳理，可见一百多年的传统农书研究历程既是一个不断取得巨大成绩的过程，也是研究范式由单一走向多元的过程：初期基本上是单一的文献学范式；中期以农学范式为主、文献学范

式为辅；后期则产生了可以统称为历史学范式的经济史范式、社会史范式、环境史范式、灾害史范式、思想史范式等，同时农学范式、文献学范式等“旧范式”仍然发挥着基础作用，研究范式的多元化是这一时期的显著特点。俯瞰、反思传统农书百年研究史，可以得出对时代主题的因应是传统农书研究深入发展的保证，理论借鉴、学术创新是传统农书研究范式转移的学理基础和内生动力三点启示。

（一）对时代主题的因应是传统农书研究深入发展的保证

由前文可知，传统农书文献学研究范式的确立是中国传统农学现代转型成功后对农业、农学有了更深刻的认识的结果，是中国现代农学学科体系化建设的要求。如 1929 年万国鼎在回答“为什么要整理古农书”问题时强调，农学是一种应用科学，非可与纯粹科学相比：“因地方的土壤、气候、风俗等关系，甲地的农业不同于乙地”，“外国的农业不一定适合于中国”；要改进中国的农业，“不专在研究外国人发明的科学的农业，而应当做两件工作：第一是从事实地调查中国的农业状况；第二便是从事于整理古农书”，因为“古农书是过去农家经验的结晶”，“现代科学的农业以为最新的学说，有的早在中国古农书里潜伏着”。[1] 此外，这一研究范式的形成也受到晚清、民国时期救亡图存时代主题的深刻影响。

晚清庚子以来，在中国社会及学术的现代转型过程中，救亡图存的时代需求日渐迫切，于是上承张之洞“中学为体、西学为用”之论，朝野渐兴“保存国粹”之运动。最早提出“国粹”一词的梁启超认为当时应当“以保国粹为主义”[2]。马叙伦进一步指陈，“国之立也，有大宝焉，是名曰国粹。国粹存则国存，国粹亡则国亡，国粹盛则国盛，国粹衰则国衰”，因为即使“吾政治技艺皆不足取，然学术

① 万国鼎讲，褚守庄记：《整理古农书》，《万国鼎文集》，第 326 页。

② 详参秦弓：《整理国故的动因、视野与方法》，《天津社会科学》2007 年第 3 期，第 107 页。

则有远过泰西者……中国之学术何尝不及泰西?”[①]1905年创刊的《国粹学报》更以“研求国学、保存国粹为宗旨”[②],高扬保种、爱国、存学之纛。五四运动之后,胡适发表《新思潮的意义》一文,揭开了“整理国故”运动的序幕,虽然其对国粹派有严厉批评,指出“现在有许多人自己不懂得国粹是什么东西,却偏要高谈‘保存国粹’……现在许多国粹党,有几个不是这样糊涂懵懂的?这种人如何配谈国粹?若要知道什么是国粹,什么是国渣,先须要用评判的态度,科学的精神,去做一番整理国故的工夫”[③],但二者的根本立场可说并无不同,都是传承与发扬传统文化,区别仅在于胡氏更强调继承发扬须经一去其糟粕的整理过程。

在“保存国粹”“整理国故”思想的影响下,无论旧派、新派农学学者都将整理传统农书视为延续国脉、再造文明的途径之一。如罗振玉表示,自己在翻译国外农书百余种之后,“始知其(指西方农学)精奥处我古籍固已先言之……其可补我所不足者,惟选种、除虫及以显微镜验病菌数事而已”,“一切学术求之古人记述已足,固无待旁求也”。[④] 万国鼎表示:“我国以文物旧邦,自古重农,讲农专集及散见于各书者甚多,而知者殊少。晚近学者,每趋新法而遗忘旧有,祖国瑰宝,岂容淹没……古农书所记,不乏经验之言。往往欧美耗巨资,费时日,累加考验而仅得者,已于数百年前载诸我国农书,其价值可知……是则前代遗书,尤不可不加之意,以为研究改良之参考焉……此又整理之不可缓也。”[⑤]高润生更加明确地指出:“今农校教科书纯用东瀛译本,于本国农家言皆傧而不采,既

---

① 马叙伦:《中国无史辩》,《新世界学报》第9期,光绪二十八年(1902),第81、82页。

② 邓实:《国学保存会小集叙》,《国粹学报》1905年第1期,叶一b。

③ 胡适:《新思潮的意义》,《胡适全集》第1册,合肥:安徽教育出版社,2003年,第699页。按:初刊于《新青年》1919年第7卷第1号,第5—12页。

④ 罗振玉:《贞松老人遗稿甲集·集蓼编》,《民国丛书》第5编第96册,叶八a。

⑤ 万国鼎:《古农书概论》,《万国鼎文集》,第328—330页。

非保全国粹之谊，且气候、土壤中外各殊。削趾适履，恐新步未得，转并故步而出之矣”。[①] 为此他提出了全面整理和继承古代农学的方案，打算编纂出版《笠园古农学丛书》，只是计划未能实现。

新中国成立后，在“整理祖国农学遗产”“古为今用”的号召下，当时对传统农书的整理研究，几乎都是以应用于现实生产为目的的。如石声汉整理《氾胜之书》就明确说：“我们祖国，农业科学方面的遗产，极为丰富……如何将这些丰富遗产加以发扬光大，并且利用着来为农业生产服务……古农书，必须经过一番整理……然后再进一步由实验研究，将接受下来的部分提高，用来指导生产。”[②]万国鼎也表示研究传统农书的目的就是“帮助农业科学研究为农业生产服务”[③]。再如江苏建湖县对为什么选释《田间五行》一书说明道：“《田家五行》一书虽然是六百多年前撰写的，但在今天，在气象工作中仍是一本有参考价值的书……‘古为今用’……以供广大基层气象台站、农村气象哨、组人员，以及上山下乡知识青年阅读、参考。”[④]和文献学范式相比，农学范式更是因应时代需要而产生的，这意味着真正实现这一研究范式的嬗递尚须“补课”，即完成上一阶段未完成的文献学研究任务。首先，虽然毛雝《中国农书目录汇编》让研究者对古代存在过的农书大体有数，但其收书存佚皆录，全国到底有多少古农书传世仍是一本糊涂账。因此从 1956 年开始，全国各省图书馆、各有关高校图书馆开展了

① 高润生：《尔雅谷名考》卷末《笠园征言启》，固安高氏笠园铅印本，1917 年，叶六 a。此条资料由我的研究生陈思佳同学帮助核对，顺致谢意！按：《笠园古农学丛书》仅出此一种，出版时间多据卷首高润生《自叙》署款系时“乙卯启蛰后三日”作 1915 年，实际上按卷首《参订姓氏》《采访姓氏》及卷末《答客难》记载，刊行时间应为 1917 年。

② 石声汉：《氾胜之书今释·前言》，第 1 页。

③ 万国鼎：《中国农业史料整理研究计划草案》，《万国鼎文集》，第 318 页。

④ 江苏省建湖县《田家五行》选释小组选释：《田家五行·前言》，北京：中华书局，1976 年，第 3—6 页。

馆藏古农书普查工作，编刊了一大批《××图书馆馆藏古农书目录》，后由北京图书馆编辑出版了《中国古农书联合目录》一书，收书643种，基本摸清了传世农书的"家底"。其次，毛雝《中国农书目录汇编》仅列书名而已，尚需一部介绍较为详明的目录学著作以为普通研究人员入门津梁。1947年梁家勉曾打算撰写《中国古农书解题》解决此一问题而未毕功，直到1957年王毓瑚出版《中国农学书录》才算完成这一任务。《中国农学书录》收书542种，涵盖整个中国传统时期，分类较为简明，叙录较为详实，故深受欢迎而影响广大，沾溉非只一代，时至今日仍为初学者必备之案头书。石声汉1963年也撰成《中国古代农书评介》一书，该书虽更为深入精到，然仅介绍重要农书，收书明显偏少，且当时未能出版，故影响远逊王书。三位大家不约而同想做、做了同样工作，说明了当时继续文献学范式研究的必要性。实际上，万国鼎领导的原金陵大学研究计划之所以得以继续，也正因其是一种必要的"补课"。所以，农学范式下的传统农书研究，一开始大都采取注释、今译的形式。初看起来注释、今译似乎属于文献学研究，但其整理注译的目的不是疏通文意、恢复书的原貌，而是弄清、取用书中所记农业技术以指导现实农业生产。直到1978年，汤逸人在《中国畜牧业史料集》序中仍然强调："解放后，在党的正确领导和关怀下，对古代农业文献的搜集、校勘、注释，已经做了不少工作……《中国畜牧史料集》的编纂，目的是更好地促进这项工作的开展，继承和发扬祖国的文化遗产，取其精华，去其糟粕，做到古为今用，为建设现代化的社会主义畜牧业作出新的贡献。"[①]总之，这种文献学研究其表而农学研究其里的农学范式成果，正是新中国成立三十年传统农书研究因应时代主题的一个特殊表现。

改革开放后，农业生产方式由传统农业完全过渡到现代农业（以化石能源和现代化农业机械、化学肥料及药剂、现代生物育种

① 张仲葛、朱先煌主编：《中国畜牧史料集》，北京：科学出版社，1986年，第1页。

技术等为标志)，传统农书中的农学知识显然无法再指导现代农业生产活动。同时，随着整个社会经济水平的提升，增强民族文化自信成为新的时代主题，传统农书研究便由农学范式转向历史学范式，认识、发掘其作为优秀传统文化的丰富内涵成为潜在价值取向，经济史范式、社会史范式、环境史范式、灾害史范式、思想史范式纷起竞秀，传统农书研究遂再次迎来新的突破和进展。夏纬瑛本拟撰《先秦农学》后改为《先秦农业史》一书——由农学范式改为经济史范式——就是一个著例：

> 解放初期，农学界的朋友们都在响应党的号召，整理祖国农业遗产……有人给我出题目，要我写《先秦农学》，我答应了，并进一步去搜集、整理有关资料……(**改革开放后**)有研究历史的朋友同我闲谈，谈到古代社会发展情况，说农业在我国古代社会经济中占着重要的地位，农业的发展与社会制度的发展也有着密切的联系，不如改过去的《先秦农学》为《先秦农业史》。我同意他们的说法。[①]

综上可见，对时代主题的因应是传统农书研究深入发展的保证。

(二) 理论借鉴是传统农书研究范式转移的学理基础

传统农书只是研究材料，各种研究范式都是汲取其他学科理论、方法形成的，尤其是历史学范式。历史学研究范围涵盖一切学科，自借各学科研究方法为方法，故自然科学兴起则有“史学科学化”转向，社会科学鼎盛则有“经济学转向”“社会学转向”“人类学转向”，后现代思潮滥觞则有包括“语言学转向”“身体史转向”等在内的所谓“后现代转向”。传统农书研究在历史学范式指导下吸收借鉴各学科理论、方法以获得新发展既为题中应有之义，也为研究实践所证明：理论借鉴是传统农书研究范式转移的学理基础，是其

① 夏纬瑛：《〈诗经〉中有关农事章句的解释・序言》，北京：农业出版社，1981年，第1页。

在新的社会发展阶段深入推进的前提条件。兹以水利社会史研究的兴起为例略予说明：

水利史研究自郑肇经《中国水利史》（商务印书馆，1939 年）肇端，传统取向为水利技术史，主要探讨历史时期江河治理、水利工程、农田水利技术等内容，前揭姚汉源、周魁一著作是为典型的代表性成果。1980 年代社会史研究复兴之后，水利史汲取社会史研究理论方法，以水利为切入点，将目光投向国家、基层组织、宗族、信仰、民俗、区域社会等以往不太注意的对象和关系，提出了“水利共同体”“水利社会”等新范畴，涌现出一大批极具分量的创新性成果。[①] 甚至仅是水权纠纷，也产生了大量新成果，[②]深入探讨了用水纠纷、排水纠纷、水利产权纠纷各种纠纷类型。可见，水利史在社会史范式引领下取得了巨大的成功，可以说在很大程度上已被

---

① 如王建革《河北平原水利与社会分析（1368—1949）》（《中国农史》2000 年第 2 期，第 55—65 页），冯贤亮《明清江南地区的环境变动与社会控制》（上海：上海人民出版社，2002 年），钞晓鸿《灌溉、环境与水利共同体——基于关中中部的分析》（《中国社会科学》2006 年第 4 期，第 190—204、209 页），钱杭《共同体理论视野下的湘湖水利集团——兼论“库域型”水利社会》（《中国社会科学》2008 年第 2 期，第 167—185、208 页），胡英泽《流动的土地——明清以来黄河小北干流区域社会研究》（北京：北京大学出版社，2012 年），鲁西奇《“水利社会”的形成——以明清时期江汉平原的围垸为中心》（《中国经济史研究》2013 年第 2 期，第 122—139、172、176 页），和卫国《治水政治：清代国家与钱塘江海塘工程研究》（北京：中国社会科学出版社，2015 年），张景平、王忠静《从龙王庙到水管所——明清以来河西走廊灌溉活动中的国家与信仰》（《近代史研究》2016 年第 3 期，第 77—87、161 页）等。

② 如行龙《明清以来山西水资源匮乏及水案初步研究》（《科学技术与辩证法》2000 年第 6 期，第 31—34 页），赵世瑜《分水之争：公共资源与乡土社会的权利与象征——以明清山西汾水流域的若干案例为中心》（《中国社会科学》2005 年第 2 期，第 189—203、208 页），张小军《复合产权：一个实质论和资本体系的视角——山西介休洪山泉的历史水权个案研究》（《社会学研究》2007 年第 4 期，第 23—50、243 页）等。

改写为"水利社会史"。非常明显,传统农书研究发展、研究范式转移离不开对其他学科理论的借鉴与运用。

至于说学术创新是传统农书研究范式转移的内生动力、是传统农书研究深入发展的根本性推动力量,此理极显,毋庸赘言。最后要指出的是,上述三点实际上是三位一体的:因应时代主题,从社会现实潜在需要中发掘学术新议题,必须借鉴并吸收其他学科的理论与方法,也必须坚持学术创新,才能取得真正具有进步意义的研究成果。借鉴并吸收其他学科的理论与方法,以学术创新为基本要求,必须落实到对时代主题的关注上,惟其如此,才能推动传统农书研究不断迈上新的台阶,产生的研究成果才能满足社会需求,才能更好地对优秀传统文化加以继承和发扬。质言之,只有因应时代主题、从社会潜在需要中发掘学术新议题,借鉴并吸收其他学科的理论方法,不断开拓创新,才能持续推动学术研究向更高水平发展。

第三节　本书结构及相关说明

本书除绪论、结论、附录部分外,共分十四章。绪论部分首先梳理了中国传统农学、农书涵义演变的历史过程,并在此基础上提出了兼顾农学学科系统性和中国传统农书特殊性的分类法。其次梳理了中国传统学术转型以来的农书研究史,揭显、剖析了125年间研究范式的转移历程及其与社会发展、时代主题之间的深刻联系。第一章揭示、探讨了宋代农书激增现象及其原因,第二章论述宋代综合性农书,第三章论述宋代耕作、农具、农田水利类农书,第四章论述宋代作物类农书,第五章论述宋代蚕桑类农书,第六章论述宋代园艺类农书,第七章论述宋代畜牧类农书,第八章论述宋代水产类农书,第九章论述宋代食品加工类农书,第十章论述宋代灾害防治类农书,第十一章论述宋代最重要的代表性农书即陈旉《农书》,第十二章论述宋代农书的时空分布、传播方式及其与宋代农业发展的关系,第十三章论述宋代农书对后世农书的影响,最后一章即第十四章将宋代农书放到东亚视野下加以考察，论述其在东亚文化圈的传播和影响。结论部分则在各章具体研究的基础上，总结宋代农书的整体特点，客观揭示其在中国传统农学史上的地位。此外，产生于20世纪中期和21世纪初期的《中国农学书录》《中国农业古籍目录》两部目录学著作，堪称研究传统农书的架海金梁，是为学者入门、研究必备的案头书，但两书或囿于时代条件限制，或因书成众手，误收、失收的情况在所难免。因此，本书附录部分一则对两书误收宋代农书加以考辨，二则对两书失收的宋代农书以表格的形式加以集中揭显，以提高其著录的宋代农书部分的准确性和完备性，俾之发挥更大、更好的作用。

在具体研究过程中，除创新性外，本书尤其注重全面性、系统性两个努力方向或者说学术追求。所谓全面性，一是辑搜宋代农书要全，即在《中国农学书录》《中国农业古籍目录》基础上尽量全面地搜讨宋代农书，以使宋代农书得到更加全面地展现；二是对每一部宋代农书的内容、传世版本等都尽量加以详尽考论，以揭示该书全貌、显明其所载农业生产技术的具体成就或进步性所在。三是在可能的情况下，对每一农书作者的生平均详加考述。除了知其人方能更好地论其书外，主要是因为：首先，只有详细地考述作者生平，才能确知某一农书的成书时间，从而确定其是否为宋代农书、其与另一农书孰先孰后，惟其如此，才能正确揭显宋代农学进步轨辙、重构宋代农学知识谱系。如《中国农业古籍目录》著录《花经》一卷，云“（宋）张翊撰”[①]。《花经》最早见载于陶穀《清异录》，前有其所加按语：“张翊者，世本长安，因乱南来，先主（南唐开国之君李昪）擢置上列，时拜西平昌（西平昌不在南唐辖区，‘平’字衍。西昌治今江西泰和县）令，卒。翊好学，多思致，尝戏造《花经》。”[②]《花经》到底作于何时呢？恰好《江南野史》有较为详细的记载：

---

① 张芳、王思明主编：《中国农业古籍目录》，第85、240、278页。

② （宋）陶穀撰，孔一点校：《清异录》卷上，上海：上海古籍出版社，2012年，第36页。按：与《江淮异人录》合刊。

> (张翊)兄弟长力先业,能属文,入广陵,先主辅政,以射策中第,授武骑尉。先主移镇金陵,随渡江……嗣主(李璟)代立,例受庆恩,求以宁亲,授虔州观察判官、西昌令,假道还里,人荣之。在任多著政绩,然性褊躁,恃才靡有宽恕,每狎侮同寮、凌暴左右,致被鸩而卒。①

则张翊为南唐中主时人,且卒在宋立国之前,其《花经》显然不能视为宋代农书。但如果不详考张翊生平,率尔承已有研究之说,则宋代第一部综合性花谱之作不归于张宗诲《花木录》矣;更严重的是,这等于把宋代花卉园艺认识水平凭空提前了半个世纪。其次,只有详细考述作者生平,才不会张冠李戴,如《蕃牧纂验方》作者王愈,李心传《建炎以来系年要录》谓其"以赃败"②,就是将两王愈误为一人。再如很多研究者都以《水利编》《混俗颐生录》作者分别为郭威兵变时被杀的隐帝朝宰相王章、五代著名武将刘词,实际上应为南宋台州宁海人王章、宋代隐士刘词。不详细考证,则两书不为宋代农书矣。再次,只有详细地考述作者生平,才能揭示出社会关系(亲缘、地缘、学缘、交游等)对宋代农书激增发生的影响,换言之,即农学知识如何经由社会关系网络进行传播。如曾安止撰《禾谱》呈苏轼以观,东坡因作《秧马歌》;曾安止侄曾之谨又因东坡以《禾谱》不谱农具为憾而撰《农器谱》;曾之谨又向陆游求序,陆游缘之亦作《禾谱》。再如《田夫书》作者范如圭与朱松为僚友,次子范念德与松子朱熹为连襟,范念德与子元裕均师事朱熹,范元裕又为朱熹五女婿;朱熹老师刘子翚嗣子刘玶(本兄子羽之子)为范如圭二女婿,刘玶次子刘学古又为朱熹大女婿;《刘忠肃救荒录》之刘珙则是刘子羽长子,刘子羽又是朱熹义父;刘珙、刘玶、朱熹俱受学于

---

① (宋)龙衮:《江南野史》卷9,《金陵全书·乙编史料类》第6册,南京:南京出版社,2011年影印本,第154—155页。

② (宋)李心传撰,辛更儒点校:《建炎以来系年要录》卷43绍兴元年四月乙亥,上海:上海古籍出版社,2018年,第810页。

被称为武夷三先生的刘子翚、刘勉之、胡宪；刘子翚又是南宋初著名学者胡安国弟子，胡宪则是胡安国侄；刘珙子学雅（本兄刘玶长子），又师事朱熹；刘玶子学圃、学稼俱耕隐者，亦从朱熹学；吕祖谦亦与朱熹同学，曾祖吕希哲著有《岁时杂记》；朱熹著《（南康军）劝农文》，对比该文与陈旉《农书》，可知大较出于后者；朱熹姨表兄弟汪义和（母为祝确侄女、祖母为祝确妹）子汪纲后又刊刻陈旉《农书》；朱熹高弟刘清之亦著《农书》，刘清之是刘攽从曾孙，刘攽则著有宋代最早芍药专著《芍药谱》；朱熹友人陈胜私之父陈安节也著有《农书》。当然，笔者也确有详考全部宋代农学家生平事迹俾读者不待外求之意。

所谓系统性，一是建立一个在现代农学学科系统性、传统农学发展实际的特殊性和涵盖农书类型的全面性之间具有较好平衡的分类系统，将全部宋代农书纳入其中逐类加以研究；二是将宋代农书放到整个传统农书系统中加以评估；三是将宋代农书置于东亚文化圈这个更大的文化系统中加以考量。

以下对几个具体问题略作说明：

一是收书时间断限。本书所称宋代，起自宋朝建立，止于崖山覆灭，即公元960年至1279年。宋朝建立时，南方虽未混一，但考虑到农书所涉为农业生产技术，有其一致性或者说一般性，为了更好地揭示两宋320年间农书、农业、农学的整体面貌，笔者将宋建国后、太平兴国三年（979）吴越归地前诸国产生的农书一律纳入宋代农书范畴，如徐锴《岁时广记》虽成书于开宝八年（975）南唐降宋之前，本书仍视之为宋代时令类农书。实际上，这也是农史学界惯常作法，如大多数学者所习称的“宋代农书”释赞宁《笋谱》，就成书于其入宋前。但南宋存续期间金国、蒙元统治区域产生的农书并不同此例，因其最后并不像南唐、吴越等国一样统一于宋。另外在此顺便一提：各章对农书进行分类论述时，各农书原则上按成书时间先后排列。但有时为了兼顾以类相从，对此原则偶有突破，如第四章第二节“经济作物类农书”中，《糖霜谱》本当在丁黼《桐谱》之前，但因上一书为陈翥《桐谱》，故将丁谱与《糖霜谱》互乙；同一类农书内部，为了揭显地区差别也会加以调整，如第六章第二节第一小节“荔枝谱”中，虽《增城荔枝谱》成书于《莆田荔枝谱》之后，但因上一书为《广中荔枝谱》，《增城荔枝谱》所记亦广中荔枝，故先论此书再论《莆田荔枝谱》。有时为了行文方便，对此原则亦有突破，如第四章第三节“茶书类农书”中，《北苑修贡录》《茶说》成书分别在《北苑别录》《述煮茶泉品》之前，但前书佚而见载于后书，故先论后书，再论前书。再如第十章第一节“病虫防治类农书”中，因神宗、哲宗、徽宗所颁《捕蝗法》已佚，而内容又与传世的孝宗颁《捕蝗法》相若，故先论孝宗《捕蝗法》，再论前者。

二是“书”的标准。首先，包括宋代在内的古代，鸿篇巨制是较少的，尤其是子部书，大多篇幅短小。就本书搜讨的255种宋代农书而言，仅一卷的要占总数的三分之二；并且有些农书虽称一卷，实际上不过是一篇三五百字的短文而已。如著名的刘攽、王观、孔平仲撰芍药三谱，悉为短什，但宋以来史志书目率皆视为“书”而加以著录，此固不得以今日“书”之篇幅衡之。其次，有些“农书”本为宋人著作中的一章或一节，虽宋代未视之为“书”，但在元明清时期为编者、书坊析出，或单行或收入丛书，后人亦渐视之为“书”（于史志书目中加以著录），如周师厚《洛阳牡丹记》、林洪《新丰酒法》之类，本书亦承之而不据其本来加以沙汰。再次，亦不以散文语体作为判断标准，如《益部方物略记》虽为骈文、《山中咏橘长咏》虽为长诗、《菊花百咏》虽为组诗，但均非一般所谓托物言志、状景言情的咏物诗文，而重在介绍农业、农学技术知识，从内容看就是一本农书，不过是以韵语写就而已（三诗文均有很多知识性注释，严格说是韵散结合）；同时篇幅亦长，甚至远超很多习见散文体农书。对此类韵文，本书也纳之入宋代农书。实际上，古人亦作如是观，如人尽皆知的第一部竹类研究专著戴凯之《竹谱》就是韵语体，准确说是一首四言长诗（亦有散文自注，严格说也是韵散结合），而隋志、两唐志、《崇文总目》、《郡斋读书志》、《通志·艺文略》、《直斋书录解题》、《文献通考·经籍考》、《宋史·艺文志》等无不视之为农家类著作。

三是版本问题。对各宋代农书传世版本的揭述除据笔者在国家图书馆、各省市、各高校图书馆查询及相关农书版本研究专论外,主要参考者为《中国古籍总目》[①],《中国丛书综录》及其补正、续编[②],《中国古籍善本书目》[③],《中国善本书提要》[④],《日本藏汉籍善本书志书目集成》[⑤],《朝鲜时代书目丛刊》[⑥]等版本目录学著作。对于所论宋代农书,除了文献学研究所需或未经点校外,为了吸收学界最新研究成果,一般采相应点校本,但就笔者研究所及,近年来古籍整理点校工作虽然成绩巨大,却也是泥沙俱下,一些点校本(其中不乏多次再版者)确实质量太差,用之必然且引且校且正且补而雌黄满纸。对于此种情况,本书则摒而采用《丛书集成初编》

① 中国古籍总目编纂委员会编:《中国古籍总目·经部》,北京:中华书局,2012年;中国古籍总目编纂委员会编:《中国古籍总目·史部》,上海:上海古籍出版社,2009年;中国古籍总目编纂委员会编:《中国古籍总目·子部》,上海:上海古籍出版社,2010年;中国古籍总目编纂委员会编:《中国古籍总目·集部》,北京:中华书局,2012年;中国古籍总目编纂委员会编:《中国古籍总目·丛书部》,上海:上海古籍出版社,2009年。

② 上海图书馆编:《中国丛书综录》,上海:上海古籍出版社,1982年;阳海清编撰,蒋孝达校订:《中国丛书综录补正》,南京:江苏广陵古籍刻印社,1984年;施廷镛编撰:《中国丛书综录续编》,北京:北京图书馆出版社,2003年。

③ 中国古籍善本书目编辑委员会编:《中国古籍善本书目·经部》,上海:上海古籍出版社,1989年;中国古籍善本书目编辑委员会编:《中国古籍善本书目·史部》,上海:上海古籍出版社,1993年;中国古籍善本书目编辑委员会编:《中国古籍善本书目·子部》,上海:上海古籍出版社,1996年;中国古籍善本书目编辑委员会编:《中国古籍善本书目·集部》,上海:上海古籍出版社,1998年;中国古籍善本书目编辑委员会编:《中国古籍善本书目·丛部》,上海:上海古籍出版社,1990年。

④ 王重民:《中国善本书提要》,上海:上海古籍出版社,1983年。

⑤ 贾贵荣辑:《日本藏汉籍善本书志书目集成》,北京:北京图书馆出版社,2003年。

⑥ 张伯伟编:《朝鲜时代书目丛刊》,北京:中华书局,2004年。

《四部丛刊》本，或者《四库全书》《说郛》《百川学海》诸本。有些宋代农书在后世传承过程中，错讹改窜严重，为了见其原貌、避免无根之论，本书一般采用该书最早版本并予校证。

就选用的整理、标点本而言，其文字、标点倘有小误，征引时则径为改正。如《淮海集笺注·蚕书》"不三日，遂茧，凡眠已。初食，布叶勿掷，掷则蚕惊"[1]，当作"不三日，遂茧。凡眠已初食，布叶勿掷，掷则蚕惊"。《酒经译注》"使道人头、蛇麻花水共七升"[2]应句读为"使道人头、蛇麻、花水（清晨第一汲井水）共七升"。《周必大全集》"'胡制置，果然胡，制置折提刑，毕竟折提刑'，'高路分却成低路分，成将军乃是败将军'"[3]，应标点为"胡制置果然胡制置，折提刑毕竟折提刑，高路分却成低路分，成将军乃是败将军"。为免烦琐，本书径改而不出注或随文略予说明。但对于重要错误，则随文标示或加注释说明理据。如《客座赘语》点校本"庆历间，士大夫家间有开局造酒者，前此如王虚窗之真一、徐启东之凤泉……皆名佳酝"[4]，"庆历"二字应句读为"庆、历"，因此"庆历"非北宋年号，故本书征引时改作"（隆）庆、（万）历间，士大夫家间有开局造酒者……"以明其所以误。《丛书集成初编》本《桐谱》"其叶味苦，寒，无毒，主恶蚀疮。荫皮主五痔，杀三虫，疗贲豚气病；其花饲猪，肥大三倍"[5]，应为"其叶味苦，寒，无毒，主恶蚀疮著阴；皮主五痔，杀三虫，疗贲豚气病；其花饲猪，肥大三倍"，则在注释中引《说郛》百卷本及此语所出之《神农本草经》原文说明校改依据。《遵生八笺

---

① （宋）秦观撰，徐培均笺注：《淮海集笺注·后集》卷6《蚕书》，上海：上海古籍出版社，1994年，第1516—1517页。

② （宋）朱肱撰，宋一明、李艳译注：《酒经译注》卷中，第23页。

③ （宋）周必大撰，王蓉贵、（日）白井顺点校：《周必大全集》卷181《二老堂杂志二》，成都：四川大学出版社，2017年，第1708页。

④ （明）顾起元撰，谭棣华、陈家禾点校：《客座赘语》卷9，北京：中华书局，1987年，第304—305页。

⑤ （宋）陈翥：《桐谱》，《丛书集成初编》第1352册，长沙：商务印书馆，1939年，第2页。

校注》本“鱼魫兰，质不莹洁，不须以秽腻之物浇之”[①]当作“鱼魫兰，质莹洁，不须以秽腻之物浇之”，文意正好相反，亦出注说明理由。

四是繁简字问题。对姓名、地名、官称等专名本应使用繁体字以与历史事实相符，但有些专名使用简体字已为人所熟知，亦皆知其有对应的繁体字，对此本书率用简体，如苏轼并不写成“蘇軾”，岳飞并不写成岳飛，永兴军并不写成“永興軍”，会稽并不写成“會稽”，但对简化将导致误解或错误者则从用繁体本字，如陶穀、丘濬、周煇、赵与旹、帐幹、於潜并不简作陶谷、丘浚、周辉、赵与时、帐干、于潜。古今字、讹俗字亦从原字，异体字与通用字相近者径改，字形差别较大者则予保留，如周守忠字“槖庵”并不写成“松庵”，陈旉《农书》之“蘇碎”并不写成“酥碎”，《闲情录》之“汙(泉)”并不写成“污(泉)”。对于宋代地名一般均括注当代地名，但古今相同者则不标注以省辞费(有时因行文需要亦加标注)。

已有研究成果中，有些前辈学者的传世名作成就卓越而影响巨大，包括笔者在内的研究者均借之获益良多，但由于时代或资料条件限制，难免偶有错讹之处，本书对此均不避续貂之嫌而为补苴。因为在笔者看来，学术永无止境，在前哲奠定的基础上有所推进才是对其真正的尊重和继承。最后要说明的是，本临文不讳之通例，本书提到今人时一律不加“先生”等敬称，尚请各位师长及朋辈先进鉴谅。

---

① (明)高濂著，赵立勋校注:《遵生八笺校注》卷16《燕闲清赏笺》下，第656—658页。

第一章　宋代农书的迅猛增长及其原因

唐代农书不到 30 部，包括唐代在内的前此农书总计也只有 70 余种。有宋一代农书，成书于 1950 年代的《中国农学书录》著录为 115 种，成书于 21 世纪初的《中国农业古籍目录》著录为 136 种，据笔者多年来的搜讨研究，宋代农书远逾其数，多达 255 种，是唐代的 9 倍，是包括唐代在内的前此历代农书总和的 3.3 倍。宋代是中国历史上农书数量迅猛增长的时期，宋代农书迅猛增长是各种因素共同作用的结果。

第一节　宋代农书的迅猛增长

宋代农书包括综合性农书 54 种，其中通论类农书 18 种，时令、占候类农书 21 种，方物、类书类农书 15 种；耕作、农具、农田水利类农书 10 种，其中耕作、农具类农书 2 种，农田水利类农书 8 种；作物类农书 38 种，其中粮食作物类农书 2 种，经济作物类农书 36 种（其中茶书 28 种）；蚕桑类农书 5 种；园艺类农书 58 种，其中花谱类农书 45 种，果谱类农书 9 种，蔬菜类农书 4 种；畜牧类农书 35 种，其中饲育类农书 15 种，兽医类农书 12 种，相畜类农书 8 种；水产类农书 3 种；食品加工类农书 40 种，其中食谱食疗类农书 31 种，酿酒类农书 9 种；灾害防治类农书 12 种，其中病虫防治类农书 5 种，救荒类农书 7 种。兹都为下表（表 1），俾便对宋代农书有一个全景式的了解。

表1　宋代农书一览表

类别			序号	书名	作者	存佚	篇幅
综合性农书	通论类农书		1	《大农孝经》	贾元道	佚	1卷
			2	《本书》	何亮	佚	3卷
			3	《农子》	熊寅亮	佚	1卷
			4	《农家切要》	佚名	佚	1卷
			5	《田经》	佚名	佚	1卷
			6	《秦农要事》	佚名	佚	不详
			7	《鄙记》	佚名	佚	不详
			8	延春阁《耕织图》	佚名	佚	1卷
			9	《耕织图》	楼璹	存	1卷
			10	《田夫书》	范如圭	佚	1卷
			11	《农书》	陈旉	存	3卷
			12	《耕桑治生要备》	何先觉	佚	2卷
			13	《农书》	陈安节	佚	3卷
			14	《农书》	刘清之	佚	不详
			15	《农书》	陈峻	佚	3卷
			16	《××》	佚名	佚	不详
			17	《种艺必用》	吴怿	存	不详
			18	《耕禄藁》	胡锜	存	1卷
	时令类、占候类农书	时令类农书	1	《岁时广记》	徐锴	佚	120卷
			2	《真宗授时要录》	官撰	佚	12卷
			3	《十二月纂要》	佚名	佚	1卷
			4	《四序总要》	李彤	佚	4卷
			5	《四时总要》	李彤	佚	12卷
			6	《农历》	邓御夫	佚	120卷

续表

类别			序号	书名	作者	存佚	篇幅
综合性农书	时令类、占候类农书	时令类农书	7	《时镜新书》	刘安靖	佚	5卷
			8	《十二月镜》	任琬	佚	1卷
			9	《岁时杂记》	吕希哲	存	2卷
			10	《岁时杂录》	佚名	佚	20卷
			11	《岁中记》	佚名	佚	1卷
			12	《续时令故事》	佚名	佚	1卷
			13	《时令书》	刘清之	佚	不详
			14	《节序故事》	许尚	佚	12卷
			15	《夏时志别录》	张方	佚	1卷
			16	《养生月览》	周守忠	存	2卷
			17	《岁时广记》	陈元靓	存	40卷
			18	《乾淳岁时记》	周密	存	1卷
		占候类农书	1	《耒耜岁占》	邢昺	佚	3卷
			2	《吴中风俗占》	佚名	佚	不详
			3	《鹰鹞候诀》	王立豹	佚	1卷
	方物类、类书类农书	方物类农书	1	《番禺纪异》	冯拯	佚	5卷
			2	《剑南风物三十八种》	沈立	佚	1卷
			3	《益部方物略记》	宋祁	存	2卷
			4	《梦溪忘怀录》	沈括	存	3卷
			5	《郊居草木记》	佚名	佚	1卷
			6	《桂海虞衡志》	范成大	存	宋代书目著录为2卷或3卷，传世有1卷本和13卷本之分
			7	《桂海花木志》	范成大	存	1卷
			8	《岭外代答》	周去非	存	10卷

续表

类别			序号	书名	作者	存佚	篇幅
综合性农书	方物类、类书类农书	类书类农书	1	《清异录》	陶穀	存	2 卷，一分 4 卷
			2	《琐碎录》	温革	存	20 卷
			3	《续琐碎录》	陈晔	佚	20 卷
			4	《山家清事》	林洪	存	1 卷
			5	《养生杂类》	周守忠	存	22 卷
			6	《事林广记》	陈元靓	存	94 卷
			7	《全芳备祖》	陈景沂	存	58 卷
耕作、农具、农田水利类农书	耕作、农具类农书		1	《农器图》	杜詹	佚	不详
			2	《农器谱》	曾之谨	佚	5 卷
	农田水利类农书		1	《吴门水利书》	郏亶	存	4 卷
			2	《水利书略》	郏侨	存	1 卷
			3	《吴郡图经续记》	朱长文	存	3 卷
			4	《吴中水利书》	单锷	存	1 卷
			5	《三十六浦利害》	赵霖	存	1 卷
			6	《治田三议》	李结	存	1 卷
			7	《水利编》	王章	佚	3 卷
			8	《四明它山水利备览》	魏岘	存	2 卷
作物类农书	粮食作物类农书		1	《禾谱》	曾安止	残存	5 卷
			2	《禾谱》	陆游	佚	不详
	经济作物类农书		1	《竹谱》	钱昱	佚	3 卷
			2	《竹谱》	释惠崇	佚	1 卷
			3	《竹谱》	吴良辅	佚	2 卷
			4	《续竹谱》	佚名	佚	1 卷

续表

类别		序号	书名	作者	存佚	篇幅
作物类农书	经济作物类农书	5	《竹史》	高似孙	佚	不详
		6	《桐谱》	陈翥	存	1卷
		7	《桐谱》	丁黼	佚	不详
		8	《糖霜谱》	王灼	存	1卷
	茶书类农书	1	《荈茗录》	陶穀	存	1卷
		2	《北苑茶录》	丁谓	佚	3卷
		3	《补茶经》	周绛	佚	1卷
		4	《茶说》	温×	佚	1卷
		5	《述煮茶泉品》	叶清臣	存	1卷
		6	《北苑拾遗》	刘异	佚	1卷
		7	《茶录》	蔡襄	存	1卷
		8	《东溪试茶录》	宋子安	存	1卷
		9	《北苑总录》	曾伉	佚	12或14卷
		10	《品茶要录》	黄儒	存	1卷
		11	《建安茶记》	吕惠卿	佚	1卷，一作2卷
		12	《建安茶录》	吕仲甫	佚	不详
		13	《茶论》	沈括	佚	不详
		14	《雅州蒙顶茶记》	王庠	存	1卷
		15	《大观茶论》	赵佶	存	1卷
		16	《紫云坪植茗灵园记》	王敏	存	1卷
		17	《茶山节对》	蔡宗颜	佚	1卷
		18	《茶谱遗事》	蔡宗颜	佚	1卷
		19	《斗茶记》	唐庚	存	1卷

续表

类别			序号	书名	作者	存佚	篇幅
作物类农书	茶书类农书		20	《婺源茶录》	章炳文	佚	1卷
			21	《龙焙美成茶录》	范逵	佚	1卷
			22	《宣和北苑贡茶录》	熊蕃	存	1卷
			23	《茶录》	朱胜非	存	1卷
			24	《北苑煎茶法》	佚名	佚	1卷
			25	《北苑修贡录》	佚名	佚	1卷
			26	《北苑别录》	赵汝砺	存	1卷
			27	《茶苑杂录》	佚名	佚	1卷
			28	《茶杂文》	佚名	佚	1卷
蚕桑类农书			1	《蚕书》	孙光宪	佚	2卷
			2	《淮南王蚕经》	托名刘安	佚	3卷
			3	《蚕书》	秦观	存	1卷
			4	《养蚕经》	李元真	佚	1卷
			5	《〈蚕织图〉注》	吴皇后	存	1卷
园艺类农书	花谱类农书	综合性花谱	1	《花木录》	张宗诲	佚	7卷
			2	《洛阳花木记》	周师厚	存	1卷
			3	《四时栽接花果图》	佚名	佚	1卷
			4	《四时栽接记》	佚名	佚	1卷
			5	《牡丹芍药花品》	佚名	佚	7卷
			6	《张约斋种花法》	张镃	存	1卷
		牡丹谱	1	《越中牡丹花品》	释仲休	佚	1卷
			2	《花品》(稿)	钱惟演	佚	1卷
			3	《冀王宫花品》	赵守节	佚	1卷

续表

类别			序号	书名	作者	存佚	篇幅
园艺类农书	花谱类农书	牡丹谱	4	《洛阳牡丹记》	欧阳修	存	1卷
			5	《范尚书牡丹谱》	范镇	佚	不详
			6	《洛阳贵尚录》	丘濬	佚	1卷，一说10卷
			7	《牡丹荣辱志》	丘濬	存	1卷
			8	《吴中花品》	李英	存	1卷
			9	《牡丹记》	沈立	佚	10卷
			10	《洛阳牡丹记》	周师厚	存	1卷
			11	《花谱》	张峋	佚	3卷，亦作2卷、1卷
			12	《江都花谱》	佚名	佚	1卷
			13	《陈州牡丹记》	张邦基	存	1卷
			14	《天彭牡丹谱》	陆游	存	1卷
			15	《牡丹谱》	胡元质	存	1卷
			16	《彭门花谱》	任璹	佚	1卷
		芍药谱	1	《芍药谱》	刘攽	存	1卷
			2	《芍药谱》	王观	存	1卷
			3	《芍药谱》	孔武仲	存	1卷
		菊谱	1	《菊谱》	文保雍	佚	1卷
			2	《菊谱》	刘蒙	存	1卷
			3	《菊谱》	史正志	存	1卷
			4	《菊图》	东阳某圃户	佚	1卷
			5	《菊谱》	范成大	存	1卷
			6	《图形菊谱》	胡融	存	2卷

续表

类别			序号	书名	作者	存佚	篇幅
园艺类农书	花谱类农书	菊谱	7	《菊谱》	沈荘可	佚	1卷
			8	《菊谱》	沈竞	存	1卷
			9	《菊谱》	马揖	存	1卷
			10	《百菊集谱》	史铸	存	7卷
			11	《阆风菊谱》	舒岳祥	佚	不详
			12	《菊花百咏》	张逢辰	存	1卷
		梅谱	1	《梅谱》	范成大	存	1卷
			2	《梅品》	张镃	存	1卷
		兰谱	1	《金漳兰谱》	赵时庚	存	1卷，一分3卷
			2	《兰谱》	王贵学	存	1卷
		其他花谱	1	《海棠记》	沈立	佚	1卷
			2	《海棠谱》	陈思	存	有3卷本、1卷本、2卷本之分
			3	《玉蕊辨证》	周必大	存	1卷
			4	《琼花记》	杜斿	存	1卷
	果谱类农书	荔枝谱	1	《广中荔枝谱》	郑熊	存	不详
			2	《增城荔枝谱》	张宗闵	佚	1卷
			3	《莆田荔枝谱》	徐师闵	佚	1卷
			4	《荔枝谱》	蔡襄	存	1卷
			5	《荔枝故事》	蔡襄	佚	1卷
			6	《荔枝录》	曾巩	存	1卷
			7	《续荔枝谱》	陈宓	佚	不详

续表

类别		序号	书名	作者	存佚	篇幅
园艺类农书	柑橘谱	1	《山中咏橘长咏》	陈舜俞	存	1卷
		2	《橘录》	韩彦直	存	3卷
	蔬菜类农书	1	《笋谱》	释赞宁	存	1卷
		2	《菌谱》	陈仁玉	存	1卷
		3	《蔬品谱》	陈元靓	佚	1卷
		4	《食物本草》	陈元靓	佚	1卷
畜牧类农书	饲育类农书	1	《辨养良马论》	佚名	佚	1卷
		2	《马经》	佚名	佚	1卷
		3	《马经》	李诚	佚	3卷
		4	《马书》	佚名	佚	1卷
		5	《骐骥须知》	佚名	佚	1卷
		6	《育骏方》	佚名	佚	3卷
		7	《牛会》	佚名	佚	1卷
		8	《晋牛经》	佚名	佚	1卷
		9	《牛马书》	佚名	佚	1卷
		10	《牛书》	贾朴	佚	1卷
		11	《辨五音牛栏法》	佚名	佚	1卷
		12	《牛黄经》	佚名	佚	1卷
		13	《论驼经》	佚名	佚	1卷
		14	《东川白氏鹰经》	佚名	佚	1卷
		15	《牧养志》	陈元靓	佚	1卷
	兽医类农书	1	《疗马集验方》	朱峭	佚	不详
		2	《景祐医马方》	佚名	佚	1卷
		3	《医马经》	佚名	佚	1卷

续表

类别		序号	书名	作者	存佚	篇幅
畜牧类农书	兽医类农书	4	《绍圣重集医马方》	佚名	佚	1卷
		5	《蕃牧纂验方》	王愈	存	2卷
		6	《马经五脏论》	佚名	佚	7卷
		7	《明堂灸马经》	佚名	佚	2卷
		8	《相马病经》	佚名	佚	3卷
		9	《医牛经》	托名贾耽	佚	不详
		10	《医驼方》	佚名	存	1卷
		11	《疗驼经》	佚名	佚	1卷
		12	《鹰鹞五脏病源方论》	佚名	佚	1卷
	相畜类农书	1	《相马经》	佚名	佚	1卷
		2	《周穆王相马经》	托名周穆王	佚	3卷
		3	《辨马图》	佚名	佚	1卷
		4	《马口齿诀》	佚名	佚	1卷
		5	《集马相书》	孙珪	佚	1卷
		6	《相马经》	托名萧绎	佚	1卷
		7	《相马经》	陈元靓	佚	1卷
		8	《相犬经》	佚名	佚	1卷
水产类农书		1	《蟹谱》	傅肱	存	2卷
		2	《蟹略》	高似孙	存	4卷
		3	《鱼书》	佚名	佚	1卷

续表

类别		序号	书名	作者	存佚	篇幅
食品加工类农书	食谱、食疗类农书	1	《馔林》	佚名	佚	5卷
		2	《萧家法馔》	佚名	佚	3卷
		3	《江飧馔要》	黄克明	佚	1卷
		4	《侍膳图》	佚名	佚	1卷
		5	《蔬食谱》	郭长儒	佚	1卷
		6	《珍庖馐录》	佚名	佚	1卷
		7	《诸家法馔》	佚名	佚	1卷
		8	《续法馔》	曹子休	佚	不详
		9	《古今食谱》	佚名	佚	3卷
		10	《食法》	王易简	佚	10卷
		11	《膳夫录》	郑望之	存	1卷
		12	《玉食批》	司膳内人	存	1卷
		13	《珍庖备录》	佚名	佚	1卷
		14	《食鉴》	郑樵	佚	4卷
		15	《山家清供》	林洪	存	2卷
		16	《本心斋蔬食谱》	夏讷斋	存	1卷
		17	《食品谱》	陈元靓	佚	1卷
		18	《山居饮食谱》	陈元靓	佚	1卷
		19	《汤水谱》	陈元靓	佚	1卷
		20	《果食谱》	陈元靓	佚	1卷
		21	《粥品》	东溪遯叟	佚	1卷
		22	《粉面品》	东溪遯叟	佚	1卷
		23	《四时颐养录》	赵自化	佚	5卷
		24	《养身食法》	佚名	佚	3卷

续表

类别		序号	书名	作者	存佚	篇幅
食品加工类农书	食谱、食疗类农书	25	《混俗颐生录》	刘词	存	2卷
		26	《东坡养生集》	苏轼	存	12卷
		27	《诠食要法》	佚名	佚	不详
		28	《奉亲养老书》	陈直	存	1卷
		29	《食医纂要》	佚名	佚	不详
		30	《食禁经》	高伸等	佚	3卷
		31	《食治通说》	娄居中	佚	1卷
	酿酒类农书	1	《酒谱》	窦苹	存	1卷
		2	《酒经》	苏轼	存	1卷
		3	《酒经》	朱肱	存	有3卷本、1卷本之分
		4	《酒谱》	葛澧	佚	1卷
		5	《酒名记》	张能臣	存	1卷
		6	《桂海酒志》	范成大	存	1卷
		7	《酒尔雅》	何剡	存	1卷
		8	《新丰酒法》	林洪	存	1卷
		9	《酒曲谱》	陈元靓	佚	1卷
灾害防治类农书	病虫防治类农书	1	《捕蝗法》	官颁	佚	当为1卷
		2	《捕蝗法》	官颁	佚	当为1卷
		3	《捕蝗法》	官颁	佚	当为1卷
		4	《捕蝗法》	官颁	存	当为1卷
		5	《答朱寀捕蝗诗》	欧阳修	存	1卷

续表

<table>
<tr><th colspan="2">类别</th><th>序号</th><th>书名</th><th>作者</th><th>存佚</th><th>篇幅</th></tr>
<tr><td rowspan="7">灾害防治类农书</td><td rowspan="7">救荒类农书</td><td>1</td><td>《救荒活民书》</td><td>董煟</td><td>存</td><td>4卷</td></tr>
<tr><td>2</td><td>《青社赈济录》</td><td>富弼</td><td>存</td><td>1卷</td></tr>
<tr><td>3</td><td>《仁政活民书》</td><td>丁锐</td><td>佚</td><td>2卷</td></tr>
<tr><td>4</td><td>《刘忠肃救荒录》</td><td>王居仁</td><td>佚</td><td>5卷</td></tr>
<tr><td>5</td><td>《救荒录》</td><td>赵彦覃</td><td>佚</td><td>不详</td></tr>
<tr><td>6</td><td>《江东救荒录》</td><td>真德秀</td><td>佚</td><td>不详</td></tr>
<tr><td>7</td><td>《茹草纪事》</td><td>林洪</td><td>存</td><td>1卷</td></tr>
</table>

第二节　宋代农书迅猛增长的原因

从根本上说，宋朝建立、统一过程中，与秦汉之交、两汉之交、隋唐之交不同，没有连年累月的超大规模战争对人口的损耗，因此人口数量激增，至北宋末年在中国历史上第一次超过1个亿，人地矛盾突出；南宋时受到的破坏亦不算太大，加上北方流民大量南徙，人多地少的矛盾仍然存在。同时，两宋虽然长期处于和平发展之中，但又始终面临勍敌环伺之局，故可说一直都保持着战备状态，需要强大经济力量支撑。这就迫使两宋政府、人民积极发展农业生产，以满足不断增长的粮食、蔬果等农产品需求。主要措施则不外乎两点，一是开荒辟土增加耕地总面积，二是充分挖掘土地潜力提高单产。要实现这两个目标，必然讲求农业生产技术，这自然刺激农书数量大增；反过来，农业极大发展（包括农业部门内部结构变动）的结果又进一步刺激农学全方位、多角度发展，从而使得各类农书在数量上获得增加。具体地讲，从政府、民众重视农业生产的具体措施和社会条件看，除已有研究提到的宋代士人某种程度上对农耕态度的改变、理学格物致知治学方法的影响、[1]宋代官

[1] 曾雄生：《中国农学史》，第335、340页。

员不乏出身农家者因而拥有农事经验及宋代印刷业发达[①]等，笔者认为最主要的原因有三点：一是宋朝政府对农业生产技术非常重视，二是宋代教育极大发展，三是宋人颇具创新意识。

一、政府重视农业生产技术奠定了政策基础

中国是农业国家，“民为邦本，食乃民天”[②]，历代大都重视农业。宋朝因为面临前所未有的人口压力，立国之初太祖即经常性地“诏郡国长吏劝民播种”“谕郡国长吏劝农耕作”[③]。太宗初年更命全国各地以“练土地之宜，明种树之法”[④]者置为农师，不久又有劝农使之设：至道二年(996)以太常博士、直史馆陈靖为劝农使，按行陈、许、蔡、颍、襄、邓、唐、汝等州劝民垦田，以大理寺丞皇甫选、光禄寺丞何亮副之。[⑤] 此在真宗初年成为制度：“少卿监、刺史、閤门使已上知州者，并兼管内劝农使，余及通判并兼劝农事，诸路转运使、副并兼本路劝农使。”[⑥]熙丰变法时，所推行的行政机构改革举措亦以发展农业为旨归，增设提举常平司为路级监司(南宋初期偶废)，其主要职责是主管常平仓和义仓、赈济灾民、兼领慈善事务、盐法改革和买纳盐场、兼管矿业生产、按察官吏等(始设时还负

---

① 方健：《南宋农业史》，北京：人民出版社，2010年，第395—396页。

② 司羲祖整理：《宋大诏令集》卷182《置农师诏》，北京：中华书局，1962年，第659页。

③ 《宋史》卷1《太祖本纪一》，北京：中华书局，1977年点校本，第10、16页。

④ 司羲祖整理：《宋大诏令集》卷182《置农师诏》，第659页。按：农师是为职役，随着地方行政机构劝农职权的赋与，很快罢废。详参张松松：《北宋农师初探》，《古今农业》2015年第2期，第39—45页。

⑤ (宋)李焘：《续资治通鉴长编》卷40至道二年秋七月庚申，北京：中华书局，1992年点校本，第846页。

⑥ (宋)李焘：《续资治通鉴长编》卷62景德三年二月丙子，第1386页。按：真宗末期改以诸路提点刑狱为劝农使、副使兼提点刑狱公事，同时在个别地区还设置了专门的劝农使。详参耿元骊：《宋代劝农职衔研究》，《中国社会经济史研究》2007年第1期，第17—26页。

责主持一路变法政务)。[①] 此外,转运使司、提点刑狱司、安抚司也都承担有相应的发展农业生产的职能。[②] 宋代农业管理机构如此庞杂,确实卓有成效,以致有“农业革命”“绿色革命”一类说法。[③]

宋朝朝廷和地方行政机构在组织、管理、推动农业发展方面,一个重要的措施就是重视农业生产技术推广,这为宋代农书的激增奠定了政策基础。景德元年(1004),真宗诏“取户税条目及臣民所陈农田利害编为……《景德农田敕》五卷”,随后“雕印攽行民间,咸以为便”。[④] 大中祥符五年(1012),因江、淮、两浙路稍旱即水田不登,真宗乃遣使从福建取占城稻三万斛分给三路,并“出种法付转运使揭榜谕民”。[⑤] 天禧四年(1020),复“雕印《四时纂要》《齐民要术》付诸道劝农司,以勖民务”。[⑥] 熙宁二年(1069)神宗以农田条约攽诸路[⑦],又要求“凡有能知土地所宜、种植之法”者“编为图籍,上之有司”[⑧]。南宋绍兴十九年(1149)秋,高宗“颁诸农书于郡邑”。[⑨] 两宋还有中和节“百官进农书,内出中和历敕赐群臣”[⑩]的

---

① 详参贾玉英:《宋代提举常平司制度初探》,《中国史研究》1997年第3期,第99—107页。

② 详参程松:《宋代农业管理机构研究——宋代职官的农业管理职能》,郑州大学硕士学位论文,2009年,第16—23页。

③ “革命”之说容有争议,但宋代农业生产取得了巨大的发展与进步则是显然的。参见拙文《宋代农书的时空分布及其传播方式》,《自然科学史研究》2011年第1期,第68页注①。

④ (宋)李焘:《续资治通鉴长编》卷61景德二年十月己卯,第1764页。

⑤ (宋)李焘:《续资治通鉴长编》卷77大中祥符五年五月戊辰,第1764页。

⑥ (宋)李焘:《续资治通鉴长编》卷95天禧四年四月癸卯,第2191页。

⑦ (宋)王应麟纂:《玉海》卷178《食货·农书》,南京、上海:江苏古籍出版社、上海书店,1987年影印本,第3274页。

⑧ 《宋史》卷95《河渠志五》,第2367页。

⑨ 《宋史》卷30《高祖本纪七》,第570页。

⑩ (宋)曾慥撰,王汝涛等校注:《类说校注》卷6,福州:福建人民出版社,1996年,第173页。

惯例。这些政策措施无疑会刺激更多农书产生。

对地方州县官员而言,"农桑垦殖、野无旷土、水利兴修"[①]是其考课的主要内容,他们自然视劝农为其最重要的政务,遂皆积极劝农。[②] 这正是宋朝劝农文勃兴的原因。宋朝官员的"劝"农文并非只是强调农业重要、劝勉鼓励民众努力耕种,推广农业生产技术也是主要内容之一。据统计,《四库全书》所收宋代92篇劝农文中,包括农业技术内容的有22篇,[③]约占四分之一。如《(南康军)劝农文》介绍耕种方法云:

> 大凡秋间收成之后,须趁冬月以前,便将户下所有田段一例犁翻,冻令酥脆。至正月以后更多著数遍,节次犁杷,然后布种。自然田泥深熟,土肉肥厚,种禾易长,盛水难干。一、耕田之后,春间须是拣选肥好田段,多用粪壤拌和种子,种出秧苗。其造粪壤,亦须秋冬无事之时,预先划取土面草根,曒曝烧灰,旋用大粪拌和,入种子在内,然后撒种……[④]

程柒《壬申富阳劝农文》介绍种桑技术云:

> 此邦平地,固盛植桑。然江东、江西之人,凡低山、平原亦

① (清)徐松辑:《宋会要辑稿》职官五九之一一,北京:中华书局,1957年影印本,第3722页。

② 徐光启谓"唐宋以来,国不设农官,官不庀农政,士不言农学"(徐光启撰,王重民辑校:《徐光启集》卷1《拟上安边御虏疏》,第8页),揆诸宋代,诚为大谬。当然,宋代官员劝农也难免有流于形式者,参见包伟民、吴铮强:《形式的背后:两宋劝农制度的历史分析》,《浙江大学学报》2004年第1期,第41页。

③ 详参王兴刚:《宋朝劝农文研究》,西南师范大学硕士学位论文,2005年,第10—13页。

④ (宋)朱熹:《晦庵先生朱文公文集》卷99,《朱子全书》第25册,上海、合肥:上海古籍出版社、安徽教育出版社,2002年,第4586—4587页。

> 皆种植。尝见太平州老农云，彼间之种桑者，每人一日只栽十株，务要锄掘深阔，则桑根易行，三年之后即可采摘。盖桑根柔弱不能入坚，锄掘不阔则拳曲不舒，虽种之十年亦可摇拔。此种桑之法也。①

有研究者就南宋部分劝农文中的技术内容作了细分，虽非完全统计，亦可略窥一斑，兹移录于后以见之（表 2）：

表 2　南宋劝农文技术内容分类统计表②

作　者	题　目	推广的农业技术内容	资料来源
韩元吉	建宁府劝农文	因地制宜、多种经营	《南涧甲乙稿》卷 18
朱　熹	南康军劝农文	粪壤、耕田、灌溉、除草、因地制宜、桑麻并作	《晦庵先生朱文公文集》卷 99
	漳州劝农文	耘田、水利、多种经营	
张　栻	静江劝农文	粪壤、耕田、水利	《南轩先生文集·补遗》
陈傅良	桂阳军劝农文	粪田、陂塘	《止斋集》卷 44
陈　造	房陵劝农文	车水灌溉、桑蚕之法、因地制宜	《江湖长翁集》卷 30
程　珌	富阳劝农文	粪壤、种桑之法	《洺水集》卷 19
真德秀	泉州劝农文	因地制宜、多种经营、灌溉、耕田	《西山文集》卷 40
	福州劝农文	耕田、粪壤、水利	
吴　泳	隆兴府劝农文	双季稻	《鹤林集》卷 39
黄　震	抚州劝农文	多种经营、车水灌溉、耕田	《黄氏日钞》卷 78

① （宋）程珌：《洺水集》卷 19，《景印文渊阁四库全书》第 1171 册，台北：台湾商务印书馆，1986 年，第 455 页。

② 引自方圆：《教化与重农——南宋地方官劝农文的发布及其意义》，《宋史研究论丛》第 25 辑，北京：科学出版社，2019 年，第 98 页。按：稍有改制。

续表

作　者	题　目	推广的农业技术内容	资料来源
陈　著	嵊县劝农文	水利、灌溉	《本堂集》卷52
高斯得	宁国府劝农文	除草、耕田、种稻法	《耻堂存稿》卷5

概括起来说，宋代地方官员劝农文所推广的农业生产技术主要包括先进的水田耕作技术，稻麦复种轮作技术，粟、豆、胡麻等其他粮油作物种植技术，桑、棉、苎麻等经济作物种植技术，[①]施肥制肥技术，耕牛牧养技术，农田水利建设技术、措施等。[②]

除了重视推广已有农业技术，宋朝政府还鼓励学者对农业生产中的具体问题展开研究，这当然更会直接促使农书数量增加（并且是创新性成果）。如宋代持续两百年的吴中水利研究课题的形成与发展，就属于这种情况。宋人所言"吴中水利""吴门水利""三吴水利"皆指太湖地区而言。太湖地区是一个以太湖为中心的盘形洼地，因此极易汇聚四方之水而不利于东向海洋排水。且自唐末五代以来，太湖排水入海孔道三江中东北、东南方向的娄江、东江皆已淤塞绝迹，仅余吴淞一江（古亦名吴江、松江、吴松江、松陵江），因此宋代太湖地区水患压力远超前代。同时，宋代吴淞江河道迂曲、日益淤塞，以致每至雨季，吴中民众则"惴惴然有为鱼之患"，所种庄稼亦"顷刻荡尽"。[③] 熙宁二年（1069），宋政府颁布了专门的农田水利法律《农田利害条约》（亦称《农田利害约束》），鼓励学者积极研究水利、建言献策："其言事人并籍定姓名、事件，候施行讫，随功利大小酬奖；其兴利至大者，当议量材录用。"对于积极组织、兴修农田水利工程的地方官员亦量功绩大小给予奖励、提

① 详参周方高、宋惠聪：《略论宋代的农业技术推广》，《中国农史》2007年第1期，第18—23页。

② 详参王兴刚：《从〈劝农文〉看宋朝的农业技术推广》，《农业考古》2004年第3期，第100—103页。

③ （宋）郏侨：《水利书略》，（宋）范成大撰，陆振岳点校：《吴郡志》卷19《水利下》，南京：江苏古籍出版社，1999年，第282页。

拔:“与转运官或升任、减年磨勘、循资,或赐金帛令再任,或选差知自来陂塘圩埠、堤堰沟洫、田土堙废最多县分,或充知州、通判,令提举部内兴修农田水利。资浅者,且令权入。其非本县令佐,为本路监司、管勾官差委擘画兴修,如能了当,亦量功利大小比类酬奖。”[①]自此以后,“四方争言农田水利”[②],“或胥、或商、或农、或隶、或以罪废者,使乘驿赴阙,或召至中书、或赴司农……微有效,则除官、赐金帛”[③]。其间虽难免有少数冒滥之辈,但包括吴中水利在内的全国水利事业发展总体成效是非常显著的。据《宋会要辑稿》记载,仅熙宁三年至九年,两浙路就兴修水利 1900 多处,灌溉面积达 10 万多顷,两浙路水利工程灌溉面积占全国的三分之一。[④] 故王安石自豪地宣称:“自秦以来,水利之功未有及此。”[⑤]

在国家政策的号召、引导下,两浙路官员及民间知识分子纷纷投入到吴中水利课题之中。仁宗时中第未仕的苏州人郏亶,很快奏上自己的研究成果《上苏州水利书》《上治田书》(后合编为《吴门水利书》),他总结了唐末以来吴中水利治理存在的问题,即所谓“六失”;提出了自己的见解,即所谓“六得”;又提出了治田“利害七论”,概括而言即是治水先治田、治水兼治旱、低田高田分治并合理利用前代水利工程。郏亶见解深刻,因此受到王安石和神宗赞赏,被任命为司农寺丞、提举两浙路兴修水利。其子郏侨承乃父之学,亦邃于吴中水利,所著《水利书略》对太湖水系有准确、全面的认识,因此其第一项主张就是治水必先治江宁(治今江苏南京市)。跟郏亶将治理水患与发展农业生产紧密联系的宏大蓝图比起来,曾师从胡瑗的常州士人单锷的治水理论则直击要害、更具可行性。

① (清)徐松辑:《宋会要辑稿》食货一之二七至二八,第 4815 页。

② (宋)王称撰,孙言诚、崔国光点校:《东都事略》卷 79《王安石传》,济南:齐鲁书社,2000 年,第 664 页。

③ (宋)李焘:《续资治通鉴长编》卷 240 熙宁五年十一月庚午,第 5866—5867 页。

④ (清)徐松辑:《宋会要辑稿》食货六一之六九,第 5908 页。

⑤ (宋)李焘:《续资治通鉴长编》卷 263 熙宁八年闰四月乙巳,第 6440 页。

他认为既然是治水，最迫切的目标当然是治“水”，治田、治旱都可先置不顾，故一则曰“今欲泄震泽之水”、再则曰“今欲泄三州之水”。其《吴中水利书》所陈治水方法简而言之，一是使吴淞江泄水道畅通，加大太湖排水量；二是引西北南京、常州等处来水北入长江，使西南广德、宣州等地之水不东注太湖，减少太湖入水量。单锷常“独乘一小舟，遍历三州（苏、常、湖）水道。经三十年，凡一沟一渎，无不周览考究”，可见其书不仅是对已有研究成果（如郏侨“治水必先治江宁”）的继承，更是其在深入调查研究基础上写成的。此后直到南宋中晚期，仍有不少知识分子继续垂注研究，不过其主体由一般士人转变为官员。如南宋中期湖州人、监行在都进奏院李结《治田三议》提出，治理吴中水患要坚持敦本、协力、因时三个原则。理宗景定二年（1261），慈溪人、任职苏州的黄震亦作有关于吴中水利的长篇论文，其时下距宋亡仅 15 年。[①]

二、宋代教育发展奠定了人才基础

宋朝统治者大开文治之风，非常重视教育，“没有任何一个朝代曾像宋代这样，投入极大的财力和精力，多次地开展大规模的兴学运动”[②]。庆历三年（1043），范仲淹任参知政事上《答手诏条陈十事》，其中有“精贡举”之目，又“数言兴学校”[③]，朝廷遂正式下诏兴学。庆历兴学除科举方面内容外，主要举措一是扩大国子学规模，以 200 人为额[④]。二是将太学自国子监分离出来单独设立，并任用大批著名学者为直讲，由是生徒日众，“虽祁寒暑雨，有不却

① 这一部分据拙文《宋代吴中水患的常态化治理研究》修改，原刊于《中国社会科学报》2020 年 12 月 8 日第 7 版《国家社科基金专刊》。

② 乔卫平：《中国教育制度通史》第 3 卷，济南：山东教育出版社，1999 年，第 47 页。

③ （宋）李焘：《续资治通鉴长编》卷 147 庆历四年三月，第 3563 页。

④ 据《宋史》云国子生“初无定员，后以二百人为额”（卷 157《选举志三》，第 3657 页）、《玉海》载庆历四年四月判国子监王拱辰等建议另立太学疏注云“（国子监）学徒二百”（卷 112《学校下·辟雍》，第 2071 页）知。

者。诸席分讲，坐塞阶序”[①]。至胡瑗管勾太学时，“太学至不能容”，不得不“取旁官舍处之”。[②] 生徒数量逐年攀升，嘉祐三年（1058）达 450 人[③]，熙宁元年（1068）达 900 人[④]。三是令“州若县皆立学”，并规定“士须在学习业三百日，乃听预秋赋；旧尝充赋者，百日而止”。[⑤] 诏下之后各地掀起了宋代第一波建学热潮：“宋兴盖八十有四年，而天下之学始克大立”，“海隅徼塞、四方万里之外，莫不皆有学”。[⑥] 虽然不久范仲淹等改革派被斥逐到地方任职，庆历新政以失败告终，兴学浪潮随之趋于平息，但一些新政人士被贬到地方后，“仍热心创办地方学校，使庆历兴学的成果得以保存和扩大”[⑦]。

庆历兴学前后，王安石任职地方官时，对立校兴学之事即非常重视。[⑧] 嘉祐三年（1058），王安石在著名的万言书《上仁宗皇帝言事书》中对改革科举、教育制度提出了看法。与此同时，欧阳修、朱景阳、程颢等也对科举、教育之弊提出了抨击和改正的建议[⑨]，兴

① （宋）田况撰，张其凡点校：《儒林公议》卷上，北京：中华书局，2017年，第 30 页。

② （宋）李焘：《续资治通鉴长编》卷 184 嘉祐元年十二月乙卯，第 4461 页。

③ （清）徐松辑：《宋会要辑稿》职官二八之四，第 2973 页。

④ （清）徐松辑：《宋会要辑稿》崇儒一之三二，第 2178 页。

⑤ （宋）李焘：《续资治通鉴长编》卷 147 庆历四年三月乙亥，第 3564 页。

⑥ （宋）欧阳修著，李逸安点校：《欧阳修全集》卷 39《吉州学记》，北京：中华书局，2001 年，第 572 页。

⑦ 乔卫平：《中国教育制度通史》第 3 卷，第 73 页。

⑧ 参见其同期所撰《虔州学记》《慈溪县学记》（王安石撰，王水照主编：《王安石全集》第 7 册《临川先生文集》卷 82、卷 83，上海：复旦大学出版社，2016 年，第 1446—1448、1465—1467 页）。

⑨ 如欧阳修云：“夫建学校以养贤、论材德而取士，此皆有国之本务而帝王之极致也。”（欧阳修著，李逸安点校：《欧阳修全集》卷 110《议学状》，第 1672 页）。

学之议随着政治改革风暴的酝酿再度泛起。熙宁二年(1069),王安石任参知政事主持变法,宋代第二次兴学运动熙丰兴学由此迅速展开了。其主要举措一是扩大太学规模,初定“增置一百”①,旋即因“四方士人盛集京师”改“以九百人为额”。② 熙宁四年(1071),“尽以锡庆院及朝集院西庑建讲书堂四,诸生斋舍、掌事者直庐始仅足用”。二是实行三舍法,同时“岁赐缗钱至二万五千,又取郡县田租、屋课、息钱之类,增为学费”,③为太学的发展夯实了经济基础。三是整顿国子监。元丰三年(1080),神宗应编修学制所建请,诏许“势要官亲戚并令入监听读,以二百人为额,解发毋过四十人”。④ 四是恢复、创建武学、律学等专科学校。武学初置于仁宗庆历三年,此时乃建学于武成王庙,⑤亦行三舍法,生员“以百人为额”。⑥ 律学在宋初本为国子监下与广文、太学并列的三馆之一,此时“以朝集院为律学”,并“赐钱万五千缗,于开封府界检校库出息,以助给养生员。置教授四员”。⑦ 五是兴建、改进地方官学。熙宁四年二月在变革科举制度的同时,诏“京东、陕西、河东、河北、京西五路先置学官,使之教导”考诸科者“改习进士”,⑧不久更在全国全面推开,诸路皆“置学官,州给田十顷为学粮,元有学田不及者益之,多者听如故。仍置小学教授”。⑨ 学田之制为地方官学办学经费提供了制度保障,使其在一定程度上可以“独立”发展而不

① (元)马端临:《文献通考》卷42《学校考三》,第395页。

② (清)徐松辑:《宋会要辑稿》崇儒一之三二,第2178页。

③ 《宋史》卷157《选举志三》,第3661页。

④ (清)徐松辑:《宋会要辑稿》职官二八之一〇,第2976页。按:同书选举一五之二三所载同,惟“势要官”作“清要官”(第4507页)。

⑤ (元)马端临:《文献通考》卷34《选举考七》,第322页。

⑥ (宋)李焘:《续资治通鉴长编》卷236熙宁五年闰七月壬子,第5730页。

⑦ (宋)李焘:《续资治通鉴长编》卷244熙宁六年四月,第5931页。按:《宋会要辑稿》崇儒三之七系于熙宁六年三月二十七日(第2211页)。

⑧ (宋)李焘:《续资治通鉴长编》卷220熙宁四年二月丁巳,第5334页。

⑨ (宋)李焘:《续资治通鉴长编》卷221熙宁四年三月庚寅,第5372页。

再像以前那样受制于守吏的贤否及重视与否。熙丰兴学在庆历兴学奠定的基础上进一步推动了宋代学校教育的发展："熙宁以来，学校最盛。内自京师，旁达边郡，聚士有舍，讲业有师，课试诵说与夫赏罚升黜之法，日增月长，以至大备"①，"在中央和地方形成了一个学科、内容、形式相对完整配套的学校网络"②。然而随着神宗崩逝，高太后、司马光当政更化，尽废新法，对兴学热情予以打击，熙丰兴学运动遂告歇止。

元祐八年(1093)高太后逝世，哲宗绍述，"凡元祐所革，一切复之"③，熙丰时期的教育改革措施也得到恢复。崇宁二年(1103)正月四日，"修立成《诸路州县学敕令格式》并一时指挥凡一十三册"④，作为熙丰兴学的继续和发展，宋代第三次兴学运动即崇宁兴学在蔡京主持下全面发动起来了。其主要内容一是进一步扩建太学，太学生名额大幅提高，"增上舍至二百人，内舍六百人，外舍三千人"⑤。二是创办算学、书学、画学等新的专科学校。三是大力兴办州县学，规定"天下皆置学，郡少或应书人少，即合二三州共置一学。学悉置教授二员"⑥、"天下诸县皆置学"，同时规定"州县学并置小学，十岁已上皆听入学"⑦。对基础教育的重视令人称道。办学经费方面，规定"州给常平或系省田宅充养士费，县用地利所出及非系省钱"⑧。崇宁兴学运动持续达 20 多年，上述措施的推行使宋代"中央和地方官学体系基本建立就绪，规模空前，学

① (宋)孔武仲:《信州学记》,(宋)孔文仲、孔武仲、孔平仲著,孙永远校点:《清江三孔集》,济南:齐鲁书社,2002 年,第 236 页。

② 乔卫平:《中国教育制度通史》第 3 卷,第 81 页。

③ 《宋史》卷 471《奸臣传一·章惇传》,第 13711 页。

④ (清)徐松辑:《宋会要辑稿》刑法一之二二,第 6472 页。按:同书崇儒二之一〇系于崇宁二年五月六日(第 2192 页)。

⑤ (元)马端临:《文献通考》卷 42《学校考三》,第 397 页。

⑥ (元)马端临:《文献通考》卷 46《学校考七》,第 432 页。

⑦ (清)徐松辑:《宋会要辑稿》崇儒二之九,第 2191 页。

⑧ 《宋史》卷 157《选举志三》,第 3663 页。

校经费也得到了保证”，庆历、熙丰兴学冀望达到的目标在崇宁兴学中大体实现，“不仅中央太学臻于鼎盛”，最盛时名额达 3800 人；“地方州县学校也大幅度发展”[1]，如大观二年京西路 8 州 30 余县虽“比诸路最为褊小”，但“学舍乃至三千三百余区，教养生徒三千三百余人，赡学田业等岁收钱斛六万三千余贯石”[2]。又如福建路建州州学徽宗初年尚只 300 余人[3]，至政和四年达 1328 人[4]，增加 3 倍有余。至于县学，虽定额为大县 50 人、中县 40 人、小县 30 人，但实际在籍学子也普遍如州学远超定额[5]。全国学生总数崇宁三年(1104)达“二十一万余员”[6]，大观三年(1109)“总天下二十四路，教养大、小学生以人计之，凡一十六万七千六百二十二”人，

---

① 乔卫平：《中国教育制度通史》第 3 卷，第 84 页。

② (清)黄以周等辑注，顾吉辰点校：《续资治通鉴长编拾补》卷 27，北京：中华书局，2004 年，第 939 页。按：章如愚《群书考索・后集》记此为“提举京西南路学事路瑶”所奏(卷 27《士门・学制类》，扬州：广陵书社，2008 年影印本，第 597 页)，误，《拾补》作路瑗是。

③ 嘉靖《建宁府志》卷 17《学校》，《天一阁藏明代方志选刊》第 28 册，上海：上海古籍书店，1964 年影印本，叶一 b。按：原文为“宝元十一年始建州学……熙宁间……元丰中……崇宁大观间行舍法生徒众盛增至三百余间建炎毁于兵郡守刘子翼重建学舍并立文庙于学”，笔者认为最后一句应句读作“崇宁大观间行舍法，生徒众盛，增至三百余。间建炎毁于兵，郡守刘子翼重建学舍，并立文庙于学”，且句中“间”字应与“建炎”二字互乙，因此句在谈论“生徒”，不当突跳至“三百余间”——前文“熙宁间……元丰中……崇宁大观间”的用语习惯也可辅证。退一步讲，“三百余”是指学舍，其中应有一部分学生生活用房，如果全为“教室”，按宋代每斋 30 人的规定，则崇宁大观间建州州学人数达 9000 人以上，显然是不可能的。

④ (清)徐松辑：《宋会要辑稿》崇儒二之二四，第 2199 页。

⑤ 详参周愚文：《宋代的州县学》，台北：“国立编译馆”，1996 年，第 194—197、198—199 页。

⑥ (宋)彭百川：《太平治迹统类》卷 28《祖宗科举取人》引罗靖《杂记》，扬州：江苏广陵古籍刻印社，1981 年影印本，第 18 册叶五〇 b。按：四库本误为“二千一百余员”(《景印文渊阁四库全书》第 408 册，第 707 页)。

这个数字还未包括"中都两学之数"[①]。政和六年(1116)"士有所养,余二十万人"[②]。则崇宁兴学后全国有学生 20 万以上应无问题。徽宗时全国总人口约 1 亿,据张邦炜估计当时"8 岁至 17 岁应入学的青少年约为 2100 万人",则"入学率为 1%"[③]。这在今天看来当然很低,但在当时确是了不起的成就。更难能可贵的是,各地学校教育得到了相对平衡的发展[④]。总之,通过历次兴学,宋代学校教育的普及化、制度化及学生总人数的巨大是前此任何朝代都无法比拟的[⑤]。

宋代教育事业的显著发展带来的一个巨大进步就是使得各阶层民众识字率普遍提高[⑥],社会文化相对普及。张邦炜对此进行

---

① (宋)葛胜仲:《丹阳集》卷 1《乞以学书上御府并藏辟雍札子》,《景印文渊阁四库全书》第 1127 册,台北:台湾商务印书馆,1986 年,第 400 页。按:据文意此"两学"似指大学、小学,不过宋人亦将文(太学)、武学并称"两学",如王栐《燕翼诒谋录》卷 2 云"此与书学、画学、算学、律学并列于文、武两学者异矣"(北京:中华书局,1981 年,第 14 页)。若依后者,刨除文、武二学不可能使大观全国学生数与其前后的崇宁、大观全国学生数相差如此之巨,故笔者以前者是。

② 司羲祖整理:《宋大诏令集》卷 157《学生怀挟代笔监司互察御笔手诏》,第 593 页。

③ 张邦炜:《论宋代国子学向太学的演变》,《宋代政治文化史论》,北京:人民出版社,2005 年,第 446 页。按:周愚文计算出学生人数占总人口数的比率在 1.3‰—1.7‰之间,即每千人中有 1.3—1.7 人是学生(《宋代的州县学》,第 192—193 页)。这与张邦炜之估计不矛盾——其并非入学率之估计——但周氏所取人口总值为 1.2 亿,若以此值计算入学率,当较张氏估计稍低一些。

④ 周愚文:《宋代的州县学》,第 190—191 页。并参见同书第 65 页"宋代各路州县学数量统计表"。按:这里需要强调的是,周氏统计的州、县学校数只是有确切记载者,宋代州县学的实际数量显然更高。

⑤ 此部分内容据拙著《国家、身体、社会:宋代身体史研究》第三章第二节第一小节(北京:科学出版社,2018 年,第 226—245 页)修改。

⑥ 参见包伟民:《中国九到十三世纪社会识字率提高的几个问题》,《杭州大学学报》1992 年第 4 期,第 79—82 页。

专题研究后指出，宋代文化的普及不仅“在年龄上不分长幼、在性别上不分男女、在行业上不分文武”，都受到较良好的教育；还表现为“文化从先进地区推广到落后地区、从通都大邑推广到穷乡僻壤，特别是从士阶层推广到农工商各阶层”，表现为“整个社会的文化水平提高”①。这就为宋代农书激增奠定了人才基础。因为大多数读书人或不良于场屋、或不能卒业、或志不在彼，都不能进入官僚队伍，只能是且耕且读、以耕为隐、以耕养读，成为一个“有文化的农民”。如北宋陕西隐士刘巽，“治三传，年老博学，躬耕不仕”②。南宋员兴宗乡人李日升，“平居不易言，不以事不造公寺，喜读书，乐于耕事”③。胡安国侄胡宪初事举业为太学生，后“揖诸生归故山，力田卖药，以奉其亲”④。范仲淹后裔范良遂，“笔研不灵，卜筑江上，且耕且读”⑤。莆田人方审权慨然罢举，曰：“吾读此耕此，足了一生矣。”⑥吴兴张维“少年学书，贫不能卒业，去而躬耕以为养”⑦。此类事例，不胜枚举。

另一方面，大多数世不知书的农家子弟虽不求仕进，但欲明理决事，亦有读书要求，故程民生谓宋代“农民对文化的需求上升”，“农民不以读书为无用、不可能”，“对农家而言，读书不再是奢侈

① 张邦炜：《宋代文化的相对普及》，《宋代政治文化史论》，第368、374页。

② (宋)王辟之撰，吕友仁点校：《渑水燕谈录》卷4《高逸》，北京：中华书局，1981年，第52页。

③ (宋)员兴宗：《九华集》卷21《李日昇墓志铭》，《景印文渊阁四库全书》第1158册，第180页。

④ 《宋史》卷459《隐逸传·胡宪传》，第13463—13464页。

⑤ (宋)边实纂：《咸淳玉峰续志》，《宋元方志丛刊》第1册，北京：中华书局，1990年影印本，第1103页。

⑥ (宋)刘克庄撰，王蓉贵、向以鲜校点：《后村先生大全集》卷161《方隐君》，第4133—4134页。

⑦ (宋)周密撰，张茂鹏点校：《齐东野语》卷15《张氏十咏图》，北京：中华书局，1983年，第279页。

品，而成为必需品”。[①] 宋代农家子弟只要想读书，基本上有学可入、有书可读。当时“中上之户稍有衣食，即读书应举，或入学校”[②]，在吴、越、闽、蜀经济发达地区，更是“人人遵孔孟，家家读诗书”[③]、“家能著书，人知挟册”[④]。福建路至有“闽俗户知书，其被差为乡兵者，大抵举子也”[⑤]的说法，其建州（治今福建建瓯市）虽“土狭人贫”，但读且耕者亦“十家而五六”。[⑥] 陆游《农家》“诸孙晚下学，髻脱绕园行。互笑藏钩拙，争言斗草赢。爷严责程课，翁爱哺饴饧。富贵宁期汝？它年且力耕”[⑦]，陈鉴之《题村学图》“田父龙钟雪色髯，送儿来学尚腰镰。先生莫厌村醪薄，醴酒虽酴有楚钳”[⑧]等诗句就是这一历史情形的文学反映。总之，宋代“有文化的农民”人数较之前代显著增加是为不争的事实。个例如北宋河北“有村民颇知书，以耕桑为业……其家甚贫”[⑨]，南宋会稽陈翁子三人、孙数人皆业农，“惟力耕致给足……耕桑之外，惟渔樵畜牧而

---

① 程民生：《论“耕读文化”在宋代的确立》，《社会科学战线》2020 年第 6 期，第 99、97、101 页。

② （宋）张守撰，刘云军点校：《毗陵集》卷 3《论措置民兵利害札子》，上海：上海古籍出版社，2018 年，第 36 页。

③ （宋）陈傅良：《止斋先生文集》卷 3《送王南强赴绍兴签幕四首》，《景印文渊阁四库全书》第 1150 册，台北：台湾商务印书馆，1986 年，第 517 页。

④ （宋）叶适撰，刘公纯、王孝鱼、李哲夫点校：《叶适集·水心文集》卷 9《汉阳军新修学记》，北京：中华书局，2010 年，第 140 页。

⑤ （宋）程俱著，徐裕敏点校：《北山小集》卷 34《故武功大夫昭州团练使骁骑尉徐公行状》，北京：人民文学出版社，2018 年，第 597 页。

⑥ （宋）胡寅撰，容肇祖点校：《斐然集》卷 21《建州重修学记》，北京：中华书局，1993 年，第 442 页。按：与《崇正辩》合刊。

⑦ （宋）陆游著，钱仲联、马亚中主编：《陆游全集校注》第 11 册《剑南诗稿》卷 78《农家（又）》，杭州：浙江古籍出版社，2016 年，第 274—275 页。

⑧ （宋）陈起编：《江湖小集》卷 15《东斋小集》，《景印文渊阁四库全书》第 1357 册，第 118 页。

⑨ （宋）洪迈撰，何卓点校：《夷坚志·甲志》卷 1《三河村人》，北京：中华书局，2006 年，第 3 页。

已。子、孙但略使识字，不许读书为士”。[①] 所以，两宋之际知眉州李石劝农乃并举耕、读两事：“俾田与孝同力，稼与学并兴。”[②]

正因为宋代“有文化的农民”甚多，故有“识字农”一词出现。如陈著云：“世多多才翁，谁识识字农。”陆游云：“颓然静对北窗灯，识字农夫有发僧。”以致官员多以“识字农夫”自况，如苏轼云：“吏民莫作长官看，我是识字耕田夫。”[③]吴泳云：“太守特识字一农夫耳。”[④]这些“有文化的农民”在躬耕劳作中，必然会总结、研究农业生产技术应用于农业生产实践，甚者更将实践中的所见所闻、所思所得撰成农书。如南宋初期曾为张浚所辟而不就的士人苏云卿，在南昌开荒种菜，远胜他人：“披荆畚砾为圃，艺植耘芟，灌溉培壅，皆有法度。虽隆暑极寒，土焦草冻，圃不绝蔬，滋郁畅茂，四时之品无阙者。味视他圃尤胜，又不二价，市鬻者利倍而售速，先期输直。”[⑤]最称典型的是南宋初期的陈旉，他平生读书而不求仕进，“躬耕西山，心知其故”[⑥]，最终撰成代表宋代农学最高水平的《农书》三卷，在中国历史上第一次全面总结了当时高度成熟的南方水田农业技术知识体系。他如陈翥、邓御夫、胡融、陈景沂等都是“识字农夫”，他们“躬耕自食，写农书以总结生产经验……把私人农学

---

① （宋）陆游著，钱仲联、马亚中主编：《陆游全集校注》第15册《渭南文集》卷23《陈氏老传》，第39页。

② （宋）李石：《方舟集》卷18《眉州劝农文》，《景印文渊阁四库全书》第1149册，第749页。

③ （清）王文诰辑注，孔凡礼点校：《苏轼诗集》卷30《庆源宣义王丈，以累举得官，为洪雅主簿、雅州户掾。遇吏民如家人，人安乐之。既谢事，居眉之青神瑞草桥，放怀自得。有书来求红带，既以遗之，且作诗为戏。请黄鲁直、秦少游各为赋一首，为老人光华》，北京：中华书局，1982年，第1581页。

④ （宋）吴泳：《鹤林集》卷39《宁国府劝农文》，《景印文渊阁四库全书》第1176册，第381页。

⑤ 《宋史》卷459《隐逸传·苏云卿传》，第13459页。

⑥ （宋）陈旉著，刘铭校释：《陈旉农书校释》，北京：中国农业出版社，2015年，第6页。

传统推到了一个新的阶段”[①]。换言之，这些“有文化的农民”人数的增加，是宋代农书激增的一个重要原因。

三、宋人的创新意识提供了进步动力

宋代立国，内承五代骄兵悍将武人政治，外接辽、金、蒙元环伺勍敌。武人政治虽经太祖、太宗两朝崇文抑武国策而瓦解，列强环伺之局面则始终无法打破。张邦炜指出：“南宋时期的大局，我个人认为是长期处于战时状态或准战时状态。战时状态牵动着、制约着南宋社会的诸多方面，要认清若干南宋历史的若干实情，只怕都离不开南北对峙、战时状态这个大时局、大背景。”[②]笔者认为，移之以言整个宋代也是成立的。北宋与辽虽然大多数时间处于和平阶段，但这种和平状态实则是“战备状态”。有识之士无时不在“警告宋辽关系上的潜在危机，提醒巩固国防的必要”[③]，如范仲淹说：“国家御戎之计，在北为大。”[④]欧阳修说：“天下之患，不在西戎（西夏）而在北虏。”[⑤]苏轼说：“西戎之患小，北胡之患大。”[⑥]张耒说：“西小而轻，故为变易；北大而重，故为变迟。小者疥癣，大者痈疽也。”[⑦]至于南宋，北宋终亡于北狄更是事实。故宋代知识分子

---

① 曾雄生：《中国农学史》，第352页。

② 张邦炜：《战时状态：南宋历史的大局》，《光明日报》2013年9月9日第5版《光明讲坛》。

③ （美）陶晋生：《宋辽关系史研究》，台北：联经出版事业公司，1984年，第130页。

④ （宋）范仲淹撰，李勇先、王蓉贵校点：《范仲淹全集·范文正公政府奏议》卷下《奏陕西河北攻守等策》，成都：四川大学出版社，2002年，第591页。

⑤ （宋）欧阳修著，李逸安点校：《欧阳修全集》卷99《论河北守备事宜札子》，北京：中华书局，2001年，第1517页。

⑥ 孔凡礼点校：《苏轼文集》卷9《策断二》，北京：中华书局，1986年，第284页。

⑦ （宋）张耒撰，李逸安、孙通海、傅信点校：《张耒集》卷48《送李端叔赴定州序》，北京：中华书局，1999年，第747页。

深具忧患意识，“先天下忧而忧”，所忧者何？救亡图存也。

自宋帝室而言，自需作育人才，故北宋前期祖、宗、真、仁多行宽大之政，为人才的成长提供宽松、自由之环境。因之，宋代士人敢于言事、任事，勇于承担社会责任，直视天下苍生为己任，即张载所谓为生民立命、为万世开太平。总之，“责任感乃宋代知识分子心态之主要特色……以其具责任感之故，未登仕籍，已忧天下，既入政府，则有所主张……对于道德文化之规范、礼乐刑政之措施，无不欲作经济学之努力”[①]。故宋代屡有庆历新政、熙丰变法等改革之事，质言之，种种改革措施皆欲“富国强兵”救亡图存而已。

欲改革以富国强兵，自不能因循守旧，至谓“天变不足畏，祖宗不足法，人言不足恤”[②]。秉此心而为学术，亦必深具创新意识。就儒学言，宋代创立新儒学，学者“讲说多异先儒”[③]，率以己意解经，各具创见，新学、洛学、关学、蜀学、理学、心学诸学派纷起林立，遂变汉学为宋学[④]；就文学言，宋词一代高标不论，即或宋诗也是力避陈熟，为在形式上创新而“以文为诗”，为开拓新的题材而“以俗为雅”，甚至以丑为美，“专意寻找前人未曾注意过的题材，以琐碎的日常事物入诗，以丑陋怪诞的事物入诗，表现出明确的审丑倾向”。[⑤] 就科学言，宋代科技发达，多有新创，诚如李约瑟所说：“每当人们研究中国文献中科学史或技术史的任何特定问题时，总会发现宋代是主要关键所在。不管在应用科学方面或在纯粹科学方

---

① 劳思光：《新编中国哲学史》，北京：生活·读书·新知三联书店，2015年，第56—57页。

② （宋）王称撰，孙言诚、崔国光点校：《东都事略》卷79《王安石传》，第667页。

③ 《宋史》卷432《儒林传二》，第12833页。

④ 参见拙文《〈尚书〉辨伪与清今文经学——〈尚书〉辨伪与清今文经学及近代疑古思潮研究（上）》，《中南大学学报》2008年第2期，第264—265页。

⑤ 拙文《梅尧臣诗中的审丑意识——兼论宋诗以俗为雅风格的形成》，《中南大学学报》2008年第6期，第841页。按：与冯鼎先生合撰。

面都是如此。”[①]因此，宋人在研究农学、撰著农书时能够创新实为应有之义，最明显的表现就是宋代农书开创了很多“第一”：如第一部农业气象专著《耒耜岁占》，第一部水稻专著曾安止《禾谱》，第一部柑橘分类学专著《橘录》，第一部荔枝专著《广中荔枝谱》（存世最早为蔡襄《荔枝谱》），第一部牡丹专著《越中牡丹花品》（存世最早为欧阳修《洛阳牡丹记》），第一部芍药专著刘攽《芍药谱》，第一部梅花专著《范村梅谱》，第一部菊花专著文保雍《菊谱》（存世最早为刘蒙《菊谱》），第一部海棠专著《海棠记》，第一部竹笋专著《笋谱》，第一部真菌专著《菌谱》，第一部泡桐专著陈翥《桐谱》，第一部甘蔗、制糖专著王灼《糖霜谱》，第一部螃蟹专著《蟹谱》，第一部综合性救荒专著《救荒活民书》等等。尤其重要的是，宋以前农书所记主要是北方旱地农业技术，以《齐民要术》为代表；宋代南方水田农业技术成为宋代农书最重要的内容，陈旉《农书》首次对当时高度成熟的南方水田农业技术知识体系进行了系统论述。质言之，到了宋代中国传统农学始可称全面总结反映了中国传统农业生产技术。

并且，很多宋代农书是其作者有意识创新的产物。如曾安止撰《禾谱》，是因为“近时士大夫之好事者，尝集牡丹、荔枝与茶之品为经及谱，以夸于市肆。予以为农者，政之所先，而稻之品亦不一，惜其未有能集之者”。[②] 其侄孙曾之谨撰《农器谱》，因为苏轼以曾安止《禾谱》“不谱农器”为憾。[③] 陈翥撰《桐谱》，是因“茶有《经》，竹有《谱》”而桐无书。[④] 周师厚撰《洛阳花木记》，是因为洛阳不仅牡丹独占鳌头，天下群芳实“靡不兼有之”，而前贤所记“洛处所植

① （英）李约瑟著，袁翰青、王冰、于佳译：《中国科学技术史》第1卷《导论》，北京、上海：科学出版社、上海古籍出版社，1990年，第139页。

② （宋）曾安止：《禾谱》序，曹树基：《〈禾谱〉校释》，《中国农史》1985年第3期，第76页。

③ （清）王文诰辑注，孔凡礼点校：《苏轼诗集》卷38《秧马歌（并引）》，第2051页。

④ （宋）陈翥：《桐谱·序》，《丛书集成初编》第1352册，第1页。

牡丹而已”。[1] 刘蒙撰《菊谱》，是因为有感于牡丹、荔枝、香笋、茶、竹等皆有谱而菊花无谱。[2] 韩彦直撰《橘录》，是因为“橘之美当不减荔子。荔子今有谱，得与牡丹、芍药花谱并行，而独未有谱橘者”。[3] 尽管有的作者由于古代书籍传播速度或个人阅读条件影响而误判，如孔武仲撰《芍药谱》就是因其认为维扬芍药甲天下而“未有专言扬州者”[4]——实际上前此五年、三年已有刘攽、王观之谱。总之，宋人的创新意识也是宋代农书数量激增、推动宋代农学取得巨大进步的重要原因之一。

① (明)陶宗仪等编:《说郛三种》卷26，上海：上海古籍出版社，1988年，第460—461页。

② (宋)刘蒙:《菊谱·谱叙》，《丛书集成初编》第1356册，北京：中华书局，1985年，第1—2页。

③ (宋)韩彦直撰，彭世奖校注:《橘录校注·序》，北京：中国农业出版社，2010年，第2页。

④ (宋)吴曾:《能改斋漫录》卷15《方物》，上海：上海古籍出版社，1979年，第459页。按：原文作“未有传言扬州者”，据清光绪二十五年广雅书局刻《武英殿聚珍版丛书》本(叶二七b)校改。

第二章　宋代综合性农书

综合性农书包括通论类农书，时令、占候类农书，方物、类书类农书三个二级类目。通论类农书指通论耕作、农具、种植、园艺、蚕桑、畜牧、水产以及水利、农产品加工等内容的农书（当然未必包括所有方面）。时令类农书指岁时、月令书，这些书按照时间安排农事活动，涉及农业的方方面面；占候类农书不仅作为农业气象专著，也旁及各种粮食作物、经济作物甚至畜牧、食品等多方面内容。因占候类农书类于岁时、月令书，多以时间为序，而岁时、月令书亦每载农事占候内容，故本书将之并为一类。方物类著作虽仅记一地之物产，但所记物产不仅包括各种农作物在内，其他动植物乃至矿物质之类亦毕载之，当然也属于综合性农书。类书类农书既为类书，顾名思义可知其博涉种种。[①] 鉴于方物类农书可视为记载一地物产的类书，类书类农书可视为类编全国所产方物之书，故笔者将之并为一类。宋代综合性农书共计 54 种，其中通论类农书 18 种，时令类农书 18 种、占候类农书 3 种，方物类农书 8 种、类书类农书 7 种。

---

① 除传统类书外，宋代（及元明清）又有一种新型类书，今学界通称“日用类书”，1950 年代王毓瑚称之为“通书性质的农书”，解释为“农村居民的日用百科全书”（《中国农学书录》附录《关于中国农书》，第 355 页）。实际上民间所谓通书又称历书、黄历、通胜（避“通输”之讳），历日之外亦附记宜忌、农事安排等项，准此，则不载历日之“农村居民的日用百科全书”即不得称为“通书性质的农书”，王氏所举元《居家必用事类全集》、明《便民图纂》《多能鄙事》悉无历日，是与通书无涉也。因日用类书研究、定名较为晚起，故王氏当时不得其名而用。

第一节　通论类农书

宋代最重要的通论类农书当然是陈旉《农书》，学界向目之为与《齐民要术》、《农桑辑要》、王祯《农书》并称的传世佳作，本书将于第十一章辟专章论之，这里仅讨论其他通论类农书。

1.《大农孝经》

一卷，已佚。《崇文总目》"农家类"著录作者为"贾道元"[①]，《通志·艺文略》"农家类"著录为"本朝贾元道"[②]，《玉海》"农书"类著录为"贾元道"并注云"开宝中人"[③]，《宋史·艺文志》"农家类"亦著录作者为"贾元道"[④]。《崇文总目》未言贾氏生平，而郑樵、王应麟均言其宋人，此必二人皆曾亲见该书之故，因此《大农孝经》作者名讳当以"贾元道"为是。

孔子云："吾志在《春秋》，行在《孝经》。"[⑤]《孝经》是儒家最重要的经典之一。孝是传统中国社会伦理、秩序的基石，《孝经》云："教民亲爱莫善于孝；教民礼顺莫善于悌。"[⑥]故历代王朝无不"以孝治天下"，无不大力倡导宣扬孝道伦理。"孝"观念对中国国民性格的形成具有重大影响。贾元道著农书而冠"孝经"之名，正见唐宋时代"孝"观念作为统治者提倡的官方意识形态在社会各个领域的扩张。此类作品很多，朱彝尊曾辑录有16种拟《孝经》之作：《武孝经》（燕君）、《广孝经》、《演孝经》、《临戎孝经》、《武孝经》（郭良

---

① （宋）王尧臣等编，（清）钱东垣辑释：《崇文总目》卷3，第147页。

② （宋）郑樵：《通志》卷68《艺文略六》，北京：中华书局，1987年影印本，第797页。

③ （宋）王应麟纂：《玉海》卷178《食货》，第3272页。

④ 《宋史》卷205《艺文志四》，第5206页。

⑤ （汉）何休解诂，（唐）徐彦疏，刁小龙整理：《春秋公羊传注疏》卷首《监本附音义春秋公羊传注疏序》，上海：上海古籍出版社，2013年，第2页。

⑥ （唐）李隆基注，（宋）邢昺疏，金良年整理：《孝经注疏》卷6《广要道章第十二》，上海：上海古籍出版社，2009年，第62页。

辅)、《酒孝经》(刘炫)、《武孝经》(李远)、《女孝经》、《大农孝经》、《道孝经》、《佛孝经》、《酒孝经》(黄甫松)、《医孝经》、《忠经》(马融)、《女孝经像》、《女孝经相》。[①] 胡应麟斥之“皆溷亵圣典,可罪也”[②],实际上从儒家化成立场看,非但不可罪,反倒是可喜之事。上述拟孝经作品中,涉农者除《大农孝经》外,还有两《酒孝经》。明张国维云:“贾元道《(大)农(孝)经》、王珉《(山居)要术》及何亮《本书》流行最广,下迨《禾谱》《耕织图》并花木竹药诸谱,各随好事之手以辟新领异,合之皆农家言也。”[③]可见该书当包括农业生产内容,石声汉仅视之为“政治性农书”[④]是不够准确的。

2.《本书》

三卷,何亮撰。《崇文总目》《通志·艺文略》著录于“农家”类,《遂初堂书目》著录于“儒家类”,《宋史·艺文志》于“杂家类”著录云:“杜佑《理道要诀》十卷、皇甫选注何亮《本书》三卷……李易《要论》一卷、何亮《本书》三卷。”[⑤]故钱大昕指谓《宋史·艺文志》“重出”[⑥],实应以王毓瑚“当是别本”[⑦]说为确。“本书”云者,取“以农为本业”[⑧]之义,唐代官修农书《兆人本业记》可证。故《遂初堂书目》《宋史·艺文志》之归类盖犹《玉海》置《大农孝经》《酒孝经》于

---

① (清)朱彝尊撰,林庆彰等主编:《经义考新校》卷279《拟经十二》,上海:上海古籍出版社,2010年,第5044—5049页。又,舒大刚补录有《正顺孝经》、《忠经》(王向)、《忠经》(海鹏)、《女孝经图》4种(《中国孝经学史》,福州:福建人民出版社,2013年,第242—243页)。

② (明)胡应麟:《少室山房笔丛》卷3《经籍会通三》,上海:上海书店出版社,2001年,第30页。按:原文作“贾充道《大农孝经》”,误。

③ (明)张国维:《张忠敏公遗集》卷5《农政全书序》,《四库未收书辑刊》第6辑第29册,北京:北京出版社,2000年影印本,第678页。

④ 石声汉:《中国古代农书评介》,第41页。

⑤ 《宋史》卷205《艺文志四》,第5209—5212页。

⑥ (清)钱大昕著,陈文和主编:《嘉定钱大昕全集》第3册《廿二史考异》卷73《宋史七》,南京:凤凰出版社,2016年,第1230页。

⑦ 王毓瑚:《中国农学书录》,第56页。

⑧ 王毓瑚:《中国农学书录》,第57页。

"孝经"类[①]而已,其为农书盖无可疑。

《本书》在南宋秘书省编修《崇文总目》简本时已阙收,后渐亡佚。对于该书作者何亮,《中国农学书录》仅云:"太常博士、直史馆陈靖条陈田制,朝廷以为京西劝农使,劝民垦田,以大理寺丞皇甫选和光禄寺丞何亮为副使。陈靖本传所记也大略相同。这个光禄寺丞显然就是本书的作者。"[②]实际上尽管何亮史料较少,但仍可考其大略。何亮乃果州南充县(治今四川南充市北)人[③],端拱(988—989)进士[④]。淳化四年(993)太宗因人言同知枢密院事刘昌言"委母、妻乡里,十年不迎侍",乃诏其迎归京师。时任光禄寺丞的何亮抓住机会把自己也已十余年"不得归觐省"的情况诉于转运使卢之翰,之翰以闻,太宗为之"惊叹",于是下诏"告谕文武官,父母在远地并令迎侍就养"。[⑤] 这件事给太宗留下了深刻的印象,所以至道元年(995)正月,度支判官陈尧叟等上言郑、白渠利害,请复修旧迹时,太宗即遣皇甫选和何亮"经度其事"。[⑥]可以说何亮履仕以来由此才真正登上政治舞台。次年,太宗以陈靖为劝农使,又"以大理寺丞皇甫选、光禄寺丞何亮副之"[⑦]。《本书》之作,很可能就在何亮任劝农副使前后。

真宗咸平二年(999)六月,何亮转到地方任永兴军(治今陕西西安市)通判。不久朝廷又命其与转运使陈纬同往灵州经度屯田,及还召对,亮上《安边书》。[⑧]《安边书》的核心观点可以概括为以下三点:第一,灵州具有关系全局的战略地位,欲图西夏必保灵州。

① (宋)王应麟纂:《玉海》卷41《艺文》,第776页。

② (宋)王毓瑚:《中国农学书录》,第56—57页。

③⑥ (宋)李焘:《续资治通鉴长编》卷37至道元年正月戊申朔,第807页。

④ 雍正《四川通志》卷33《选举》,《景印文渊阁四库全书》第561册,第22页。

⑤ (宋)王称撰,孙言诚、崔国光点校:《东都事略》卷36《刘昌言传》,第290—291页。按:卢之翰至道初以陕西转运使兼西川安抚转运使。

⑦ (宋)李焘:《续资治通鉴长编》卷40至道二年秋七月庚申,第846页。

⑧ (宋)李焘:《续资治通鉴长编》卷44咸平二年六月戊午,第947页。

第二,欲保灵州必筑城溥乐、耀德。第三,与西夏的战争必须以灵州为根本,修筑城寨,步步为营,稳扎稳打,打持久战,主弃(灵州)、主战(速战决战)、主抚(羁縻)都是错误的战略指导思想。后来的宋夏战争过程证明何亮的判断是完全正确的,惜乎当时宋政府决策者们未能重视、采纳何亮的建策,否则,历史的发展或许有另外的走向。咸平四年八月,真宗亲试制举,得四人,何亮为其中之一,遂由秘书丞升转太常博士,[①]不久出知晋州。景德元年(1004)六月,真宗"密采群臣之有闻望者"二十四人,引对后多帖三馆职,或命为省、府判官,或升其差遣,好事者"号为二十四气,以比唐修文馆学士四时、八节、十二月之数",亮亦预选,加直史馆。[②] 两个月后真宗派他"乘驿往广南东西路疏理系囚"[③],次年四月又诏其与直史馆张复"考试知举官亲戚、河北举人"[④]。

此后何亮出任江南转运副使,又于景德四年十月升任左司谏、广南西路转运使。[⑤] 大中祥符二年(1009)何亮上言:"钦州蛮人劫海口蜑户禾米,如洪寨主李文著以轻兵泛小舟掩袭之,文著中流矢死,其随文著将校八人并斩讫,仍牒安南捕贼。"真宗诏督之。明年擒获狄獠13人以献。[⑥] 何亮又奏言交州每移牒缘边州军,"皆俟奏报及申转运使,往复稽缓致失事机",希望准许诸处便宜行事,真宗从之。[⑦] 三年二月,交州黎至忠卒,弟明提、明昶用兵争立,至忠亲信李公蕴率土人杀之,自称安南静海军权留后领州事。何

① (宋)李焘:《续资治通鉴长编》卷49咸平四年八月己酉,第1069页。

② (宋)李焘:《续资治通鉴长编》卷56景德元年八月丙辰,第1238—1239页。

③ (清)徐松辑:《宋会要辑稿》刑法五之二〇,第6679页。

④ (清)徐松辑:《宋会要辑稿》选举一九之四,第4564页。

⑤ (宋)李焘:《续资治通鉴长编》卷67景德四年十月丙午,第1497页。

⑥ (宋)李焘:《续资治通鉴长编》卷71大中祥符二年五月丙子,第1608—1609页。

⑦ (宋)李焘:《续资治通鉴长编》卷71大中祥符二年五月壬午,第1609页。

亮奏其移文请宋纳贡敕封，真宗认为“至忠不义而得，公蕴尤而效之，益可恶也！”诏何亮“安抚边民察视机事以闻”。但数月后即授李公蕴特进、检校太傅、安南都护节度观察处置等使、交趾郡王。[①] 史籍所载何亮事尽于此年，他很可能此后不久卒逝，否则，以其职位何以遽不再见？倘我们以宋代进士平均及第年龄 30 岁[②]为据推算，则何亮大约生于后周显德五年(958)，享寿 52 岁左右。

何亮是宋朝新政权培养出的第一代知识分子。其生平、事迹不显，并非“名臣”，但据前揭，我们知其心怀黎庶、勇于自任，在行政、军事等方面都具有超卓才华，在这些方面与北宋前期治世名臣相较，似亦不遑多让。可以说何亮无名臣之名而有名臣之实，成为体现其同时代的大多数淹没在历史黑暗深处的科举出身普通官员行政素质和行政水平的一个例证、一个代表。[③]

3.《农子》

一卷，熊寅亮撰，已佚。《崇文总目》《通志・艺文略》《宋史・艺文志》均著录于“农家”类[④]，而仅《宋史》载其作者。《子略》亦加

---

① (越南)黎崱:《安南志略》卷 12《李氏世家》，北京：中华书局，2000 年，第 294 页。

② 王兆鹏等对生平可考的宋代词人进行统计，有 425 位词人中过进士，这些进士词人中可考知及第年龄的有 239 人，及第年龄最小的是 14 岁(晏殊)，最大的是 76 岁(孙锐)，平均及第年龄为 30.2 岁，及第年龄分布在 21—40 岁年龄段的进士占 78%(《宋词作者的统计分析》，《文艺研究》2003 年第 6 期，第 56 页)。另周腊生对宋代状元魁龄作过统计，宋代 118 位状元中可考知魁龄的共 77 人，平均魁龄 31.42 岁(《宋代状元奇谈・宋代状元谱》，北京：紫禁城出版社，1999 年，第 183—184 页)。二氏统计结果相若。

③ 这一部分据拙文《才兼文武：宋初能吏何亮考论》修改，原刊于《首都师范大学学报》2017 年第 3 期，第 47—55 页。

④ (宋)王尧臣等编，(清)钱东垣辑释：《崇文总目》卷 3，第 147 页；(宋)郑樵：《通志》卷 68《艺文略六》，第 797 页；《宋史》卷 205《艺文志四》，第 5205 页。

著录[1]，但承自《通志》，作者高似孙未必亲见该书。《中国农学书录》《中国农业古籍目录》未著录。

4.《农家切要》

一卷，佚名撰。《崇文总目》《通志・艺文略》《宋史・艺文志》均著录于农家类[2]。书既见于《崇文总目》，则当成于北宋初期。《中兴馆阁书目》《郡斋读书志》《遂初堂书目》《直斋书录解题》均未载及，则南宋时已佚。

5.《田经》

一卷，仅《秘书省续编到四库阙书目》（又名《宋秘书省续编到四库阙书目》，简称《秘书书目》《秘目》）于"农家"类记之[4]。《中国农学书录》《中国农业古籍目录》未著录。书既佚，作者复佚名，完全无考。

6.《秦农要事》

卷帙不明，佚名撰，书亦佚。仅《遂初堂书目》"农家类"著录。[5] 书名既标称"秦农"，"一定讲的是关中地区及其附近各地的农业生产"[6]，当成于北宋。

7.《鄙记》

卷帙不明，佚名撰。书名盖取义于孔子"多能鄙事"一语，仅见于《遂初堂书目》"农家类"[7]。可能亦为北宋著作，已佚。

---

① （宋）高似孙撰，司马朝军校释：《子略校释》，济南：山东人民出版社，2018年，第188页。

② （宋）王尧臣等编，（清）钱东垣辑释：《崇文总目》卷3，第147页；（宋）郑樵：《通志》卷68《艺文略六》，第797页；《宋史》卷205《艺文志四》，第5205页。

④ （宋）佚名：《秘书省续编到四库阙书目》卷2，《丛书集成续编》第3册，台北：新文丰出版公司，1989年，第309页。

⑤ （宋）尤袤：《遂初堂书目》，《丛书集成初编》第32册，上海：商务印书馆，1935年，第20页。

⑥ 参见王毓瑚：《中国农学书录》，第90页。

⑦ （宋）尤袤：《遂初堂书目》，《丛书集成初编》第32册，第20页。

8. 延春阁《耕织图》

佚名绘，已佚。《中国农学书录》《中国农业古籍目录》未著录。

中国农业起源甚早，反映国人从事农业生产活动的图画、雕刻、雕塑也早已有之。较早的如收藏于四川博物院的战国采桑宴乐射猎攻战纹铜壶，表面用金银嵌错出四层图像，最上一层就是采桑、习射（图 1）；收藏于北京故宫博物院的宴乐渔猎攻战纹铜壶，铜壶颈部两层图像也是采桑、习射礼（图 2），这些都是耕织图的雏形或早期形式，因此有学者认为"广义的耕织图是指所有与'耕''织'相关的图像资料，如铜器或瓷器上的纹样、画像石图像、墓室壁画等。狭义的耕织图则仅指宋代以来呈系统化的耕织图像"[①]。

图 1　战国采桑宴乐射猎攻战纹铜壶图案展开图[②]

学界一般认为系统化或系列化的耕织图始于南宋楼璹《耕织

① 王加华：《教化与象征：中国古代耕织图意义探释》，《文史哲》2018 年第 3 期，第 56 页。

② 引自中国社会科学网视频频道：《镇馆之宝：战国采桑宴乐射猎攻战纹铜壶》，2019 年 12 月 27 日，http://stv. cssn. cn/index. php? option=default，view&id=10125，2020 年 2 月 18 日。

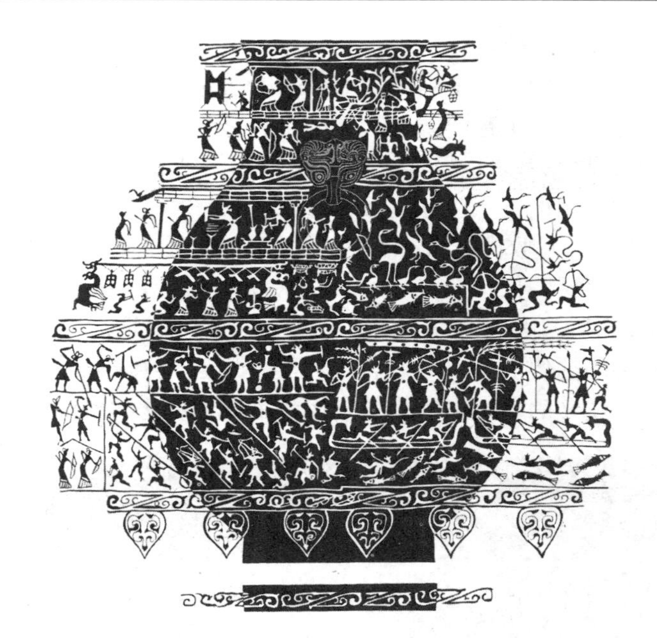

图 2　宴乐渔猎攻战纹铜壶图案展开图①

图》，实际上此前北宋大内延春阁《耕织图》就已是系列组图了。绍兴五年(1135)宋高宗对赵鼎等回忆说："祖宗时，于延春阁两壁画农家养蚕、织绢甚详，元符间因改山水。"②王应麟《困学纪闻》的记载更指明了具体作画时间："仁宗宝元(1038—1040)初，图农家耕织于延春阁，哲宗元符(1098—1100)间亦更以山水，勤怠判焉。"③

① 引自故宫博物院：《宴乐渔猎攻战纹铜壶图案展开图》，2007 年 9 月 6 日，https://en. dpm. org. cn/dyx. html? path＝/tilegenerator/dest/files/image/8831/2007/0906/img0006. xml，2020 年 2 月 18 日。

② (宋)李心传撰，辛更儒点校：《建炎以来系年要录》卷 87 绍兴五年三月甲午，第 1487 页。

③ (宋)王应麟著，(清)翁元圻等注，栾保群、田松青、吕宗力校点：《困学纪闻》卷 15《考史》，上海：上海古籍出版社，2008 年，第 1731 页。

因此清人有延春阁《耕织图》为"《耕织图》所自昉也"[1]之说。"昉"者,起始也。

9.《耕织图》

一卷,楼璹撰。《直斋书录解题》《宋史·艺文志》均著录于"农家类"[2];《玉海》著录于"农书"类[3],题名为《绍兴耕织图》。《耕织图》实际上包括耕、织两个系列,"耕自浸种以至入仓,凡二十一事。织自浴蚕以至剪帛,凡二十四事",每事为一图,各"系以五言诗一章,章八句。农桑之物,曲尽情状"。[4]

楼璹《耕织图》"是我国历史上第一次用诗配画的形式,表现农业劳动场面和农具使用情况的连环画卷"[5],这种新的表现方式,克服了文字的不足——比如秦观《蚕书》所记、唐宋时普遍使用的脚踏缫车,因久失传而形制不明,但在《耕织图》中却可识其庐山真容——因此"对后来农书发生了深厚影响",垂至明代,百科全书式的科学技术巨著《天工开物》也可以说"是直接由王祯、间接由楼璹得到启示的";[6]同时,还掀起了后世摹写、仿作《耕织图》的热潮。所以,虽然楼璹《耕织图》原画虽佚,但仍可据诸摹本和保存下来的配图诗(传本多题名《於潜令楼公进耕织二图诗》或《耕织图诗》)一览究竟。从诗题看,耕图包括浸种、耕、耙耨、耖、碌碡、布秧、淤荫、拔秧、插秧、一耘、二耘、三耘、灌溉、收刈、登场、持穗、簸扬、砻、舂碓、筛、入仓二十一幅;织图包括浴蚕、下蚕、喂蚕、一眠、二眠、三

---

① (清)胡敬撰,刘英点校:《胡氏书画考三种·西湖札记》卷2,杭州:浙江人民美术出版社,2015年,第298页。

② (宋)陈振孙撰,徐小蛮、顾美华点校:《直斋书录解题》卷10,第296页;《宋史》卷205《艺文志四》,第5207页。

③ (宋)王应麟纂:《玉海》卷178《食货》,第3275页。

④ (宋)楼钥撰,顾大朋点校:《楼钥集》卷74《跋扬州伯父耕织图》,杭州:浙江古籍出版社,2010年,第1334页。

⑤ 周昕:《试论古农具图谱的范围及沿革》,《中国农史》1988年第1期,第111页。

⑥ 石声汉:《中国古代农书评介》,第45—46页。

眠、分箔、采桑、大起、捉绩、上簇、炙箔、下簇、择茧、窖茧、缫丝、蚕蛾、祝谢、络丝、经、纬、织、攀花、剪帛二十四幅。所配诗并不仅是图像的说明,如《布秧》诗云:“旧谷发新颖,梅黄雨生肥。下田初播殖,却行手奋挥。明朝望平畴,绿针刺风漪。审此一寸根,行作合穗期。”《分箔》诗云:“三眠三起余,饱叶蚕局促。众多旋分箔,早晚磓满屋。郊原过新雨,桑柘添浓绿。竹间快活吟,惭愧麦饱熟。”①

现存最早摹本是高宗翰林图画院画师所摹织图部分②,即现藏黑龙江省博物馆的《蚕织图》(图 3),为绢本线描淡彩卷轴。该

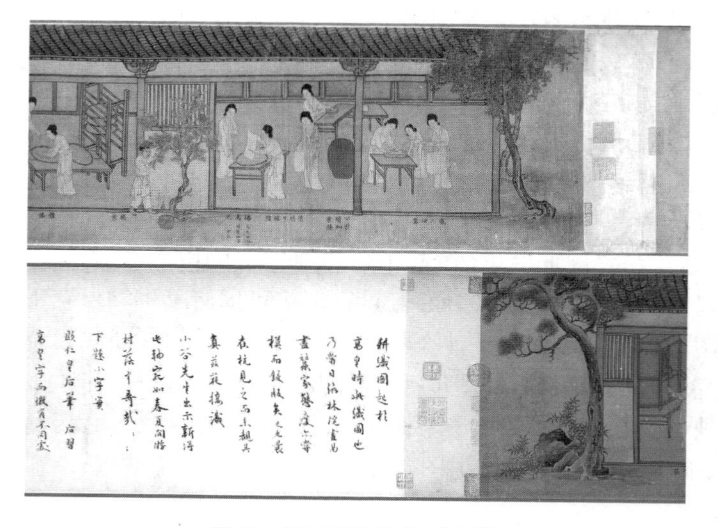

图 3 《蚕织图》卷首、卷尾③

---

① (宋)楼璹:《耕织图诗》,《丛书集成初编》第 1461 册,长沙:商务印书馆,1939 年,第 1、4 页。

② 详参王潮生主编:《中国古代耕织图》,北京:中国农业出版社,1995 年,第 33—34 页。

③ 引自黑龙江省博物馆:《十大镇馆之宝之三:南宋〈蚕织图〉》,2015 年 10 月 13 日, http://www.hljmuseum.com/system/201510/101942.html,2020 年 10 月 6 日。

画虽也是24幅，但跟楼图相较，无楼璹题诗，各幅题名、顺序也不一致，其为：腊月浴蚕，清明日暖种，摘叶、体喂，谷雨前第一眠，第二眠，第三眠，暖蚕，大眠，忙采叶，眠起喂大叶，拾巧上山，簿簇装山，熁茧，下茧、约茧，剥茧，秤茧、盐茧、瓮藏，生缫，蚕蛾出种，谢神供丝，络垛、纺绩，经靷、籰子，挽花，做纬、织作，下机、入箱。可见并非全然照临，亦加创作。每幅图下的小字注文为高宗吴皇后所书。宋代还有梁楷所临《耕织图》卷，现藏美国克利夫兰美术馆(The Cleveland Museum of Art)。该图也只有织图，为涓本墨画淡彩，为三个断片拼接而成。较之楼图省略了9个场景，建筑物也由瓦房改成了草房。[①] 此外尚有以下著名摹本：元程棨《耕织图》，为纸本水墨设色卷轴，现藏美国弗利尔美术馆(Freer Gallery of Art)。包括耕图21幅、织图24幅，图上有篆文书写的楼璹诗。程图删减了图画背景，"以精密绘制农具、操作者和役畜为宗旨……从而使观看的人能明确地了解各种作业"，因此天野元之助说该图并不是"忠实地按原图摹写"。[②] 明邝璠《便民图纂》一书卷首所刊《农务女红之图》，分为《农务图》《女红图》两个部分，前者包括《浸种》等15图，后者包括《下蚕》等16图。虽郑振铎认为其"可信是从宋代楼璹的本子出来的"[③]，但该图改易程度很大，不惟总名不称"耕织图"、图幅数量少14幅，连楼璹所作五言诗也改成了民歌竹枝词形式。如其《耕田》诗云："翻耕须是力勤劳，才听鸡啼便出郊。耙得了时还要耖，工程限定在明朝。"之所以如此改动，是因为作者认为楼璹诗"非愚夫愚妇之所易晓"，"系以吴歌，其事既易知，其言亦

---

① 详参(日)渡部武：《中国农书〈耕织图〉的起源与流传》，《中华文史论丛》第48辑，上海：上海古籍出版社，1991年，第228页。

② (日)天野元之助著，彭世奖、林广信译：《中国古农书考》，北京：农业出版社，1992年，第92页。

③ 郑振铎：《漫步书林》，《郑振铎全集》第6卷，石家庄：花山文艺出版社，1998年，第659页。

易入”。[①]《便民图纂》先后刊刻多次，其中万历本精致工丽，是那个时代“最好的木刻画之一”[②]。清代更是摹绘《耕织图》的高潮时期，影响最大的是焦秉贞《耕织图》（图 4），因承康熙之命而作，康熙又亲撰序文并题诗，故通常称为康熙《御制耕织图》。康熙《耕织图》中楼诗得到保留，就图而言，耕图增《初秧》《祭神》2 幅，织图删《下蚕》《喂蚕》《一眠》3 幅而增《染色》《成衣》2 幅，共计 46 幅。且图序不尽相同，于此“可见宋、清两代耕织风尚之变迁”[③]。焦秉贞已习西洋画法，“位置之自近而远、由大及小，不爽毫毛……《御制

碌碡

上簇

图 4　康熙《耕织图》[④]

① （明）邝璠著，石声汉、康成懿校注：《便民图纂》，北京：农业出版社，1959 年，第 1 页。

② 郑振铎：《漫步书林》，《郑振铎全集》第 6 卷，第 659 页。

③ 向达：《明清之际中国美术所受西洋之影响》，《唐代长安与西域文明》，北京：商务印书馆，2017 年，第 522 页。

④ 引自王红谊主编：《中国古代耕织图》，北京：红旗出版社，2009 年，第 134、147 页。

耕织图》四十六幅……村落风景、田家作苦,曲尽其致”①。焦图为册页形式,内府刻本“堪称清代殿板画中的一部优秀作品”②,故宫博物院、国家图书馆等机构均有收藏。

楼璹,字寿玉,又字国器。先世为婺州东阳(治今浙江东阳市)人,后迁婺州,唐末或五代初年再迁明州奉化(治今浙江宁波市奉化区)东奉化乡,家族以财雄于乡里。楼璹曾祖父楼郁移居明州城南,人称城南先生,是四明地区“庆历五先生”之一。王安石誉其“学行笃美,信于士友”③,于皇祐五年(1053)登第,是楼氏家族第一位进士。12年后,楼郁长子楼常又中进士,历知兴化军(治今福建莆田市)、台州等。楼常次子楼异字试可,人称墨庄先生,即楼璹之父。楼异元丰八年(1085)登科,历汾州(治今山西汾阳市)司理参军、吏部右司员外郎、知泗州(治今江苏盱眙县西北)、知秀州(治今浙江嘉兴市)等。后知明州时适值方腊之乱,其“备御有方,人皆德之”④,进徽猷阁直学士。宣和四年(1122)秩满调知平江府(治今江苏苏州市),因病辞归,两年后卒于家。⑤

楼璹为楼异次子,生于哲宗元符二年(1099)⑥,及长以父荫入

① (清)张庚撰,祁晨越点校:《国朝画征录》卷中,杭州:浙江人民美术出版社,2011年,第58页。按:与《国朝画征续录》《国朝画征补录》合刊。

② 王潮生主编:《中国古代耕织图》,第79页。

③ (宋)王安石撰,王水照主编:《王安石全集》第7册《临川先生文集》卷78《与楼郁教授书》,第1391页。

④ (宋)方万里、罗濬纂:《宝庆四明志》卷8《叙人上》,《宋元方志丛刊》,第5册,北京:中华书局,1990年影印本,第5078页。

⑤ 详参包伟民:《宋代明州楼氏家族研究》,《传统国家与社会(960—1279年)》,北京:商务印书馆,2009年,第263页。

⑥ (宋)楼钥撰,顾大朋点校:《楼钥集》卷74《跋先大父嵩岳图》,第1335页。按:原文“知县伯父生于元符二年,小名曰嵩,家藏诗序书元符庚辰(三年)”。有的学者采用编成于光绪十九年(1893)的《鄞塘楼氏宗谱(七修本)》卷3《追远行传》楼璹生于“元祐五年(1090)庚午二月三日巳时”的说法,误。《鄞塘楼氏宗谱(七修本)》为“拼凑、虚构与自相矛盾”之作,详参唐燮军、孙旭红:《两宋四明楼氏的盛衰浮沉及其家族文化——基于〈楼钥(注转下页)

仕,“佐婺州幕”[①]。绍兴初年,高宗“下务农之诏,躬耕耤之勤”[②],楼璹时任於潜(治今浙江杭州临安区於潜镇)令,遂“画成耕织二图,各为之诗”[③],趁召对之机呈上。三年(1133)五月,因权监察御史胡蒙之荐迁官右承直郎、知於潜县[④],五年底擢差通判邵州(治今湖南邵阳市)[⑤],十年(1140)迁广南东路市舶提举[⑥],十四年时任福建路市舶提举[⑦]。此后仕履,其侄楼钥概括为“漕湖南、湖北、淮东,摄长沙、帅维扬”[⑧],据刘岑所作墓志,知三路所任实为转运判官,“摄长沙”指其在湖南运判任上曾摄知潭州。[⑨]二十四年(1154),楼钥言:“先银青部纲过仪真,某实侍行。时七伯父方以漕

(续上页注)集〉的考察》,杭州:浙江大学出版社,2012年,第9—25页。

① (清)陆心源:《宋史翼》卷20《楼璹传》引宋刘岑撰楼璹墓志铭,北京:中华书局,1991年影印本,第214页。按:刘岑所作墓志今佚。

② (宋)楼钥撰,顾大朋点校:《楼钥集》卷74《跋扬州伯父耕织图》,第1334页。并参见(宋)王应麟纂:《玉海》卷178《食货·农书》,第3275页。

③ (宋)楼钥撰,顾大朋点校:《楼钥集》卷17《进东宫耕织图札子》,第362—363页。

④ (宋)李心传撰,辛更儒点校:《建炎以来系年要录》卷33绍兴三年六月戊子,第1144页;(清)徐松辑:《宋会要辑稿》选举二九之二四,第4706页。

⑤ (宋)李心传撰,辛更儒点校:《建炎以来系年要录》卷96绍兴五年十二月乙卯,第1641页。

⑥ 嘉靖《广东通志初稿》卷26《秩官上》,《北京图书馆古籍珍本丛刊》第38册,北京:书目文献出版社,1998年影印本,第141页。

⑦ (清)徐松辑:《宋会要辑稿》职官四四之二四,第3375页。

⑧ (宋)楼钥撰,顾大朋点校:《楼钥集》卷74《跋扬州伯父耕织图》,第1334页。楼璹墓志作者、友人刘岑言亦可佐证:“余谪洮阳(治今广西全州县永岁镇梅潭村),寿玉方持湖南使者节过我,相劳苦如平生。”(同书卷72《跋从子深所藏书画·刘杼山》,第1282页。)按:刘杼山,名岑,字季高,杼山居士其号也。

⑨ (清)陆心源:《宋史翼》卷20《楼璹传》,第215页。

使兼扬州”[1]，而《建炎以来系年要录》载：“（二十五年底）执政进呈：‘淮南转运判官龚鉴，恃势枉作，乞放罢。’仍差知扬州楼璹权兼管运司事。上曰：‘扬州正当人使往来之地，须欲得人。闻璹亦不能称职，卿等可与易一差遣。’”[2]可见楼璹所任为接替龚鉴之运判一职；又周麟《海陵集》有《李庄除两浙运判楼璹淮南运判制》[3]，则楼钥“漕使兼扬州”之说实为“运判兼扬州”。亦知前揭楼钥漕“淮东”之说为漕“淮南”之误。二十六年正月二十四日，《宋会要辑稿》载因楼璹“擅将北使食顿令泰州管认”，被劾以“不遵禀指挥”而被放罢，[4]据上揭《建炎以来系年要录》“……上曰：‘扬州正当人使往来之地，须欲得人。闻璹亦不能称职，卿等可与易一差遣’”的记载，可见高宗言“扬州正当人使往来之地……璹不能称职”必因《宋会要》所记“擅将北使食顿令泰州管认”事而发。然《建炎以来系年要录》同年三月戊辰（十八日）仍记“诏：淮南漕臣楼璹创立罪赏……致民重困”[5]，则此必追记，非谓楼璹其时在任。绍兴二十六年春，“主管台州崇道观，遂致仕”。楼璹致仕后优游自适，置田五百亩为义庄，三十二年（1162）卒于家。[6] 楼璹卒之次年，其侄、以文学知名、后官至参知政事的楼钥登科，继续书写着一个文化家

---

① （宋）楼钥撰，顾大朋点校：《楼钥集》卷72《又钱希白三经堂歌》，第1281页。

② （宋）李心传撰，辛更儒点校：《建炎以来系年要录》卷170绍兴二十五年十一月辛未，第2944页。

③ （宋）周麟之：《海陵集》卷17《李庄除两浙运判楼璹淮南运判制》，《景印文渊阁四库全书》第1142册，第137页。

④ （清）徐松辑：《宋会要辑稿》职官七〇之四三，第3966页。

⑤ （宋）李心传撰，辛更儒点校：《建炎以来系年要录》卷170绍兴二十六年三月戊辰，第2998—2999页。

⑥ （清）陆心源：《宋史翼》卷20《楼璹传》第215页。按：陆传综引自楼璹撰《冯恭人岁月记》、况逵《楼氏义田庄记》、刘岑所撰墓志。况逵记文尚见于《至正四明续志》（卷8，《宋元方志丛刊》第7册，北京：中华书局，1990年影印本，第6559—6560页）。

族的辉煌。宁宗时楼钥曾将据其家藏《耕织图》副本传写，并“亲书诗章并录跋语，装为二轴”①，献给时任太子赵竑。楼钥弟楼钧妻为陆游堂兄陆沅之女②，楼钥堂兄楼铉妻为徽宗朝宰相郑居中曾孙女③。

10.《田夫书》

一卷，范如圭撰，已佚。《宋史·艺文志》于“农家类”著录④，《遂初堂书目》著录为“范如圭《田书》”⑤，显脱“夫”字；《玉海》著录为“范如圭有《夫田书》”⑥，显然“夫田”二字应互乙。方健估计“该书当为记载耕作实用技术之类的农书”⑦，然清王初桐《猫乘》引有《田夫书》一条云“斑猫亦名斑蝥”⑧，可见内容不止于耕作。

范如圭字伯达，建州建阳（治今福建南平市建阳区）人。《宋史》有传。崇宁元年(1102)生于舅父胡安国荆南官廨⑨，自幼从其学《春秋》⑩。建炎二年(1128)登进士第，授左从事郎、武安军（即潭州，治今湖南长沙市）节度推官，不久以忧去。后被辟为江东安抚司书写机宜文字，因近臣交荐，获召试秘书省正字，迁校书郎兼

① (宋)楼钥撰，顾大朋点校：《楼钥集》卷17《进东宫耕织图札子》，第363页。

② 参见陶晋生：《北宋氏族——家族、婚姻、生活》，台北："中央研究院"历史语言研究所，2001年，第280页。

③ 参见黄宽重：《千丝万缕——楼氏家族的婚姻圈与乡曲义庄的推动》，《宋代家族与社会》，北京：国家图书馆出版社，2009年，第116页。

④ 《宋史》卷205《艺文志四》，第5206页。

⑤ (宋)尤袤：《遂初堂书目》，《丛书集成初编》第32册，第20页。

⑥ (宋)王应麟纂：《玉海》卷178《食货·农书》，第3275页。

⑦ 方健：《南宋农业史》，第362页。

⑧ (清)王初桐辑：《猫乘》卷6《杂缀》，《续修四库全书》第1119册，上海：上海古籍出版社，2002年影印本，第383页。

⑨ (宋)朱熹：《晦庵先生朱文公文集》卷94《范直阁墓记》，《朱子全书》第25册，第4340页。

⑩ (宋)胡宏撰，吴人华点校：《祭表兄范伯达文》，《胡宏集》，北京：中华书局，1987年，第198—199页。

史馆校勘。[1] 时秦桧力主和议，范如圭以书责其忘仇辱国之罪，“遗臭万世”“丧心病狂”两个成语即源自书中指斥语。[2] 后乃自请奉祠，被命主管台州崇道观。[3] 直至绍兴十九年(1149)初，始起为权通判邵州，[4]秩满通判荆南府(治今湖北江陵县)。秦桧死后，二十七年(1157)获召对，进“为治以知人为先，知人以清心寡欲为本”之语，又请禁止“东南不举子之俗”，[5]擢直秘阁、提举江西常平茶盐[6]。一年后移任利州路提点刑狱[7]，同年冬即以病请祠[8]。二十九秋因上建储议复起知泉州[9]，次年春被罢，旋病卒于邵武军(治今福建邵武市)寓所，享年五十九。[10]

范如圭与朱熹父朱松为史馆僚友，次子范念德与朱熹为连襟，范念德与子元裕均师事朱熹，范元裕又为朱熹五女婿。朱熹老师刘子翚(抗金名将刘韐次子)嗣子刘玶(本子翚兄子羽之子)为范如

---

① 《宋史》卷381《范如圭传》，第11729—11730页。

② (宋)李心传撰，辛更儒点校：《建炎以来系年要录》卷123绍兴八年十一月辛亥，第2082页。

③ (宋)李心传撰，辛更儒点校：《建炎以来系年要录》卷137绍兴十年九月丁巳，第2324页。

④ 汪圣铎点校：《宋史全文》卷21下《宋高宗十五》，北京：中华书局，2016年，第1732页。

⑤ 《宋史》卷381《范如圭传》，第11730页。

⑥ (宋)李心传撰，辛更儒点校：《建炎以来系年要录》卷176绍兴二十七年三月丙子，第3085页。

⑦ (宋)李心传撰，辛更儒点校：《建炎以来系年要录》卷180绍兴二十八年九月乙亥，第3168页。

⑧ (宋)李心传撰，徐规点校：《建炎以来朝野杂记·乙集》卷1，北京：中华书局，2000年，第504页。

⑨ (宋)李心传撰，辛更儒点校：《建炎以来系年要录》卷182绍兴二十九年闰六月甲戌，第3229页。

⑩ (宋)朱熹：《晦庵先生朱文公文集》卷94《范直阁墓记》，《朱子全书》第25册，第4340页。按：《建炎以来系年要录》较朱熹所记晚三个月(卷186绍兴三十年九月己丑，第3317页)，当为讣闻时间。

圭二女婿，刘玶子刘学古又为朱熹大女婿。[①] 范如圭"其学根于经术，不为无用之文"[②]，除《田夫书》外，还有文集十卷，惜均佚。

11.《耕桑治生要备》

二卷，已佚。宋元史志书目仅《直斋书录解题》于"农家类"著录云："左宣教郎、通判横州（治今广西横州市）何先觉撰，绍兴癸酉序。"[③]则书当成于绍兴二十三年（1153）。何先觉字民师，郴州桂阳（治今湖南桂阳县）人，登建炎二年（1128）进士第。[④] 绍兴二十四年在横州通判任上升为权知州，秩满移连州（治今广东连州市）。隆兴（1163—1164）初迁知廉州（治今广西合浦县），"首兴学校，建殿堂，画三礼图于讲堂。又置耕桑法，刊行与士庶习之"[⑤]。所刊行的耕桑法，当即《耕桑治生要备》一书，则是书为其履行职务的劝农之作。

12.《农书》

三卷，陈旉撰。此书是代表宋代农学发展水平的标杆之作，本书将于第十一章专章讨论，兹存其目。

13.《农书》

三卷，陈安节撰，已佚。《中国农学书录》《中国农业古籍目录》未著录。仅见于朱熹《戏赠胜私老友》诗自注："胜私先侍讲尝著

---

① 参见（日）石立善：《宋刻本〈晦庵先生语录大纲领〉考——附录朱子、范如圭、程端蒙、李方子佚文》，《宋史研究论丛》第8辑，保定：河北大学出版社，2007年，第382—383页。

② 《宋史》卷381《范如圭传》，第11731页。

③ （宋）陈振孙撰，徐小蛮、顾美华点校：《直斋书录解题》卷10，第296页。

④ 万历《郴州志》卷4《科贡表上》，《天一阁藏明代方志选刊》第58册，上海：上海古籍书店，1962年影印本，叶三a。按：天启《衢州府志》记其为西安县人（卷10《人物志》，《中国方志丛书·华中地方》第582号，台北：成文出版社，1983年影印本，第1192页），恐误。

⑤ 崇祯《廉州府志》卷9《名宦志》，《日本藏中国罕见地方志丛刊》第25册，北京：书目文献出版社，1992年影印本，第131页。

《农书》三卷。"[①]书盖未刊行，故宋代诸家书目不载。方健《南宋农业史》有考[②]，然太简略，且未能定谳，笔者乃更为详考如下。

唐代进士下第后于当年七月复献新文求拔解，时槐花正黄，故谚云"槐花黄，举子忙"[③]，朱诗言"槐花黄尽不关渠"，可见胜私无意科考功名，为渊明之流亚。朱熹《代胜私下一转语》"碓下泉鸣溜决渠，屋头桑树绿扶疏。朱虚正自知田事，马服何妨读父书"[④]亦可旁证。朱氏又有《诗送碧崖甘叔怀游庐阜，兼简白鹿山长吴兄唐卿及诸耆旧三首》，诗后自注云："诸人已致书者此不复及，此外更有陈胜私在九叠屏下田舍，彭师范在隔江都昌县界中，皆胜士也……"[⑤]；《题落星寺张于湖题字后》云："朱某奉处士叔父同王南卿、俞子寿、吴唐卿、李秉文、陈胜私、赵南纪及表侄俞洁己、甥魏愉、季子(朱)在俱来，观故张紫薇安国题字，为之太息。淳熙庚子十月十三日也。"[⑥]由此可知"胜私"姓陈，隐居庐山，为朱子学侣。明人《朱子实纪》记之为南康军人固然正确，但以其朱子门人则误。[⑦] 证据之一是朱熹学生黄商伯曾问他："陈胜私尝说雷霆震击真有鬼物，先生不答。次日乃言：'学者当于正理上立得见识，然后理之变者可次第而通。若将理之变者先入于心，立为定见，则正理终不能晓矣。'窃尝服膺……妄意如此，殊未明彻，乞指教"[⑧]——朱熹不同意陈胜私的看法，竟然当面不加驳正，而是待次日陈胜私不在场时才向弟子们托出自己的观点，这显然不是对待门人而是

---

①④　(宋)朱熹：《晦庵先生朱文公文集》卷7，《朱子全书》第20册，第482页。

②　方健：《南宋农业史》，第352—353页。

③　(唐)李淖：《秦中岁时记》，陶宗仪等编：《说郛三种》弓69，第3219页。

⑤　(宋)朱熹：《晦庵先生朱文公文集》卷9，《朱子全书》第20册，第536页。

⑥　(宋)朱熹：《晦庵先生朱文公别集》卷7，《朱子全书》第25册，第4984页。

⑦　(明)戴铣：《朱子实纪》卷8《朱子门人》，《续修四库全书》第550册，上海：上海古籍出版社，2002年影印本，第453页。

⑧　(宋)朱熹：《晦庵先生朱文公文集》卷46《答黄商伯》，《朱子全书》第21册，第2132—2133页。

对待同辈学者的态度。二是朱熹在《与曹晋叔书》中说他“近得陈胜私书，责以烦刑暴敛数条，已封与王季海，托其转呈东府矣”[①]——陈胜私写信责备朱熹为政“烦刑暴敛”，言止非弟子所当为，朱熹还将之转呈朝廷，陈胜私非朱门弟子明矣。

朱熹又有《与王枢使札子》：“熹素愚昧，不晓物情，加以闲散日久，尤不谙悉吏事。至此（南康军）将及一年，凡所施为，虽不敢不竭愚虑，而所见乖谬，动失民和。四方士友贻书见责者，积于几阁不知其几。而前件陈克己者尤其详尽，其间历数谬政无一可者……窃以为此非奸民猾吏流言飞文之书，乃出于相爱慕来问学之口，尤足取信。故敢冒昧缴连陈献，若蒙钧念，得以遍呈东府两公，庶几有以察熹前言之非妄者。”[②]此与《与曹晋叔书》对照，可知陈胜私名克己。

除朱熹外，陈胜私尚与楼钥交好。楼钥《回陈胜私先辈屺启》虽为短简，且难免夸大之辞，却是唯一直接介绍陈胜私的珍贵史料，兹移录于下：

> 谒次通名，初喜见秀公之裔；世家论契，乃知为侍讲之门。握手定交，倾盖莫逆。伏惟某人父书素读，天分更高。盘万卷于云梦胸中，巢四松于匡庐山上。及见开元之故老，尚闻正始之遗音。古事今事，问无不知；儒家道家，应皆如响。稍窥新作，叹温厚尔雅之文；侧听高谈，真直谅多闻之友。言诚可用，学有自来。蚤负俊声，真是昆山之片玉；晚甘肥遯，竟成沧海之遗珠。退念少时，熟聆慈训。遭戈兵之肆毁，寓冢舍以偷安。荷先正之相求，辟数椽而共聚。穷百家之奥旨，信一代之伟人。三纪以还，尚来过于仲舅；交臂而失，恨不拜于下风。

① （宋）朱熹：《晦庵先生朱文公文集》卷26，《朱子全书》第21册，第1155页。

② （宋）朱熹：《晦庵先生朱文公文集》卷26，《朱子全书》第21册，第1154页。

> 岂谓暮年，得逢贤嗣。自幸无涯之乐，且闻未见之书。游边忽作于宵征，访别更廑于夜辱。余生能几，再见未期。相送仙舟，第有加餐之祝；会从慊籍，或观破贼之章。[①]

按照楼启，则陈胜私是北宋神宗宰相、秀国公陈升之后裔，父亲曾任侍讲之职。且陈侍讲三十多年前拜访过楼钥二舅汪大猷，不过楼钥和他“交臂而失”没有见面，故楼钥对能在晚年结识陈侍讲子胜私感到非常高兴，与之世家论交。陈胜私素读父书，天资又高，儒道、史学、经济之事皆熟于胸。为文则温厚尔雅，为言则晓畅可用，为人则直谅多闻。他少负才名，晚年隐居未仕。楼启还说陈胜私隐居庐山，这与前揭朱熹说他住在九叠屏相合。至于楼钥书启云陈胜私名“屺”，方健推测可能是“屺”由“克己”两字形近致讹或改名的结果[②]。陈克己字胜私，当取义于“胜己之私之谓克，克己所以胜私欲而收放心也”[③]，岂可改名“屺”而字不更？且“屺”义不令，焉得为名！所以改名不可能，“屺”“克己”之别，必由抄误也。

陈升之是福建建安人，他的后代怎么在庐山居住呢？原来他罢相后以镇江军节度使判扬州，因“其先茔在润州”[④]，故“治第于润州，极为闳壮，池馆绵亘数百步”[⑤]，“后居于润，薨葬于润，子孙因家焉”[⑥]。南北宋之际，镇江为战斗折冲之地，大概此时陈侍讲为避难携家迁至 300 千米外的徽州休宁——《新安志》“绍兴中休

---

① (宋)楼钥撰，顾大朋点校：《楼钥集》卷 59，第 1056—1057 页。

② 方健：《南宋农业史》，第 353 页。

③ 杨时语，载朱熹《论语精义》卷 6 下(《朱子全书》第 7 册，第 415 页)。

④ (宋)王铚撰，朱杰人点校：《默记》卷中，北京：中华书局，1981 年，第 24 页。

⑤ (宋)沈括撰，胡道静校证：《梦溪笔谈校证》卷 25，上海：上海古籍出版社，1987 年，第 810 页。

⑥ (宋)王象之：《舆地纪胜》卷 7《两浙西路 · 镇江府》，北京：中华书局，1992 年影印本，第 425 页。

宁陈克己母有疾，女刲股，妇继之，克己又刲其肝，母疾寻已”[①]、乾隆《江南通志》“陈克己与鲍乙俱休宁人，陈割肝、鲍凿脑以愈母病”[②]之记载可证——当即楼钥信中所谓“退念少时，熟聆慈训。遭戈兵之肆毁，寓冢舍以偷安。荷先正之相求，辟数椽而共聚”之所指。嗣后陈氏更迁至庐山九叠屏，又西去休宁约200千米矣。惟迁居于此，其方可不时拜访朱熹，或与同游，或与彼师弟子论学；惟迁居于此，其方可身受朱熹之政而对彼提出“烦刑暴敛”之批评，甚至是对一些具体政事的批评，如朱熹致黄商伯书所说“胜私书来，说此间受租米事”，朱熹“初疑其过，徐究之果然”，[③]如果不在其地不了解实情，怎会如此！

陈胜私父陈侍讲即朱熹所言《农书》作者生平如何？史籍记载更其阙如，几乎无从考知，幸周紫芝有诗曰《奉圣山中邂逅忻师，相与话十年旧事，为之惘然。二十一日同游陈侍讲附子园，偶作此篇》：“不见跳珠已十年，旧游重说固依然。此生如我岂非梦，到处逢师真是缘。倦客来看栽药圃，先生昔侍讲经筵。人间作计无多子，也合归耕种谷田。”[④]奉圣山在宣州宁国县(治今安徽宁国市)，唐名白云山，许浑有《题白云山》诗，山中有永清寺，宋治平改“奉圣寺”，熙宁改“奉圣禅院”，是故白云山改称奉圣山。清末讹为凤形山，沿袭至今。镇江、宁国、休宁差不多在一条直线上，宁国距镇江约180千米，休宁距宁国约120千米。据此可见陈氏在迁居休宁前先迁于宁国，盖初迁宁国欲待时局靖晏以返，然终于不得不继续南迁耳。据周诗，陈侍讲子嗣不多，或仅胜私一子；其颇擅治生之道，务农同

---

① (宋)罗愿纂:《新安志》卷8,《宋元方志丛刊》第8册,北京:中华书局,1990年影印本,第7722页。

② 乾隆《江南通志》卷160《人物志》,《中国地方志集成·省志辑·江南》第6册,南京:凤凰出版社,2011年影印本,第139页。

③ (宋)朱熹:《晦庵先生朱文公别集》卷6,《朱子全书》第25册,第4956页。

④ (宋)周紫芝:《太仓稊米集》卷11,《景印文渊阁四库全书》第1141册,第76页。

时栽种药材。可惜的是，周紫芝未提到附子园主人的名字。

永嘉人陈鹏飞字少南，绍兴十三年（1143）由左迪功郎迁太学博士[①]兼崇政殿说书[②]，历礼部员外郎兼崇政殿说书、资善堂赞读[③]，因议慈宁典礼黜为左承奉郎主营台州崇道观，复除名惠州编管，[④]死其地，有陈侍讲故居、郎官湖等遗迹。[⑤] 显然此陈侍讲非周紫芝所识之陈侍讲。宋代侍讲为正七品，崇政殿说书为从七品[⑥]，据此可见宋人一般将"崇政殿说书"也过呼为"侍讲"，恰朱熹《答吕伯恭》书有云"靖康间有处士陈安节召对，授通直郎、崇政殿说书者，今史录中有其事否？幸子细批喻。其子弟见属叙述，以不知其本末，不敢作也。千万留念，熹又拜"[⑦]。则此陈安节为通直郎、崇政殿说书，可得过呼"陈侍讲"，非即周紫芝所识之陈侍讲乎？考之宋代典籍，姓名陈安节者非止一人，哪一位陈安节才是朱书所指呢？《勉斋集》卷30、卷40所记非士人，不论。陈姓祠堂通用联语"慈训杖下；懿范堂前"出典汉州陈堂前丈夫陈安节籍贯不符且青年卒逝[⑧]，显非。开禧元年毛自知榜进士南康军建昌人陈安节[⑨]，虽籍

① （宋）李心传撰，辛更儒点校：《建炎以来系年要录》卷148绍兴十三年二月辛巳，第2518页。

② （宋）李心传撰，辛更儒点校：《建炎以来系年要录》卷151绍兴十四年三月癸酉，第2575页。

③ （宋）李心传撰，辛更儒点校：《建炎以来系年要录》卷151绍兴十四年六月己亥，第2585页。

④ （宋）李心传撰，辛更儒点校：《建炎以来系年要录》卷154绍兴十五年七月辛亥，第2626页。

⑤ （宋）王象之：《舆地纪胜》卷99《广南东路·惠州》，第3090—3091页。

⑥ （清）徐松辑：《宋会要辑稿》职官六之五八，第2525页。

⑦ （宋）朱熹：《晦庵先生朱文公文集》卷34《答吕伯恭书》，《朱子全书》第21册，第1494—1495页。

⑧ 《宋史》卷460《陈堂前传》，第13485页。

⑨ 正德《南康府志》卷6《甲科》，《天一阁藏明代方志选刊》第39册，上海：上海书店，1981年影印本，叶二六b。

贯相同，但生活年代太晚，非是。宰相陈康伯次子陈安节，孝宗赐同进士出身五辞不受，历官将作监主簿、军器监丞、司农寺丞、知南剑州等职，[①]但未担任过“通直郎、崇政殿说书”，亦非。惟《咸淳临安志》所记与朱书合：於潜“县北三十里惟新乡眉山绝顶之上”有开化院，“徽宗皇帝朝崇政殿说书、豫章陈安节隐居于此。绍兴十八年陈与僧福瑛同立精舍，初名澄鉴，二十五年赐今额。有陈公读书堂基”。[②] 此陈安节为豫章人，豫章乃汉唐旧名，大体相当于南宋时洪州、南康军一带，陈胜私家庐山九叠屏，正相符合；且其生活年代、隐士身份、崇政殿说书之职悉与朱熹所言相符。惟《咸淳临安志》载其为“徽宗皇帝朝崇政殿说书”，朱熹则言其“靖康间……授通直郎、崇政殿说书”，但朱熹既自云“不知其本末”，笔下小误难免。可以肯定，此陈安节就是楼钥“交臂而失”、周紫芝相识的陈侍讲，亦即陈胜私之父。则朱熹在给吕祖谦信中的“子弟”为偏义复词，指其子（即陈胜私）而已。胜私与朱子过从，自可请其为乃父作文。又南宋徐光溥《自号录》有陈安节字衡可、号樵隐居士的记载[③]——他书所载诸陈安节皆非隐士——应即此人字号无疑。至于陈安节所隐於潜眉山，在“庐山—杭州”一线上，西距庐山约330千米，东距杭州约70千米，绍兴十八年始立精舍，则或陈安节其年前后始到此隐居也。因其时宋金已签订和议，生活又似乎照旧了。庐山远离行在，陈安节徽宗晚年（详见下文）始授通直郎、崇政殿说书，局势一稳，身在江湖之上，固难免心居乎魏阙之下，东去距杭州仅70千米的眉山隐居确为很好的选择。这里还要指出的是，眉山西北距宁国约60千米，西南距休宁约120千米，皆不为远，陈安节绍兴十八年隐居眉山，应即此前迁居宁国、休宁时有所知也。反过

① 《宋史》卷384《陈康伯传》，第11811页。

② （宋）潜说友纂修：《咸淳临安志》卷84，《宋元方志丛刊》第4册，北京：中华书局，1990年影印本，第4138页。

③ （宋）徐光溥：《自号录》，《丛书集成初编》第3309册，上海：商务印书馆，1937年，第3页。

来，此又为眉山陈侍讲、胜私父陈侍讲为同一人之一证。

前揭乾隆《江南通志》谓陈克己刲肝疗母在“绍兴中”，本只能大致推断其年龄，笔者又找到弘治《徽州府志》一条材料：“陈克己，休宁人。绍兴中母有疾，女割股，妇继之，克己又割其肝，母病寻已。郡守汪藻欲奏之，幕官有不同者乃止。”[①]汪藻与胡伸并称“江左二宝”，其知徽州为绍兴九年（1139）十月[②]，且其次年即徙知宣州——则陈克己刲肝疗母在绍兴九年。其时克己已婚，以 22 岁计，则陈克己生在政和八年（重和元年，1118）。楼钥生于绍兴七年（1137），陈克己大楼氏 20 岁，故楼钥《回陈胜私先辈屺启》称其为“先辈”。又楼钥在书启中自称已届暮年，且发出“余生能几”之感叹。楼钥卒于嘉定六年（1213），享寿 76 岁，则楼氏作此启时至少应在 50 岁以上，以 50 岁计，时为淳熙十三年（1186），其年陈克己 69 岁。前揭朱熹《戏赠胜私老友》作于淳熙七年（1180）十月中旬[③]，时年朱熹 50 岁，诗言“槐花黄尽不关渠，老向功名意自疏”，则是年陈胜私亦老矣，1180－1118＝62 周岁，可得言老。弘治《徽州府志》与楼、朱所记相合。又弘治《徽州府志》谓克己刲肝之前先有“女割股，妇继之”之事——据周紫芝前揭诗，安节“无多子”，则此妇当克己妻——可见克己虽无兄，必有姊，故陈安节生子胜私时年龄应稍大，以 30 岁计，则其本人大约生于元祐四年（1089）。重和元年（1118）陈安节 30 岁，宣和七年（1125）陈安节 37 岁，《咸淳临安志》载其为“徽宗皇帝朝崇政殿说书”，从年龄看，应在徽宗末年重、宣之间。楼钥《回陈胜私先辈屺启》说“三纪”以前胜私父拜访过其二舅汪大猷，从淳熙十四年逆推 36 年，时为绍兴二十一年

① 弘治《徽州府志》卷 9《人物三》，《天一阁藏明代方志选刊》第 22 册，上海：上海古籍书店，1964 年影印本，叶一八 b。

② 《宋史》卷 445《汪藻传》，第 13132 页；（宋）李心传撰，辛更儒点校：《建炎以来系年要录》卷 132 绍兴九年十月己巳，第 2220 页。

③ 束景南：《朱熹年谱长编》，上海：华东师范大学出版社，2014 年，第 681 页。

(1151),其年陈安节63岁。陈安节卒年则可据前揭朱熹《答吕伯恭》推知,从信中朱熹欲"知其本末"来看,应家属要求而为陈安节所作者当是行状、志、铭一类文字,换言之,陈安节应在此前后逝世。但朱熹集中未见其文,或竟未作。《答吕伯恭》作于淳熙六年(1179)十一月七日[①],则陈安节享寿90岁左右。其子陈胜私卒年不早于庆元五年(1199)[②],因朱熹此年四月还在托往游庐山的道士朋友甘叔怀给他捎信,此据前揭《诗送碧崖甘叔怀游庐阜,兼简白鹿山长吴兄唐卿及诸耆旧三首》诗注"诸人已致书者此不复及,此外更有陈胜私在九叠屏下田舍……"云云可见——次年(1200)朱熹即逝世——则陈胜私享寿至少80岁以上,父子皆长寿之人。

概言之,朱熹《戏赠胜私老友》所言《农书》三卷作者为陈安节。陈安节字衡可,号樵隐居士,大约生于元祐四年、卒于淳熙六年,为陈升之后裔。徽宗晚年时其因隐士之名获召对,授通直郎、崇政殿说书,故人称其陈侍讲。两宋之交由镇江向西南迁居宁国、休宁、星子。[③]

14.《农书》

卷帙不详,刘清之撰。历代书志不载,仅见于《宋史》本传。已佚。

刘清之,字子澄,人称静春先生。《宋史》本传称其"临江人"[④],元王礼《静春先生传》称其"吉州庐陵人(治今江西吉安市)"[⑤],隆庆《临江府志》称其"新喻(治今江西新余市)人"[⑥],万历

---

① 束景南:《朱熹年谱长编》,第641页。

② 束景南:《朱熹年谱长编》,第1358页。

③ 这一部分据拙文《〈农书〉作者考略》修改,原刊于《中国农史》2016年第4期,第139—143页。

④ 《宋史》卷437《儒林传七·刘清之传》,第12953页。

⑤ (元)王礼:《麟原文集·前集》卷9,《景印文渊阁四库全书》第1220册,第430页。

⑥ 隆庆《临江府志》卷12《人物传》,《天一阁藏明代方志选刊》第35册,上海:上海古籍书店,1962年影印本,叶四六b。

《续修严州府志》称其“清江（治今江西樟树市）人”[①]。新喻、清江均为临江军辖县，所以明代两志与《宋史》并不矛盾，但两志到底谁正确呢？刘清之是刘敞、刘攽从曾孙[②]，据刘敞自述，其家“西晋末避兵乱迁江南，其后又迁（吉州）庐陵”，后又“自庐陵迁（临江军）新喻”，[③]则隆庆《临江府志》称刘清之“新喻人”为确。至于嘉靖《浙江通志》“（刘清之）先世临江人，后徙吉（州）之庐陵”[④]的说法与事实正好相反。不过，《续修严州府志》称其“清江人”也不算错，可以理解为用附廓县指代州军，比如临江军新喻县安山（属今江西峡江县）人孔文仲、孔武仲、孔平仲兄弟也被“清江三孔”。

绍兴二十七年（1157），刘清之登进士第，初授宜春（治今江西宜春市）主簿，丁父忧未赴，服除改严州建德（治今浙江建德市）主簿，复迁万安（治今江西万安县）县丞。任上因赈灾问题违忤眼中只有政绩的上级、作有《菊谱》一书的江浙等路都大发运使史正志，[⑤]最终导致史正志被罢为楚州团练副使、永州安置。[⑥] 由此可见刘氏不惟上、只惟实，一心为民的崇高品格。其后知宜黄县（治今江西宜黄县），因丞相周必大荐得孝宗召对，改太常寺主簿。后历通判鄂州，权发遣常州、衡州。[⑦] 任上创立朱陵道院，祀寇准、周敦颐、胡安国等，月与诸生讲论其间，淳熙十四年（1187），因“言者论其以道学自负，于吏事非所长，财赋不理，仓库匮乏，又与监司不

① 万历《续修严州府志》卷10《至行志》，北京：书目文献出版社，1991年影印本，第261页。

② 参见党银平：《刘清之及其〈戒子通录〉研究》，南京师范大学硕士学位论文，2008年，第7、9页。

③ （宋）刘敞：《公是集》卷51《先祖磨勘府君家传》，《景印文渊阁四库全书》第1095册，第847页。

④ 嘉靖《浙江通志》卷29《官师志五之九》，《天一阁藏明代方志选刊续编》第25册，上海：上海书店，1990年影印本，第447页。

⑤ 《宋史》卷437《儒林传七·刘清之传》，第12953页。

⑥ （清）徐松辑：《宋会要辑稿》职官四二之五七，第3263页。

⑦ 《宋史》卷437《儒林传七·刘清之传》，第12955页。

和”，罢为主管华州云台观。[①] 十六年初光宗即位，起知袁州（治今江西宜春市），寻病卒。[②] 其卒年因乃师朱熹有《祭刘子澄文》云：“维年庚戌岁□月□□朔二十六日□□，具位朱熹，谨致祭于亡友子澄刘兄袁州使君之灵。”[③]故研究者多据以定为绍熙元年（1190）[④]。实际上朱氏祭文作年未必即其卒年，而李幼武《宋名臣言行录外集》详记其逝世年月“（宁）[光]宗嗣位，越月起知袁州，而已病矣。淳熙十六年（1189）九月卒，享年五十七”[⑤]，显然应以此为准。逆推之则其生年为绍兴三年（1133）。

刘清之有兄靖之，字子和，人称孝敬先生。韩琦玄孙、韩忠彦曾孙、韩肖胄子韩冠卿为刘清之弟子，人称贯道先生。除《农书》外，刘清之尚有《子澄集》《曾子内外杂篇》《墨庄总录》《续说苑》《祭仪》《时令书》《谕民书》《训蒙新书》《训蒙外书》《戒子通录》等著作，且兼擅书画，然大率佚亡，仅《戒子通录》、人物画《耸寒图》传世。

15.《农书》

三卷，陈峻撰，已佚。仅《郡斋读书附志》于“农家类”著录。该书内容为“辑六经中所载农谱之事，参以田、牛、蚕、桑等”[⑥]。陈峻字景文，平江府（治今江苏苏州市）人，曾任筠州（治今江西高安市）

---

① （清）徐松辑：《宋会要辑稿》职官七二之四八，第4012页。按：原文作“知衢州刘清之”，误，应为“知衡州”。

② 《宋史》卷437《儒林传七·刘清之传》，第12956页。

③ （宋）朱熹：《晦庵先生朱文公文集》卷87，《朱子全书》第24册，第4086页。

④ 昌彼得等：《宋人传记资料索引》第5册，台北：鼎文书局，1986年，第3975页。

⑤ （宋）李幼武纂集：《宋名臣言行录外集》卷14，《景印文渊阁四库全书》第449册，第811页。

⑥ （宋）赵希弁：《读书附志》卷上，晁公武撰，孙猛校证：《郡斋读书志校证》，第1143页。

司法参军[①]。书前“谢艮斋谔为之序”[②]——谢谔(1121—1194)字昌国,南宋临江军新喻(治今江西新余市)人。人称艮斋先生、桂山先生,绍兴二十七年(1157)进士。光宗时官至御史中丞、权工部尚书等官——则陈峻当南宋前期人。

16.《××》

卷帙不详,佚名撰。历代史志书目不载,《中国农学书录》《中国农业古籍目录》亦未著录。仅见于陈造《东庄小留四首》其二:“夹沟欲插柳千株,绕舍先营五亩蔬。供爨御冬须次第,西归新得务农书(是书得之归州)。”[③]方健认为书名即是《务农书》[④],笔者以为“务农”是“务于农”之义,宋人此词常见,如“三时务农,一时教战”[⑤]、“良民业在务农”[⑥],因此“务农书”即“农书”同义语,陈造仅表达了该书是一本农书而未言其名,盖欲协于诗句字数音律要求也。

17.《种艺必用》

《种艺必用》是一本宋代农民知识分子编著并流行于民间指导农业生产的农书,历代史志书目未见一字著录,仅有《永乐大典》本孤本传世,直到 1960 年代胡道静辑出并加校注,方为学界所熟知。《永乐大典》卷 14537 所录两条皆署作者名为“吴怿”,收录全文的卷 13194 则署作“吴欑”,因此天野元之助《中国古书考》著录《种艺

① 正德《瑞州府志》卷 5《秩官志》,明正德十年刻本,叶一二 a。按:方健误为“司理参军”,疑其“为同名之另一人”(《南宋农业史》,第 353—354 页)。

② (宋)赵希弁:《读书附志》卷上,晁公武撰,孙猛校证:《郡斋读书志校证》,第 1143 页。

③ (宋)陈造:《江湖长翁集》卷 20,《景印文渊阁四库全书》第 1166 册,第 250 页。

④ 方健:《南宋农业史》,第 354 页。

⑤ (宋)包拯撰,杨国宜校注:《包拯集校注》卷 4《请那移河北兵马事情(一)》,合肥:黄山书社,1999 年,第 235 页。

⑥ (宋)陈襄:《州县提纲》卷 2《禁告讦扰农》,《丛书集成初编》第 932 册,长沙:商务印书馆,1939 年,第 5 页。

必用》云“吴怿(又作吴欑)撰”[①]。“欑”义停柩待葬,故胡氏校注本《引言》指出:“‘欑’字的意义不好,照例是不会取这个字作为名字的,恐怕《永乐大典》这一卷是写错了……作‘吴怿’应当是对的。”[②]元张福续有《种艺必用补遗》一书,亦见录于《永乐大典》。

永乐大典本《种艺必用》计 160 条,胡道静订正为 170 条。内容包括五谷尤其是豆、麦,以及桑麻、瓜果、蔬菜、竹种植方法,还包括花卉等观赏植物的栽培方法。宋代虽然花谱很多,但以粮食生产为主要内容的通论类农书基本上不涉及花卉,石声汉认为:“《齐民要术》的著者贾思勰将花卉栽培排斥出农业范围之后,由南北朝经过唐宋元,大家都遵守了这个成规。明初俞宗本(即俞贞木)作《种树书》时,才将花卉和果树并列起来,同时及此后的书,如《多能鄙事》和《群芳谱》之类,也都将花卉和其他有用植物一律看待。”[③]但胡道静自《永乐大典》辑得《种艺必用》后,比对两书可知《种树书》有 65.9%的内容袭《种艺必用》,因此他指出打破贾思勰笼罩的“应说是《种艺必用》而不是《种树书》”[④]。随着《琐碎录》明抄本的发现,可知《种艺必用》对《琐碎录》袭用率高达 75%(《种艺必用补遗》袭用亦达 52%)[⑤],而《琐碎录》大部分内容是自出机杼的,因此我们可以将胡先生修正石先生的话进一步修正为:打破贾思勰笼罩的是《琐碎录》而不是《种艺必用》。但无论如何,《琐碎录》《种艺必用》均为南宋农书,这是南宋视花卉园艺为农业、“农家”概念扩充发展的一个有力证据。

---

① (日)天野元之助著,彭世奖、林广信译:《中国古农书考》,第 111 页。

② (宋)吴怿撰,(元)张福补遗,胡道静校录:《种艺必用·引言》,北京:农业出版社,1963 年,第 2—3 页。

③ 石声汉:《介绍〈便民图纂〉》,《石声汉农史论文集》,第 78—79 页。按:初刊于《西北农学院学报(自然科学版)》1958 年第 1 期,第 102 页。

④ (宋)吴怿撰,(元)张福补遗,胡道静校录:《种艺必用·引言》,第 7、5 页。

⑤ 舒迎澜:《〈分门琐碎录〉与其种艺篇》,《中国农史》1993 年第 3 期,第 100 页。

《种艺必用》还有一个特点，即主要为南方农业生产技术，如云："浙中田遇冬月有水在田，至春至大熟。谚云谓之'过冬水'，广人稍之'寒水'，楚人谓之'泉田'。""谷上接桑，其叶肥大。桑上接梨，脆美而甘。撒子种桑，不若压条而分根茎。浙间植桑，斩其桑而栽之，谓之'嫁桑'。却以螺壳覆其顶，恐梅雨损其皮故也。二年即盛。常以三月三日雨卜桑叶之贵贱，谚曰：'雨打石头遍，叶卖三钱片。'或曰四日尤甚，杭州人云：'三日尚可，四日杀我。'言四日雨尤贵。"[①]所记荔枝、橄榄、杨梅、龙眼等亦南方常见的热带、亚热带水果，还记有隋唐时期传入中国的莴苣、菠薐等外来蔬菜的栽植方法。尤值一提的是，书中还记载了宋代始传入中国[②]的丝瓜的种法。

《种艺必用》作者吴怿生平无考，胡道静据《种艺必用》内容、文字及张福《种艺必用补遗》成书年代定为南宋晚期人[③]。

18.《耕禄藁》

一卷，亦作《耕禄藁》《耕禄槁》《耕禄稿》，胡锜撰。宋元诸家书目不载，《中国农学书录》《中国农业古籍目录》亦未著录。

据书序及卷首"括苍胡锜国器"[④]署款，可知胡锜字国器，号牛衣子。括苍山横跨丽水、台州，则雍正《浙江通志》记其为"丽水(治今浙江丽水市)人"[⑤]属实。同书又记胡氏登开庆元年(1259)周震炎榜，余则无可考。

---

① (宋)吴怿撰，(元)张福补遗，胡道静校录：《种艺必用》，第20页。

② 程杰：《我国黄瓜、丝瓜起源考》，《南京师大学报》2018年第2期，第50—52页。

③ 详参(宋)吴怿撰，(元)张福补遗，胡道静校录：《种艺必用·引言》，第10—12页。

④ (宋)胡锜：《耕禄藁》，《丛书集成初编》第2987册，上海：商务印书馆，1937年，第1页。

⑤ 雍正《浙江通志》卷128《选举六》，《中国地方志集成·省志辑·浙江》第5册，南京：凤凰出版社，2010年影印本，第2268页。

《耕禄藁》成于宝祐四年(1256)[①],书记“农田之所殖,农器之所修”[②],而以游戏笔墨出之,即为之代拟或散或骈之封诰及谢表。职是之故,历来多归为集部书而不视为农书。然宋代以类此态度作农书者并不鲜见,如丘濬《牡丹荣辱志》《洛阳贵尚录》即是;语体为骈偶韵语的农书亦在在而有,如南朝戴凯之《竹谱》、两宋《益部方物略记》、马楫《菊谱》、张逢辰《菊花百咏》等,故不可仅因其形式而汰出之。胡氏本人亦云以缉农书为大务,“不为文也”[④]。《耕禄藁》全书共25篇,所述包括作物有谷、来(小麦)、牟(大麦)、米、秫(高粱)、菽(豆类),农具及仓储建筑有耜、水车、水龙、镈、犁、木斛、仓、高廪。此外还记有侯亚(农官)和农田,并将田列为首篇,以见土地对于农业的重要性。宋世农作物及农具当然不止于此,胡锜的选择可见时人心目中之最主要者。

是书传世版本主要有宋刻《百川学海》本、明弘治十四年无锡华珵刻《百川学海》本、明嘉靖间郑氏宗文堂刻《百川学海》本、明末清初宛委山堂刻《说郛》本、民国上海进步书局石印《笔记小说大观》本、民国上海商务印书馆《丛书集成初编》本(以上书名作《耕禄藁》[④])、明末刻清初张缙彦等汇印《说郛》本、明末刻《说郛》板编印《五朝小说》本、民国扫叶山房《五朝小说》石印本(以上书名作《耕禄槁》)、明万历间商氏半埜堂刻《续稗海》本、清汪氏裘杼楼抄本(以上书名作《耕禄稿》)、南京图书馆藏《百川学海》明抄本、明末刻《百川学海》本、明万历间商氏半埜堂刻清康熙间振露堂重编补刻《续稗海》本(以上书名作《耕禄藁》)。

---

① (清)钱大昕著,陈文和主编:《嘉定钱大昕全集》第9册《潜研堂文集》卷30《跋百川学海》,第487页。

②③ (宋)胡锜:《耕禄藁》序,《丛书集成初编》第2987册,上海:商务印书馆,1937年,第1页。

④ 《丛书集成初编》本据《百川学海》本排印,书内均为“耕禄藁”,而封面、扉页则改为“耕禄藁”。

第二节　时令、占候类农书

中国古代岁时、月令书起源甚早,《大戴礼记·夏小正》《礼记·月令》《逸周书·时训解》等即是。此类著作虽也可以说与农业相关,但所述主要是时序节候。至东汉末崔寔著《四民月令》,则大部分为农业生产内容,故王毓瑚视之为"东汉时期传留下来的惟一的一部综合性的农书"①。宋代农业发达、城市繁荣,故多有时令之书记载当时的岁时民俗,就农书角度言,其中农业生产习俗、节日食俗等内容较为重要。占候是阴阳五行学说发展的产物,早期占候主要以各种自然现象占验人事吉凶,在后期亦为主要形式之一。占候类农书是指农业气象、农事占候专著,最早者当为《汉书·艺文志》"杂占"类所载《请雨止雨》《神农教田相土耕种》等书②,惜皆散佚。其大较可据他书转引《杂阴阳》《易飞候》之文约略窥之:

> 《杂阴阳书》曰:"禾生于枣或杨,九十日秀,秀后六十日成。禾生于寅,壮于丁、午,长于丙,老于戊,死于申,恶于壬、癸,忌于乙、丑。"③

---

① 王毓瑚:《中国农学书录》,第18页。

② 《汉书》卷30《艺文志》,第1772、1773页。按:《杂阴阳》一书见载于《汉书·艺文志》"阴阳家"类,虽为《齐民要术》所引,似非专言农事占候者。

③ (北魏)贾思勰著,缪启愉校释:《齐民要术校释》卷1《种谷第三》,北京:中国农业出版社,1998年,第73页。原文标点为:"《杂阴阳书》曰:'禾"生"于枣或杨。'九十日秀,秀后六十日成。禾生于寅,壮于丁午……。"石声汉标点为:《杂阴阳书》曰:"禾:生于枣或杨;九十日,秀;秀后六十日,成。禾:生于寅,壮于丁午……"(贾思勰著,石声汉校释:《齐民要术今释》,北京:中华书局,2009年,第50页。)"枣""杨"二字,缪氏或理解为树名,石氏当两疑,故标点种种纠结。枣,酸枣也,春秋郑邑,治今河南延津县西南;杨,一作扬,西周封国,春秋时期为晋杨氏县,治今山西洪洞县东南范村。

凡候雨，以晦朔弦望。云汉四塞者皆当雨。如斗牛彘，当雨暴。有异云如水牛，不三日大雨。黑云如群羊，奔如飞鸟，五日必雨。云如浮舡，皆雨。北斗独有云，不五日大雨。四望见青白云，名曰天寒之云，雨征。苍黑云细如杼轴，蔽日月，五日必雨。云如两人提鼓持桴，皆为暴雨。①

宋代占候类专著跟前代一样，也未得到保存，当与其预报准确性差、价值不够大有关。但这些内容实为来自民间大众实践者，如邢昺《耒耜岁占》所记即为“牧童村老岁月于畎亩间揣占所得”②，因此只要时代相距不远，必不因作者不同而有太大不同——如宋人“春雨甲子，赤地千里；夏雨甲子，乘船入市”之说，唐人即已言之③；而其“朝霞不出门，暮霞行千里”之说，至明仍言之④——故可通过宋代笔记中保留的相关条目及元代有关传世专著加以探讨。

一、时令类农书

有些所谓的宋代时令书实际上是对前朝文献的训释，如景祐初仁宗命左相贾昌朝领衔编纂的《国朝时令集解》，“约唐《时令》撰定……以便宣读”，内容为“采经、史诸书及祖宗诏令典式，为之集解”，⑤对此类著述，本书一概摈之不论。

---

① (汉)京房：《易飞候》，(明)陶宗仪等编：《说郛三种》弓5，第209—210页。按：“当雨暴”似应作“当暴雨”。

② (宋)释文莹撰，郑世刚、杨立阳点校：《玉壶清话》卷5，北京：中华书局，1984年，第46页。

③ 如张鹭《朝野佥载》卷1云：“春雨甲子，赤地千里；夏雨甲子，乘船入市；秋雨甲子，禾头生耳；冬雨甲子，鹊巢下地，其年大水。”(赵守俨点校，北京：中华书局，1979年，第19页。)

④ 如嘉靖《太仓州志》卷2云：“朝霞不出门，晚霞行千里。”(《天一阁藏明代方志选刊续编》第20册，上海：上海书店，1990年影印本，第159页。)

⑤ (宋)陈振孙撰，徐小蛮、顾美华点校：《直斋书录解题》卷6，第192页。

1.《岁时广记》

一百二十卷，徐锴撰。《崇文总目》著录于“类书类”（记为一百二十卷）[①]；《通志·艺文略》著录于“岁时”类（记为“一百十二卷”）[②]，并对《崇文总目》的归类表达了不满：“岁时自一家书，如《岁时广记》百十二卷，《崇文总目》不列于岁时而列于类书，何也？”[③]《遂初堂书目》著录于“农家类”[④]，《中兴馆阁书目》著录于“时令类”[⑤]，《宋史·艺文志》著录于“农家类”[⑥]。《中国农学书录》《中国农业古籍目录》未著录。

《岁时广记》已佚，兹将他书征引数条抄录如下：

> 徐锴《岁时广记》：二月种百合法，宜鸡粪。或云百合是蚯蚓所化，而反好鸡粪，理不可知也。又百合作面最益人，取根暴干捣细筛，食之如法。[⑦]
>
> 《修真入道秘言》曰：以立春日清晨北望，有紫绿白云者为三元君三素飞云……《岁时广纪》载此事云：“臣（徐）锴按：举场尝试《立春日望三素云诗》，盖取此。”[⑧]

---

① （宋）王尧臣等编，（清）钱东垣辑释：《崇文总目》卷3，第183页。

② （宋）郑樵：《通志》卷64《艺文略二》，第765页。

③ （宋）郑樵：《通志》卷71《校雠略一》，第834页。

④ （宋）尤袤：《遂初堂书目》，《丛书集成初编》第32册，第20页。

⑤ （宋）陈骙等撰，赵世炜辑考：《中兴馆阁书目辑考》，《中国历代书目丛刊》第1辑，北京：现代出版社，1987年影印本，第410页。按：岁时月令之书“上自国家典礼，下及里间风俗悉载之，不专农事”，因此陈振孙认为“《中兴馆阁书目》别为（时令）一类，列之史部”是正确的作法（《直斋书录解题》卷6，第189—190页）。

⑥ 《宋史》卷205《艺文志四》，第5204页。

⑦ （宋）唐慎微撰，尚志钧等校点：《证类本草》卷8《草部中品之上》，北京：华夏出版社，1993年，第227页。

⑧ （宋）胡仔纂集，廖德明校点，周本淳重订：《苕溪渔隐丛话·后集》卷35《本朝杂记上》引《艺苑雌黄》语，北京：人民文学出版社，1993年，第284页。

徐锴《岁时广记》所谓茳草为茭者也。[1]

三月花开时，风名花信风。初而泛观，则似谓此风来报花之消息耳。〔徐锴《岁时(广)记·春日》〕[2]

徐锴《岁时广记》记东汉人主上陵礼曰："乘舆自东厢下，太常导出，西向拜山陵，旋升阼阶。"[3]

可见该书至少包括种艺、植物、气候、典礼等。据章如愚介绍可知其书大概："掇古今传记并前贤诗文，随日以甲子编类，凡时政、风俗、耕农、养生之事悉载。"[4]书中花信风之说是历史上最早的记载。[5]

徐锴，字鼐臣，一字楚金，先世会稽（治今浙江绍兴市），后为广陵（治今江苏扬州市）人。4岁父亡，承母庭训，自幼颖悟，与兄铉（字鼎臣）并称"二徐""徐氏二龙"，"有大名于江左"。[6]礼部员外郎、直中书省常梦锡荐之于南唐先主，因先主薨逝而罢。中主嗣位，命为秘书郎，又被皇弟齐王李景达奏授记室。寻因私议学士殷崇义在公文中用事谬误而被诬以"泄禁省语"，贬为乌江尉。然很快又被召还，任右拾遗、集贤殿直学士。复因弹劾冯延鲁不当任巡抚使，以秘书郎出司东都。中主终爱其才，再召入为虞部员外郎。后主即位后历官屯田郎中、知制诰、集贤殿学士，右内史舍人、宿直

① (宋)李焘:《续资治通鉴长编》卷299元丰二年八月癸亥，第7289页。

② (宋)程大昌撰，周翠英注:《〈演繁露〉注》卷1，北京：中国社会科学出版社，2018年，第23页。按：《纬略》亦略谓："徐锴《岁时(广)记》曰：'三月花开名花信风。'"(高似孙著，左洪涛校注：《高似孙〈纬略〉校注》，杭州：浙江大学出版社，2012年，第120页。)

③ (宋)程大昌撰，周翠英注:《〈演繁露〉注》卷4，第70页。

④ (宋)章如愚辑:《群书考索·前集》卷55《历数门·时令类》，第351页。

⑤ 参见程杰:《"二十四番花信风"考》，《花卉瓜果蔬菜文史考论》，北京：商务印书馆，2018年，第90—101页。

⑥ (宋)马令:《南唐书》卷14《儒者传·徐锴传》，《丛书集成初编》第3852册，上海：商务印书馆，1935年，第100页。

光政殿兼兵吏部选事。开宝七年(974)宋知制诰李穆使南唐，见徐氏兄弟推许云“二陆不能及也”。据陆游《南唐书》，不久徐锴即因“时国势日削”而“忧愤郁郁得疾”，于“开宝七年七月卒，年五十五”。[①] 北宋人马令《南唐书》则记为：“(徐)锴以开宝八年卒于金陵围城中，卒之逾月，南唐亡。”[②]自清乾嘉三大家之一王鸣盛作出“陆书(徐)锴卒于(开宝)七年七月，则下至(南)唐亡尚一年半，而马书乃云卒于八年围城中，逾月唐亡，大相抵梧，恐陆书为是”的推测之后，学界多信从之而采陆说。实际上，《宋史》有云徐锴“因(徐)铉奉使入宋，忧惧而卒，年五十五”[③]，而徐铉两次使宋皆在开宝八年十月以后，因此徐锴卒年显然以马说为确。[④] 锴亡之次年，兄徐铉随李煜降宋，后曾予《太平广记》《太平御览》纂修事。除《岁时广记》外，徐锴著述尚有《说文解字系传》《说文解字韵谱》《历代年谱》《登科记》《方舆记》《问政先生聂君传》《射书》《徐锴集》《赋苑》《广类赋》《甲赋》《古今国典》等，然仅《说文》两种传世。

2.《真宗授时要录》

已佚。书名既称“真宗”，又分为十二卷，故《中国农学书录》推测是一部月令体裁的官书[⑤]。

3.《十二月纂要》

一卷，佚名撰。《崇文总目》著录于“岁时类”[⑥]，《通志·艺文

---

① (宋)陆游著，钱仲联、马亚中主编：《陆游全集校注》第19册《南唐书》卷5《徐查边列传第二》，第165—166页；《宋史》卷441《文苑传三·徐铉传》，第13049页。

② (宋)马令：《南唐书》卷14《儒者传·徐锴传》，《丛书集成初编》第3852册，第100页。

③ 《宋史》卷441《文苑传三·徐铉传》，第13049页。

④ 详参孙艳红：《徐锴卒年考》，《南京师范大学文学院学报》2003年第3期，第170—172页。

⑤ 王毓瑚：《中国农学书录》，第62页。

⑥ (宋)王尧臣等编，(清)钱东垣辑释：《崇文总目》卷2，第104页。

略》著录于“续月令”类[①],《宋史·艺文志》著录于“农家类”[②]。已佚。

4.《四序总要》

四卷,李彤撰。《崇文总目》著录于“岁时类”[③],《通志·艺文略》著录于“时令”类[④]。《中国农学书录》《中国农业古籍目录》未收。书已佚,仅《淳熙三山志》征引一条:

> 饮菖蒲(李彤《四序总要》云:“五日妇礼,上续寿菖蒲酒。以《本草》云菖蒲可以延年。今州人是日饮之,名曰‘饮续’。”)[⑤]

5.《四时总要》

十二卷,李彤撰,已佚。仅《通志·艺文略》于“时令”类著录[⑥]。当为后人在《四序总要》基础上增撰而成。《中国农学书录》《中国农业古籍目录》未收。

6.《农历》

一百二十卷,邓御夫撰。历代史志书目不载。该书“言耕织、刍牧、种莳、耘获、养生、备荒之事,较之《齐民要术》尤为详备”,南宋张邦基即已言“今未见传于世”[⑦]。如此大部头的农书失传实在可惜。度其120卷之数,盖每月10卷。

邓御夫字从义,济州(治今山东巨野县南)人。生平据其同乡晁补之《邓先生墓表》可知。邓氏自幼苦读,尝试太学,获评“异

---

① (宋)郑樵:《通志》卷64《艺文略二》,第764页。

② 《宋史》卷205《艺文志四》,第5204页。

③ (宋)王尧臣等编,(清)钱东垣辑释:《崇文总目》卷2,第104页。

④ (宋)郑樵:《通志》卷64《艺文略二》,第765页。

⑤ (宋)梁克家纂修:《淳熙三山志》卷40《土俗类二》,《宋元方志丛刊》第8册,北京:中华书局,1990年影印本,第8249页。

⑥ (宋)郑樵:《通志》卷64《艺文略二》,第765页。

⑦ (宋)张邦基撰,孔凡礼点校:《墨庄漫录》卷10,北京:中华书局,2002年,第274页。

等”，然性薄荣利，后隐居不仕，躬自力作。为人慷慨尚义，急难必赴，常与乡人言“老者以慈爱，幼者以孝悌，廛里工驵以勤俭不欺”之理，故人皆乐与之交。知济州王子韶尝上其书于朝，请颁行之，结果不了了之——王氏知济州在元祐七年（1092）至绍圣二年（1095）间，则《农历》成书必不晚于此时——心灰意冷之余，邓御夫弃家入庐山学佛。后年渐老，又患疾病，家人强之使归，大观元年（1107）正月卒，寿76岁。则其生于明道元年（1032）。著作尚有诗三百篇，“皆萧散方外言也”[①]。

7.《时镜新书》

五卷，已佚。《秘书省续编到四库阙书目》《宋史·艺文志》均著录于“农家”类，惟作者一作“刘安静”、一作“刘安靖”[②]，生平已不可考，恐以后者为确。《秘目》编撰于宋徽宗政和年间[③]，该书又不为《崇文总目》所载，当为北宋中后期著作。《中国农学书录》《中国农业古籍目录》未著录。

8.《十二月镜》

一卷，已佚。仅见于《秘书省续编到四库阙书目》[④]，作者任琬亦不知谁何。《中国农学书录》《中国农业古籍目录》未著录。

9.《岁时杂记》

一作《皇朝岁时杂记》，二卷，吕希哲撰。《直斋书录解题》著录于“时令类”[⑤]，《中国农学书录》未收。该书大约成书于“崇宁、大

① （宋）晁补之：《鸡肋编》卷63《邓先生墓表》，《景印文渊阁四库全书》第1118册，第938—939页。

② （宋）佚名：《秘书省续编到四库阙书目》，《丛书集成续编》第3册，第308—309页；《宋史》卷205《艺文志四》，第5204页。

③ 详参张固也：《〈秘书省续编到四库阙书目〉考》，《古典目录学研究》，武汉：华中师范大学出版社，2014年，第153—166页。

④ （宋）佚名：《秘书省续编到四库阙书目》卷2，《丛书集成续编》第3册，第310页。

⑤ （宋）陈振孙撰，徐小蛮、顾美华点校：《直斋书录解题》卷6，第192页。

观间”[①]。吕希哲既目击旧礼，又身历外官，四方风俗皆得周知，故所记翔实，“上元”一门就多至50余条[②]。可惜该书已佚，《说郛》虽录其书，然才9条[③]。好在《锦绣万花谷》《古今合璧事类备要》《古今事文类聚》等宋代类书中尚多存之，尤其是《岁时广记》，征引近200条[④]。下文即据以为论。

根据《岁时广记》征引来看，《岁时杂记》所记主要为京师开封

---

① (宋)陆游著，钱仲联、马亚中主编：《陆游全集校注》第15册《渭南文集》卷28《跋吕侍讲〈岁时杂记〉》，第223页。

② (宋)周必大撰，王蓉贵、(日)白井顺点校：《周必大全集》卷48《题吕侍讲希哲〈岁时杂记〉后》，第462页。

③ (明)陶宗仪等编：《说郛三种》卷45，第3224—3225页。

④ 董德英《金盈之〈醉翁谈录·京城风俗记〉抄录吕希哲〈岁时杂记〉考辨》(《古籍整理研究学刊》2016年第3期，第6—13页)一文认为《醉翁谈录》中对《岁时杂记》也有“抄录”，实际上说“抄录”并不准确，金书文字与《岁时杂记》多有不同。如《岁时杂记》云：“社日，人家皆戒儿女夙兴。以旧俗相传，苟晏起，则社翁、社婆遗粪其面上，其后面黄者，是其验也……社日，小学生以葱击竹竿上，于窗中触之，谓之‘开聪明’。或又加之以蒜，欲求能计算也……社日，学生皆给假，幼女辍女工，云是日不废业，令人懵憧……社日食齑，则至初昏拜翁姑时腰响，或云立春日忌此。”(陈元靓撰，许逸民点校：《岁时广记》卷14《二社日》引录，北京：中华书局，2020年，第282—284页。)《醉翁谈录》则作：“社日，是日有三宜、三不宜。人家男女并用早起，旧俗相传：苟为晏起，则社翁、社婆遗粪其面上，其后面黄者，则是其验，一不宜也；女子忌食齑，则嫁时拜公姑腰响，二不宜也；学生皆给假，幼女辍工夫，若是日不休息，令人懵懂，三不宜也。小学生以葱系竹竿上，就窗内钻出窗外，谓之开聪明，一宜也；不论男女，以采线系蒜悬于心胸之间，令人能计算，二宜也；父母取已嫁女归家，名曰归宁，旧俗相传，是日归宁，则多外甥，三宜也。”(《新编醉翁谈录》卷3《京城风俗记》，上海：古典文学出版社，1958年，第14页。)第三宜实际上源出《东京梦华录》，原文为“八月秋社……人家妇女皆归外家，晚归即外公、姨、舅皆以新葫芦儿、枣儿为遗，俗云‘宜良外甥’”(孟元老撰，伊永文笺注：《东京梦华录笺注》卷8，北京：中华书局，2006年，第807页)，金盈之乃将之与《岁时杂记》所载糅为一条，并提出“社日三宜三不宜”之说，可见金书并非简单抄录，而是作了综合、改写、提炼等二度加工，因此不能据以复原《岁时杂记》文本。

的岁时节令民俗。节日饮食习俗方面，如元旦（正月初一，又称元日）京师人家“多食索饼”，又“煎术汤以饮”①。立春“尚食烹豚，为之暴贵。其牒切有细如丝者，用此为工巧”，又“以韭黄、生菜食冷淘”②。寒食“以糯米合采蒻叶裹以蒸之，或加以鱼肉、鹅鸭卵等，又有置艾一叶于其下者”，又“煮豚肉并汁露顿，候其冻取之，谓之‘姜豉’。以荐饼而食之，或剜以匕，或裁以刀，调以姜豉”③。端五（即今端午）食角粽（古曰角黍），“或加之以枣，或以糖。近年又加松栗、胡桃、姜桂、麝香之类。近代多烧艾灰淋汁煮之，其色如金”，角粽之外还有锥粽、茭粽、筒粽、秤锤粽、九子粽，因称端五为解粽节④；又食水团（又名白团），其“杂五色人兽花果之状，其精者名滴粉团”，又有不入水者称干团；还“以糯米煮稠粥，杂枣为糕”⑤。端五所食果脯则以菖蒲、生姜、杏、梅、李、紫苏切丝，入盐曝干，谓之百草头，或以糖蜜渍之，纳梅皮中，以为酿梅；所饮菖华酒则以菖蒲或缕或屑置酒中浸泡制成⑥。农业生产习俗方面，如造土牛、土耕夫、土犁具于立春日以五彩丝缠成的春杖环击，谓之“鞭春牛”。鞭牛结束民众争取其“肉”，“顷刻间分裂都尽，又相攘夺”，谓之“争春牛”。因有“得牛肉者其家宜蚕”“春牛角上土置户上令人宜田”等说法，大家在“争春牛”过程中甚至于多有“毁伤身体者”⑦。此外如除夕守岁，春节挂桃符、贴门神，上元张灯，七夕乞巧，中元祭祀祖先、父母，重九登高、宴饮，中秋赏月等生活习俗等均有详细记载。

---

① (宋)陈元靓撰，许逸民点校:《岁时广记》卷5《元旦上》，第124、125页。

② (宋)陈元靓撰，许逸民点校:《岁时广记》卷8《立春》，第174、173页。

③ (宋)陈元靓撰，许逸民点校:《岁时广记》卷15《寒食上》，第301页。

④ (宋)陈元靓撰，许逸民点校:《岁时广记》卷15《寒食上》，第418—419页。

⑤ (宋)陈元靓撰，许逸民点校:《岁时广记》卷21《端五上》，第420页。

⑥ (宋)陈元靓撰，许逸民点校:《岁时广记》卷21《端五上》，第421页。

⑦ (宋)陈元靓撰，许逸民点校:《岁时广记》卷8《立春》，第165、163页。

吕希哲，字原明，人称荥阳先生。《宋史》有传。其父吕公著，祖父吕夷简，曾祖父吕蒙亨（吕蒙正堂弟）。本贯莱州，高祖吕龟祥曾知寿州（治今安徽凤台县），遂居为寿州人。吕希哲少从宋初三先生孙复、石介、胡瑗及邵雍、王安石等学，与张载、二程、苏轼等游。因王安石劝而绝意科举，以父荫入仕，始监陈留税务，“为管库几十年”①，其父逝世后始为兵部员外郎。元祐七年（1092）为崇政殿说书，绍圣初党论初起，被言官以“进不由科第”论劾，乃以秘阁校理出知怀州（治今河南沁阳市）②。不久迁权知太平州（治今安徽当涂县），接着又被弹劾，“特降授朝奉郎、尚书虞部员外郎，分司南京，和州（治今安徽和县）居住”③。元符三年（1100）徽宗即位，起知单州（治今山东单县）④，寻召为秘书少监，又改光禄少卿，力请外任，遂以直秘阁知曹州（治今山东曹县西北）。不久崇宁党祸再起，夺直秘阁职改知相州（治今河南安阳市），又徙邢州（治今河北邢台市）⑤，旋罢任管勾武夷山冲佑观⑥，后十余年卒。吕希哲生卒年向有异说。元祐七年（1092），其妹夫范祖禹在向哲宗推荐经筵侍讲人员时言及“吕希哲……今已五十四岁”⑦，则其生年为宝元二年（1039）。其逝世时“年七十八”⑧，则其卒年为政和六年（1116）。

---

① （宋）谢维新编：《古今合璧事类备要·续集》卷11《类姓门》，《景印文渊阁四库全书》第940册，第461页。

②⑤ 《宋史》卷336《吕公著传附子希哲传》，第10778页。

③ 司羲祖整理：《宋大诏令集》卷208《吕希哲吕希纯吕希绩分司居住制》，第784页。

④ （宋）吕本中：《东莱吕紫微师友杂志》，《丛书集成初编》第629册，长沙：商务印书馆，1939年，第20页。

⑥ （清）徐松辑：《宋会要辑稿》职官六七之四〇，第3907页。

⑦ （宋）李焘：《续资治通鉴长编》元祐七年四月己卯，第11276页。

⑧ （宋）王称撰，孙言诚、崔国光点校：《东都事略》卷88《吕希哲传》，第750页。并参见董德英：《吕希哲生平辑考》，《鲁东大学学报》2018年第5期，第41—42页。

吕希哲孙吕本中，是著名的江西诗派诗人，但后期主“活法”、尚自然，对南宋中兴四大家等人的诗风形成有重要影响。其侄孙吕安中妻为王安石孙女（王雱女）。其曾孙小东莱先生吕祖谦创立金华学派，在宋代理学史上占有重要地位，与朱熹、张栻并称“东南三贤”。除《岁时杂记》外，吕希哲著述尚有《吕氏杂记》、《侍讲日记》、《吕氏家塾记》（一作《吕氏家塾广记》）、《五臣解孟子》（与范祖禹等合著）、《大学解》、《发明义理》、《侍讲杂记》（一作《传讲杂记》）、《酬酢事变》等，其中后四种见收于《说郛》；《吕氏杂记》有《四库全书》本、清道光钱熙祚校刊《指海》本传世，余均佚。杨松水有《吕希哲著述辑佚》[①]可资参考。

10.《岁时杂录》

二十卷，佚名撰，已佚。《通志·艺文略》著录于“岁时”类[②]，《中国农学书录》《中国农业古籍目录》未收载。《通志》记《岁时杂录》而不载吕希哲《岁时杂记》，《直斋书录解题》记《岁时杂记》而不记《岁时杂录》，笔者颇疑二书为一，至于二十卷、二卷之别，当该书自南宋初至南宋后期已散佚太半耳。然既无相关证据，姑别为一书。

11.《岁中记》

一卷，佚名撰，已佚。《通志·艺文略》著录于“岁时”类[③]，《宋史·艺文志》著录于“农家类”[④]。《中国农学书录》《中国农业古籍目录》未收载。

12.《续时令故事》

一卷，佚名撰，已佚。仅见于《通志·艺文略》“时令”类[⑤]。《中国农学书录》《中国农业古籍目录》未著录。

---

① 杨松水：《两宋寿州吕氏家族著述研究》，合肥：黄山书社，2012年，第152—173页。按：未辑《岁时杂记》。

② （宋）郑樵：《通志》卷64《艺文略二》，第764页。

③⑤ （宋）郑樵：《通志》卷64《艺文略二》，第765页。

④ 《宋史》卷205《艺文志四》，第5204页。

13.《时令书》

卷帙不详，刘清之撰，已佚。历代书目不载，仅见于《宋史》本传[①]。《中国农学书录》《中国农业古籍目录》未著录。刘氏生平参见上节。

14.《节序故事》

十二卷，许尚编，已佚。“故事”者，旧事、惯例、前代之典章制度也。该书仅见于《宋史·艺文志》“农家类”[②]，为岁时书之一种。《中国农学书录》《中国农业古籍目录》未著录。许尚，不详其字，号和光老人、华亭子。[③] 当即华亭（治今上海市松江区）人。尝取华亭古迹，每一事为一绝句，后编为《华亭百咏》（今存85首）一书，约成于宁宗之世。《节序故事》一名《许状元节序故事》，然宋代并无名许尚之状元、进士，则其必为一普通士人，书名称之“许状元”，盖书坊招徕之术而已。

15.《夏时志别录》

一卷，张方撰。仅见于《宋史·艺文志》“农家类”[④]，当为时令书之一种。《中国农学书录》《中国农业古籍目录》未著录。书既已佚，又未见他书征引，完全无法一窥其庐山真面目。

张方字义立，号亨泉子，资阳（治今四川资阳市）人[⑤]。庆元五年（1199）进士及第，初授简州（治今四川简阳市）教授。因四川宣抚使程松荐，嘉定四年（1211）入为国子监正，转太常博士。后历知嘉定府（治今四川乐山市）、果州、邛州、眉州，提点夔州路、利州路刑狱，于成都府路提点刑狱兼四川制置使参议任上疏陈急务六事，言大本、大纲、大势、大务，进为刑部郎官、直秘阁，以母老辞。御史

---

① 《宋史》卷437《儒林传七·刘清之传》，第12957页。

②④ 《宋史》卷205《艺文志四》，第5204页。

③ 正德《松江府志》卷30《人物六》，《中国方志丛书·华中地方》第455号，台北：成文出版社，1983年影印本，第1414页。

⑤ （明）曹学佺：《蜀中广记》卷99《著作记九》，《景印文渊阁四库全书》第592册，第605页。

论其“矫激党附”，遂辞官奉母返家，治精舍、筑圃屋，日与乡之俊士讲游其间[①]。为学宗张栻，辟佛老[②]，有座右铭云：“敬安肆危，勤逸怠劳。”[③]著作尚有《夏时考异》《亨泉遗稿》，亦佚。

16.《养生月览》

二卷，周守忠撰。《中国农学书录》《中国农业古籍目录》未著录[④]。是书明清书目记之者较多，有的归入医书类，有的归入农书类，有的归入时令类。从内容上看包括医学养生、农业饮食、民间信仰等方方面面，而又以月令体出之，故归类难能统一。全书杂取诸书，按月叙述，多涉各地物产、食物烹饪之法及农村社会风俗。全书共计 517 条，其中正月计 74 条（目录标为 34 条）、二月计 35 条、三月计 46 条、四月计 32 条、五月计 80 条、六月计 29 条、七月计 53 条、八月计 33 条、九月计 28 条、十月计 32 条、十一月计 25 条、十二月计 50 条。所引宋以前文献近 200 种，有些书早已亡佚，因此其在校勘、辑佚方面的文献价值是显而易见的。

《养生月览》作者名讳有“守忠”“守中”之别，究以何者为是？历代书目所记至为混杂，传世诸版本署名亦各行其是，但仍可据周氏他书自撰序跋确定孰者为正，然此竟为学者所忽，往往云“周守忠，一名守中”[⑤]而不予深究。周氏《历代名医蒙求》有“临安府太庙前尹家书籍铺刊行”的宋版书传世，该书所载跋文文末自署“窭

---

① （清）陆心源：《宋史翼》卷 22《张方传》，第 233 页。

② （清）黄宗羲原著，（清）全祖望补修，陈金生、梁运华点校：《宋元学案》卷 72《二江诸儒学案》，北京：中华书局，1986 年，第 2416 页。

③ 乾隆《资阳县志》卷 10《人物志》，《故宫珍本丛刊》第 208 册，海口：海南出版社，2001 年影印本，第 410—411 页。

④ （宋）周守忠编撰，李文彬、薛凤奎点校：《养生月览》，北京：人民卫生出版社，1989 年，第 5 页。

⑤ 如徐兴海、袁亚莉编著《中国食品文化文献举要》（贵阳：贵州人民出版社，2005 年，第 145 页），陈荣等主编《中医文献》（北京：中医古籍出版社，2007 年，第 934 页），李经纬《中医史》（海口：海南出版社，2015 年，第 323 页）等。

庵周守忠谨书”[①]；又其《姬侍类偶》自序署为“桼庵周守忠谨书”[②]，又《养生月览序》(实为《养生杂类》跋)署款“桼庵周守忠书”[③]，显然，“周守忠”才是正确的。“周守中”一名则是明代书商重刻其著作时手植之误，或是为扩大销售故意而为的“出版技巧”，如明代著名藏书家、出版家兼书商胡文焕所刻《格致丛书》本《新刻养生类纂》、《寿养丛书》本《新刻养生类纂》，同时书名还加标“新刻”字样。见此类似版本之学者在撰著书目时自然记为“周守中”，无意中以讹传讹。而将周守忠记为元、明时人的书目[④]则属明显讹误，无庸置辩。

周守忠，号桼庵[⑤]。上揭周氏《历代名医蒙求》跋文作于“嘉定上章执徐且月上浣日”，即嘉定十三年(1220)。《历代名医蒙求》书前又有苏霖序云：“桼庵周君，清雅好事，退公多暇，博览古今。予每爱重之。一日倾盖款语，出示一书，汇搜甚富……曰《历代名医蒙求》。予三复读之，喜其用心之善而有益于人也……嘉定庚辰六月既望钱塘苏霖序。”可见嘉定十三年周守忠已致仕。宋代铨格规定官员一般70岁致仕，则其时周氏应已年逾七十，准此其生当绍兴二十年(1150)之前。再以其所编撰通俗著作集中于嘉定十三年刊行的情况看(编撰篇幅小，用时一二年足矣)，很可能其致仕于嘉定十一或十二年，则其生年为绍兴十八或十九年。周氏嘉定十五年刊行《养生杂类》后不再见著书之事，很可能不久即逝世，则其卒年为嘉定十五年(1222)或十六年；若以其寿登八旬计，则卒年在理宗绍定三年(1230)前后。

---

① (宋)周守忠：《历代名医蒙求》卷末，宋嘉定十三年临安尹氏书棚本。

② (宋)周守忠：《姬侍类偶》卷首，上海图书馆藏明抄本。

③ (宋)周守忠：《养生月览》卷首自序，明成化十年谢颎刻本。

④ 如明徐春甫《古今医统大全》记云“元周守忠”(卷1《采摭群书》，北京：人民卫生出版社，1991年，第62页)，清徐乾学《传是楼书目》记云“明周守中”(第2册，清道光八年味经书屋钞本，叶四一a)。

⑤ “桼”为“松”之古字，有的研究者误认此字为“榕”，遂指周氏又号“榕庵”，是徒增谬误矣。

再细按苏《序》语气，苏霖应与周守忠年龄相若且任官时职位远高于周。考苏霖庆元间(1195—1200)曾任临海县(治今浙江临海市)主簿："(临海)主簿厅在县西一十步……乾道九年火，淳熙六年令彭仲刚徙今地。庆元元年主簿苏霖重建。"[①]嘉泰(1201—1204)中曾任福建路提举常平："苏大璋……庆元中登进士第。嘉泰中，邑大水，民居垫溺，重以饥馑。大璋上书乞常平使者苏霖躬临赈济，民赖以活。"[②]则周氏一生只担任过低级官僚是可以肯定的。又周守忠《姬侍类偶》卷首有郑域序，署款"嘉定庚辰孟夏之望松窗郑域中卿，旹('旹'的讹字，'旹'为'时'的古字)朝奉大夫、干办行在诸军粮料院"。[③] 郑域是闽县(治今福建福州市)人，嘉定六年(1213)时任武冈军(治今湖南武冈市)判官[④]，为史浩从侄史弥宁下属。他对史氏作意奉承，为之编辑、刊刻诗集，作有《友林诗稿》序，据此文可考知其生年为绍兴二十二年(1152)："岁在乾道之癸巳(九年，1173)，太师文惠魏王先生(即史弥宁)帅闽，域以庠序诸生蒙眄睐宠甚……域时年二十有二。于甲午(淳熙元年，1174)僭赓灯夕所和《宝鼎现》词以献……不自意后四十年(1213)堕影湘南，乃得亲炙。"[⑤]此后郑域调往行在杭州，任干办行在诸军粮料院[⑥]。苏、郑二人年龄亦可为周守忠年龄参照。

由上可知，郑域是福建人，但在杭州作过官；苏霖虽钱塘人，但

---

① (宋)陈耆卿纂:《嘉定赤城志》卷6《公廨门三》,《宋元方志丛刊》第7册，北京:中华书局，1990年影印本，第7324页。

② (明)黄仲昭修纂:《(弘治)八闽通志》卷63《人物》，福州:福建人民出版社，2006年，下册第655页。

③ (宋)周守忠:《姬侍类偶》卷首，上海图书馆藏明抄本。

④ (清)陆增祥:《八琼室金石补正》卷117，北京:文物出版社，1985年影印本，第831页。

⑤ (宋)史弥宁:《友林乙稿》,《景印文渊阁四库全书》第1178册，第95页。按:系时参见陆心源:《皕宋楼藏书志》卷90，北京:中华书局，1990年影印本，第1017页。

⑥ (宋)周守忠:《姬侍类偶》卷首，上海图书馆藏明抄本。

在福建作过官。换言之，今所知为周书作序的两人都与福建、杭州有关系。所以，周守忠极有可能是杭州人，或者是福建人而在杭州做过官（致仕后亦居留杭州），这样才有可能同时与两人产生交谊[1]。

据周氏《养生月览序》"予尝讲求养生之说，编次成集，谓之《月览》矣。惧其遐遗，于是复为《杂类》，收罗前书未尽之意"[2]之语，《养生月览》一书在嘉定十五年前即已刊刻过，作序之时是附于《养生杂类》之后再版。惜皆亡佚。今传世有题名《养生杂类》的明刻本、题名《养生杂纂》的明刻本、明成化十年谢颎刻本（题名《养生类纂》），明万历二十年胡氏文会堂刻《格致丛书》本、《寿养丛书》本（题名《新刻养生类纂》）。

17.《岁时广记》

史志书目一般谓本书 40 卷，实际上另有首、末两卷，合计为 42 卷。后又有分作 4 卷者。由陈元靓"采九流之芳润，撷百氏英华，辅以山经海图、神录怪牒，穷力积念"[3]纂成。

《岁时广记》篇幅巨大，内容丰富，"诸书之中有涉于节序者，搜讨殆遍"[4]，是一部关于岁时节日的百科全书。《岁时广记》首卷为《图说》，包括《气候循环易见图》（图 5）等 20 图，内容关乎天文、历法、气候，图下有简略说明文字。正文为岁时节日，前四卷为春、夏、秋、冬四季；卷五至四十为元旦（上中下）、立春、人日、上元（上中下）、正月晦、中和、二社日、寒食（上下）、清明、上巳（上下）、佛日、端五（上中下）、朝节、天贶节、三伏节、立秋、七夕（上中下）、中元（上下）、中秋（上中下）、重九（上中下）、小春、下元、冬至、腊日、

---

① 详参拙文《周守忠及其〈养生杂类〉再研究》，《中医药文化研究》2022年第 1 期，第 80 页。

② （宋）周守忠：《养生月览》卷首自序，明成化十年谢颎刻本。

③ （宋）刘纯：《岁时广记引》，（宋）陈元靓撰，许逸民点校：《岁时广记》卷首，第 5 页。

④ （清）钱曾撰，丁瑜点校：《读书敏求记》，北京：书目文献出版社，1984年，第 39 页。

交年节、岁除，共计 27 个节日。其中腊月二十四日交年节即今所谓“送灶日”(有的地方称之为“小年”)，是宋代新形成的一个节日。末卷《总载》为占验宜忌之类内容。《岁时广记》为编纂之书，征引书目达 600 多种，不少亡佚书如唐人《辇下岁时记》、前揭吕希哲《岁时杂记》等，均借之得以保存，其中多有反应宋代农业种植、园艺栽培、粮食加工及食物烹饪等方面发展情况的记载。需要说明的是，虽然《岁时广记》引书以宋代为多，但其他朝代之书亦不少，职是之故，不能将书中所记全视为宋代情况。

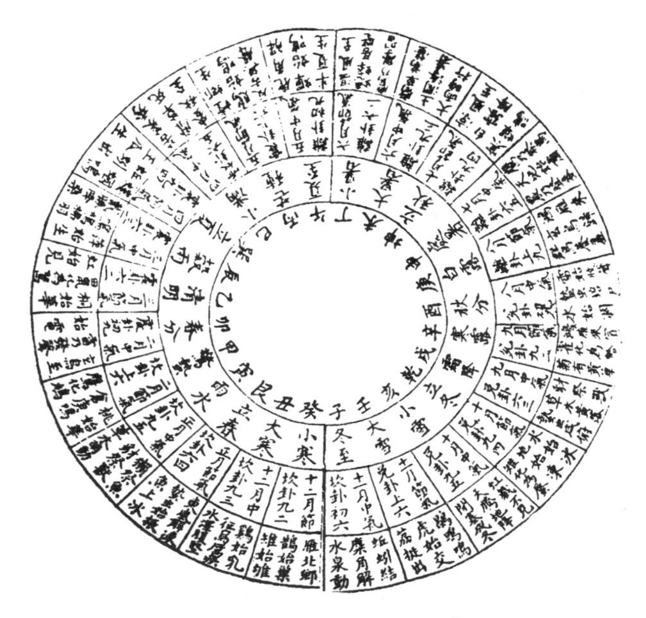

图 5　《气候循环易见图》①

《岁时广记》作者陈元靓，因资料缺乏历来不详其生平。杨守敬、陆心源、胡道静据朱鉴、刘纯为其《岁时广记》写的序、引稍有梳

① 引自(宋)陈元靓撰，许逸民点校:《岁时广记》卷首《图说》，第 10、11 页。

理，指其为崇安（治今福建武夷山市）人[①]。近有研究者考其为建阳（宁宗末年改为嘉县，治今福建南平市建阳区）人[②]，其说可信。陈元靓号“隐君子”，又自署“广寒仙裔”，陆心源认为是因其系广寒先生后裔：“广寒先生名字无考，墓在崇安。其子名逊，绍圣四年（1097）进士，元靓必逊之裔也。”[③]胡道静进一步指出广寒先生“墓在建阳县三桂里水东原……子逊，绍圣四年进士，官至侍郎。尝构亭于墓所，名曰‘望考’（后来朱熹尝居其地，故得‘考亭先生’之名）。元靓应即是陈逊的后裔”[④]。然绍圣四年榜进士陈逊籍贯为瓯宁县（治今福建建瓯市）[⑤]，且广寒先生为陈抟（871？—989）弟子，此陈逊年龄似不太可能为广寒先生之子。另外，据嘉靖《建宁府志》、嘉靖《建阳县志》，建考亭之陈逊官“侍中”而非“侍郎”[⑥]，考两宋并无名陈逊之侍中（或侍郎），故有研究者以为即是神宗朝宰

---

① （清）杨守敬：《日本访书记》，《杨守敬集》第8册，武汉：湖北人民出版社、湖北教育出版社，1988年，第279页；（清）陆心源：《仪顾堂续跋》卷11《永乐椠〈事林广记〉跋》，《清人书目题跋丛刊》第2册，北京：中华书局，1990年影印本，第326页；胡道静：《元至顺刊本〈事林广记〉解题》，《中国古代典籍十讲》，上海：复旦大学出版社，2004年，第161页。

② 详参王珂：《陈元靓家世生平新证》，《图书馆理论与实践》2011年第3期，第58—61、102页。

③ （清）陆心源：《仪顾堂续跋》卷11《永乐椠〈事林广记〉跋》，《清人书目题跋丛刊》第2册，第326页。

④ 胡道静：《元至顺刊本〈事林广记〉解题》，《中国古代典籍十讲》，第160页。按：望考亭（或简称考亭）又有为南唐侍御史黄子稜（谥端公）所建一说。详参方彦寿：《朱熹考亭书院源流考》，北京：中国文史出版社，2005年，第21—27页。

⑤ （明）黄仲昭修纂：《（弘治）八闽通志》卷49《选举》，下册第179页；（明）夏玉麟、汪佃修纂，福建省地方志编纂委员会整理：《建宁府志》卷15《选举》，厦门：厦门大学出版社，2009年，第368页。

⑥ 嘉靖《建宁府志》卷20《古迹（丘墓附）》，《天一阁藏明代方志选刊》第28册，叶二五b；嘉靖《建阳县志》卷7《杂志》，《天一阁藏明代方志选刊》第31册，上海：上海古籍书店，1962年影印本，叶三b。

相陈升之[1]，然升之初名“旭”而非“逊”，且及第之年为景祐元年(1034)而非“绍圣四年”，因此是错误的。

据仅残存两卷的景泰《建阳县志》记载：

> 侍中庙。在县三桂里横山之麓。旧志：神姓陈讳师诲，南唐保大(943—957)间以检校侍中领建州，既殁，邑人立祠以祀之。庙今不存。
>
> 谨按：《陈氏族谱》云：“神讳逊，行二十四，建阳考亭人。三月初三日生，生则有异于人。甫八岁，读书过神庙，见神迎送，止之方回。常以其事告父母。弱冠登科，累官至侍中，终于任邑。人怀其惠，乃于县之水东立庙以祀之，名曰‘感恩庙’。历年既久，为黄氏侵佃，(折)[拆]庙移于横山之麓，呼曰‘侍中庙’。唐封灵昭侯，宋加显应二字。夫人高氏封慈德夫人。”旧志云“师诲”，未知孰是。[2]

显然，此南唐侍中陈逊才是嘉靖《建宁府志》、嘉靖《建阳县志》所记官侍中、建考亭的广寒先生之子陈逊。从年龄上看，也才可能是作为陈抟(871？—989)弟子的广寒先生之子。且其为建阳人，与前揭陈元靓籍贯亦相吻合。至于景泰《建阳县志》所谓陈师诲、陈逊“未知孰是”，实被一叶障目——二人履历全合，必为一人，姓名之异，无乃“逊”其名“师诲”其字乎？师诲者何？逊也，此可见其名、字之相通也。所以，陈元靓是南唐陈逊的后代，而不是北宋绍圣四年何昌言榜进士陈逊的后代。

为《岁时广记》作序之朱鉴，为朱熹孙，卒于宝祐六年(1258)。为《岁时广记》作引的刘纯，为刘颌(刘韐堂兄)玄孙、曾任四川总领

---

① 高令印、高秀华：《朱子事迹考》，北京：商务印书馆，2016年，第301页。

② 景泰《建阳县志》卷4《祠庙》，《四库全书存目丛书·史部》第176册，济南：齐鲁书社，1996年影印本，第35页。

的刘崇之之子，绍定间“调湖北帐幹”[1]，三年（1230）“邵武寇犯建宁府”[2]，刘纯闻群寇迫近乡邑，乃归散家财，招募义勇讨贼，后“殁于王事”。[3] 据此，陈元靓主要活动于宁宗、理宗时期。《岁时广记引》署款结衔为“文林郎、新得行在太平惠民和剂局监门”，则刘纯此职之任必在“调湖北帐幹”前。李裕民据此推定《岁时广记》书成于宝庆二年（1226）[4]，也有研究者推测在“宝庆元年（1225）前不久，即宁宗嘉定朝（1208—1224）末年”[5]，实以嘉定末年更为可能。中国古代伟大的数学家秦九韶在其《数书九章》自序中曾说：“九韶愚陋，不闲于艺。然早岁侍亲中都，因得访习于太史，又尝从隐君子受数学。”[6]数学史家李迪认为此“隐君子可能是陈元靓”[7]。笔者认为，此说虽不无可能，但秦九韶所谓“隐君子”也可能是某隐士君子之意。

《岁时广记》有明万历二十年胡氏文会堂刻《格致丛书》本（四卷，附图说一卷）、《四库全书》本（四卷）、道光十一年六安晁氏《学海类编》木活字本（四卷）、《十万卷楼丛书》本（四十卷，附卷首、卷末二卷）、《丛书集成初编》本（以《十万卷楼丛书》本为底本）等传世。陈元靓还著有《事林广记》《上官拜命玉历大全》《牧养志》《食

---

① （明）黄仲昭修纂：《（弘治）八闽通志》卷65《人物》，下册第767页。

② （元）佚名撰，王瑞来笺证：《宋季三朝政要》卷1理宗绍定三年，北京：中华书局，2010年，第45页。按：据嘉靖《建阳县志》（卷10《刘纯传》，叶一〇b）及《宋建宁府知府王实斋遂记》（民国《建阳县志》卷8《祠祀志》，《中国地方志集成·福建府县志辑》第6册，上海：上海书店出版社，2000年影印本，第247页）记，此次闽乱起于“绍定己丑”即绍定二年。

③ 汪圣铎点校：《宋史全文》卷32《宋理宗二》，第2670页。

④ 李裕民：《四库提要订误》，北京：中华书局，2005年，第99页。

⑤ 王珂：《〈岁时广记〉新证》，《兰州学刊》2011年第1期，第202页。

⑥ （宋）秦九韶撰，王守义释，李俨审校：《数书九章新释·序》，合肥：安徽科学技术出版社，1992年，第1页。

⑦ 参见李迪：《秦九韶传略》，吴文俊主编：《秦九韶与〈数书九章〉》，北京：北京师范大学出版社，1987年，第28—29页。

品谱》《山居饮食谱》《蔬品谱》《果食谱》《汤水谱》《酒曲谱》《相马经》诸书。后八种仅见于黄虞稷《千顷堂书目》据明司马泰《文献类编》《广说郛》著录，然司马泰二书已佚，难窥其貌，估计当为司马泰自陈氏《岁时广记》《事林广记》辑录汇编而成。

18.《乾淳岁时记》

一卷，周密撰。《中国农学书录》未著录。

《乾淳岁时记》记载的是孝宗时期杭州地区的岁时风俗，将之与前此之书比较，可明显见出四季节日重要性之升降，如宋人对中秋、重阳就格外重视。该书详细记载了节日饮食、游艺习俗等，如元夕节食有乳糖丸子、䭔飳、科斗粉、豉汤、水晶脍、韭饼、皂儿糕、宜利少、澄沙团子、滴酥鲍螺、酪面、玉消膏、琥珀饧、轻饧、生熟灌藕、诸色珑璁蜜煎、蜜裹糖瓜、蒌煎七宝、姜豉十般糖等。灯会上灯品众多，以苏州、福州、新安灯为冠，新奇者如无骨灯、羊皮灯、戏影灯（走马灯）等，还有一种水转大屏，“百物活动”；舞队有傀儡、贺丰年、兎（同“兔”）吉（兎毛大伯）、孙武子教女兵、凤阮嵇琴、乔亲事、乔捉蛇、旱划船、踏跷、耍和尚、散钱行等[①]。书中还记载了一些庙会习俗，如六月六日显应观崔府君诞辰，游人炷香已必泛舟西湖，为避暑之游。所食瓜果有新荔枝、军庭李、杨梅、新藕、蜜筒、甜瓜、椒核、枇杷、紫菱、碧芡、来禽、金桃、蜜渍昌元梅、木瓜，饮品有豆儿水、荔枝膏、金橘水、团麻饮、芥辣、白醪、凉水、冰雪爽口之物等[②]。

周密字公谨，号草窗、蘋洲、四水潜夫、弁阳老人、弁阳啸翁、华不注山人等，祖籍山东历城（治今山东济南市），故常自署“齐人周密”“历山周密公谨父”。其家世生平据所撰《弁阳老人自铭》及清顾文彬《草窗年谱》、刘毓崧《重刊周草窗词稿序》、夏承焘《周草窗年谱》等可知大概。周密曾祖名周秘（一作“祕”），曾任御史中丞，

① （元）周密：《乾淳岁时记》，（明）陶宗仪等编：《说郛三种》弓69，第3209—3211页。

② （元）周密：《乾淳岁时记》，（明）陶宗仪等编：《说郛三种》弓69，第3215页。

官终知绍兴府、两浙东路安抚使兼沿海制置使。随高宗南渡居湖州，子孙遂为湖人。祖父周珌官终刑部侍郎。周密生于绍定五年(1232)[①]，从小成长在一个诗书传家的典型士大夫家庭中，幼时随父宦历富春、建宁（治今福建建瓯市）、衢州等地[②]。淳祐八年(1248)至十一年，周密在太学读书[③]。宝祐二年(1254)其岳父杨伯嵒（抗金名将、追封和王的杨存中之曾孙）卒。[④] 三年初，周晋"守鄞江"[⑤]（汀江别称，代指汀州，治今福建长汀县），周密侍父再度入闽。然次年七月周晋即致仕[⑥]，不久病卒[⑦]。此后周密以恩荫入仕："以大父泽初调建康府都钱库，廉勤自持，或以为材。自是六

---

① (宋)周密撰，吴企明点校：《癸辛杂识·后集》，北京：中华书局，1988年，第78页。

② 夏承焘：《周草窗年谱》，《唐宋词人年谱》，杭州：浙江古籍出版社，2017年，第342—346页。按：原文据周密《长亭怨慢(序)》"岁丙午、丁未，先君子监州太末"（周密撰，邓乔彬校点：《蘋洲渔笛谱》卷2，上海：上海古籍出版社，1988年，第36页）、《癸辛杂识·续集下》"丁未岁，先君为柯山倅"（第168页）得出"淳祐六年丙午（周密）十五岁。侍父衢州……淳祐七年丁未（周密）十六岁。随父离衢州，赴柯山"的结论，实际上，"太末"为衢州辖县龙游古称，故周密用以指代衢州，"监州太末"即衢州通判之义；柯山即王质遇仙之烂柯山，因在衢州境内，故周密用以代指衢州，"柯山倅"亦即衢州通判之义。且《长亭怨慢(序)》已明谓周晋丙午、丁未两年即淳祐六、七年都在"监州太末"即任衢州通判，因此夏氏"淳祐七年丁未（周密）十六岁。随父离衢州，赴柯山"的说法显然是错误的。刘静《周密研究》沿夏氏之误不察，又增注云"淳祐七年(1274)，周晋离衢州赴任柯山（今江苏淮阴）"（北京：人民出版社，2012年，第5页），是误上加误矣。

③ 夏承焘：《周草窗年谱》，《唐宋词人年谱》，第347页。

④ (宋)周密撰，张茂鹏点校：《齐东野语》卷13《祠山应语》，第240页。

⑤ (宋)周密撰，吴企明点校：《癸辛杂识·前集》，第19页。

⑥ (宋)周密撰，吴企明点校：《癸辛杂识·前集》，第19页；(宋)胡太初修，赵与沐纂：《临汀志》，福州：福建人民出版社，1990年，第120页。

⑦ 肖鹏：《夏承焘先生〈周草窗年谱〉补证》，《南京师大学报》1986年第2期，第64页。

上辟书，畿漕、京阃幕府。由丰储仓□改秩升朝，出宰婺之义乌。”[①]可见其初任官职是监建康府都钱库，任职时间当在宝祐六年(1258)——其时周密丁父艰服除，他作为家中唯一男性必须承担起养家糊口的重担，出仕为必然选择；同时，惟如此方能纳之入其仕履中，否则凿枘难合不可安置。如刘静《周密研究》放在宝祐元年或二年，并云：“周密以门荫入试秋闱，并以吏部铨试十三名的骄人成绩步入仕途。”[②]然宝祐三年周密有父随之入闽之行，依刘说则周密必然出仕后又停官数年方再仕，此显然与前揭“以大父泽，初调建康府都钱库……自是(历官……)”所表明的周密仕途未曾中断过相矛盾，因此刘说是不正确的。其误在于将周密参加铨试的时间等同于出仕时间——宋人考中进士后也有不出仕者(如著名水利学家郏亶)，何况荫补通过铨试而已。周密监建康府都钱库秩满后应该未得到新的职务，因此遂有景定元年(1260)“客辇下”[③]之行，应即谋职也。由于周密在监建康府都钱库任时“廉勤自持”，人“以为材”，次年遂为马光祖所辟，自此开始了长期的幕僚生涯。

对于自己的幕职官经历，前揭《弁阳老人自铭》以“六上辟书，畿漕、京阃幕府”一语概括之，已有论著均未能详究，以致周密仕履较为模糊，兹考详如下：“辟书”指征召僚属的文书，是上级对下级的，“六上辟书”之“上”字当为“下”字之误(“上辟书”不辞，且上、下二字行草相类，朱存理《珊瑚木难》可能抄误)，如他书“辟书始下”、“屡下辟书”用例然。刘静《周密研究》“通过‘六上辟书’自荐入其(指知临安府马光祖)幕府”[④]的说法显然是把“辟书”理解为自荐

① (宋)周密：《弁阳老人自铭》，(明)朱存理编：《珊瑚木难》卷5，《景印文渊阁四库全书》第815册，第142页。

② 刘静：《周密研究》，第26、29页。

③ (宋)周密撰，张茂鹏点校：《齐东野语》卷19《子固类元章》，第357页。

④ 刘静：《周密研究》，第29页。

书了——如果要六上自荐书才能入其幕，还有什么好特别指出的呢？“畿漕”指两浙路转运司，盖因南宋行在所在临安，故将两浙路视同京畿，如楼钥《户部员外郎黄黼直秘阁、两浙运判》云：“部使者之职重矣，而畿漕视他路尤剧。”[①]“阃”本“门”义，引申指军门，再借为军事机构的代称。在宋代，制置使司称制阃，安抚使司称帅阃，沿江制置使司称江阃，则“京阃”指京师所在地两浙西路安抚使司。“六上辟书，畿漕、京阃幕府”这句话就是说两浙路转运司、两浙西路安抚司长官曾六次征召周密加入其幕府。因此夏承焘所谓周密“为临安府幕僚”[②]的说法当然是错误的。

据《宋史》记载，景定二年(1261)十一月马光祖“提领户部财用兼知临安府、浙西安抚使”[③]，次月“除同知枢密院事，依旧兼提领户部财用，兼知临安府、浙西安抚使”[④]。故周密《癸辛杂识》所云“余时为帅幕”[⑤]即为以马光祖为使的两浙西路安抚司幕职官。马光祖次年五月调任“知福州兼福建安抚使”[⑥]，继任者为魏克愚、吴革、刘良贵，至景定五年(1264)十一月，赵与旹任两浙转运使、权户部侍郎兼知临安府、兼浙西路安抚使。[⑦] 两浙路转运司、浙西路安抚司既统于赵与旹一人，两司幕职自可方便调动，周密应于此时自两浙西路安抚司转任两浙路转运司幕职官。但赵与旹次年即咸淳元年(1265)三月致仕，继任者为任期至五年五月的赵崇贺。[⑧] 从马光祖到赵崇贺六位帅臣、漕臣，与周密自述的“六上辟书，畿漕、京阃幕府”合，则周密两浙西路安抚司、两浙路转运司幕职官的任

① (宋)楼钥撰，顾大朋点校：《楼钥集》卷34《户部员外郎黄黼直秘阁、两浙运判》，第615页。

② 夏承焘：《唐宋词人年谱》，第351页。

③ 《宋史》卷45《理宗本纪五》，第879页。

④ 《宋史》卷214《宰辅表五》，第5641页。

⑤ (宋)周密撰，吴企明点校：《癸辛杂识・后集》，第84页。

⑥ 《宋史》卷45《理宗本纪五》，第881页。

⑦ 李昌宪：《宋代安抚使考》，济南：齐鲁书社，1997年，第406—407页。

⑧ 李之亮：《宋代路分长官通考》，成都：巴蜀书社，2003年，第802页。

职经历始自景定二年(1261),终于咸淳五年(1269)。因此夏谱据袁桷言周密与陈厚等在“咸淳初为运司同僚”[1]语得出的“咸淳元年……(周密)为两浙运司掾约在此时”[2]的推测是较准确的(上一年即景定五年更为可能),有研究者驳云:“咸淳共十一年,袁桷所说固不必坐实为咸淳元年,三年、四年也未尝不可以称为‘咸淳初’。”[3]看似有理,实则指误反误。

周密《癸辛杂识》云:“余为国局,尝祠禧,充奉礼郎兼太祝。”[4]国局即惠民和剂局,时称京局,又称国局。奉礼郎职掌是“奉币帛授初献官,大礼则设亲祠板位”,太祝职掌是“读册辞,授抟黍以嘏告,饮福则进爵,酌酒受其虚爵”。[5] 奉礼郎、太祝在熙丰改制前均为文官京官迁转官阶,待遇优渥,通常太皇太后、皇太后、皇后及宰执子弟方能得之[6];改制后迄南宋为太常寺职事官。因此,刘毓崧“奉礼、太祝皆恩荫初任之官”[7]的说法当然是错误的。奉礼郎、太祝,寄禄官阶为承奉郎(正九品),而据前揭周密初仕寄禄官为承务郎(从九品),因此陈邦炎据刘毓崧说得出的“监国局、充奉礼郎等,应为其(指周密)初涉仕途时所任的官职”[8]之结论,当然也只能是错误的。不仅“监国局、充奉礼郎等”不可能是周密的初任官职,周密在“国局”所任官职也不可能是“监国局”:因为出任监惠民和剂

---

① (元)袁桷撰,杨亮校注:《袁桷集校注》卷33《先君子蚤承师友,晚固艰贞,习益之训,传于过庭,述师友渊源录》,北京:中华书局,2012年,第1534页。

② 夏承焘:《唐宋词人年谱》,第355页。

③ 陈邦炎:《周密》,吴慧鹃、刘波、卢达编:《中国历代著名文学家评传》第8卷,济南:山东教育出版社,2009年,第285页。

④ (宋)周密撰,吴企明点校:《癸辛杂识·前集》,第47页。

⑤ 《宋史》卷164《职官志四》,第3885页。

⑥ 《宋史》卷159《选举志五》,第3724—3725页。

⑦ (清)刘毓崧:《通义堂文集》卷13《重刊周草窗词稿序》,《清代诗文集汇编》第670册,上海:上海古籍出版社,2010年影印本,第495页。

⑧ 吴慧鹃、刘波、卢达编:《中国历代著名文学家评传》第8卷,济南:山东教育出版社,2009年,第284页。

局一职，文官须是京朝官，武官须是大使臣，[1]周密当时还是选人，尚未改官。按惠民和剂局内部“制药有官，监造有官，监门又有官……出售则又各有监官。皆以选人经任者为之，谓之京局官”[2]，则周密所任当是此四者之一。其《癸辛杂识》记云：“（和剂局）弊出百端，往往为诸吏、药生盗窃，至以樟脑易片脑、台附易川附，囊橐为奸，朝廷莫之知，亦不能革也。”[3]《志雅堂杂钞》《齐东野语》又录有多个验方，据此来看，他在惠民和剂局担任的可能是监造之官。[4] 至于任职时间，夏谱云“未详何年”[5]，据该职务任职资格（以选人经任者为之）及周密仕履轨迹看，必为其任浙漕幕职官之后事。周密景定五年（1264）或咸淳元年（1265）始任浙漕幕职，大约止于咸淳五年（1269）——因其幕主赵崇贺于该年五月罢任。倘周密任期展至赵崇贺罢任之后，则与其自言“六上辟书”不符——故可肯定周密惠民和剂局任职时间必不早于咸淳五年。

周密下一个任职机构是丰储仓，《癸辛杂识》有云：“咸淳甲戌（十年，1274）之春，余为丰储仓”[6]，“咸淳甲戌秋，余为丰储仓”[7]。丰储仓是南宋绍兴末年始设的备荒粮库，“置监官二员，监门官一员”[8]。周密自言其在丰储仓任上改为朝官，四库本《珊瑚木难》原

---

① （清）徐松辑：《宋会要辑稿》职官二七之六六，第2969页。

②③ （宋）周密撰，吴企明点校：《癸辛杂识·别集》卷上，第225页。

④ 《齐东野语》有云：“辛酉夏，余足疡……涉秋徂冬，不良于行……友人俞和父见……笑曰：‘吾能三日已此疾……用（惠民和剂）局方驻车丸…….’”（卷4，第67页）辛酉年即景定二年（1261），周密上年自监建康府都钱库代归“客辇下”，本年底入马光祖幕。此条关于周密不知局方的记载与笔者推断不仅不矛盾，还是一个有力证据：周密初不明医药，及入惠民和剂局任监造官，乃渐为熟知，故晚年笔记多记方药及和剂局药品生产奸弊。如所任为监门、出售监官，其知识结构恐不能有此改变。

⑤ 夏承焘：《唐宋词人年谱》，第352页。

⑥ （宋）周密撰，吴企明点校：《癸辛杂识·续集》卷上，第124页。

⑦ （宋）周密撰，吴企明点校：《癸辛杂识·前集》，第6页。

⑧ （元）马端临：《文献通考》卷56《职官考十》，第508页。

文作“由丰储仓□改秩升朝”[①],《适园丛书》本同,笔者颇疑阙字为“监”。今览国家图书馆藏稿本《珊瑚木难》,虽略有模糊,但明显为一“氏”字[②]。言“丰储仓氏”者,盖因古以官为氏[③],故翻转其意以氏为官,即“丰储仓监”也。此种表达法宋代并不鲜见,如“历仓氏、庾氏之职至于再三”[④]、“仓氏一官宁久困,禁途供奉政才难”[⑤]。《癸辛杂识》“咸淳甲戌之春,余为丰储仓”下继有数语:“久以病痁不出。忽闻贾师宪丁母忧而出,凡朝绅以至各局皆在唁奠,送之江干。同官曾昭阳来问疾,因及此事云。”[⑥]其既可久休病假,亦可见所任官为监官(全称是“监行在丰储仓”)——因其病休仍有另一员监官(当即所言“同官曾昭阳”)厘务,故于公事无碍。倘为监丰储仓门,该官只有一员,则不可如此也。对于周密此职,陆心源据《癸辛杂识》“闽人刘裒然毅然自诡,遂以丰储仓所检察除太常丞”[⑦]语推测其所任为“丰储仓检察”[⑧],柯劭忞继之直书“(周密)累官丰储仓所检察”[⑨];夏承焘亦从之,又进一步指出监某仓、监某仓门“殆皆指检察”[⑩]。“检察”是监督、审计之官,不惟诸仓库场务有,如赡

---

① (宋)周密:《弁阳老人自铭》,(明)朱存理编:《珊瑚木难》卷5,《景印文渊阁四库全书》第815册,第142页。

② (宋)周密:《弁阳老人自铭》,(明)朱存理辑:《珊瑚木难》,北京:国家图书馆出版社,2016年影印本,第249页。

③ 《汉书》云:“以官为氏,仓氏、库氏则仓库吏之后也。”(卷86《王嘉传》,第3490页。)

④ (宋)洪适:《盘洲文集》卷53《代承务郎谢梁侍郎举升陟启》,《景印文渊阁四库全书》第1158册,第596页。

⑤ (宋)葛胜仲:《丹阳集》卷21《赠鲍钦止(慎由)二首》,《景印文渊阁四库全书》第1127册,第631页。

⑥ (宋)周密撰,吴企明点校:《癸辛杂识·续集》卷上,第124页。

⑦ (宋)周密撰,吴企明点校:《癸辛杂识·别集》卷下,第285页。

⑧ (清)陆心源:《宋史翼》卷34《周密传》,第366页。

⑨ (清)柯劭忞:《新元史》卷237《周密传》,《元史二种》,上海:上海古籍出版社,2012年影印本,第916页。

⑩ 夏承焘:《周草窗年谱》,《唐宋词人年谱》,第363页。

军激赏酒库所检察；一些军政机构也有，如四川总领所检察。显然，周密所任既非“丰储仓检察”，“丰储仓检察”亦非丰储仓主管官员监仓、监门的合称，陆、柯、夏三人皆误。监丰储仓周密咸淳十年(1274)春既已久病，其始任该职的时间必在此年之前。按前揭周密在咸淳五年(1269)赴惠民和剂局任，秩满即咸淳八年迁监丰储仓，则十年已为任期之末，因此夏谱谓十年周密始为“丰储仓检察”[①]的说法亦误。

在监丰储仓任上，周密“改秩升朝，出宰婺(州)之义乌”，这是周密一生所担任的最后一个官职。前揭周密初官时寄禄官为承务郎(从九品)，属于选人。选人须历三任六考，并用“奏荐及功赏，乃得升改”为京、朝官。[②] 京官是从八品以下的低级文官，朝官是正八品以上的中高级文官。选人改京、朝官后的首个职事官须为知县[③]，所以周密改官后知义乌县。据前揭周密“咸淳甲戌秋，余为丰储仓”语，可知咸淳十年秋，周密仍在杭州监仓；又据王沂孙《淡黄柳》序，可知同年冬有其与周密相别于西湖孤山之事。[④] 换言之，直至咸淳十年(1274)冬周密依然在杭州，因此可以肯定其出知义乌必在德祐元年(1275)、二年(即景炎元年)两年间。周密知义乌到底是哪一年，自元末明初夏文彦、清厉鹗诸人以来歧说纷出，或云淳祐中，或云宝祐间，夏谱逐一辩驳，定为景炎元年(1276，即德祐二年)。[⑤] 然德祐元年十二月元兵入平江府(治今江苏苏州市)，除夕夜元兵入安吉州(治今浙江湖州市)。景炎元年正月十八日元军进至杭州近郊皋亭山，南宋奉玺、表归降；二月五日元人入杭州，封府库、收图书、罢宋官府及侍卫军，次日

---

① 夏承焘:《唐宋词人年谱》,第 363 页。

② 《宋史》卷 154《选举志四》,第 3694 页。

③ (宋)王栐撰，诚刚点校:《燕翼贻谋录》卷 3,北京:中华书局,1981 年,第 30 页。

④ 史克振笺注:《王沂孙词笺注》,海口:南海出版公司,2007 年,第 72 页。

⑤ 夏承焘:《唐宋词人年谱》,第 367—368 页。

元军进驻杭州城外钱塘江上；三月十二日，宋室离杭赴上都入朝。[①] 以此历史情势计之，且在德祐元年十二月二十二日知建德军（治今浙江建德市东北）方回、知婺州（治今浙江金华市）刘怡、知处州（治今浙江丽水市）梁椅、知台州（治今浙江台州市）杨必大皆已投降元朝的情况下，周密必无尚于次年赴任义乌（婺州属县）知县之举，则其知义乌的时间应是德祐元年，并且是获命而未之任。

周密入元不仕，卒于大德二年（1298）或三年。周密是晚宋词坛四大家之一，诗词书画兼擅，著述繁富，有三四十种之多。存世主要有诗集《草窗韵语》，词集《蘋洲渔笛谱》《草窗词》，词选集《绝妙好词》，笔记《齐东野语》《癸辛杂识》《武林旧事》《浩然斋雅谈》《云烟过眼录》《志雅堂杂钞》《澄怀录》等。[②]《咸淳岁时记》有明末清初宛委山堂刻《说郛》本、清末杨浚编《冠悔堂丛书》抄本。

二、占候类农书

1.《耒耜岁占》

三卷，邢昺撰。见于《玉壶清话》《东都事略》《皇朝事实类苑》《古今纪要》等书，历代史志书目不载。邢昺撰写《耒耜岁占》的原因是真宗每为雨雪不时"忧形于色"，而"日官所定雨泽丰凶之兆，多或不中"，[③]邢昺出身农家，深晓"田家察阴晴丰凶，皆有状候"[④]，遂著书以进。书的内容为"牧童村老岁月于畎畝间揣占"之言[⑤]，即古代农民长期积累起来的农业气象知识。可惜该书已佚，不过此类自然科学知识并不因朝代更替而不同——如元有"腊前三白，大宜菜麦"[⑥]的说法，今亦有"瑞雪兆丰年"的说法，宋代农民也有

---

① 《宋史》卷47《瀛国公本纪》，第936—938页。

② 详参刘静：《周密研究》，第6—11页。

③⑤ （宋）释文莹撰，郑世刚、杨立阳点校：《玉壶清话》卷5，第46页。

④ 《宋史》卷431《儒林传一·邢昺传》，第12799页。

⑥ （明）娄元礼：《田家五行》卷上，明刻嘉靖递修本，叶一三b。

同样的认识:“腊月见三白,田翁笑嚇嚇”[①]、“世谓腊前三白,丰年之祥”[②]、“腊前三白兆年丰”[③]——故下文据元代同类著作对《耒耜岁占》的内容略加窥探。

现存最早的农业气象专著是元末明初娄元礼(一说陆泳)撰[④]《田家五行》,亦为三卷。上卷自正月至十二月按月分十二类,依日序记载占候、农谚;中卷为物候内容,分为天文、地理、草木、鸟兽、鳞虫五类;下卷分三旬、六甲(杂占)、气候、涓吉(畜牧食品)、祥瑞五类。《耒耜岁占》应与《田家五行》相类,兹略择数条以见一斑:

以特定某日预测:“(正月)上元日晴,主一春少水”[⑤],“立秋日天晴,主万物少得成熟,小雨吉,大雨主伤禾”[⑥]。

以日晕预测晴雨:“日晕则雨。谚云:‘月晕主风,日晕主雨’”,“日生耳主晴雨。谚云:‘南耳晴,北耳雨;日生双耳,断风截雨。’若是长而下垂近地,则又名曰‘日幢’,主久晴”。[⑦] 日晕或月晕指日光或月光经云层中冰晶折射或反射而形成的彩色光圈,日珥指完整日晕外侧的一小段晕弧。日晕的形成与高云有关,高云一般是雷雨天气入侵的先兆。所以日晕、日珥、月晕的出现,的确表示天气会在短时间内转变。

以云行预测:“云行东,雨无踪,车马通;云行西,马溅泥,水没

---

① (宋)施元之等注,(清)顾嗣立等删补:《施注苏诗》卷19《次韵陈四雪中赏梅(陈四即季常)》,康熙三十八年宋荦刻本,叶一三a。

② (宋)卫泾:《后乐集》卷19《隆兴府祷雨诸庙文》,《景印文渊阁四库全书》第1169册,第748页。

③ (宋)许应龙:《东涧集》卷14《皇后阁春帖子》,《景印文渊阁四库全书》第1176册,第556页。

④ 详参訾威、杜正乾:《近四十年来〈田家五行〉研究综述》,《农业考古》2014年第6期,第287—288页。

⑤ (明)娄元礼:《田家五行》卷上,明刻嘉靖递修本,叶六b。

⑥ (明)娄元礼:《田家五行》卷上,明刻嘉靖递修本,叶一七a。

⑦ (明)娄元礼:《田家五行》卷中,明刻嘉靖递修本,叶二六a。

犁；云行南，水潺潺，水涨潭；云行北，雨便足，好晒谷。”[①]这一认识是中国农民长期以来的观察总结，是有一定正确性的，今日农村尚有“云走东，雨无踪；云走西，雨沥沥”的说法。

以动物行为方式预测：“春暮暴暖，屋木中出飞蚁，主风雨；平地蚁阵作，亦然。”[②]“蚁阵作”指蚂蚁搬家或筑巢，气象工作人员研究认为，降雨前一天特别是6小时前，蚂蚁会忙于搬土筑巢。[③]

以植物生长情况预测：“茆荡内，春初雨过菌生，俗呼为‘雷蕈’。多则主旱，无则主水”，“看窠草……芦苇之属，丛生于地。夏月之时忽自枯死，主有水。谚云：‘头(芋)[苎]生子，没杀二(芋)[苎]；二(芋)[苎]生子，旱杀三(芋)[苎]。’”[④]

《耒耜岁占》作者邢昺，字叔明，曹州济阴(治今山东曹县西北)人。《宋史》有传。邢昺生于后唐长兴三年(932)，太平兴国二年(977)中第，时年46岁，初授大理评事、知泰州盐城监。老大业举，家人必多付出，故尽管“时人嗤之”[⑤]，后仍多次为其妻请封。三年入为国子监丞，迁尚书博士、出知仪州(甘肃华亭县)，代还后被选为诸王府侍讲，成为后来的真宗的老师。真宗即位后改司勋郎中，寻知审刑院，邢昺上表自陈王师经历，迁右谏议大夫。咸平元年(998)改国子祭酒，次年为首任翰林侍讲学士，受命与杜镐、孙奭、等校定《周礼》《仪礼》《公羊传》《穀梁传》《孝经》《论语》《尔雅》等经典，事峻为淮南、两浙巡抚使。真宗又置讲读之职，以邢昺任之，使讲诸经，历五年而讲毕，升工部侍郎，兼祭酒、学士之职，又权知审官院事。景德三年(1006)，加刑部侍郎。次年邢昺以老告假归视田里，真宗遂令知曹州。邢昺又以往日同僚杨砺、夏侯峤殁皆赠尚

---

① (明)娄元礼:《田家五行》卷中，明刻嘉靖递修本，叶三〇 a。

② (明)娄元礼:《田家五行》卷中，明刻嘉靖递修本，叶三九 b。

③ 武鸣县气象站:《蚂蚁与下雨》，《广西农业科学》1965年第1期，第54页。

④ (明)娄元礼:《田家五行》卷中，明刻嘉靖递修本，叶三六 a。

⑤ (宋)李焘:《续资治通鉴长编》卷51景德三年六月丙寅，第1414页。

书为言，真宗怜之，即超拜为工部尚书知曹州。大中祥符初，真宗东封泰山，邢昺代表曹州民众请车驾经由本州，因进礼部尚书。大中祥符三年(1010)卒，享寿79岁。[①]

2.《吴中风俗占》

卷帙不详，作者不详。历代史志书目不载，《中国农学书录》《中国农业古籍目录》未著录。该书已佚，仅胡稺注简斋诗、施元之注东坡诗引用一条：

> 《吴中风俗占》："腊月见三白，田翁笑吓吓。"[②]
> 《吴中风俗占》："腊前三白，田家笑赫赫。"[③]

以此及书名衡之，其必为宋代占候类农书之一种。施书大约成于淳熙七年(1180)至十六年间[④]，《吴中风俗占》或亦成于孝宗之世，又未付梓而早佚，故不为人知。

3.《鹰鹞候诀》

一卷，王立豹撰，已佚。仅见于《宋史·艺文志》"五行类"[⑤]，《中国农学书录》《中国农业古籍目录》未载。"候"字有观测义，如候风、候景，引申为占验义，故占候成词。因此，《鹰鹞候诀》内容应为以鹰鹞之鸣声、毛色、行为进行占卜，属于占候学中的物候学。

包括宋代在内，中国古代占候类农书本不多，又多亡佚，但既

① (宋)王称撰，孙言诚、崔国光点校：《东都事略》卷46《邢昺传》，第359—360页；《宋史》卷431《儒林传一·邢昺传》，第12797—12799页。按：关于邢昺籍贯，亦有说为山西神山、河北任丘者，然所据材料均晚出，故不取。

② (宋)施元之等注，(清)顾嗣立等删补：《施注苏诗》卷19《次韵陈四雪中赏梅(陈四即季常)》，康熙三十八年宋荦刻本，叶一三a。

③ (宋)陈与义撰，(宋)胡稺注：《增广笺注简斋诗集》卷30《雪》注引《吴中风俗占》，《续修四库全书》第1317册，上海：上海古籍出版社，2002年影印本，第500页。

④ 参见王友胜：《苏诗研究史稿》，北京：中华书局，2010年，第33页。

⑤ 《宋史》卷206《艺文志五》，第5252页。

如前揭内容为发展缓慢的农业气象预报知识，大较必似于《耒耜岁占》，仅篇幅或多或寡而已。以下据宋代笔记所载再作管豹之窥。宋代笔记中的农事占候记载主要是占晴雨水旱、禾稼丰歉及人畜疫病，大多仅记片言只语，有的则搜集较多。所记内容约略可分两类，最主要的是天文占，以云雨为主，如：

> 江南民言："正旦晴，万物皆不成。"元丰四年正旦，九江郡天无片云，风日明快，是年果旱。又曰："芒种雨，百姓苦。"盖芒种须晴明也。"春雨甲子，赤地千里；夏雨甲子，乘船入市。"乘船入市者，雨多也。又于四月一日至四日卜一岁之丰凶云："一日雨，百泉枯"，言旱也；"二日雨，傍山居"，言避水也；"三日雨，骑木驴"，言车取水，亦旱也；"四日雨，余有余"，言大熟也。禅师惠南尝言："上元一夕晴，麻小熟；两夕晴，麻中熟；三夕晴，麻大熟。若阴雨，麻不登。"占亦如此，云绝有效验。京东一讲僧云："云向南，雨潭潭；云向北，老鹳寻河哭；云向西，雨没犁；云向东，尘埃没老翁。"言云向南与西行则有雨，向北与东行则无雨。云亦有效验。大理少卿杜纯云："京东人言：'朝霞不出门，暮霞行千里。'言雨后朝晴，尚有雨也，须晚晴乃真晴耳。九江人畏下旬雨，云雨不肯止。"刘师颜视月占旱云："月如悬弓，少雨多风。月如仰瓦，不求自下。"①
>
> 术者云："久晴欲得雨，须遇木克土。"谓如乙未日之类。又云："久雨而暮忽云绽日出，但西望黑云在日上，当晴；若在日下，则未霁。"验之信然。世有法，以每月节朔日辰所遇风、雷、雨、雾、月食、虹见之类占五谷贵贱，中者十七八。②

---

① (宋)孔平仲撰，池洁整理：《谈苑》卷2，《全宋笔记》第2编第5册，郑州：大象出版社，2006年，第306—307页。

② (宋)方勺撰，许沛藻、杨立扬点校：《泊宅编》卷6，北京：中华书局，1983年，第36页。

其次是各种杂占，类于今之物候学：

京师槐放花盛，则多河鱼疾；北人荞麦熟，则早晚候霜降。罔有差焉……上巳日蛙鸣则蚕善也。安陆农视稻穗多者七八十粒，少者五六十粒，下有细白花丛出，若十花以上则米贵，花多则贱……戊子(**大观二年**，1108)五月五日夏至，安陆老农相谓曰："夏至逢端午，家家卖男女。"秋稼不登，至冬艰食，果卖子以自给，至有委于路隅者。明年己丑大旱，人相食，弃子不可胜数。①

谚曰："甘草先生则麦熟，苦草先生则人疫也。"甘草，荠；苦草，黄蒿也。又曰："杏熟当年麦，枣熟当年禾。"又曰："枣不济俭。"谓枣熟则岁丰也。谚曰："行得春风有夏雨。"盖春之风数为夏之雨数，小大急缓亦如之。②

谚曰："黄鹌口噤，荞麦斗金。"夏中候黄鹌不鸣，则荞麦可广种也。"八月一日雨，则角田不熟"，角田，豆也。角者，荚之讹也。③

山间小青蛙，一名青凫，飞走竹树上如履平地，与叶色无别，每鸣则雨作。又一种褐色而泽居，名旱渴，晴则鸣。乡人以此卜之。④

总之，宋人通过观察，"发现一些自然现象总是在一起、或是经常在一起发生时，便总结出某些规律"⑤，这种"规律"有时确有内在的科学联系，但有时只是巧合。不过，一旦预测结果与现实不符，他

---

① (宋)王得臣撰，俞宗宪点校：《麈史》卷下，上海：上海古籍出版社，1986年，第83—84页。

② (宋)陈师道撰，李伟国点校：《后山谈丛》卷2，北京：中华书局，2007年，第34页。

③ (宋)陈师道撰，李伟国点校：《后山谈丛》卷5，第71页。

④ (宋)方勺撰，许沛藻、杨立扬点校：《泊宅编》卷7，第39—40页。

⑤ 谢智飞：《论北宋笔记中的农事占候》，《农业考古》2019年第1期，第226页。

们也会加以修正，这正是其书中常对占验结果加以记载的原因。如《甲申杂记》云："旧言：'雨旸有常数，春多即夏旱，夏旱即秋霖。'皆大不然。崇宁四年(1105)岁次乙酉，凡十一龙治水，自春及夏及秋皆大雨水。"[①]所以，宋代笔记及占候类农书中提供的农业气象预报知识能够在一定程度上预测天气变化或自然灾异，对当时农业生产是有一定帮助的。当然，天气、气候变化瞬息万变，以今日之科学发展水平尚不能完全准确地预测，更何况是宋代，因此，也不能对这些占候知识所起的作用评估过高——或许这也是大多数占候类农书专著亡佚的原因。

第三节　方物、类书类农书

一、方物类农书

1.《番禺纪异》

五卷，冯拯撰，已佚。《通志·艺文略》著录于"方物"类[②]，《郡斋读书志》著录于"地理类"。书中所记为"岭表鸟兽草木、民俗物情"之异于中原者，"为三十门，凡三百事"。[③]《中国农学书录》《中国农业古籍目录》未收叙。

冯拯，字道济，孟州河阳(治今河南孟州市南)人。《宋史》有传，2010年河南偃师市又出土了墓志铭，可据以梳理其生平。冯氏生于后周显德五年(958)，太平兴国三年(978)进士及第，初授"廷尉平"即大理评事、通判峡州(治今湖北宜昌市)，后知泽州(治今山西晋城市)、坊州(治今陕西黄陵县南)，迁太常丞。驰传赈贷江南旱灾，还奏称旨，权知石州(治今山西吕梁市离石区)，擢左正

① (宋)王巩:《甲申杂记》,《全宋笔记》第2编第6册，郑州：大象出版社，2006年，第42页。

② (宋)郑樵:《通志》卷66《艺文略四》，第782页。

③ (宋)晁公武撰，孙猛校证:《郡斋读书志校证》卷8，第355页。

言。代归出使河北筹计军储，还为三司度支判官。淳化二年(991)，与尹黄裳等请立许王元僖为太子，太宗大怒，谪知端州(治今广东肇庆市)。任上奏请遣使括诸路隐匿丁口，又奏言盐法通商等事，并撰成《番禺纪异》献上。太宗欲召还为参知政事，因时任宰相的寇准"素不悦(冯)拯，乃徙知鼎州"，又改通判广州，后因母丧请内徙，命知江州(治今江西九江市)。

真宗即位后进为比部员外郎、判三司度支勾院。咸平二年(999)兼侍御史知杂事，因审理傅潜逗挠覆军罪擢祠部郎中、枢密直学士、权判吏部流内铨，次年迁尚书工部侍郎、签书枢密院事。景德年间(1004—1007)升任参知政事，大中祥符初，冯拯请选举兼考策论，不专以诗赋为进退。真宗东封泰山，进尚书左丞；西祀汾阴，迁工部尚书，冯拯因病求罢，遂以刑部尚书出知河南府(治今河南洛阳市)。大中祥符七年(1014)，除御史中丞，以疾辞，改以户部尚书知陈州(治今河南周口市淮阳区)。不久再知河南府，迁兵部尚书、判尚书都省，又以吏部尚书、同中书门下平章事充枢密使，旋拜右仆射兼中书侍郎、同平章事、集贤殿大学士。乾兴元年(1022)真宗崩，迁司空兼侍中，又取代丁谓为山陵使，奉安真宗御容于西京。天圣元年(1023)，冯拯以病五上表请罢相，因拜武胜军节度使、检校太尉兼侍中、判河南府，旋卒，享寿66岁。[①] 冯拯是宋初宰相建节的第二人(第一人是赵普)，虽深得真宗信任，位高权重，但并不算名臣，不过陆游倒是很钦佩他，说其画像"冠剑伟然，与大行、黄河气象相埒"，还感叹说："侍中辅相两朝，更天下大变，而社稷(尊)[奠]安、

① 《宋史》卷285《冯拯传》，第9608—9611页；(宋)宋绶：《宋故推诚同德、崇仁守正、保节翊戴功臣，武胜军节度，邓州管内观察处置等使，开府仪同三司，检校太尉兼侍中，使持节邓州诸军事，行邓州刺史，判河南府、西京留守[司]，上柱国，魏国公，食邑一万一千七百户，食实封肆仟陆百户，赠太师、中书令，谥曰文懿冯公墓志铭并序》，郭茂育、刘继保编著：《宋代墓志辑释》，郑州：中州古籍出版社，2016年，第118—120页。按：冯拯墓志释文错讹参见金艳丽、周阿根：《冯拯墓志录文商补》，《成都师范学院学报》2017年，第4期，第105—108页。

夷狄詟服，锄耰万里无犬吠之警，有以也夫！……恨不生其时，俯伏沙堤旁，窥望风采云。”[①]这应与陆氏一生坎坷的仕途有关。

2.《剑南风物三十八种》

一卷，沈立撰，已佚。宋元史志书目不载，《中国农学书录》《中国农业古籍目录》未著录。

《玉海》云：“嘉祐建元之明年(1057)，(宋祁)来领(益)州，得东阳沈立所录《剑南风物三十八种》。按名索实，尚未之尽逮。询西人又益数十物列而图之，物为之赞，更名《益部方物略记》。”[②]核以宋祁《益部方物略记》序，传世诸本皆作：“予来领州，得东阳沈立所录《剑南阳物二十八种》。”[③]显然“阳”应为“风”字，“二十八种”恐亦以“三十八种”为是。该书书名明以后讹为《剑南方物二十八种》，当即由此而来。书的内容既已包括在《益部方物略记》一书中，可参见下文论述《益部方物略记》部分，兹不赘言。

作者沈立，字立之，其先本吴人，祖父沈仁谅迁于和州历阳县(治今安徽和县)[④]，遂为历阳人。沈氏生于景德四年(1007)，18岁父丧，益力于学，中天圣八年(1030)王拱辰榜进士，初授桐城尉，后调畿县主簿。历知绩溪(治今安徽绩溪县)、洪雅(治今四川洪雅县)二县，通判寿州(治今安徽凤台县)、益州(治今四川成都市)。[⑤]

庆历八年(1048)春夏之交，澶州(治今河南濮阳市)商胡埽黄河决堤北流，“河北之民尤罹弊苦，粒食罄阙，庐室荡空，流离乡园，携挈老幼，十室而九。自秋徂冬，嗷嗷道涂沟壑为虑”。[⑥] 朝廷命

---

① (宋)陆游著，钱仲联、马亚中主编：《陆游全集校注》第15册《渭南文集》卷26《真庙赐冯侍中诗》，第128页。

② (宋)王应麟纂：《玉海》卷14《地理·地理图》，第276页。

③ 如明万历间刻《秘册汇函》本(叶一a)等。

④ (宋)蔡襄撰，陈庆元等校注：《蔡襄全集》卷36《赠光禄少卿沈君墓志铭》，福州：福建人民出版社，1999年，第777页。

⑤ (宋)杨杰著，曹小云校笺：《无为集校笺》卷12《故右谏议大夫赠工部侍郎沈公神道碑》，合肥：黄山书社，2014年，第424页。

⑥ (清)徐松辑：《宋会要辑稿》礼五四之八，第1576页。

时官屯田员外郎的沈立提举商胡埽，防塞督役[①]，沈立乃“采摭大河事迹，古今利病”[②]撰成《河防通议》一书。该书是黄河治理的重要文献，元代沙克什以汴本、金都水监本合编成《重订河防通议》。从沙氏明确标注源自沈立《河防通议》的内容来看，沈立总结了古今河患、防治经验及黄河的年度水信规律；对开河、闭河，水平仪制造、石岸修筑、卷埽、筑城方法和标准，以及物料与器具的种类、规格都有明确阐述，[③]无怪乎被后世“治河者悉守为法”。其《算法第六》中的“开河”还用到了天元术，即高次方程求解法——一般认为是金元数学家李治所发明——有研究者认为沈立“开河”比李治解法要简古得多，因此他与同时代的贾宪一样，都是中国古代高次方程求解法的先驱数学家。[④]

沈立后升任屯田郎中、权三司盐铁判官。嘉祐元年(1056)四月，朝廷又命其“体量六塔河及北流河口利害”[⑤]，旋出知池州[⑥]，三年九月改任淮南转运副使。沈立在任上集茶法利害为《茶法要览》一书，“陈通商之利”，三司使张方平奏上，宰相富弼、韩琦、曾公亮等为力言于帝，[⑦]朝廷乃驰茶禁并“著为令”；又著《盐筴总类》，论东南盐利害，亭户、仓场、漕运之敝。[⑧] 不久升任两浙转运使，当时

① (宋)王应麟纂:《玉海》卷22《地理·河渠》，第449页。

② 《宋史》卷333《沈立传》，第10698页。

③ 参见张秉伦等编著:《安徽科学技术史稿》，合肥:安徽科学技术出版社，1990年，第148页。

④ 孔令刚主编:《安徽科学技术》，合肥:安徽文艺出版社，2012年，第38—39页。

⑤ (宋)李焘:《续资治通鉴长编》卷182嘉祐元年夏四月癸酉，第4405页。

⑥ 光绪《重修安徽通志》卷115《职官志》，《续修四库全书》第652册，上海:上海古籍出版社，2002年影印本，第390页。

⑦ 《宋史》卷333《沈立传》，第10698页；(宋)李焘:《续资治通鉴长编》卷188嘉祐三年九月辛未，第4527页。按:《皇朝编年纲目备要》系时于嘉祐四年二月(卷16，北京:中华书局，2006年，第358页)。

⑧ (宋)王应麟纂:《玉海》卷181《食货·盐铁》，第3336页。

两浙路“盐课缗钱岁七十九万，嘉祐二年才及五十三万，而一岁之内私贩坐罪者三千九十九人。其弊在于官盐估高”，因奏请罢榷估，令铺户衙前自趋山场取盐，朝廷亦从之。[①] 沈立又奏罢鱼蟹之征[②]，还开浚了昆山顾浦以解决太湖水患问题[③]。嘉祐六年(1061)七月后，沈立依前官入朝任三司户部判官。[④] 任内为正旦国信使使辽，辽时行册礼，要求他改易辽官服色，否则就叙班于殿门之外。沈立据理力争，乃许以常服入见，终未辱使命。[⑤] 治平(1064—1067)中[⑥]，沈立出任河北转运使，不久升太常少卿，[⑦]后依前官充集贤院修撰、知沧州(治今湖北沧县东南东关)[⑧]。熙宁三年(1070)三月沈立时判都水监[⑨]，四月任右谏议大夫、知越州(治今浙江绍兴市)，“熙宁庚戌中元日”作《越州图序》[⑩]，次年正月移知

---

① (元)马端临:《文献通考》卷16《征榷考三》,第160页。

② (宋)高似孙:《蟹略》卷3,钱仓水校注:《〈蟹谱〉〈蟹略〉校注》,北京:中国农业出版社,2013年,第150页。

③ (宋)朱长文纂修,李勇先校点:《吴郡图经续记》卷下,《宋元珍稀地方志丛刊·乙编》第1册,成都:四川大学出版社,2009年,第85页。

④ (宋)王安石撰,王水照主编:《王安石全集》第6册《临川先生文集》卷49《兵部郎中沈立可依前官充三司户部判官制》,第910页。按:王安石嘉祐六年六月底始除知制诰,此制既为王作,必此以后事。

⑤ 《宋史》卷333《沈立传》,第10698页。

⑥ (宋)桑世存编:《回文类聚》卷1,《景印文渊阁四库全书》第1351册,第803页。

⑦ (宋)韩维:《南阳集》卷17《河北转运使兵部郎中沈立可太常少卿差遣如故》,《景印文渊阁四库全书》第1101册,第662页。

⑧ (宋)韩维:《南阳集》卷18《河北转运使太常少卿沈立可依前太常少卿充集贤院修撰知沧州》,《景印文渊阁四库全书》第1101册,第677页。

⑨ (宋)李焘:《续资治通鉴长编》卷214熙宁三年八月己未,第5198页。

⑩ (宋)孔延之编:《会稽掇英总集》卷20《越州图序》,《景印文渊阁四库全书》第1345册,第168页。按:《嘉泰会稽志》作“熙宁中郡守沈立为《会稽图》”、“熙宁中沈立为《越州图序》”(卷1,《宋元方志丛刊》第7册,第6724、6724—6725页)。

杭州[①]。五年入朝知审官西院，年底上《新修审官西院敕》十卷[②]、《总领》一卷[③]。六年四月沈立出知建康府（治今江苏南京市）[④]，次年二月改知宣州（治今安徽宣城市）[⑤]。八年七月，时任右谏议大夫的沈立上所集《都水记》二百卷、《名山记》百卷[⑥]。其守本官、提举崇禧观致仕应即此年。退归乡里之后，“唯日与宾朋、诗酒为乐”[⑦]。元丰元年（1078）正月沈立卒，[⑧]享寿72岁。《宋史》有传。

沈立一生“手不释卷”[⑨]，喜读书、写书、藏书，早年在蜀为官时就“悉以公粟售书，积卷数万”[⑩]，晚年知杭州“所得圭租”仍“多以市书”[⑪]，藏书三万卷[⑫]，并为撰《沈谏议书目》（一作《万卷堂书

---

① （宋）孔延之编：《会稽掇英总集》卷18《宋太守题名记（并序）》，《景印文渊阁四库全书》第1345册，第155页。

② （宋）李焘：《续资治通鉴长编》卷241熙宁五年十二月庚辰，第5877页。

③ （宋）王应麟纂：《玉海》卷168《宫室・院下》，第3085页。

④ （宋）周应合纂：《景定建康志》卷13《建康表九》，《宋元方志丛刊》第2册，北京：中华书局，1990年影印本，第1485页。

⑤ （宋）陈敬：《陈氏香谱》卷2，《景印文渊阁四库全书》第844册，第268页。

⑥ （宋）李焘：《续资治通鉴长编》卷266熙宁八年秋七月甲子，第6522页。按：《故右谏议大夫赠工部侍郎沈公神道碑》系于知建康府时（杨杰著，曹小云校笺：《无为集校笺》卷12，第425页）。

⑦ （宋）杨杰著，曹小云校笺：《无为集校笺》卷12《故右谏议大夫赠工部侍郎沈公神道碑》，第426页。

⑧ （宋）李焘：《续资治通鉴长编》卷286元丰元年春正月甲寅，第7011页。

⑨ （宋）杨杰著，曹小云校笺：《无为集校笺》卷12《故右谏议大夫赠工部侍郎沈公神道碑》，第425页。

⑩ 《宋史》卷333《沈立传》，第10699页。

⑪ （宋）周淙纂修：《乾道临安志》卷3《牧守》，《宋元方志丛刊》第4册，北京：中华书局，1990年影印本，第3245页。

⑫ （宋）杨杰著，曹小云校笺：《无为集校笺》卷12《故右谏议大夫赠工部侍郎沈公神道碑》，第426页。

目》)。然“子孙不能肄业”[1],其卒后尽为所鬻。著述有《宣和编类河防书》二百九十二卷、《河防通议》一卷、《都水记》二百卷、《茶法要览》十卷、《盐筴总类》二十卷、《新修审官西院条贯》十卷、《总例》一卷、《熙宁新编大宗正司敕》八卷、《支赐式》十四卷、《官马俸马草料等式》九卷、《贤牧传》、《奉使江浙杂记》一卷、《蜀江志》十卷、《名山记》一百卷、《越州图》、《钱塘图》、《稽正辨讹》一卷、《牡丹记》、《海棠记》、《沈氏香谱》。惜均亡佚,这恐怕是作为农学家、水利学家、地理学家、数学家、诗人、藏书家的沈立身后声名不显的最重要的原因。

3.《益部方物略记》

宋祁撰。书本上、下两卷,后图佚篇幅变小,明以来传世之本遂编为一卷。书名亦有讹为《益都方物略记》者。宋元史志书目不载,《中国农学书录》未著录。

宋祁撰著此书的原因是益州珍木、怪草、鸟鱼、芋稻之饶“层出杂见,不可胜状”[2],而沈立《剑南风物三十八种》尚未尽逮,故益而图之。增加图画,这是宋祁的一大贡献,惜今图已不存。按王应麟统计,该书叙记花品十七、草品六、菜品五、果品八、茶品一、木品六、竹品九、药品九、禽品五、兽品三、鱼品六、虫品一,[3]据今本看,果、竹等品种略有亡佚。其著录方式是图画(今佚)加赞语再辅以说明性文字,如记赤鹯芋赞语为“芋种不一,鹯芋则贵。民储于田,可用终岁”;说明性文字为“右赤鹯芋(蜀芋多种,鹯芋为最美,俗号赤鹯头。芋形长而圆,但子不繁衍)”。记绿蒲萄赞语为“西南所宜,柔蔓纷衍。缥穗绿实,其甘可荐”;说明性文字为“右绿蒲萄(北方蒲萄熟则色紫,今此色正绿云)”。记重叶海棠赞语为“修柯柔蔓,浓浅繁总。盛则重花,不常厥种”;说明性文字为“右重

① (宋)张表臣:《珊瑚钩诗话》卷3,《丛书集成初编》第2550册,长沙:商务印书馆,1939年,第20页。

② (宋)宋祁:《益部方物略记》,明万历间刻《秘册汇函》本,叶一a。

③ (宋)王应麟纂:《玉海》卷14《地理・地理图》,第276页。

叶海棠(海棠大抵数种,又时小异。惟其盛者,则重葩迭萼可喜,非有定种也。始浓稍浅,烂若锦章。北方所植率枝强花瘠,殊不可玩,故蜀之海棠,诚为天下奇怪云)"。[①] 可见赞语主要是用韵语强调该物种的某一特点,说明性文字则以散文作较全面的说明。这样韵散结合,有主有次,图文并茂,可以说是今生物志编纂方式之嚆矢。

宋祁,字子京,祖籍开封雍丘(治今河南杞县),与兄宋庠(初名郊)并称"二宋",为宋闻人。《宋史》俱有传。咸平元年(998),宋祁生于江州(治今江西九江市),生前其母钟氏梦人携《文选》一部与之,故小字选哥。[②] 其曾祖、祖父五代时均任过县令官职,父宋玘端拱二年(989)中明经,历襄乐(治今甘肃宁县)主簿、江州司理参军、应山县(治今湖北广水市)令、荆南军节度推官等职,[③]可见宋祁成长于诗书世家。宋祁随父宦历各地,约大中祥符三年(1010)寓居安州安陆(治今湖北安陆市)。[④] 天圣二年(1024),宋祁兄弟考试进士,"礼部奏祁名第三,(刘)太后不欲弟先兄,乃推郊第一而置祁第十"[⑤]。宋祁初授复州(治今湖北天门市)军事推官,秩满以孙奭荐,改大理寺丞、国子监直讲。[⑥] 明道元年(1032)召试授直史馆[⑦],景祐二年(1035)迁同知太常礼院[⑧]。次年范仲淹被贬谪,宋

---

① (宋)宋祁:《益部方物略记》,明万历间刻《秘册汇函》本,叶二 b 至三 a、三 a、四 b。

② (宋)王得臣撰,俞宗宪点校:《麈史》卷中,第 32 页。

③ (宋)宋祁:《景文集》卷 62《荆南府君行状》,《景印文渊阁四库全书》第 1088 册,第 605—606 页。

④ 王福元:《北宋文臣宋祁籍贯考实》,《文艺评论》2014 年第 8 期,第 132 页。

⑤ (宋)李焘:《续资治通鉴长编》卷 102 天圣二年三月乙巳,第 2354 页。

⑥ 《宋史》卷 284《宋庠传附弟祁传》,第 9593 页。

⑦ (清)徐松辑:《宋会要辑稿》选举三一之二八,第 4737 页。

⑧ (宋)李焘:《续资治通鉴长编》卷 116 景祐二年四月戊寅,第 2728—2729 页。

祁作诗送之，有“室救鸱鸮毁，庭喧貙豸邪”[①]句。五年（宝元元年）正月，因“顷岁以来，灾眚数见”，宋祁疏请仁宗下罪己诏并求直言，指责其“事有召奸，法有阶隙”。[②] 次年初权三司度支判官，上疏论“三冗”“三费”。[③] 康定元年（1040）六月，受诏与王尧臣等清理在京刑狱[④]，寻迁同判太常寺兼礼仪事[⑤]。庆历元年（1041）四月，因陕西经略安抚副使兼知延州范仲淹与元昊通书并焚毁二十余封往来信件，吕夷简等欲罪之，时任参知政事的宋庠甚至对仁宗说“仲淹可斩也”[⑥]，然仁宗仅薄责之。遂出宋庠知扬州，宋祁亦出知寿州（治今安徽凤台县）。次年，宋祁徙知陈州，半年后还朝为知制诰、权同判流内铨。寻以龙图阁直学士知杭州，未赴，留为翰林学士，四年底徙知审官院兼侍读学士。[⑦] 八年（1048）初，宋祁赴陕西察视铜铁钱利害[⑧]，七月又往视商胡埽决河及覆计工料[⑨]，九月受命磨勘提点刑狱、朝廷使臣课绩[⑩]，十月因草张贵妃制不符程序落职知许州（治今河南许昌市）[⑪]。然甫数月，复召为侍读学士、史馆修撰，不久再迁给事中兼龙图阁学士。后坐其子交游外戚事出知亳州，岁余徙知成德军（真定府军号，治今河北正定县），旋徙定州、许州。嘉祐元年（1056）五月，宋祁徙知河阳府（治今河南孟州市

① （宋）宋祁：《景文集》卷20《送范希文》，《景印文渊阁四库全书》第1088册，第167页。

② （宋）李焘：《续资治通鉴长编》卷121宝元元年正月癸卯，第2849、2868页。

③ （宋）李焘：《续资治通鉴长编》卷125宝元二年十一月癸卯，第2941—2944页。

④ （清）徐松辑：《宋会要辑稿》刑法五之二二，第6680页。

⑤ （宋）李焘：《续资治通鉴长编》卷129康定元年十一月乙丑，第3056页。

⑥ （宋）李焘：《续资治通鉴长编》卷131庆历元年四月癸未，第3114页。

⑦ 《宋史》卷284《宋庠传附弟祁传》，第9595页。

⑧ （宋）李焘：《续资治通鉴长编》卷162庆历八年正月癸未，第3904页。

⑨ （清）徐松辑：《宋会要辑稿》方域一四之一七，第7554页。

⑩ （宋）李焘：《续资治通鉴长编》卷165庆历八年九月辛丑，第3968页。

⑪ （宋）李焘：《续资治通鉴长编》卷165庆历八年十月庚寅，第3971页。

南），仅三个月即特迁吏部侍郎、知益州。[①] 四年初除三司使，因兄宋庠方执政，未赴即转知郑州，[②]不久因病入朝，判尚书都省、拜翰林学士承旨、领群牧使，嘉祐六年（1061）卒，享寿64岁。[③]

二宋兄弟皆以文学显，而宋祁尤能文，因“绿杨烟外晓寒轻，红杏枝头春意闹”一联而获“红杏尚书”雅号。其子定国妻为参知政事程戡女，兄子充国、均国妻分别为宰相庞籍、陈执中之女[④]，孙女为蔡京儿媳（蔡攸妻）[⑤]。宋祁著述繁富，除预撰（纂）《新唐书》《集韵》《景祐广乐记》《庆历编敕》外，尚撰有《景文集》《宋景文公笔记》《西州猥稿》《出麾小集》《明堂通议》《藉田记》《大乐图》《三圣乐书》《西征东归录》等，然大多亡佚。

《益都方物略记》传世版本有明万历间刻《秘册汇函》本、明末清初宛委山堂刻《说郛》本、明末毛氏汲古阁刻清初汇印《津逮秘书》本、《四库全书》本、嘉庆十年虞山张氏照旷阁刻《学津讨原》本、《丛书集成初编》本等。

4.《梦溪忘怀录》

三卷，沈括撰。书名因所居梦溪有水竹山林之适，而其“少有

---

① 《宋史》卷284《宋庠传附弟祁传》，第9596—9597页。

② （宋）李焘：《续资治通鉴长编》卷189嘉祐四年三月己未，第4554页。

③ 《宋史》卷284《宋庠传附弟祁传》，第9598页；（宋）杜大珪编：《名臣碑传琬琰之集》上卷7《宋景文公祁神道碑》，《景印文渊阁四库全书》第450册，第60页。

④ （宋）王珪：《华阳集》卷48《推诚保德翊戴功臣、开府仪同三司、太子太保致仕、上柱国、颍国公、食邑八千四百户、食实封二千一百户、赠司空兼侍中庞公神道碑铭》，《景印文渊阁四库全书》第1093册，第358页；（宋）张方平撰，郑涵点校：《张方平集》卷37《推诚保德崇仁守正忠亮翊戴功臣、开府仪同三司、守司徒致仕、上柱国、岐国公、食邑一万九百户、食实封三千九百户、赠太师兼侍中、谥曰恭，颍川陈公神道碑铭（并序）》，郑州：中州古籍出版社，2000年，第623页。

⑤ 《宋史》卷356《宋乔年传》，第11208页。

《怀山录》，可资居山之乐者辄记之，自谓今可忘于怀矣”[1]，故名《忘怀录》。《郡斋读书志》（记书名为《忘怀录》）、《遂初堂书目》（记书名为《山居忘怀录》）、《直斋书录解题》均著录于“农家类”[2]。《说郛》虽抄录之[3]，才仅数条而已；此外宋袁文《瓮牖闲评》，宋陈直撰、元邹铉续增《寿亲养老新书》，元王祯《农书》，明《永乐大典》，明戴羲辑《养余月令》等均有征引。今人胡道静、吴佐忻等有辑本[4]。

《郡斋读书志》谓《梦溪忘怀录》“皆饮食、器用之式，种艺之方”[5]，从今人辑本来看，主要也是这三方面内容。“种艺”所记多为药用及其他经济作物，这是值得重视的宋代农业发展的一个新趋向。如所载地黄种植法云：

十二月耕地，至正月可止。三四遍细爬（一作“耰”）讫，然后作沟，沟阔一尺，两沟作一畦，畦阔四尺。其畦微高而平硬，甚不受雨水。苗未生，间得水即烂。畦中又拨作沟，沟深三寸，取地黄切长二寸，种于沟内讫，即以熟土盖之，其上（一作“土”）厚三寸以上。每种一亩用根五十斤。盖土讫，即取经冬烂草覆之。候牙稍出，以火烧其草，令烧去其苗。再生，叶肥茂，根益壮。自春至秋，凡五六耘，不得锄。八月堪采根，至冬尤佳。若不采，其根太盛，春二月当宜出之。若秋采讫，至春

---

① （宋）陈振孙撰，徐小蛮、顾美华点校：《直斋书录解题》卷10，第297页。

② （宋）晁公武撰，孙猛校证：《郡斋读书志校证》卷12，第541页；（宋）陈振孙撰，徐小蛮、顾美华点校：《直斋书录解题》卷10，第297页。按：晁氏著录云“元丰中梦溪丈人撰”，误，“元丰”应作“元祐”。

③ （明）陶宗仪等编：《说郛三种》卷19、弓74，第349—351、3452—3454页。

④ 胡道静、吴佐忻：《〈梦溪忘怀录〉钩沉——沈存中佚著钩沉之一》，《杭州大学学报》1981年第1期，第40—55页。

⑤ （宋）晁公武撰，孙猛校证：《郡斋读书志校证》卷12，第541页。

> 不复更种，其生者犹得三四年。但采讫，比之明年，耨耘而已。参验古法，此为最良。[①]

唐人《山居要术》即载种地黄法，沈氏种法与之相较，更加详细适用，显然有得之于实践者而非袭用前人成说。沈括还指出了“栽培药物与野生药物采摘时间互异的规律”[②]。书中还记载了黄精、枸杞、甘菊、五加、青蘘、百合、苜蓿、合欢、牛蒡等的种植法。其枸杞种法达四种之多，尤精于施肥，据之可见沈括因地制宜、在实践中不断改进的科学研究精神。沈括既记药物，自必载其食法，如鸡头(芡实)粉、葛根粉、姜粉、茯苓粉、松柏粉等，该书皆具道其功能与制法。据之可见，今人消暑之茯苓膏宋人也是可以吃到的，至于藕粉、菱角粉更是常见之物。

《梦溪忘怀录》亦究心于种竹，其云：“种竹，但林外取向阳者，向北而栽，盖根无不向南。必用雨下。遇火日及有西风则不可。花木亦然。谚云：‘种竹无时，雨下便移。多留宿土，记取南枝。’”又法云：

> 竹宜高平之地，黄白软土为良。春初，劚取西南向阳者茎并引根，大掘科本，芟去梢叶，于园中东北角种之。以东北根老，西北根嫩，而竹性又喜向西南行也。掘坑深二尺许，覆土厚五寸，以稻、麦二糠，各自粪之，不用和杂。只宜连阴雨中栽之，不用水浇，水浇则淹死。勿令六畜入园。恐风摇动，须著架缚之。余比见五月种者亦佳。留茎种者，被风摇动，多不滋茂。但去根一尺余截断，准上法埋栽，令露竹头，当年生笋，践杀之。

---

① (宋)沈括原著，杨渭生新编：《沈括全集》卷79《〈梦溪忘怀录〉辑佚》，杭州：浙江大学出版社，2011年，第899页。按：个别字句重新标点。

② 胡道静：《沈括的农学著作〈梦溪忘怀录〉》，《文史》1963年第3辑，第225页。

> 明年转益大，又践杀之。至第三年，长出粗大，一抽数丈。[①]

虽然《齐民要术》即已言种竹法，但对比可知其“又法”率自出机杼者。

对于一般果树种植方法，《梦溪忘怀录》所说的“脱果法”即今所谓空中压条繁殖技术：

> 木生之果，八月间以牛羊滓和土包其鹤膝处（**被端干相接黄绞处**），如大杯，以纸裹囊覆之，麻绕令密致，重则以杖柱之，任其发花结实。明年夏秋间，试发一包视之，其根生则断其本，埋土中，其花、实皆晏然不动，一如巨本所结。予在萧山县见山寺中桔木，止高一二尺，实皆如拳大，盖用此术也。大木亦可为之。尝见人家有老林檎，木根已蠹朽，圃人乃去木本二三尺许，如上法以土包之，一年后土中生根，乃截去近根处三尺许，埋土包入地，后遂为完木。[②]

这在古代当然是先进的果树繁育技术，学界向以为最早出自南宋《分门琐碎录》中，实际上要更早，出自沈括此书所载。《梦溪忘怀录》中还载有兰、蕙、萱草、莲、藕等种植法及养鹤、养龟之法，总之皆“山家清事”也。

《梦溪忘怀录》“饮食”部分多记养生滋补粥品，包括地黄粥、胡麻粥、乳粥、山芋粥、栗粥、百合粥、麋角粥、枸杞子粥、马眼粥等。其乳粥做法是：“牛羊乳皆可。先淅细粳米，令精细，控令极干。乃煎乳令沸，一依用水法，乃投米煮之。候熟即掊置碗中，每碗下真

① （宋）沈括原著，杨渭生新编：《沈括全集》卷79《〈梦溪忘怀录〉辑佚》，第911页。

② （宋）沈括原著，杨渭生新编：《沈括全集》卷79《〈梦溪忘怀录〉辑佚》，第909—910页。

酥半两置粥上，令自溶如油，遍覆粥上，食时旋搅，美无比。”[①]还记载了一些饮食宜忌、消息、养性方法，如云：

> 平旦点心讫，即自以热手摩腹，出门庭行五六十步，消息之。中食后，还以热手摩腹，行一二百步，缓缓行，勿令气急。行讫，还床偃卧，四展手足勿睡，顷之气定，便起正坐，吃五六颗苏煎枣，啜半升以下人参、伏苓、甘草等饮。觉似少热，即以麦门冬、竹叶、茅根等饮，量性将理。食饱不宜急行，及饥不宜大语远唤人，嗔喜卧睡。觉食散后随其所业，不宜劳心力，腹空即须索食，不宜忍饥。不得食生硬粘滑等物，多致霍乱。秋冬间暖裹腹，腹中微似不安，即服厚朴、生姜等饮。如此将息，必无横疾。[②]

食后须散步消食、食后不宜剧烈运动、不可忍饥挨饿、不食生硬粘滑都是科学的养生方法，对老年人来说更是如此。但有些说法则未见其理，如认为面不可多食，当是基于南方人饮食习惯的表述：“面治壅热、益气力，但不可多食，致令愦闷。料理有法，节而食之……此法用黑豆汁搜面，则无毒矣。”[③]《梦溪忘怀录》“器用”部分主要记载山居生活所用之物，如游山具、安车、欹床、醉床、观雪庵、药井等，兹不赘述。

沈括，字存中，晚号梦溪丈人，钱塘(治今浙江杭州市)西溪人。

---

① (宋)沈括原著，杨渭生新编:《沈括全集》卷79《〈梦溪忘怀录〉辑佚》，第887页。

② (宋)沈括原著，杨渭生新编:《沈括全集》卷79《〈梦溪忘怀录〉辑佚》，第890页。

③ (宋)沈括原著，杨渭生新编:《沈括全集》卷79《〈梦溪忘怀录〉辑佚》，第889页。

《宋史》有传。张荫麟[①]、胡道静[②]、张家驹[③]、徐规[④]等前辈学者均曾著文考述其人其事,兹据以略述如后。沈括明道二年(1033)[⑤]出生于一个士大夫家庭,父沈周为真宗大中祥符八年(1015)进士,官至太常少卿,分司南京。景祐年间(1034—1038)沈周赴开封任侍御史,沈括随之入京。后沈周出知润州(治今江苏镇江市)、泉州,沈括亦随父前往。庆历三年(1043)沈周迁开封府判官,沈括随父第二次来到京师。不久沈周出为江南东路转运使,沈括随往江宁府(治今江苏南京市)。皇祐二年(1050),沈周徙知明州,因沈括已年长,需用心于仕进,故未再随父宦历,而是借居母舅家读书。[⑥]次年沈周卒,沈括回到故乡钱塘为父守丧。沈周墓志为时任舒州通判的王安石所撰。至和元年(1054)沈括22岁,服除以父荫出仕,初任海州沭阳(治今江苏沭阳县)主簿。任职期间,颇用心于兴修水利,次年摄东海(治今江苏连云港市海州区)县令。嘉祐六年(1061)其兄沈披任宣州宁国(治今安徽宁国市)县令,沈括前往依

① 张荫麟:《沈括编年事辑》,(美)陈润成、李欣荣编:《张荫麟全集》,北京:清华大学出版社,2013年,第1538—1565页。

② 胡道静:《沈括事迹年表》,(宋)沈括著,胡道静校注:《梦溪笔谈校证》,第1141—1150页;胡道静:《沈括事略》,(宋)沈括撰,胡道静校注:《新校正梦溪笔谈》,北京:中华书局,1957年,第343—352页。

③ 张家驹:《沈括事迹年表》,《张家驹史学文存》,上海:上海人民出版社,2009年,第424—433页。

④ 徐规:《沈括事迹编年》,《仰素集》,杭州:杭州大学出版社,1999年,第260—278页。

⑤ 徐规《沈括生卒年问题的再探索——兼论〈嘉定镇江志〉引录〈长兴集〉逸文〈自志〉的真伪》(杭州大学宋史研究室编:《沈括研究》,杭州:浙江人民出版社,1985年,第39页)一文定沈括生卒年为明道二年、绍圣四年,张其凡《沈括生卒年考辨》(《宋代人物论稿》,上海:上海人民出版社,2009年,第339页)同此;后徐规《沈括事迹编年》修订为明道元年、绍圣三年(《仰素集》,第261、277页),此说从沈括元祐四年即"居润"而来,然沈括"居润"当在元祐五年,故从徐氏前说。

⑥ 详参徐规:《沈括前半生考略》,《仰素集》,第285—286页。

兄读书，准备科考，期间曾向时任参知政事的欧阳修等献其所撰《乐论》。八年春沈括进士及第，授扬州司理参军。王安石、司马光并为该科权同知贡举。治平二年(1065)受淮南路转运使张蒭荐，沈括入朝为编校昭文馆书籍，并参预详定浑天仪事，遂潜心研究天文历算之学。次年沈括续娶张蒭三女为继室。[①]

熙宁二年(1069)，沈括丁母忧，四年服除入京任大理寺丞、馆阁校勘、检正中书刑房公事。次年受命提举疏浚汴渠，兼提举司天监，主持改制浑仪、编制新历等事。六年因郏亶治理吴中水利失败，沈括接替其赴苏州相度两浙路农田水利差役等事。七年(1074)四月王安石第一次罢相，七月沈括入为右正言、知制诰兼通进、银台司，旋出为河北西路察访使，提举河北西路义勇、保甲。次年二月王安石复相，沈括还朝赴御史台推勘李逢、赵世居谋反事。寻又受命使辽议分划代州边界事，沈括查阅档案后奏论辽之争地无据，神宗大喜召对，赐其银千两，勉之云“微卿无以折边讼”，并切责“两府不究本末，几误国事”。[②] 王安石遂与沈括交恶，指斥其为“壬人”[③]。七月沈括自辽归国后出为淮南、两浙灾伤州军体量安抚使，事毕迁权发遣三司使。九年十月，王安石再度罢相，出判江宁府。年底，沈括拜翰林学士，次年七月为蔡确所劾，以集贤院学士出知宣州。元丰三年(1080)，因神宗准备用兵西夏，遂徙沈括知延州兼鄜延路经略安抚使。五年初，沈括因边功迁龙图阁学士，复攻取金汤、葭芦等寨堡，并进筑城横山之策。这一建言上承宋初何亮《安边书》之卓识，极具战略眼光，亦为以后宋夏战争过程所证明。[④] 然年底因永乐城一时之败，沈括竟“坐始议城永乐，既又措置应敌俱乖方”[⑤]之故责授

① 据徐规考。参见氏著《沈括事迹编年》，《仰素集》，第266—267页。

② (宋)李焘：《续资治通鉴长编》卷261熙宁八年三月辛酉，第6367页。

③ (宋)李焘：《续资治通鉴长编》卷263熙宁八年闰四月甲午，第6419页。

④ 参见拙文《才兼文武：宋初能吏何亮考论》，《首都师范大学学报》2017年第3期，第50—52页。

⑤ (清)徐松辑：《宋会要辑稿》职官六六之一九，第3877页。

均州团练副使、随州（治今湖北随州市）安置。八年，沈括徙为秀州（治今浙江嘉兴市）团练副使，本州安置，后许任便居住。元祐五年（1090），迁守光禄少卿，分司南京，但许于外州任便居住，沈括遂移居润州（治今江苏镇江市）梦溪，在此撰成中国古代科技史上里程碑之作《梦溪笔谈》后不久即罹病。绍圣元年（1094）左右妻张氏卒，四年沈括亦卒，享寿65岁。其堂侄皇祐元年榜眼沈遘、沈辽与之并称“沈氏三先生”。沈括舅父许洞即宋代著名军事学著作《虎钤经》的作者。

沈括是中国历史上百科全书式的杰出科学家，被李约瑟誉为“中国整部科学史中最卓越的人物”[①]，他“博学善文，于天文、方志、律历、音乐、医药、卜算，无所不通”[②]，著述宏富，仅《宋史·艺文志》就著录有22种155卷，实际上至少在40种以上。然太半亡佚，有《梦溪笔谈》、《补笔谈》、《续笔谈》、《长兴集》、《良方》（宋人后将之与苏轼《医药杂说》合编，名曰《苏沈良方》，亦名《苏沈内翰良方》、《内翰良方》）等传世。《梦溪忘怀录》为沈氏“梦溪四书”之一，则当作于元祐六年之后。

5.《郊居草木记》

一卷，宋元史志书目仅《通志·艺文略》著录于“种艺”类[③]。作者既不知为谁，书复亡佚，则了解其内容的线索仅书名而已。

6.《桂海虞衡志》

范成大撰，《郡斋读书志》《玉海》《宋史·艺文志》均著录为“三卷”[④]，《直斋书录解题》著录为“二卷”[⑤]。传世版本则分两个系统，

① （英）李约瑟著，袁翰青、王冰、于佳译：《中国科学技术史》第1卷《导论》，第140页。

② 《宋史》卷331《沈遘传附从（弟）[父]括传》，第10657页。

③ （宋）郑樵：《通志》卷66《艺文略四》，第784页。

④ （宋）赵希弁：《读书附志》卷上，（宋）晁公武撰，孙猛校证：《郡斋读书志校证》，第1126页；（宋）王应麟纂：《玉海》卷14《地理·地理图》，第276页；《宋史》卷204《艺文志三》，第5158页。

⑤ （宋）陈振孙撰，徐小蛮、顾美华点校：《直斋书录解题》卷8，第259页。

明末刻《百川学海》本、明末《说郛》板编印《唐宋丛书》本为十三卷本，明末坊刻《百川学海》本、嘉靖二十三年云间陆氏俨山书院刻《古今说海》本、明吴琯刻《古今逸史》本、明末清初宛委山堂刻《说郛》本、《四库全书》本、乾隆三十七年至道光三年长塘鲍氏刻《知不足斋丛书》本、道光十一年六安晁氏木活字印《学海类编》本、道光二十六年刻《秘书》本、民国四年上海文明书局石印《说库》本、《丛书集成初编》本为一卷本。

《桂海虞衡志》包括志岩洞、志金石、志香、志酒、志器、志禽、志兽、志虫鱼、志花、志果、志草木、杂志、志蛮 13 个部分。《中国农学书录》收入《桂海虞衡志》时著录为"《桂海虞衡志》(志花、志果、志草木等三篇)"[①]，即谓此三篇是该书作为农书的主要内容。《中国农业古籍目录》则在收入《桂海虞衡志》的同时，又有《桂海酒志》《桂海花志》《桂海花木志》《桂海草木志》《桂海果志》《桂海虫鱼志》诸目，或当据自《中国古籍总目》(还著录有《桂海岩洞志》《桂海金石志》《桂海香志》《桂海器志》《桂海禽志》《桂海兽志》《桂海杂志》《桂海蛮志》)。但除《桂海花木志》《桂海果志》《桂海虫鱼志》《桂海杂志》有宣统二年至民国二年上海国学扶轮社铅印《古今说部丛书》本传世外，其余仅见于《唐宋丛书》，而《唐宋丛书》实际上仍以《桂海虞衡志》总名之。另外，《桂海虞衡志》全书既流传有自，又为宋代方物类农书两大代表性著作之一，故本书将之视为一个整体讨论。惟视自清以来单行流传的《桂海花木志》别为一书，予以单独列目。

《桂海虞衡志》作于淳熙二年(1175)正月范成大自桂林赴川任制置使舟途中[②]。书名的涵义，清檀萃解释云："'虞衡'志者，盖合山虞、泽虞、林衡、川衡以为名，土训之书也……以'海'名者，矜其

---

① 王毓瑚:《中国农学书录》，第 91 页。

② 参见刘孔伏:《〈桂海虞衡志〉成书情况及卷数考辨》，《广西师院学报》1993 年第 1 期，第 90—91 页。

陆海耳。"[①]涉农内容主要为志花、志果、志草木、志虫鱼、志酒、志禽、志兽几个部分，约占全书三分之一的篇幅。广西地处热带、亚热带地区，物产自有特点，范成大著书目的就是道其北州所无的"独宜者"[②]，这正是《桂海虞衡志》为农学史、生物学史、民族史、民俗学、地理学等学科所关注的原因。

志花部分，范成大记载了上元红、南山茶、白鹤花、红豆蔻、泡花、红蕉花、枸那花、史君子花、水西花、裹梅花、玉修花、象蹄花、素馨花、茉莉花、石榴花、添色芙蓉花、侧金盏花、曼陀罗花等18个品种。其记红蕉花云："叶瘦类芦箬。心中抽条，条端发花，叶数层，日(折)[拆]一两叶。[叶]色正红，如榴花、荔枝，其端各有一点鲜绿，尤可爱。春夏开，至岁寒犹芳。又有一种，根出土处特肥饱如胆瓶，名胆瓶蕉。"[③]红蕉即美人蕉，原产美洲、印度、东南亚等热带地区，由此可见两广与海外的物质文化交流。又如"岁暮开，与梅同时"[④]的侧金盏花，具有强心作用[⑤]，《桂海虞衡志》对该花的记载是最早的。

志果部分所载皆范成大认识并"可食者"，包括荔枝、龙眼、金橘、柚子、乌榄、椰子、蕉子(即香蕉)、八角茴香、波罗蜜等55种。其记馒头柑云："近蒂起馒头尖者，香味芳胜，可埒永嘉乳柑。"记金橘云："金橘出营道者为天下冠，出江浙者皮甘肉酸不逮矣。"可见宋代广西、江浙为柑橘出产名区。又如龙荔与荔枝、龙眼同属无患子科植物，可能是荔枝、龙眼的天然杂交种或突变种[⑥]，范书记云：

---

① (清)檀萃辑，宋文熙、李东平校注：《滇海虞衡志·序》，昆明：云南人民出版社，1990年，第17页。

② (宋)范成大原著，胡起望、谭光广校注：《桂海虞衡志》，成都：四川民族出版社，1986年，第113页。

③ (宋)范成大原著，胡起望、谭光广校注：《桂海虞衡志》，第116页。

④ (宋)范成大原著，胡起望、谭光广校注：《桂海虞衡志》，第121页。

⑤ 傅翔、张汉明：《侧金盏花属植物成分及药理研究进展》，《植物资源与环境》1995年第3期，第56页。

⑥ 梁逸飞：《龙荔》，《广西农业科学》1978年第3期，第47页。

"壳如荔枝，肉味如龙眼。木身、叶亦似二果，故名。可蒸食，不可生啖，令人发痫，或见鬼物。三月开小白花，与荔枝同时。"[①]周去非《岭外代答》亦云："皮则荔枝，肉则龙眼，其叶与味悉兼二果。"[②]可见宋人对龙荔的来源有所认识。当然，生食致人发癫痫的说法是没有根据的。再如原产于马来、印尼的阳桃（一作"杨桃"），宋代广西已有分布，只是当时叫五棱子，《桂海虞衡志》记云："形甚诡异，瓣五出，如田家碌碡状。味酸，久嚼微甘，闽中谓之'羊桃'。"[③]

志草木部分记载了桂、榕、沙木、桄榔木等10种树木，簩竹、人面竹、桃枝竹等9种竹子，宿根茄、铜鼓草、都管草等8种草类植物。榕树广泛分布于南亚、东南亚地区，是广南的标志性树种。范成大记云"易生之木，又易高大，可覆数亩者甚多。根出半身，附干而下以入土，故有'榕木倒生根'之语。禽鸟衔其子寄生他木上，便蔚茂。根下至地，得土气，久则过其所寄"[④]，未再重复西晋嵇含《南方草木状》以来的"无用"之论。这不仅是对榕树的"用"有一定认识后的改变，也是立国于南方的南宋人文化心理变化的一个结果[⑤]。竹亦为南方特产，所记涩竹"肤粗涩，如木工所用砂纸，可以错磨爪甲"[⑥]。据此不仅可以了解涩竹奇特的生物性状，还可以了解宋人的日常卫生习惯。记宿根茄云："茄本不调，明年结实。"[⑦]茄子本一年生草本植物，由于广南水热充足，遂变为可多年生的亚灌木，这反映了广南作为一个地理单元所出物产的独特之处。

志酒部分因明末清初被陶珽析出单独为书，故本书俟第九

---

①③ （宋）范成大原著，胡起望、谭光广校注：《桂海虞衡志》，第138页。

② （宋）周去非著，杨武泉校注：《岭外代答校注》卷8《花木门》，北京：中华书局，1999年，第300页。

④ （宋）范成大原著，胡起望、谭光广校注：《桂海虞衡志》，第152页。

⑤ 参见拙文《〈洗冤集录〉"碰瓷"记载透视》，《文史知识》2018年第5期，第18—22页。

⑥ （宋）范成大原著，胡起望、谭光广校注：《桂海虞衡志》，第157页。

⑦ （宋）范成大原著，胡起望、谭光广校注：《桂海虞衡志》，第161页。

章第二节"酿酒类农书"部分再加讨论。志禽部分记载了孔雀、鹦鹉、秦吉了、鹧鸪、翻毛鸡、长鸣鸡等13种野生鸟类和家禽。宋代广西多见家养孔雀："人探其(指野生孔雀)雏育之。喜卧沙中，以沙自浴，汩汩甚适。雄者尾长数尺，生三年，尾始长。岁一脱尾，夏秋复生……饲以猪肠及生菜，惟不食菘。"[①]养孔雀的目的是"为腊"[②]即制作腊肉食用。《岭外代答》说得更加明确："孔雀……南方乃腊而食之。"[③]又养翡翠(翠鸟)为腊食用[④]、养鹦鹉"为鲊"食用[⑤]。所记长鸣鸡"高大过常鸡，鸣声甚长，终日啼号不绝"[⑥]，"一鸡值银一两"[⑦]。

志兽部分记载了象、猿、郁林犬、香鼠、乳羊、绵羊等17种野生动物和家畜。其记果下马云："土产小驷也……高不逾三尺。骏者有两脊骨，故又号双脊马。健而喜行。"[⑧]此即清代以来所谓的云南小马，宋时湖南、广南、云南均有。所记乳羊"本出英州。其地出仙茅，羊食茅，举体悉化为肪，不复有血肉。食之宜人"，绵羊"出邕州溪洞及诸蛮国，与朔方胡羊不异"[⑨]，都是当时著名的食用家畜。

志虫鱼部分记载了蚺蛇、蜈蚣、蛴螬、青螺、鹦鹉螺、石蟹、嘉鱼、虾鱼、竹鱼等15种爬虫、飞虫及水产。蚺蛇是中国蛇类中最大的一种，范成大记载当地"数十人舁之，一村饱其肉"[⑩]的场面，可见今人两广吃蛇肉的食俗由来有自。所记虾鱼"肉白而丰，味似虾

---

① (宋)范成大原著，胡起望、谭光广校注：《桂海虞衡志》，第79页。
②⑤ (宋)范成大原著，胡起望、谭光广校注：《桂海虞衡志》，第80页。
③ (宋)周去非著，杨武泉校注：《岭外代答校注》卷9《禽兽门》，第367页。
④ (宋)范成大原著，胡起望、谭光广校注：《桂海虞衡志》，第85页。
⑥ (宋)范成大原著，胡起望、谭光广校注：《桂海虞衡志》，第84页。
⑦ (宋)周去非著，杨武泉校注：《岭外代答校注》卷9《禽兽门》，第380页。
⑧ (宋)范成大原著，胡起望、谭光广校注：《桂海虞衡志》，第92页。
⑨ (宋)范成大原著，胡起望、谭光广校注：《桂海虞衡志》，第96页。
⑩ (宋)范成大原著，胡起望、谭光广校注：《桂海虞衡志》，第104页。

而松美”，竹鱼“状似青鱼味如鳜鱼”，[①]两者皆南中鱼品之珍。总之，《桂海虞衡志》作为一本方物类农书，对于研究宋代广西农业、园艺、畜牧、水产、饮食甚至生态环境、生态文化都有价值。[②]

范成大，字至能，少居昆山资福禅寺读书，因号此山居士，后改号石湖居士。吴县（治今江苏苏州市）人。和陆游、杨万里、尤袤并称“中兴四大诗人”。《宋史》有传，今人于北山、孔凡礼分别撰有《范成大年谱》，台湾学者梁慕琴有《范石湖年谱》、王德毅有《范石湖先生年谱》。兹将其生平略为介绍如下。

范成大生于靖康元年（1126），时当国家破亡之际。父范雩，字伯达，宣和六年（1124）榜进士。母蔡氏为蔡襄孙女、文彦博外孙女，[③]绍兴九年（1139）范成大14岁时亡故。十二年韦太后自金国回銮，“时献赋颂者千余人”，擢文理可采者四百人，范成大位列其中。[④] 次年，父范雩卒。[⑤] 二十四年（1154）范成大登进士第，其榜状元为张孝祥。二十六年除徽州（治今安徽歙县）司户参军，期间从兄范成象党附汤鹏举为言官劾罢[⑥]。后范氏历官新安（治今浙江省淳安县）户曹、监太平惠民和剂局。

孝宗即位后范成大任类编高宗圣政所检讨官，隆兴二年（1164）初除枢密院编修官，寻迁秘书省正字。次年迁校书郎、国史院编修官、著作佐郎，从兄范成象起为提举荆湖南路常平茶盐公事。乾道二年（1166）二月，除吏部员外郎，次月即被台谏以超躐论

① （宋）范成大原著，胡起望、谭光广校注：《桂海虞衡志》，第111页。

② 张全明：《〈桂海虞衡志〉的生态文化史特色与价值》，《华中师范大学学报》2003年第1期，第89—90页。

③ （宋）周必大撰，王蓉贵、（日）白井顺点校：《周必大全集》卷62《资政殿大学士赠银青光禄大夫范公成大神道碑》，第577页。

④ （宋）李心传撰，辛更儒点校：《建炎以来系年要录》卷147绍兴十二年十一月己亥，第2501页。

⑤ 于北山：《范成大年谱》，上海：上海古籍出版社，2006年，第18页。

⑥ （清）徐松辑：《宋会要辑稿》职官七〇之四七，第3968页。

罢,以宫祠归。[①] 范氏“遂卜筑石湖”[②],开始了他持续多年的石湖私家园林建设。石湖在“吴江盘门外十里,盖因阖闾所筑越来溪故城之基,随地势高下而为亭榭”[③]。次年底起知处州(治今浙江丽水市),在辖区内推广南宋著名的义役之法[④],又修建多处水利工程及亭台楼阁之属,多有善政。乾道五年五月入朝为礼部员外郎,兼崇政殿说书等职,年底任起居舍人兼侍讲,期间多有论奏。一年之后,范成大迎来了他人生中浓墨重彩的一笔,以假资政殿大学士、醴泉观史兼侍讲、丹阳郡开国公身份使金,任务是求陵寝地及更定受书礼[⑤]。途经镇江时与入蜀任夔州通判的陆游相遇,二人会饮于金山玉鉴堂。[⑥] 至金被拘客馆,宋方目的未能达成。九月,范成大返宋。此次使北,范氏写下了大量诗作,并撰《揽辔录》一书,表达了其兴亡之感与忠君爱国之情。十月获任中书舍人、同修国史及实录院同修撰。七年(1171)出知静江府,兼广西经略安抚使。期间饱览桂林山水,多有诗作及题名留存。复上奏云“裁漕司强取之数(指钞盐法),以宽郡县之力”,孝宗从其请,[⑦]又革除市马弊政而得马最多。淳熙元年(1174),范成大调任四川制置使,旋改管内制置使。在成都期间,上疏言边事,朝廷拨钱四十万缗,遂日

---

① (清)徐松辑:《宋会要辑稿》职官七一之,第 3978 页。按:《宋会要》此处所记职务为“吏部郎中”,误,于北山有考辨(《范成大年谱》,第 95 页)。

② (宋)范成大:《〈西塞渔社图〉跋》,美国大都会艺术博物馆(Metropolitan Museum of Art)藏,见本书第 266 页图 14 及第 265 页录文。

③ (宋)周密撰,张茂鹏点校:《齐东野语》卷 10《范公石湖》,第 178 页。按:周密谓范成大“晚岁”始营建石湖,误,乃想当然耳。

④ (宋)李心传撰,徐规点校:《建炎以来朝野杂记·甲集》卷 7,第 154 页。

⑤ 《宋史》卷 34《孝宗本纪二》,第 648 页。

⑥ (宋)陆游著,钱仲联、马亚中主编:《陆游全集校注》第 17 册《入蜀记》卷 1,第 38 页。

⑦ (宋)周必大撰,王蓉贵、(日)白井顺点校:《周必大全集》卷 62《资政殿大学士赠银青光禄大夫范公成大神道碑》,第 580 页。

夜阅士卒、制器甲，以守边为先务；[①]又奏请五月决囚、三月取蜀士，朝廷允之并著为令；又新建分弓亭、重建筹边楼、修葺学宫等。四年，范成大因病乞祠，归途中还在归州（治今湖北秭归县）遇到了继任者胡元质，在江陵（治今湖北荆州市）时曾与知江陵府兼湖北安抚使辛弃疾同游，[②]入朝后任权礼部尚书。次年初知贡举，四月拜参知政事兼权监修国史[③]，然仅两月即被言官论罢，以提举临安府洞霄宫归乡。七年（1180），杨万里赴广南东路提举常平之任道经苏州，曾拜会范成大，二人同游石湖。其时范成大亦获知明州兼沿海制置使之任命，所作《初赴明州（八首）》有"顶踵国恩元未报，驱驰何敢叹劳生"句，抒发了将尽心竭力以报皇恩的心情。次年初除端明殿学士，迁知建康府，赴任前曾游览明州境内天童山、阿育王山等名山名刹。入朝陛辞时孝宗特书"石湖"二字（后范氏立石刊于乡里）及苏轼诗轴以赐。[④] 十年，多次上表求退，以资政殿学士、提举临安府洞霄宫归乡。[⑤] 退闲后范氏多病，作诗"多寓收敛退藏、息交远祸之意；并对世态炎凉、人情冷暖屡致慨叹"[⑥]。

十五年（1188）正月，范成大作《太上皇帝灵驾发引挽歌词六

① (宋)李心传撰，徐规点校：《建炎以来朝野杂记·甲集》卷 18，第 421 页。

② (宋)范成大著，颜晓军点校：《吴船录》卷下，杭州：浙江人民美术出版社，2016 年，第 40 页。按：与《湖船录》《湖船续录》《川船记》合刊。

③ (宋)佚名撰，张富祥点校：《南宋馆阁续录》卷 7《官联一》，北京：中华书局，1998 年，第 231 页。

④ (宋)范成大：《御书石湖二大字谢表》，(清)缪荃孙：《江苏金石志·金石十三》，《石刻史料新编》第 1 辑第 13 册，台北：新文丰出版公司，1977 年影印本，第 9755 页。按：《吴都文粹续集》卷 17、卷 23 作"《御书石湖二大字跋》"（《景印文渊阁四库全书》第 1385 册，第 427、592 页）。

⑤ (宋)周应合纂：《景定建康志》卷 14《建康表十》，《宋元方志丛刊》第 2 册，第 1505 页。

⑥ 于北山：《范成大年谱》，第 333 页。

首》《别拟太上皇帝灵驾发引挽歌词六首》(高宗去年底逝世),有“自将吴津骑,谁婴秦一锋”“小臣衰疾泪,空望帝乡潸”等语。十一月,起知福州,以病辞而不免,次年初赴任行至婺州,传来光宗即位的消息,乃上奏称疾请祠,光宗从之,封爵吴郡开国侯,再领洞霄宫。[①] 绍熙二年(1191)年末,姜夔来石湖访游,盘桓经月,其《暗香》《疏影》即赋于此时。范成大对两词“把玩不已,使工妓隶习之,音节谐婉”[②],特将色艺俱佳的家妓小红赠送给姜夔。姜夔在除夕雪夜乘舟返家,经过吴江垂虹桥[③]时写下了“自琢新词韵最娇,小红低唱我吹箫”[④]的名句。次年,诏以资政殿大学士知太平州(治今安徽当涂县)。四年(1193),范成大夫人魏氏(绍兴中参知政事魏良臣女)卒,数月后范氏亦以疾卒,享寿68岁。[⑤]

7.《桂海花木志》

一卷,范成大撰。系后人取《桂海虞衡志》中志花、志草木两部分合而成书的单行本,有明末清初宛委山堂刻《说郛》本、宣统国学扶轮社铅印《香艳丛书》本传世。

8.《岭外代答》

十卷,周去非撰。《郡斋读书志》《直斋书录解题》《遂初堂书目》均著录于“地理类”。[⑥]《中国农学书录》未收叙,《中国农业古

① 洪武《苏州府志》卷33《人物》,《中国方志丛书·华中地方》第432号,台北:成文出版社,1983年影印本,第1339页。

② (宋)姜夔著,陈书良笺注:《姜白石词笺注》卷3《暗香(仙吕宫)》序,北京:中华书局,2009年,第125页。

③ (宋)姜夔著,陈书良笺注:《姜白石词笺注》卷4《庆宫春》序,第170页。

④ (元)陆友仁:《研北杂志》卷下,《景印文渊阁四库全书》第866册,第605页。

⑤ (宋)周必大撰,王蓉贵、(日)白井顺点校:《周必大全集》卷62《资政殿大学士赠银青光禄大夫范公成大神道碑》,第577页。

⑥ (宋)赵希弁:《读书附志》卷下,(宋)晁公武撰,孙猛校证:(注转下页)

籍目录》著录为“《岭外代答·踏犁》”“《〈岭外代答〉花木门》”两目，前者依据是民国上海进步书局石印《笔记小说大观》，后者依据是乾隆三十八年长塘鲍氏刻《知不足斋丛书》及民国进步书局石印《笔记小说大观》。但《知不足斋丛书》《笔记小说大观》所收均全帙，并非将“踏犁”“花木门”摘出单行之本，《中国农业古籍目录》的著录方式是不准确的。

《岭外代答》虽对《桂海虞衡志》颇多继承因袭甚至是原文抄录——当然这在古代亦属常见，比如赵汝适《诸蕃志》对周书又多袭用——但全书体系及内容均有创新、扩充。20门中食用门、花木门、虫鱼门、禽兽门皆为涉农内容，其余服用门、风土门、□□门、财计门、器用门亦多有涉之者，如记绢、布、虫丝、吉贝（棉布）、气候、耕作、踏犁、铁制茶器等。

《岭外代答》对两广气候有较全面的记载。周去非认为桂林气候“与江浙颇相类”，而“过桂林城南数十里，则便大异”；钦州“雨则寒气淅淅袭人，晴则温气勃勃蒸人，阴湿晦冥，一日数变，得顷刻明快，又复阴合。冬月久晴，不离葛衣纨扇；夏月苦雨，急须袭被重裘。大抵早温、昼热、晚凉、夜寒”。故南方有“雨下便寒晴便热，不论春夏与秋冬”之谚。跟中原相比，这种气候对动植物生长及农业生产的影响是非常不同的：“九月梅花盛开，腊夜已食青梅。初春百卉荫密，枫槐榆柳四时常青。草木虽大，易以蠹腐。五谷涩而不甘，六畜淡而无味。水泉腥而黯惨，蔬茹瘦而苦硬……北人至其地，莫若少食而频餐，多衣而屡更。”①农民种植粮食，亦因“地暖”而无月不种无月不收：“正二月种者曰早禾，至四月五月收。三月四月种曰晚早禾，至六月七月收。五月六月种曰晚禾，至八月九月

(续上页注)《郡斋读书志校证》，第1234页；(宋)陈振孙撰，徐小蛮、顾美华点校：《直斋书录解题》卷8，第260页；(宋)尤袤：《遂初堂书目》，《丛书集成初编》第32册，第16页。

① (宋)周去非著，杨武泉校注：《岭外代答校注》卷4《风土门》，第149页。

收。而钦阳（钦州别称）七峒中，七八月始种早禾，九十月始种晚禾，十一月十二月又种。”当然，其粮食生产水平是很低的，如周去非所熟悉的钦州：“田家卤莽，牛种仅能破块，播种之际，就田点谷，更不移秧，其为费种莫甚焉。既种之后，不耘不灌，任之于天地。”①周书还指出，一般冬雪皆为丰年之兆，而两广则不然：“桂林尝有雪，稍南则无之。他州土人皆莫如雪为何形。钦（州）之父老云数十年前冬常有雪，岁乃大灾。盖南方地气常燠，草木柔脆，一或有雪，则万木僵死，明岁土膏不兴，春不发生，正为灾雪非瑞雪也。”一般春夏冰雹伤苗害稼，两广又不然：“若春夏有雹，岁乃大熟。盖春夏热气能抑之，反得和平，而百物倍收。”②

经济作物方面，《岭外代答》详记广西多产苎麻，所织之布“闻于四方”。邕州左右江所产麻布“洁白细薄而长”，名曰“练子”，用作暑衣，“轻凉离汗”。又有瑶斑布，系瑶人“以蓝染布为斑”，周氏备载了具体染造方法，即今之蜡染也。广西亦种桑养蚕，织造绸绢，高州所产为最佳。雷、化、廉州等地则广植吉贝（棉花）：“（吉贝植株）如低小桑，枝萼类芙蓉，花之心叶皆细茸，絮长半寸许，宛如柳绵，有黑子数十。”所织之布匹幅长阔而洁白细密者名曰“慢吉贝”，狭幅粗疏而色暗者名曰“粗吉贝”。又以绵羊毛织毡，长三丈余，宽一丈六七尺，“昼则披，夜则卧，雨晴寒暑未始离身”。③

《岭外代答》花木门记载花果草木，等于将《桂海虞衡志》志花、志果、志草木三个部分合而为一，共计45条（其中一条谈耕作），但其中“百子”一条即记水果42种，“竹”一条记竹子7种，“蕉子”一条记芭蕉3种，“荔枝圆眼”条记荔枝、龙荔2种，“乌榄”条记乌榄、方榄2种，“柚子”条记柚子、赤柚2种，总计96种花果草木。跟《桂海虞衡志》相比，《岭外代答》所记总体上要更为详细、准确，滋

① (宋)周去非著，杨武泉校注:《岭外代答校注》卷8《花木门》，第338页。

② (宋)周去非著，杨武泉校注:《岭外代答校注》卷4《风土门》，第150页。

③ (宋)周去非著，杨武泉校注:《岭外代答校注》卷6《服用门》，第223—228页。

举例见之(表 3):

表 3 《桂海虞衡志》《岭外代答》内容比较表

条目名 \ 书名	《岭外代答》	《桂海虞衡志》
素馨花	番禺甚多,广右绝少,土人尤贵重。开时旋掇花头,装于他枝。或以竹丝贯之,卖于市,一枝二文,人竞买戴。	比番禺所出为少,当由风土差宜故也。
人面子	如大梅李,生青熟黄,核如人面,两目鼻口皆具。肉甘酸,宜蜜饯。镂为细瓣,去核按匾煎之,微有橘柚芳气,南果之珍也。	如大梅李,核如人面,两目鼻口皆具。肉甘酸,宜蜜煎。
桂	南方号桂海,秦取百粤,号曰桂林。桂之所产,古以名地。今桂产于钦、宾二州,于宾者,行商陆运致之北方;于钦者,舶商海运致之东方。蜀亦有桂,天其以为西方所资欤?桂之用于药,尚矣,枝能发散,肉能补益,二用不同。桂性酷烈,易以发生,古圣人其知之矣。桂枝者,发达之气也,质薄而味稍轻。故伤寒汤饮,必用桂枝发散,救里最良。肉桂者,温厚之气也,质厚而味沉芳,故补益圆散,多用肉桂。今医家谓桂年深则皮愈薄,必以薄桂为良,是大不然,桂木年深愈厚耳,未见其薄也。以医家薄桂之谬,考于古方桂枝肉桂之分,斯大异矣。又有桂心者,峻补药所用也。始剥厚桂,以利竹卷曲,刮取贴木多液之处,状如经带,味最沉烈,于补益尤有功。桂开花如海棠,色淡而葩小,结子如小橡子。取未放之蕊干之,是为桂花,宛类茱萸,药物之所缀,而食品之所须也。种桂五年乃可剥,春二月、秋八月,木液(所)[多],剥之时也。桂叶比木樨叶稍大,背有直脉三道,如古圭制然,因知古人制字为不苟云。	南方奇木,上药也。桂林以桂名地,实不产,而出于宾、宜州。凡木,叶心皆一纵理,独桂有两纹,形如圭,制字者意或出此。叶味辛甘,与皮无别而加芳美。人喜咀嚼之。
大蒿	容、梧道中久无霜雪处,蒿草不凋,年深滋长,大者可作屋柱,小亦中肩舆之杠。漕属王仲显沿檄失轿杠,从者斫道旁木代之,行数里辄脆折,怪,视之,蒿也。古有蒿柱之说,岂其类乎?	容、梧道中久无霜雪处,年深滋长,大者可作屋柱,小亦中肩舆之扛。

据上可见，周书更注重对象的生物性状描述，如桂树，细述其枝、干、花、叶、果实之形色香味及药用功能，非细致观察不可作也。

饮食方面，食用门载酒6种，较范书多临贺酒、昭州曼陀罗花酒、诸处道旁常沽之白酒三种。所记静江府修仁县、古县所产茶色“惨黑”名为“贡神仙”的方銙茶亦为范书所无。[①] 更备载广南独特而剽悍的食风：“遇蛇必捕，不问短长；遇鼠必执，不别小大。”蝙蝠、蝗虫、蜂房、麻虫之类，悉皆美味，总之“不问鸟兽蛇虫，无不食之”。[②] 书中又特记福建、广南食槟榔之俗：

> 客至不设茶，唯以槟榔为礼。其法，斫而瓜分之，水调蚬灰一铢许于蒌叶上，裹槟榔咀嚼，先吐赤水一口，而后啖其余汁。少焉，面脸潮红。故诗人有“醉槟榔”之句。无蚬灰处，只用石灰；无蒌叶处，只用蒌藤。广州又加丁香、桂花、三赖子诸香药，谓之香药槟榔。唯广州为甚，不以贫富、长幼、男女，自朝至暮，宁不食饭，唯嗜槟榔。富者以银为盘置之，贫者以锡为之。昼则就盘更啖，夜则置盘枕旁，觉即啖之。中下细民，一家日费槟榔钱百余。有嘲广人曰：“路上行人口似羊。”言以蒌叶杂咀，终日噍饲也。曲尽啖槟榔之状矣。每逢人则黑齿朱唇，数人聚会则朱殷遍地，实可厌恶。[③]

至于野兽家畜、野鸟家禽、龟蟹鱼虫，《岭外代答》所载较《桂海虞衡志》更夥，不再赘述。

周去非，字直夫，温州永嘉县（治今浙江温州市鹿城区）人。隆

① （宋）周去非著，杨武泉校注：《岭外代答校注》卷6《食用门》，第232—234页。

② （宋）周去非著，杨武泉校注：《岭外代答校注》卷6《食用门》，第237—238页。

③ （宋）周去非著，杨武泉校注：《岭外代答校注》卷6《食用门》，第235—236页。

兴元年(1163)登进士第,初授静江府古县(治今广西永福县西北)尉[①],后丁忧返乡,乾道七年(1171)服除起为钦州教授。[②] 九年[③]秩满东归过静江府,周去非拜会了其登第时的点检试卷官[④],时任知静江府、广西路经略安抚使的范成大。范氏为作《送周直夫教授归永嘉》诗,并檄其"白事帅府,与闻团结边民之事"[⑤],又使之摄知灵川(治今广西灵川县东北)[⑥]。淳熙元年(1174)范成大迁四川任制置使,次年正月离静江,作《陈仲思、陈席珍、李静翁、周直夫、郑梦授追路过大通相送至罗江分袂,留诗为别》,据此可知周去非其时仍在任(灵川为桂林郊县,相距仅20多千米)。此后不久,周去非再赴钦州出任教授,此据张栻《钦州学记》可知:"安阳岳侯霖为钦州之明年,政通人和,乃经理其州学……又明年,其学之教授周去非秩满道桂……淳熙四年甲午。"[⑦]回到家乡之后周去非即开始整理《岭外代答》,据其自序,他在广西时就已"随事笔记,得四百余条",然"秩满束担东归,邂逅与他书弃遗",复因"亲故相劳苦,问以

① 参见刘俊玲:《〈岭外代答〉研究》,河南大学硕士论文,2006年,第6页。

② 楼钥《祭周通判文(去非)》有"余分郡符,君方忧居"语(《楼钥集》卷84,第1468页),而楼氏任温州教授始于乾道七年(《楼钥集》卷115《朝散郎致仕宋君墓志铭》,第2003页);又据《朱绂周去非等七人龙隐洞题名》系时"乾道壬辰三月晦"(杜海军辑校:《桂林石刻总集辑校》,北京:中华书局,2013年,第182页),可知其任职时间必在七年。

③ 详参杨武泉:《周去非与〈岭外代答〉——校注前言》,(宋)周去非著,杨武泉校注:《岭外代答校注》,第2—3页。

④ (清)徐松辑:《宋会要辑稿》选举二〇之一六,第5482页。

⑤ (宋)周去非著,杨武泉校注:《岭外代答校注》卷10《蛮俗门》,第424页。

⑥ (宋)周去非著,杨武泉校注:《岭外代答校注》卷1《地理门》,第19页。按:原文谓"余尝摄邑灵川"。又,杨武泉认为周去非任古县尉在此时(第4页),误。

⑦ (宋)张栻著,杨世文点校:《张栻集》卷9《钦州学记》,北京:中华书局,2015年,第889—890页。

绝域事”，遂重笔之；再加上“晚得范石湖《桂海虞衡志》，又于药裹得所钞名数，因次序之，凡二百九十四条。应酬倦矣，有作问，仆用以代答……淳熙戊戌冬十月五日”。[①] 则书成于淳熙五年（1178）。此后，周去非曾“宰剧邑，赫然有誉”[②]，因升任通判绍兴府[③]。淳熙十四（1187）至十六年间，周去非卒，享年五十五，则其生当绍兴三年（1133）至五年。[④]

周去非是程颐弟子、“元丰九先生”之一周行己的族孙，《宋元学案》、万历《温州府志》记其为张栻门人[⑤]，杨武泉考指其说不确[⑥]，说颇可从。其侄周端朝是朱熹弟子赵蕃门人，周端朝在太学时，曾在赵汝愚罢相后与同学杨宏中等六人伏阙上书为其鸣不平，遂获“庆元六君子”之号。[⑦]

《岭外代答》是周去非唯一著作，但问世并未刊刻付梓，仅以抄

---

① （宋）周去非：《岭外代答序》，（宋）周去非著，杨武泉校注：《岭外代答校注》，第1页。

② （宋）楼钥，顾大朋点校：《楼钥集》卷84《祭周通判文（去非）》，第1468页。

③ 嘉靖《永嘉县志》卷6《选举志》，《稀见中国地方志汇刊》第18册，北京：中国书店，2007年影印本，第590页。按：然绍兴历代方志不载，杨武泉据《嘉泰会稽志》卷3“越州旧止通判一员，及经驻跸，又为辅藩，增至三四员，亦尝有不厘务者”语推测，周去非即不厘务者，故姓名不登于绍兴志乘（《周去非与〈岭外代答〉——校注前言》，《岭外代答校注》，第5页），其说可从。

④ 详参杨武泉：《周去非与〈岭外代答〉——校注前言》，（宋）周去非著，杨武泉校注：《岭外代答校注》，第5—6、16页。

⑤ （清）黄宗羲原著，（清）全祖望补修，陈金生、梁运华点校：《宋元学案》卷71《岳麓诸儒学案》，第2389页；万历《温州府志》卷4《祠祀志》，《四库全书存目丛书·史部》第210册，济南：齐鲁书社，1996年影印本，第542页。

⑥ 杨武泉：《周去非与〈岭外代答〉——校注前言》，（宋）周去非著，杨武泉校注：《岭外代答校注》，第6页。

⑦ （宋）叶绍翁撰，沈锡麟、冯惠民点校：《四朝闻见录·甲集》，北京：中华书局，1989年，第7—8页。

本流传。[①] 元明以后民间几绝，幸被收入《永乐大典》，清修《四库全书》方从中辑出，遂广为人知。垂至今日，因书中还包括中外交通、贸易及东南亚国家史料，故颇受学界重视，甚至赢得国外学者较多关注[②]。其传世版本有《四库全书》本、乾隆三十七年至道光三年长塘鲍氏刻《知不足斋丛书》本、民国上海进步书局石印《笔记小说大观》本、民国上海商务印书馆《丛书集成初编》本等。

二、类书类农书

“类书”一词虽产生于宋代，但其起源较早。唐代官修类书《艺文类聚》《初学记》等对类书的发展奠定了坚实的基础，至宋代形成一个高峰，官方修撰的四大类书《太平御览》《太平广记》《文苑英华》《册府元龟》人尽皆知。这些官修类书篇幅巨大，囊括万有，学者无不受其笼罩，在其影响下多有私人致力于此道者，产生了各种大、中、小型的类书，如《事物纪原》《锦绣万花谷》《事文类聚》《山堂考索》《古今合璧事类备要》《古今源流至论》《玉海》等。特别是官修“事类”类书，其对知识的分类体系和编纂体例对宋代私人修纂类书产生了巨大影响，如参加过《太平御览》编纂工作的吴淑后来自纂《事类赋》，体例就基本照搬自《御览》，只是规模差小而已。

宋代是雕版印刷的黄金时期，北宋形成了浙江杭州、四川眉山两个刻书中心，南宋时福建建阳又兴起成为另一个中心。再加上人口增殖，在中国历史上首次超过 1 亿，峰值达到 1.4—1.45 亿[③]；经济发展，有所谓“农业革命”之说；政府多次开展兴学运动，文化教育相对普及，接受过教育的人口总数超迈前代[④]。诸种因

① 杨武泉：《周去非与〈岭外代答〉——校注前言》，(宋)周去非著，杨武泉校注：《岭外代答校注》，第 12 页。

② 详参林澜：《北部湾经典著述〈岭外代答〉海外学者研究略评》，《钦州学院学报》2015 年第 6 期，第 8—11 页。

③ 吴松弟：《中国人口史》第 3 卷《辽宋金元时期》，上海：复旦大学出版社，2000 年，第 621 页。

④ 详参拙著《国家、身体、社会：宋代身体史研究》，第 226—245 页。

素激荡相扇，广大普通民众产生了一定程度的文化消费需求，于是一种新型类书应运而生。这种类书“将日常生活所需常识以分门别类方式加以刊载”，以供人们随时利用，“如同今日之家庭生活手册，或俗称之家庭生活小百科”[①]——即今学界通称的“日用类书”，人们所熟知的陈元靓《事林广记》就是一个代表。日用类书在元明获得很大发展，涌现出如《居家必用事类全集》《新编事文类聚翰墨全书》《新编事文类聚启札云锦》《多能鄙事》《新锲天下备览文林类记万书萃宝》《新刻天下四民便览三台万用正宗》《新刻群书摘要士民便用一事不求人》《鼎锓崇文阁汇纂士民万用正宗不求人全编》《鼎锲龙头一览学海不求人》《新板全补天下便用文林妙锦万宝全书》《新刊天下民家便用万锦全书》等众多著作。从这些日用类书书名标称的“万用”“便用”“不求人”便可见出，元明日用类书内容更为广泛，涉及日常生活的方方面面；同时，也非常明白地揭显了日用类书的社会功能及其读者群体。

有学者指出，明代书坊刊行日用类书是“见利而动、一哄而上”[②]。事实上宋代书坊也难免如此，如“建阳各坊，刻书最多。惟每刻一书，必倩雇不知谁何之人，任意增删换易，摽立新奇名目，冀自炫价”[③]，又“多以柔木刻之，取其易成而速售”[④]。就作者而言，此类著作编撰者往往是中下层文人，其编撰动机主要也是为了牟利，因此编撰的书籍大多为应举、养生著作及应用文书、消遣读物等，换言之即是受众面大的读物。另一方面，日用类书编撰的主要动机既为牟利，在质量上必然要求不高——直接采自传统类书，或

① 吴蕙芳：《〈中国日用类书集成〉及其史料价值》，《近代中国史研究通讯》第30期，2000年，第109页。

② 赵益：《明代通俗日用类书与庶民社会生活关系的再探讨》，《古典文献研究》第16辑，南京：凤凰出版社，2013年，第49页。

③ （清）顾广圻：《思适斋集》卷10《重刻古今说海序》，《清代诗文集汇编》第482册，上海：上海古籍出版社，2010年影印本，第721—722页。

④ （宋）叶梦得撰，（宋）宇文绍奕考异，侯忠义点校：《石林燕语》卷8，北京：中华书局，1984年，第116页。

类编他人著作，或在他人著作上进行简单加工就成为编撰者首选著书方式（当然，这并不必然表示日用类书价值不大，仅凭其“类编诸书”中很多书籍都已亡佚这一点，其价值也可想见）。

总之，包括日用类书在内的宋代类书内容涉及社会生活的方方面面，内容繁杂，故历代书目归之入杂家类者有之，归之入医家类者有之，归之入于农家类者有之……其归类难于一致的原因正在于类书的性质，是类书就会产生归类困难，这是自类书产生以来古代四部分类法无法解决的问题，除非像欧阳修那样，专列一类“类书类”[①]。将类书纳入讨论范围，本为农史学界一贯作法。考虑到类书一般部头较大，一方面，即使涉农内容占比不太高，篇幅也已经不小，甚至超过大部分常见农书；另一方面，即使涉农内容占比较高，也不太可能高到成为主体内容（个别专题类书除外），因此，“类书类农书”可以更准确地表述为“类书（涉农部分）”，以明关注焦点是类书中的涉农章节。还要指出的是，由于类书包罗万象，几乎所有的类书都涉及粮食作物、园艺作物、经济作物以及畜牧、家禽养殖、水产品等，但各书侧重仍有不同，有的偏重名物训诂，有的偏重历史渊源，有的偏重典故轶事，有的偏重诗词文章，因此，并不能将这些类书一概视为农书，尽管其亦有五谷、菜蔬、草木、花果、虫鱼、禽兽、饮食等部、门之设。是否为类书类农书，须以其所记是否侧重种植、蚕桑、牧养、加工等方面技术内容为衡断标准。

1.《清异录》

陶穀撰。《直斋书录解题》于“小说家类”著录云：“称翰林学士陶穀撰。凡天文、地理、花木、饮食、器物，每事皆制为异名新说，其为书殆似《雲仙散录》，而语不类国初人，盖假托也。”[②]然北宋柳

① 《新唐书》卷59《艺文志三》，北京：中华书局，1975年点校本，第1506页。

② （宋）陈振孙撰，徐小蛮、顾美华点校：《直斋书录解题》卷11，第340页。

永，黄庶、黄庭坚父子等人已加引用[①]，且书中自称“陶子”，又有“陶氏子孙其戒之哉”[②]、“余在翰苑”[③]等语，恐不可仅以“语不类国初人”即疑为“假托”。该书有二卷本、四卷本之别（内容无别，应为流传过程中书坊随意变更），传世版本甚多，二卷本有明隆庆六年叶氏菉竹堂刻本、明陶元柱修群馆刻本、清康熙四十年陈氏漱六阁刻本、康熙四十七年漱六阁刻《陈刻二种》本、道光二十六年宏道书院刻《惜阴轩丛书》本等，四卷本有万历至泰昌间绣水沈氏刻《宝颜堂秘笈》本、明末《说郛》板编印《唐宋丛书》本、明末清初宛委山堂刻《说郛》本、《四库全书》本等。是书历来被视为笔记小说，实际上是一部类书。《中国农学书录》《中国农业古籍目录》未著录。

《清异录》全书包括天文门（17事）、地理门（14事）、君道门（12事）、官志门（16事）、人事门（15事）、女行门（5事）、君子门（10事）、么麽门（4事）、释族门（22事）、仙宗门（6事）、草门（15事）、竹木门（19事）、百花门（27事）、百果门（38事）、蔬菜门（25事）、药品门（20事）、禽名门（32事）、兽名门（20事）、百虫门（6事）、鱼门（32事）、肢体门（8事）、作用门（8事）、居室门（23事）、衣服门（25事）、装饰门（7事）、陈设门（14事）、器具门（54事）、文用门（26事）、武器门（11事）、酒浆门（16事）、茗荈门（35事）、馔羞门（40事）、薰燎门（24事）、丧葬门（9事）、鬼门（1事）、神门（2事）、妖门（1事）37门659事。[④] 其中草门[⑤]、竹木门、百花门、百果门、蔬菜门、药品门、禽名门、兽名门、鱼门、酒浆门、茗荈门、馔羞门12门319事为

---

① 详参李晓林：《〈清异录〉文献研究》，南京大学硕士学位论文，2014年，第8页。

② （宋）陶穀撰，孔一点校：《清异录》卷上，第22页。

③ （宋）陶穀撰，孔一点校：《清异录》卷下，第76页。

④ 明俞允文《序》云书“凡三十七门，六百四十八事”（陶穀撰，孔一点校：《清异录》卷首，第7页），无论是将“鱼门”按32事还9事计，均与书中抵牾。

⑤ 《全宋笔记》点校本原文作“草木门”（第1编第2册，郑州：大象出版社，2003年，第33页），误。参见李晓林：《〈清异录〉文献研究》，第135页。

涉农内容，占全书一半篇幅。

草门叙卉，如记兰花云："兰虽吐一花，室中亦馥郁袭人，弥旬不歇，故江南人以兰为'香祖'。"[①]又记唐保大二年(944)，中主李璟"幸饮香亭，赏新兰，诏苑令取沪溪美土"[②]培之——唐以前兰花是双子叶植物纲下的菊科、唇形科植物，非当今所称之"兰"，今之兰花是单子叶植物纲下的兰科植物，兰花名实之间的这一转变发生在唐末、北宋(详见本书第六章第一节)，此条记载可为一证。李璟所赏必今兰，故称为"新兰"。竹木门叙竹、木，如记秦、陇、闽、粤产"丁香竹"，可煎饮，"辛香如鸡舌汤"；江、湖间产一种叫"蚱蜢竹"的野竹，"其叶纠结如虫状"。记新栽柳树，"必用泥固济其木"。[③]

百花门叙花，如记后唐庄宗洛阳大内临芳殿，植牡丹千余本，有百叶仙人(浅红)、月宫花(白)、小黄娇(深黄)、雪夫人(白)、粉奴香(白)、蓬莱相公(紫花黄绿)、卵心黄、御衣红、紫龙杯、三云紫、盘紫酥(浅红)、天王子、出样黄、火焰奴(正红)、太平楼阁(千叶黄)等品种。栽培牡丹需"常以九月取角屑硫黄，碾如面，拌细土，挑动花根壅罨，入土一寸，出土三寸。地脉既暖，立春渐有花蕾生，如粟粒，即掐去，惟留中心一蕊，气聚故花肥，至开时大如碗面"。[④] 百果门叙果，如记以来禽(即林檎)制丹帮助消化："未熟来禽百枚，用蜂蜜浸，十日取出，别入蜂蜜五斤，细丹砂末二两，搅拌封泥，一月出之，阴干，名'冷金丹'。饭后酒时，食一两枚，其功胜九转丹。"记吴中盛产甘蔗，品种不同品质亦不同，昆仑蔗、夹苗蔗、青灰蔗皆可炼糖，桄榔蔗乃次品；还有加工蔗糖的糖坊，坊中工人常"盗取未煎庶液，盈碗啜之"，人戏呼之为"功德浆"。[⑤] 记果脯制法云："假蜂、蔗、川糖、白盐、药物，煎、酿、曝、糁各随所宜。郭崇韬家最善乎此，

① (宋)陶穀撰，孔一点校：《清异录》卷上，第29页。
② (宋)陶穀撰，孔一点校：《清异录》卷上，第30页。
③ (宋)陶穀撰，孔一点校：《清异录》卷上，第33页。
④ (宋)陶穀撰，孔一点校：《清异录》卷上，第39页。
⑤ (宋)陶穀撰，孔一点校：《清异录》卷上，第40页。

知味者称为'九天材料'。"记冯瀛王(冯道)用杏制"爽团"(即醒酒丸)云:"取色金杏,新水浸没,生姜、甘草、丁香、蜀椒、缩砂、白豆蔻、盐花、沉檀、龙麝,皆取末如面搅拌。日晒干,候水尽味透,更以香药铺糁,其功成矣。宿酲未解,一枚可以萧然。"①

蔬菜门叙载蔬菜,如记隋代莴苣自呙国传入;记卢质"翰林齑"制法:"用时菜五七种,择去老寿者,细长破之入汤,审硬软作汁,量浅深,慎启闭,时检察,待其玉洁而芳香,则熟矣。若欲食,先炼雍州酥,次下干齑及盐花,冬春用熟笋,夏秋用生藕,亦刀破令形与齑同。既熟,搅于羹中,极清美。卢质在翰林躬为之";记王奭每年大规模种植"火田玉乳萝卜、壶城马面菘",可致千缗。②药品门主要叙载药材,亦涉及食物、食疗,如济度灾荒的"大道丸"制法:"黑豆一升,去皮。贯众一两,甘草如之,茯苓、吴术、缩砂仁减半,剉了,用水五升,同豆熬煮。火须文武紧慢得中,直至水尽,拣去药,取豆捣如泥,作鸡头实大,有盖瓷瓶密封。黄巢乱,江淮人窜入山林,多饿死,八公山有刹帝利种文禅制此药……嚼一丸,则恣食苗叶,可为终日饱。虽异草殊木,素所不识,亦无毒,甘甜与进饭粮同。"③禽名门、兽名门主要叙载禽鸟畜兽,亦记当涂民饲养鸬鹚捕鱼,冯翊产羊"膏嫩第一,言饮食者,推冯翊白沙龙为首"④之类。

鱼门叙载各种水产,亦兼及食法,如记杨承禄烹白鳝法云:"京洛白鳝极佳烹治,四方罕有得法者。周朝寺人杨承禄造脱骨,独为魁冠,禁中时亦宣索。承禄进之,文其名曰'软钉雪笼'。"⑤馔羞门主要叙载各种食品、调料及其烹饪方法,如记玲珑牡丹鲊云:"吴越

---

① (宋)陶穀撰,孔一点校:《清异录》卷上,第43—44页。

② (宋)陶穀撰,孔一点校:《清异录》卷上,第44—46页。按:莴苣原产于地中海沿岸,李益民等推测可能为阿富汗〔李益民等注释:《清异录(饮食部分)》,北京:中国商业出版社,1985年,第36页注释④〕。

③ (宋)陶穀撰,孔一点校:《清异录》卷上,第51页。

④ (宋)陶穀撰,孔一点校:《清异录》卷上,第56、57页。

⑤ (宋)陶穀撰,孔一点校:《清异录》卷上,第62页。

有一种玲珑牡丹鲊，以鱼叶斗成牡丹状，既熟，出盎中，微红如初开牡丹”；称酱、醋曰“八珍主人”“食总管”，可见其时对酱醋调味作用的重视。还收录了隋炀帝尚食直长谢讽《食经》（不全）、唐韦巨源进奉唐中宗的烧尾宴食单（不全），使得后世可一窥隋唐烹饪、筵席风采；[①]宫廷御食之外，也收录了民间饮食名店食谱，如开封阊阖门[②]外“张手美家”，随需而供，“每节则专卖一物”：元旦卖元阳脔、寒食卖冬凌粥、端午卖如意圆、中秋卖玩月羹、中元卖盂兰饼餤、冬至卖宜盘、腊日卖萱草面等。所记“以红曲煮肉”[③]则是中国历史上在食品加工方面利用红曲菌的最早记载，并且是利用红曲菌发酵功能之外的上色、降脂功能[④]。

酒浆门叙酒，如记鱼儿酒，“其法用龙脑凝结，刻成小鱼形状，每用沸酒一盏，投一鱼其中”。又如：“当涂一种酒曲，皆发散药，见风即消，既不久醉，又无肠腹滞之患。人号曰‘快活汤’，士大夫呼‘君子觞’。”[⑤]茗荈门叙茶，这部分内容后代被辑出成为一部专门的茶书（题名《荈茗录》）单行，已为人所熟知并接受，本书将于第四章第三节“茶书类农书”部分论之，此不赘述。

需要指出的是，《清异录》其他门中亦有涉及农业、农村生活者，如地理门记云：“腊雪熟麦，春雪杀麦。田翁以此占丰俭，为‘麦家地理’。”[⑥]器用门记云：“夜中有急，苦于作灯之缓，有智者批杉条，染硫黄，置之待用。一与火遇，得焰穗然，既神之，呼‘引火奴’。今遂有货者，易名‘火寸’。”[⑦]这是关于火柴或火柴雏形的最早历

---

① （宋）陶穀撰，孔一点校：《清异录》卷下，第105—106页。

② 马志付认为指唐都长安承天门（《中秋节产生时间考辩》，《文教资料》2008年第28期，第290页），误。

③ （宋）陶穀撰，孔一点校：《清异录》卷下，第109—110页。

④ 孔岩玲：《降脂红曲国内外研究进展》，《黑龙江中医药》2005年第6期，第56—57页。

⑤ （宋）陶穀撰，孔一点校：《清异录》卷下，第96页。

⑥ （宋）陶穀撰，孔一点校：《清异录》卷上，第12页。

⑦ （宋）陶穀撰，孔一点校：《清异录》卷下，第89页。

史记载。另外,《清异录》在流传过程中,掺入了个别非陶穀所作的文字,研究者已加考证[①],可参见之。

陶穀,字秀实,号金銮否人[②],本唐姓,为避后晋石敬瑭讳而改。祖父鹿门先生唐彦谦[③],有诗名,两唐书有传。父唐涣曾领夷州刺史,唐末为邠州节度使杨崇本(李茂贞假子,曾名李继徽)所害而强占其母柳氏,陶穀随母长育于邠州新平(治今陕西彬州市)杨家,[④]故《宋史》本传言其为邠州新平人。后杨崇本被其子杨彦鲁毒杀,陶穀方与其母离开杨家。陶穀10余岁即能属文,晋初入仕为校书郎、单州(治今山东单县)军事判官。尝以书干谒宰相李崧,李乃与和凝同荐其任著作佐郎、集贤校理。后历监察御史,虞部员外郎、知制诰,仓部郎中。晋少帝时,李崧遭人诬告,陶穀亦恩将仇报大加中伤,还明对李崧从子李昉说:"李氏之祸,穀出力焉。"后汉代晋,为给事中。入周任右散骑常侍,世宗即位迁户部侍郎,复为翰林学士。后迁兵部侍郎,加承旨。[⑤] 显德七年(960),赵匡胤兵变,在崇元殿行禅代礼,"召文武百官就列,至晡,班定,独未有周帝禅位制书,翰林学士承旨、新平陶穀出诸袖中,进曰:'制书成矣。'遂用之。宣徽使引太祖就龙墀北面拜受"。[⑥] 以此之功,陶穀获任

---

① 李晓林:《〈清异录〉文献研究》,第32—38页。按:李文中因所谓"叙述口吻不符"而指为非陶穀文字者,则须慎重,不可视为定谳。

② (明)陶宗仪等编:《说郛三种》卷61,第920页。按:《玉壶清话》载:"朝廷遣陶穀使江南,以假书为名,实使觇之。李相(李榖)密遗(韩)熙载书曰:'吾之名从五柳公,骄而喜奉,宜善待之。'"(卷4,第41页。)李晓林据此谓陶穀有"五柳公"之号(《〈清异录〉文献研究》,第24页),非是,李穀语仅因陶穀与陶渊明同姓而言。

③ (宋)钱易撰,黄寿成点校:《南部新书》癸卷,北京:中华书局,2002年,第178页。

④ 康熙《山西通志》卷136,《景印文渊阁四库全书》第546册,台北:台湾商务印书馆,1986年,第632页。

⑤ 《宋史》卷269《陶穀传》,第9235—9237页。

⑥ (宋)李焘:《续资治通鉴长编》卷1建隆元年春正月甲辰,第4页。

礼部尚书、翰林学士承旨，然太祖“由是薄其为人”[①]。宋初礼仪制度多为所定，乾德二年(964)判吏部铨兼知贡举，时太祖欲设副宰相一职，“以问翰林学士陶穀曰：‘下宰相一等有何官?’对曰：‘唐有参知机务、参知政事。’”故有参知政事之设。然唐参知机务、参知政事本为相职，遂为后世所讥。不久王贻孙、奚屿考试品官子弟，陶穀为其子陶鄑请托作弊，补殿中省进马，为人揭发，陶氏受到处罚。以致开宝元年(968)陶穀次子陶邴考试进士，“名在第六”，太祖又以为其作弊，对左右说：“闻穀不能训子，邴安得登第?”遽命中书覆试，“而邴复登第”。太祖在录取他的同时下诏“自今举人凡关食禄之家，委礼部具析以闻，当令覆试”，[②]并因“向者登科名级，多为势家所取，致塞孤寒之路”，在开宝八年(975)进一步规定“今朕躬亲临试，以可否进退”，[③]是为古代科举考试殿试制度化之始。陶穀后历官刑部尚书、户部尚书，开宝三年(970)卒，赠右仆射，年六十八。[④] 准此，其生年为唐天复三年(903)。《清异录》书中载及建隆二年(961)事[⑤]，则其成于建隆二年至开宝三年之间。

陶穀博学多识，“文翰冠一时”，史多称之，然其人“倾侧狠媚”，[⑥]务于奔竞，“闻达官有闻望者，则巧诋以排之”[⑦]，又以谄谀

---

① (宋)司马光撰，邓广铭、张希清点校：《涑水记闻》卷1，北京：中华书局，1989年，第3页。

② (宋)李焘：《续资治通鉴长编》卷9开宝元年三月癸巳，第200页。

③ (宋)李焘：《续资治通鉴长编》卷16开宝八年二月戊辰，第336页。

④ 《宋史》卷269《陶穀传》，第9237—9238页。按：陶穀子鄑《续资治通鉴长编》作“戬”(卷5乾德二年八月辛酉，第131—132页)，李晓林认为“戬”有“福”义，故以“戬”为是(《〈清异录〉文献研究》，第27页)。实际上穀次子名“邴”，“邴”为春秋邑名，“鄑”亦春秋邑名，显然《宋史》不误。

⑤ (宋)陶穀撰，孔一点校：《清异录》卷上，第34页。

⑥ (宋)李焘：《续资治通鉴长编》卷11开宝三年十二月庚午，第253页。

⑦ 《宋史》卷269《陶穀传》，第9238页。

“取合人主，事无大小，必称美颂赞”[①]，故为时论所薄。尝自谓“吾头骨法相非常，当戴貂蝉冠”[②]，意望宰辅。因使同党在太祖前言其词翰之功，太祖既鄙其人格，“常谓陶穀一双鬼眼”[③]，乃笑答云：“我闻学士草制，皆检前人旧本稍改易之，此乃谚所谓‘依样画胡芦’尔，何宣力之有乎？”[④]决意不用。

《清异录》而外，陶穀尚有《陶穀集》《宋乾德长安格》《五代乱纪》《开基万年录》《开宝史谱》等，均佚。

2.《琐碎录》

亦名《分门琐碎录》，《直斋书录解题》于“小说家类”著录并云：“《琐碎录》二十卷，《后录》二十卷。温革撰，陈昱（一作‘晔’）增广之。《后录》者，书坊增益也。”[⑤]原书久佚，清驻日公使黎庶昌随员姚文栋在日本觅得元刻残本六卷，包括《治已》《治家》《莅官》《农桑》《种艺》《牧养》《饮食》《起居》《服饰》《摄养》《医药》《诸疾》12门，惜此绝无仅有之本1932年毁于一·二八事变战火。[⑥] 1960年代胡道静于上海图书馆又发现了一个明抄本，恰好包括《农桑》《种艺》《禽兽》《虫鱼》《牧养》《饮食》等农学内容，胡氏又为辑得佚文64条。21世纪初，化振红更辑得100多条佚文，乃据此明抄本并附所辑佚文成《〈分门琐碎录〉校注》一书。可喜的是近年来又有学者于宁波大学图书馆发现明俞弁抄本一册，内容包括《摄养》《医药》《诸疾》三门；另中国中医研究院图书馆亦藏有《琐碎录》三卷，

---

① 《新五代史》卷11《扈蒙传》，北京：中华书局，1974年，第346页。

② 《宋史》卷269《陶穀传》，第9238页。

③ （宋）张舜民：《画墁录》，《全宋笔记》第2编第1册，郑州：大象出版社，2006年，第209页。

④ （宋）李焘：《续资治通鉴长编》卷11，开宝三年十二月庚午，第253页。

⑤ （宋）陈振孙撰，徐小蛮、顾美华点校：《直斋书录解题》卷11，第344页。

⑥ 胡道静：《上海图书馆所藏稀见与珍贵古农书对传统农学研究作出的贡献》，《胡道静文集：农史论集、古农书辑录》，第164页。

内容同为医学三门，为日本安政二年(1855)辑抄本。据说两本是有差异的。[①] 胡道静指出，其使中国农学史“形成了这样的一条线:《齐民要术》—《四时纂要》—《分门琐碎录》—《农桑辑要》”[②]；还有学者进一步认为《分门琐碎录》“是继《齐民要术》问世之后的又一本重要的农书”[③]。我们知道，《种树书》是明代非常有影响的一部农书，明代著名的农书《农政全书》《便民图纂》《群芳谱》以至《本草纲目》等都引用过该书，但除月令、附录外，《种树书》主要的卷中、卷下部分共计192条，其中185条都录自《分门琐碎录》，袭用率高达96%，[④]此足见胡道静等对《分门琐碎录》学术价值的揭示并无夸大指之处。

从《分门琐碎录》明抄本看，其农桑门下分谷麦耕种总说、五谷总论、谷、麦、种麦法、麻豆、桑、种桑法、柘、养蚕法等10个小类；种艺门下分竹、木、花、果、菜五目，竹目下又分种竹法、竹杂说，木目下又分木总说、种木法、接木法、木杂法，花目下又分花卉总说、种花、接花法、浇花法、花木忌、杂说，果目下又分果木总说、种果木法、接果木法、治果木法、果木忌、杂说，菜目下又分菜总说、种菜法、种植杂法、杂说，共计22个小类；禽兽门下又分鹤、雁、诸禽、虎、驼、杂说6个小类；虫鱼门下又分虫、鱼、蟹3个小类；牧养门下又分鸡、鹅鸭、马、羊、猪、犬猫、杂说、医兽8个小类；饮食门下又分曲糵、酝酿、烹饪3个小类。很多内容都是前代农书所未记载的，在一定程度上反映了宋代农业生产技术的新发展。如农桑门云“种诸豆与油麻等，若不及时去草，必为草所蠹耗，虽结实亦不多。

---

① 张如安:《新见明抄本〈分门琐碎录〉“医药类”述略》,《宁波大学学报》2015年第3期，第43—46页。

② 胡道静:《稀见古农书录·分门琐碎录》,《胡道静文集:农史论集、古农书辑录》,第238页。

③ 舒迎澜:《〈分门琐碎录〉与其种艺篇》,《中国农史》1993年第3期，第99页。

④ 舒迎澜:《〈分门琐碎录〉与其种艺篇》,《中国农史》1993年第3期，第100页。

俗谚云:'麻耘地,豆耘花。'麻须初生时耘,豆虽花开尚可耘"[1],强调除草的重要性,及豆、麻合适的除草时间。又云"稻苗立秋前,一株每夜溉水三合,立秋后至一斗二升。所以尤畏秋旱","(种谷)三月种每亩用子一斗,四月种每亩一斗二升",[2]指出了立秋前后要对稻苗加强灌溉及种谷时间对种收比的影响。禽兽门、虫鱼门、牧养门、饮食门也有体现宋代农业技术水平发展的新论述,如以骆驼外形特征判断其年岁"驼峰倒者齿老矣,少健者峰直"[3];如水产品运输、销售过程中使用的保活保鲜方法"鳝鱼喜暖,贩鳝者器中置鳅,盖鳅游则鳝亦游,不尔即睡死","鲫鱼欲死尚活者,着少许水蛭末在口中,便鲜活","明州江瑶柱(江珧科贝类)入京,舟中置水柜如闸法,一边置江瑶,一边贮水记潮候,当潮,闸防水,江瑶饮之,乃得鲜活"。[4]《分门琐碎录》最突出的内容还是其种艺门,记载了更多"古农书中所全无的新鲜的东西"[5],兹略述如下。

竹的栽种方法虽《齐民要术》已有记载,但较简略,《分门琐碎录》则非常详尽。如援引沈括《梦溪忘怀录》等诸家之法外,又记当时民间及皇家园囿种竹之法:"斩去梢,仍为架扶之,使根不摇,易活。又云:三两竿作一本移。盖其根自相持,则尤易活也。或云:不须斩梢,只作两重架为妙"[6],"禁中种竹,一二年间无不茂盛。园子云:初无他术,只有八字:疏种、密种、浅种、深种。疏种谓三四尺地方种一窠,欲其土虚行鞭;密种谓种得虽疏,每窠却种四五竿,欲根密;浅种谓种时入土不甚深,深种谓种得虽浅,却用河泥壅培令深"[7]。书中对竹子生物性状的认识大多也是正确的,如云"竹

① 化振红:《〈分门琐碎录〉校注》,成都:巴蜀书社,2009年,第7页。

② 化振红:《〈分门琐碎录〉校注》,第10页。

③ 化振红:《〈分门琐碎录〉校注》,第223页。

④ 化振红:《〈分门琐碎录〉校注》,第236—237页。

⑤ (宋)吴怿撰,(元)张福补遗,胡道静校录:《种艺必用·后记》,第67页。

⑥ 化振红:《〈分门琐碎录〉校注》,第57页。

⑦ 化振红:《〈分门琐碎录〉校注》,第45页。

有六十年数便生花”[①]，竹为多年生一次开花植物，大多数竹种开花年龄确实在60年以上。当然也有错误之处，如引《东坡志林》云“竹有雌雄，雌者多笋，故种竹乃择雌”，而实际上竹子是雌雄同株的。

木目所记树种有松、柏、枫、栎、杉、杨桐、青桐、柳、槐、桑、枇杷、贫婆（一作频婆，即苹果）、皂荚、木兰、栀子、冬青、桄榔等等。树木移栽方法，书中强调了三点，一是带土移栽勿伤根须，二是不可摇动，如云：

> 凡移树，不要伤动根须。阔掘垛，不可去土，恐伤根。谚云：移树无时，莫教树知。[②]
>
> 今移树者，以小牌记南枝，不若先凿窟，沃水浇泥，方栽，筑令实，不可踏。仍多以木扶之，恐风摇动其颠则根摇，根摇，虽尺许之之木亦不活；根不摇，虽丈木可活。更芟其上，无使枝叶繁，则不受风。[③]

标记南枝的目的是按照树木原来的朝向移栽，此即所强调的第三点：“种一切树木，大枝亦南，栽亦向南。”该书还记载了扦插移栽方法：“种柳，取青嫩枝如臂[大]，长六七尺，烧下[头]三二寸，埋二尺已上”，“凡扦杨柳，先于其扦下凿一窍，用沙木作钉，钉其窍而后栽，则永不生毛虫。或云窍内用杉木楔埋之，更用硫黄，可免蛀”，[④]等于认识到杨柳是可以无性繁殖的。果树嫁接方法虽然前代即已掌握，但《琐碎录》对砧木跟接穗亲合性好，则苗木易培植且寿命长的知识有更丰富的认识，如云：“林檎、梨向木瓜及海棠砧上……杨梅向桑砧上，皆活。”[⑤]

---

① 化振红：《〈分门琐碎录〉校注》，第56页。

②④ 化振红：《〈分门琐碎录〉校注》，第82页。

③ 化振红：《〈分门琐碎录〉校注》，第69页。

⑤ 化振红：《〈分门琐碎录〉校注》，第93页。

花目所记有牡丹、芍药、海棠、梅、菊、兰、蕙、桂、石榴、莲、水仙、百合、杜鹃、木芙蓉、月桂、茉莉、素馨、瑞香、罂粟、婆罗花、鸡冠花等等。除对诸花形态加以描述外，尤注重叙记栽培技术。《琐碎录》认为大体而言，“凡花皆宜春种”，但个别花品仍有不同，如“牡丹宜秋社前后接、种”。① 具体栽种、嫁接方法又不相同，如种藕云：“春初掘出藕三节，无损处，种入深泥，令到硬土。谷雨前种，当年有花”，“种莲，用腊糟少许裹藕种，来年发花盛”，“种莲须先羊粪壤地，于立夏前三两日种，当年便著花”。② 不同的方法和当年著花的最晚种植时间，是宋代不同地域莲藕栽种实践的反映。种水仙云：“种水仙花，须是沃壤，日以水浇则花盛，地瘦则无花。其名水仙，不可缺水”，“水仙收时，用小便浸一宿。取出晒干，悬之当火处，候种时取出。无不发花者”。③水仙原产于地中海沿岸④，五代时始传入中国，北宋主要分布在荆襄地区，南宋时方传至两浙、福建沿海地区。⑤ 唐以前典籍诗文中的“水仙”一词或指水中神仙，正如天仙、地仙之类；或指荷花，如皮日休《咏白莲》“愿作水仙无别意”句。⑥ 真正吟咏水仙花的诗文是宋代才有的，如黄庭坚“借水开花自一奇，水沈为骨玉为肌”“凌波仙子生尘袜，水上轻盈步微月”，宋伯仁“家家清到骨，只卖水仙花”等。宋代水仙有单瓣、重瓣两个品种，时人认为该花“最难种，多不著花”⑦。温革所记水仙花种法是中国历史上最早的，所指出的技术重点一是“不可缺水”，二

---

① 化振红：《〈分门琐碎录〉校注》，第 110 页。

②③ 化振红：《〈分门琐碎录〉校注》，第 109 页。

④ 陈心启、吴应祥：《中国水仙考》，《植物分类学报》1982 年第 3 期，第 375 页。

⑤ 程杰：《中国水仙起源考》，《花卉瓜果蔬菜文史考论》，第 309—323 页。

⑥ 详参（日）加纳留美子：《从神仙成为花卉：“水仙”的概念脉络与修辞系谱之流变》，高克勤、侯体健编：《半肖居问学录》，上海：上海人民出版社，2015 年，第 570—575 页。

⑦ （宋）刘学箕：《方是闲居小稿》卷下《水仙说》，《景印文渊阁四库全书》第 1176 册，台北：台湾商务印书馆，1986 年，第 610 页。

是对水仙鳞茎加以暴晒或烘熏。这与高温或烟熏处理对水仙开花具有明显促进作用[①]的现代认识是完全一致的。《嘉泰会稽志》对水仙种法也有记载:“园丁以为此花六月并根取出,悬之当风,八月复种之,则多花。或曰:‘多粪之,花自多。’又曰:‘但勿移,三四年数灌溉之而已,不必它法也。’”[②]六月间“悬之当风”,客观上也有暴晒效果,但未明言暴晒、烘熏,两相比较,《琐碎录》显然更明其理。大体而言,水仙栽培的核心技术暴晒、烘熏法自“南宋绍兴后期以来,我国即已基本掌握”[③],这显然与《琐碎录》对花农实践经验的总结和传播是分不开的。

花目所记花卉嫁接技术,跟上揭树木嫁接一样,也非常重视砧木与接穗的亲和性及其对接穗发育的影响,这是该书的一个特出之处,也是南宋前期宋人花卉园艺知识进步的反映。如云:“牡丹于芍药根上接,易发。一二年牡丹自生本根,则旋割去芍药根,成真牡丹矣”,“于茄根上接,牡丹花不出一月即烂熳”,“苦练树上接梅花,则花如墨梅”,“木樨接石榴,开花必红”,“黄白二菊各披去一边皮,用麻皮扎合,其开花半黄半白”。[④]《琐碎录》亦重视花卉的施肥、灌溉、病虫防治,还记有催花法:“用马粪浸水,前一日浇之,三四日方开者,次日尽开”[⑤],“菊花大蕊未开,逐蕊以龙眼壳罩之,至欲开时,隔夜以硫黄水灌之,次早去其罩,即大开”[⑥],这是通过提高养分、温度、缩短光照时间促进花蕾发育、早开。更让人惊讶是竟然还记有抑制生长的方法:“收菊花,至三月。八九月间菊含

---

① 金波、东惠茹、王世珍编著:《水仙花》,上海:上海科学技术出版社,1998年,第64—66页。

② (宋)施宿等纂:《嘉泰会稽志》卷17《草部》,《宋元方志丛刊》第7册,第7029页。

③ 程杰:《论宋代水仙花事及其文化奠基意义》,《花卉瓜果蔬菜文史考论》,第334页。

④ 化振红:《〈分门琐碎录〉校注》,第121页。

⑤ 化振红:《〈分门琐碎录〉校注》,第125页。

⑥ 化振红:《〈分门琐碎录〉校注》,第134页。

蕊时，和根先掘一坑，将菊倒垂在内，用竹架起，密铺竹片，以角屑放根中，四旁却用土埋之，筑紧。于来年取，以水酒暖取，即渐开花如初。埋一二日，以水酒少许养。"[①]其原理是通过生长环境改变抑制菊花的新陈代谢，使之仅维持其微弱的生命活动，花器发育变慢甚至暂时中止。越冬后希望菊花开放时再将之取出，因生态因子重新改善，所以菊花得以继续生长开花，真可谓鬼斧神工。[②] 又如"春月花欲开时，欲其缓开，以鸡子清涂花蕊，可迟三两日。谢亦如之"。[③]这些都是前代所无的花卉园艺新技术。《琐碎录》还记载了很多延长插花寿命的"诀窍"，堪称古代插花技术第一书，如云："牡丹、芍药插瓶中，先烧枝，断处令焦，熔蜡封之，乃以水浸，数日不萎。蜀葵插瓶中即萎，以百沸汤浸之复苏，亦烧根"，"瓶中牡丹、芍药花嫣〔通'蔫'者，剪去下节烂处，用水窜（冲洗。一作'用竹簋'）〕，架于缸上，尽浸枝梗，一夕色鲜如故"。[④] 后一种方法乃为今日通用。又记改变插花颜色之法，如插芙蓉"隔夜以靛水调纸醮心蕊上，以纸裹，来日开成碧色花。五色皆可染"[⑤]。

果目所记有桃、李、杏、柑、橘、橙、梅、林檎、棠梨、柿、石榴、葡萄、杨梅、桑葚、荔枝、龙眼、枣、栗、银杏、椰子、橄榄、甜瓜、甘蔗等。内容首为果树生物性状描述，如"梅结实最迟。语曰：'桃三李四梅十二。'盖言桃三年、李四年皆实，唯梅必十二年也"，"银杏树有雌雄"，"杨梅、皂荚有雌雄者之树，雄者无实"等等，这些都是正确的认识。其次是果树种植、嫁接、扦插方法，虽然早在《齐民要术》中就已提到，然《琐碎录》仍记有很多新的知识，如种石榴："先铺一重石子，次铺少泥，又铺石子安根，方着根在其上，用泥覆盖，平地多用大石压之。"移栽大梅树："去其枝梢，大其根盘，沃以沟泥，无不

①③　化振红：《〈分门琐碎录〉校注》，第134页。

②　舒迎澜：《〈分门琐碎录〉与其种艺篇》，《中国农史》1993年第3期，第104页。

④⑤　化振红：《〈分门琐碎录〉校注》，第133页。

活者。"[1]至于果木嫁接，书中也有很多正确的经验，如"桃树，李接枝则红而甘；李接桃枝，生子则为桃李。桑树接杨梅则不酸"，"梅树接桃则脆，桃树接杏则大"[2]；又如"果实凡经数次接者，核小，但其核不可种耳"[3]，"柿子接及三次，则全无核"[4]，表明宋人对嫁接虽能改善果树果实品质但却渐使其丧失繁殖能力这一植物生理学知识的认知；空中压条繁殖技术虽然沈括《梦溪忘怀录》即已见载，但温革讲解更加清楚、操作性更强："凡接矮果及花，用好黄泥干晒(二字当互乙)筛过，以小便浸之，又晒干筛过，再浸之，又晒浸，凡十余次。以泥封树枝，用竹筒破两片封裹之，则根立生。次年断其皮，截根，取栽之。"[5]果目还记载了果树虫害治理方法，以及某些水果的催熟技术，如"红柿摘下未熟，每篮将木瓜三两枚于其中即熟，并无涩味"，"甜瓜生者，以鲞鱼骨插顶上，则蒂落而易熟"。[6]

菜目所记除菠菜、生菜、苦菜、萝卜、茄子、丝瓜、瓠子、冬瓜、茭白、百合、芋、山药、荇菜、蓴(莼菜)、香菜、韭、姜等，以及油麻、茱萸、荆芥、芥子、麦冬、地黄、百部、菖蒲、石菖蒲、枳、酸枣、枸杞、木瓜等药材，内容以栽培方法为主。对唐宋时传入不久的蔬菜品种亦有详述，如云："种丝瓜，社日为上"，"生菜种之不必拘时，才尽则下种，亦便出。谚云'生菜不离园'，以不时而出也"，"菠薐过月朔乃生，今月初二、三间种与二十七、八间种者，皆过来月初一乃生，验之信然。盖菠棱国菜"，"种茄子时，初见根处拍开，掐硫黄一皂荚子大，以泥培之，结子倍多，其大如盏，味甘而益人"。[7]

《琐碎录》作者温革字叔皮，初名豫，字彦几，[8]政和五年(1115)何桌榜进士及第。后耻与刘豫同名，乃更名字。《南宋馆阁

[1] 化振红:《〈分门琐碎录〉校注》，第146—147页。

[2][4][5] 化振红:《〈分门琐碎录〉校注》，第154页。

[3][6] 化振红:《〈分门琐碎录〉校注》，第169页。

[7] 化振红:《〈分门琐碎录〉校注》，第177页。

[8] (宋)陈振孙撰，徐小蛮、顾美华点校:《直斋书录解题》卷12，第343页。

录》记其为“温陵人”[1]，弘治《八闽通志》记其为“惠安人”[2]，惠安为温陵（泉州别称）辖县，二者并不矛盾。绍兴八年（1138）为秘书省正字[3]，九年为秘书郎，副宗正少卿、三京淮北宣谕方廷实使河南祭修山陵，返归后将金人之无状据实以告高宗，秦桧恶之，[4]十年冬因言者论出为洪州（治今江西南昌市）通判。[5] 后迁知南剑州（治今福建南平市），二十四年（1154）徙知漳州，据说携家赴任途经泉州时曾夜遇向其同行者索债的“讨债鬼”，[6]即《朱子语类》载“温革言见鬼神者”[7]所指之事。次年撰《漳州府重建学记》，记漳州州学复旧址始末。南宋张杲《医说》曾引《分门琐碎录》云：“方书言食鳖不可食苋，温革郎中因并啖之，自此苦腹痛。”[8]《宝祐琴川志》所录《凤凰山》诗署作者亦云“郎中温革”[9]；明朱存理《铁网珊瑚》又云

---

① (宋)陈骙撰，张富祥点校：《南宋馆阁录》卷8《官联下》，北京：中华书局，1998年，第119页。

② (明)黄仲昭修纂：《(弘治)八闽通志》卷67《人物》，下册第811页。按：原文“方延实”应为“方廷实”。

③ (宋)陈骙撰，张富祥点校：《南宋馆阁录》卷8《官联下》，第119页。

④ 嘉靖《惠安县志》卷13《人物》，《天一阁藏明代方志选刊》第32册，上海：上海古籍书店，1963年影印本，叶六a。按：“九年”原文仅云“绍兴初”，又误“方廷实”为“方良实”，化振红《〈分门琐碎录〉述论——代前言》沿之亦误(《〈分门琐碎录〉校注》，第3页)。据《建炎以来系年要录》(卷126绍兴九年二月庚申、卷129绍兴九年六月壬申，第2136、2178页)、李俊甫《莆阳比事》(卷4，《续修四库全书》第734册，上海：上海古籍出版社，2002年影印本，第229页)可知。

⑤ (宋)李心传撰，辛更儒点校：《建炎以来系年要录》卷138绍兴十年冬十月壬申朔，第2331页。

⑥ (宋)洪迈撰，何卓点校：《夷坚志·甲志》卷19，第173—174页。

⑦ (宋)黎靖德辑：《朱子语类》卷127，《朱子全书》第18册，第3976页。

⑧ (宋)张杲撰，王旭光、张宏校注：《医说》卷7，北京：中国中医药出版社，2009年，第273页。

⑨ (宋)孙应时纂修，(宋)鲍廉增补，(元)卢镇续修：《琴川志》卷14《题咏》，《宋元方志选刊》第2册，北京：中华书局，1990年影印本，第1306页。

"温叔皮字画亦苍老，尝为尚书郎"[①]，有研究者据此认为温革曾担任尚书郎之职，又曾担任郎中之职。实际上，尚书六部二十四司郎中及员外郎合称尚书郎，又据其知漳州时寄禄官为左朝奉大夫，知其所任为后行郎中即礼部郎中或工部郎中。和农书《治田三议》作者李结以尚书郎身份出任四川总领[②]一样，温革也可能是以礼部郎中或工部郎中身份出知漳州的，故其时寄禄官为朝奉大夫。在知漳州任上，温革政绩卓著，甚得民誉，升任福建路转运使，不久卒于任。[③]

舒迎澜认为《琐碎录》"成书于绍兴年间"[④]，化振红《〈分门琐碎录〉校注》从其说[⑤]，根据书中对《绀珠集》内容的抄录——如菜目"荇菜者，江南谓之'猪蓴'；苦菜，河北谓之'龙葵'；马兰，《广雅》谓之'马薤'"[⑥]，《绀珠集》作"猪蓴：荇菜，江南谓之猪蓴；龙葵：苦菜，河北谓之龙葵；马薤：马兰，《广雅》谓之马薤"[⑦]——可以更准确地指出，该书当成于绍兴七年(1137)《绀珠集》初刊之后；再据温革仕履，则知必在其绍兴十年冬出任地方官之后。此书而外，温革还有《隐窟杂志》[⑧]，又续补《侍儿小名录》等[⑨]。顺便一提，北宋前

① (明)朱存理撰，韩进、朱春峰校证：《铁网珊瑚·书品》卷2，扬州：广陵书社，2012年，第189页。

② 参见本书第三章第二节。

③ (明)黄仲昭修纂：《(弘治)八闽通志》卷67《人物》，下册第811页。

④ 舒迎澜：《〈分门琐碎录〉与其种艺篇》，《中国农史》1993年第3期，第100页。

⑤ 化振红：《〈分门琐碎录〉述论——代前言》，《〈分门琐碎录〉校注》，第5页。

⑥ 化振红：《〈分门琐碎录〉校注》，第174页。

⑦ (宋)朱胜非：《绀珠集》卷4，明天顺刻本，叶一一b。

⑧ 乾隆《石城县志》录此书视为邑人温革之作(卷8《艺文志》，《故宫珍本丛刊》第119册，海口：海南出版社，2001年影印本，第39页)，误，该书记事下至赵令畤(1064—1134)，与石城温革年不相及，而赵氏为惠安温革友人(《铁网珊瑚·书品》卷2，第189页)。

⑨ (宋)陈振孙撰，徐小蛮、顾美华点校：《直斋书录解题》卷12，第343页。

期亦有同名之温革，为虔州石城（治今江西石城县）人。

3.《续琐碎录》

二十卷，陈晔撰。上揭《直斋书录解题》云："《琐碎录》二十卷……温革撰，陈昱（一作'晔'）增广之。"然陈昱自序云："《琐碎录》，温公讳革字子皮所作，凡四百余事。余倅通（州）、海（州），得于兵官赵君善成。自时厥后，每有闻见，效而笔之，名曰《续琐碎录》。"故叶德辉认为"是温与陈各自为书，陈（振孙）云'陈增广温书者'，非也"。[①] 该书向未见传本，但据王利器言他收藏有一个仅存卷十七至卷十九的明抄残本。卷十七为藏贮门，包括《香茶》《毳衣》《木果》《醯醢》《鱼肉》《药材》《杂贮》；卷十八为旅寓门，包括《旅寓》《谚语》；卷十九为阴阳门，包括《阴阳》《杂占》。卷末有都穆、邢参二跋。都跋云："《（续）琐碎录》二十卷，宋古灵陈晔撰……子皮之书，今不复见。元至大间环溪书院刻陈氏本，概以《琐碎》目之，则与《序》矛盾，而非古人著书之意矣。予家四册，环溪刻也。正德丙寅（元年，1506），太仆少卿吴郡都穆记。"[②]惜乎王文《陈晔〈琐碎录〉跋尾》仅抄录卷十八谚语，其余则不得而见。《中国农业古籍目录》未著录。

陈晔，字日华，初名昱，长乐（治今福建福州市长乐区）古灵山人，[③]古灵先生陈襄曾孙。淳熙六年（1179）知淳安县[④]，任上多浚治水利，并兴修县学，后通判通州（治今江苏南通市）、海州（治今江

① （清）叶德辉撰，杨洪升点校：《郋园读书志》卷6《〈分门琐碎录〉六卷（元刻残本）》，上海：上海古籍出版社，2010年，第266页。

② 王利器：《陈晔〈琐碎录〉跋尾》，《中华文史论丛》第56辑，1998年，第61页。

③ （宋）陈振孙撰，徐小蛮、顾美华点校：《直斋书录解题》卷8，第258页。

④ （宋）郑瑶、方仁荣纂：《景定严州续志》卷6，《宋元方志丛刊》第5册，北京：中华书局，1990年影印本，第4393、4395、4396、4397页（原文均作"陈煜"）；嘉靖《淳安县志》卷9《秩官》，《天一阁藏明代方志选刊》第16册，上海：中华书局上海编辑所，1965年影印本，叶八a。

苏连云港市海州区)。绍熙二年(1191)时知连州(治今广东连州市)[1],庆元二年(1196)知汀州,任上大力兴学,移风易俗,多有政声;[2]刻印妻兄方导《方氏编类家藏集要方》(亦称《方氏家藏集要方》《方氏集要方》)以疗民,受其影响本人亦编有《经验方》一书。[3]四年请士人李皋纂成《鄞江志》[4],年底迁提点广南东路刑狱[5]。嘉泰二年(1202)任四川总领,开禧二年(1206)五月,因"籴到粟麦,不能觉察,以致粗恶不堪支遣,有误军计"[6]而被处以沅州安置。陈氏著作尚有《金渊利术》《谈谐》《诗话》等,又取友人洪迈《夷坚志》中诗文、药方类编为《夷坚志类编》三卷,今均佚。陈晔妻为曾任福州知州、福建路安抚使、刑部侍郎的方滋的第三个女儿,与《挥麈录》作者王明清是连襟[7]。方氏号秀斋,能识人,馆两客,一为宁宗朝右丞相陈自强,一为翰林学士陈景南;能文,"笔端极有可观",与鲍守之妻同被誉为"能继李易安之后"者。[8] 宋代同名陈晔者很多,有二人同为元符三年(1100)李釜榜进士,一建州建安县人,一兴化军仙游县人;另四人分别是大中祥符元年(1008)、治平二年(1065)、宣和六年(1124)、嘉定中(1208—1224)、宝祐四年(1256)进士。同名显者主要有二人,一为熙宁九年(1076)徐铎榜探花、与陈瓘并号"二陈"的陈

---

① (清)翁方纲著,欧广勇、伍庆禄补注:《粤东金石略》卷7《连州金石》,广州:广东人民出版社,2012年,第242页。按:原文为"知军州事、长乐陈晕日华父帅同寮落新亭,绍兴二年五月晦日","绍兴"为"绍熙"之误。

② (宋)胡太初修,赵与沐纂:《临汀志》,第143页。

③ (明)朱橚等编:《普济方》卷214《小便淋秘门》,北京:人民卫生出版社,1959年,第3222页;(明)李时珍编纂,刘衡如、刘山永校注:《新校注本〈本草纲目〉》卷16《隰草类下》,北京:华夏出版社,2011年,第710页。

④ (宋)陈振孙撰,徐小蛮、顾美华点校:《直斋书录解题》卷8,第258页。

⑤ (清)徐松辑:《宋会要辑稿》食货六〇之一,第5865页。

⑥ (清)徐松辑:《宋会要辑稿》职官之七四之二一,第4061页。

⑦ (宋)韩元吉:《南涧甲乙稿》卷21《方公墓志铭》,《景印文渊阁四库全书》第1165册,第335页。

⑧ (宋)张端义撰,李保民校点:《贵耳集》卷下,上海:上海古籍出版社,2012年,第137页。

师锡之子，曾任大理寺丞、镇江府通判；[①]一为历任权沔州都统制司职事、金州副都统、兴元都统，于嘉熙元年(1237)投降蒙元的陈昱。这是在考述《续琐碎录》作者陈晔生平时应注意分辨的。

4.《山家清事》

一卷，林洪撰。《中国农学书录》未著录。洪字龙发，号可山，泉州人。自云"先大祖瓒，在唐以孝旌。七世祖逋，寓孤山，国朝谥和靖先生。高祖卿材，曾祖之召，祖全，皆仕。父惠，号心斋。母氏凌姓。今妻德真女，张与，自曰小可山"。[②] 林逋隐居西湖孤山，不娶无子，因其喜植梅放鹤，人称"梅妻鹤子"。故人多以为林洪冒认名士为宗，如《梅硐诗话》云："(林洪)肄业杭泮，粗有诗名……自称和靖七世孙，冒杭贯取乡荐。刊中兴以来诸公诗，号《大雅复古集》。亦以己作附于后。时有无名子作诗嘲之曰：'和靖当年不娶妻，只留一鹤一童儿。可山认作孤山种，正是瓜皮搭李皮。'盖俗云以强认亲族者为'瓜皮搭李皮'云。"[③]《随隐漫录》云："林可山称和靖七世孙，不知和靖不娶已见梅圣俞序内。姜石帚嘲之曰：'和靖当年不娶妻，因何七世有孙儿？若非鹤种并梅种，定是瓜皮搭李皮。'石帚之诗，特甚于郭崇韬李环之拙。"[④]林洪曾于"理宗朝上书

① (宋)卢宪纂：《嘉定镇江志》卷16，《宋元方志丛刊》第3册，北京：中华书局，1990年影印本，第2487页。

② (宋)林洪：《山家清事》，《丛书集成初编》第2883册，上海：商务印书馆，1936年，第5页。

③ (宋)韦居安：《梅硐诗话》卷中，《丛书集成初编》第2572册，上海：商务印书馆，1936年，第35页。按：张帆帆据《云阳林氏族谱》也推定"林洪并非林逋后人"(张帆帆：《〈西湖老人繁胜录〉作者"西湖老人"为林洪考——兼论林洪的文学成就》，《古籍整理研究学刊》2018年第2期，第7页)，但清施鸿保《闽杂记》载嘉庆庚辰(1820)中，林则徐"任浙江杭嘉湖道，重修孤山林和靖墓及放鹤亭、巢居阁诸迹，碑记有后裔字"(福州：福建人民出版社，1985年，第9页)，如确，则林洪有可能为林逋裔孙(其祖辈过继给林逋为嗣)。

④ (宋)陈世崇撰，孔凡礼点校：《随隐漫录》卷3，北京：中华书局，2010年，第30页。

言事”[1]，所著《文房图赞》自序又署款“嘉熙初元王春元日，和靖七世孙可山林洪龙发序”[2]，交游之叶茵[3]、宋伯仁[4]、徐玑[5]、徐集孙[6]、胡仲弓[7]等亦主要活动于理宗时期，故其必理宗时人。除本书外，林洪还著有《山家清供》《文房图赞》《西湖衣钵》，编刻《大雅复古诗集》（后附己所作诗）等。[8] 后二种已佚。

《山家清事》可概括为“文士日常生活需知点滴”，所以是本质上是一本文士类书。全书篇幅短小，所录仅16目：相鹤诀、种竹法、酒具、山轿、山备、梅花纸帐、火石、泉源、山房三益、插花法、诗筒、金丹正论、食豚自戒、种梅养鹤图记、江湖诗戒、山林交盟。内容涉及养鹤相鹤、种竹、种梅、种姜、食物配伍宜忌等。尤堪注意者，据“梅花纸帐”“山房三益”“插花法”诸条所言作梅花帐、菊花枕、蒲花褥、插花使之持久的方法，可见宋代文人的风雅起居；“火石”条所记宋人用阳燧、火石、草木相戛（相互摩擦）取火的方法亦有史料价值；“泉源”条所记剖竹相接引山泉水、“山轿”条所记制造山行乘轿的方法，侧面反映了福建地区“八山一水一分田”的地理环境条件；“种梅养鹤图记”条下自述家世——已见前揭。

---

① (宋)韦居安：《梅磵诗话》卷中，《丛书集成初编》第2572册，第35页。

② (宋)林洪：《文房图赞》，(宋)苏易简等著，朱学博整理校点：《文房四谱(外十七种)》，上海：上海书店出版社，2015年，第85页。

③ 叶茵有《林可山至》《林可山荐毛监场写梅》诗。

④ 宋伯仁有《访林可山》《读林可山西湖衣钵》诗。

⑤ 《两宋名贤小集》卷293《顺适堂吟稿前集》卷首有云：“叶茵，字景文，笠泽人。与徐玑、林洪相倡和。”(《景印文渊阁四库全书》第1364册，第341页。)

⑥ 徐集孙有《访林可山不值》《借林可山韵钱萝屋僧》《谢林可山序诗》诗。

⑦ 胡仲弓有《寄林可山》诗。

⑧ 详参钟振振：《〈全宋词〉王同祖等六家小传订补》，《常熟理工学院学报》2009年第1期，第24页。

该书传世版本主要有明崇祯六年孙明志抄本、清曹琰抄本、明末刻《续百川学海》本、明末清初宛委山堂刻《说郛》本、《说林》清抄本、嘉靖间刻《阳山顾氏文房小说》本、隆庆四年刻《畜德十书》本、万历二十年胡氏文会堂刻《格致丛书》本、万历三十一年胡氏文会堂刻《百家名书》本、明刻《山林经济籍》本、明末刻《八公游戏丛谈》本、《鉴赏小品》明郑濂抄本、民国商务印书馆涵芬楼影印本。

5.《养生杂类》

有《养生杂纂》《养生类纂》《类纂诸家养生至宝》《养生延寿书》等异名，周守忠编纂。传世版本主要有明成化十年谢颎刻本(二十二卷)，万历三十一年胡氏文会堂刻《格致丛书》本(书名为《新刻养生类纂》，二卷)、万历二十年胡氏文会堂刻《寿养丛书》本(书名为《新刻养生类纂》，二卷)。二卷本是胡文焕新刻时的节编本，和二十二卷本的区别见下表(表4)：

表4　《养生杂类》二十二卷本、二卷本内容比较表

<table>
<tr><th colspan="2">二十二卷本</th><th colspan="2">二卷本</th></tr>
<tr><td>卷1</td><td>养生部一</td><td rowspan="3">养生部</td><td rowspan="7">卷上</td></tr>
<tr><td>卷2</td><td>养生部二</td></tr>
<tr><td>卷3</td><td>养生部三</td></tr>
<tr><td>卷4</td><td>天文部</td><td>天文部</td></tr>
<tr><td>卷5</td><td>地理部</td><td>地理部</td></tr>
<tr><td>卷6</td><td>人事部一</td><td rowspan="2">人事部</td></tr>
<tr><td>卷7</td><td>人事部二</td></tr>
<tr><td>卷8</td><td>人事部三</td><td colspan="2">缺</td></tr>
<tr><td>卷9</td><td>人事部四</td><td colspan="2">缺</td></tr>
<tr><td>卷10</td><td>人事部五</td><td colspan="2">缺</td></tr>
<tr><td>卷11</td><td>屋寓部</td><td colspan="2">缺</td></tr>
</table>

续表

二十二卷本		二卷本	
卷 12	服章部	缺	
卷 13	食馔部一	缺	
卷 14	食馔部二	缺	
卷 15	羽禽部	缺	
卷 16	毛兽部	毛兽部	卷下
卷 17	鳞介部	鳞介部	
卷 18	米谷部	米谷部	
卷 19	果实部	果实部	
卷 20	菜蔬部	菜蔬部	
卷 21	草木部	草木部	
卷 22	服饵部	服饵部	

《养生杂类》内容涉及养生，学界通常将之视为医书，此固无不可。正如因其内容涉及农学，有人将之归类于农书[1]；因其内容繁杂，将之归类于“杂家类”[2]一样。如按编纂体例划分，则为类书无疑。[3] 这里仅将《养生杂类》中记载的作物、蔬果、动物以及饮食品类作一统计，以概见其在农史方面的研究价值。

《养生杂类》记载了 16 种作物，包括粳稻、糯稻、粟、黍、稷、小麦、大麦、荞麦、穬麦、大豆、白豆、青小豆、赤小豆、绿豆、胡麻、油麻。记载了 44 种蔬菜，包括葱、韭、薤、小蒜、葫(大蒜)、兰香(薄

① (清)钱谦益:《绛云楼书目》卷 2,《丛书集成初编》第 35 册,上海:商务印书馆,1935 年,第 43 页。按:书名著录为《养生类纂》。

② 《四库全书总目》卷 131《杂家类存目八》,第 1116 页。按:书名著录为《养生杂纂》。

③ 详参拙文《周守忠及其〈养生杂类〉再研究》,《中医药文化研究》2022 年第 1 期,第 77—83 页。

荷)、胡荽、胡葱、姜、芥菜、荠菜、菘菜、莼菜、苋菜、葵菜、菠薐、莙荙、芹菜、蕹菜、茼蒿、苜蓿、芸薹、茄子、萝卜、莴苣、扁豆、蕨、笋、茭白、菌蕈、木耳、牛蒡、芋、茨菇、薯蓣(山药)、蔓菁、瓠子、胡瓜、冬瓜、甜瓜、越瓜、昆布、鹿角菜、紫菜。记载了32种水果,包括桃子、李子、杏子、梅子、柰子、樱桃、葡萄、荔枝、龙眼、胡桃、杨梅、枇杷、柑子、橘子、橙子、林檎、安石榴(石榴)、楂子、柿子、枣子、栗子、松子、木瓜、榅桲、橄榄、槟榔、椰子、榧子、莲子、鸡头(芡实)、菱、乌芋(荸荠)等。跟今天不同的是,当时把藕也当成水果。《养生杂类》记载了35种水产:鲤鱼、鲫鱼、白鱼、青鱼、黄鱼、鲈鱼、鳜鱼、鲟鱼、鲳鳜鱼、鲇鱼、黑鳢鱼、鲻鱼、河豘(河豚)、比目鱼、黄颡鱼、石首鱼、鮀鱼、鳅鱼、鳝鱼、鳗鲡鱼、石斑鱼、龟、鳖、鲎、蟹、螃蜞、牡蛎、蛤蜊、淡菜(贻贝)、螺、蚌、蚶、马刀(马刀贝)、蚬、虾。记载了29种家禽家畜及鸟兽,包括鸡、鸭、鹅、雁、雀、鹑、鸠、鸦、燕、鹧鸪、竹鸡、雉、鸳鸯、孔雀及猪、犬、猫、兔、羊、牛、马、驴、麋、鹿、獐、麂、麝、虎、象等。还记载了罂粟、云母很多草本和矿物质药材。

关于食品烹饪,《养生杂类》也有不少有价值的记载。所记主食有饭、面、粥、包子等,尤其是粥的品类非常多,有白米粥、甜粥、糯米粥、豉粥、地黄粥、防风粥、紫苏粥、竹叶粥、胡麻粥、山芋粥、枸杞子粥等。饮料则有丸子酒、山芋酒、枸杞酒、葡萄酒、钟乳酒、黄精酒、白术酒、松花酒、地黄酒、还睛神明酒、苏合香酒,葵菜汤、水芝汤、豉汤、枣汤、三妙汤等。

作者周守忠生平参见上节。此书《中国农学书录》《中国农业古籍目录》未著录。

6.《事林广记》

本名《博闻录》,陈元靓撰。入元后因书坊初刊之本未避元讳,而被列为禁书收缴,其后书坊再予增补(如《至元译语》《至元杂令》等目)并更今名刊刻行世。[①]《中国农学书录》《中国农业古籍目

① (日)宫纪子撰,乔晓飞译:《新发现的两种〈事林广记〉》,《版本目录学研究》第1辑,北京:国家图书馆出版社,2009年,第180页。

录》未著录。该书传世版本有元至顺间建安椿庄书院刻本，至顺间西园精舍刻本，至元六年建阳郑氏积诚堂刻本，日本长崎县立对马历史民俗资料馆藏元刻本，山东图书馆藏明初刻本（残），明洪武二十五年梅溪书院刻本，永乐十六年建阳翠岩精舍刻本，成化十四年建阳刘廷宾刻本、弘治四年云衢菊庄刻本，弘治五年詹氏进德精舍刻本，弘治九年詹氏进德精舍刻本，嘉靖二十年余氏敬贤堂刻本，日本前田尊经阁文库藏明刻本，日本东京大学东洋文化研究所大木文库藏明刻本（残），国家图书馆藏明钞本（残），日本东山天皇元禄十二年（1699）京都今井七郎兵卫、中野五郎左卫门刻本。[①] 诸本卷帙不同，其中和刻本据元初刊本重刻，分为十集（亦有将"十集"称"十卷"者），除甲集 12 卷、乙集 4 卷、丙集 5 卷、癸集 13 卷外，其余每集均为 10 卷，共 94 卷，是本内容最早最全，[②]故本书据以为论。

《事林广记》与农业、农学相关的是甲集卷三《节令记载门（上）》、卷四《节令记载门（下）》，戊集卷七《器用原始门（下）》，庚集卷一《涉世良规门》、卷二《农田急务门》、卷三《农桑急务门》、卷六《畜牧便宜门》，辛集卷七《兽医集验》，癸集卷一《曲法纂要》、卷二《异酿醴醪门》、卷三《庖畾利用门》、卷四《蒻豢集珍门》、卷五《肴蔌搜奇门》、卷六《敛藏述异门》、卷十《茶品集录》、卷十一《花果品题》，约占全书篇幅的五分之一。既为类书，绝大部分内容当然都不是出于陈元靓本人撰著，而是辑自群书，但很多宋人得见之子部书今已不存，故而《事林广记》的价值绝非一般文学类类书可比。从内容上说，《事林广记》涉农部分差不多涵盖了宋代农书的全部领域，除时令部分与陈氏《岁时广记》一书差类，本章上节已加探讨这里不

---

① 参见王珂：《〈事林广记〉版本考略》，《南京师范大学文学院学报》2016 年第 2 期，第 167—174 页。

② 和刻本与国内传本内容差异参见闫艳、齐佳垚：《和刻本〈事林广记〉整理札记》，《东方论坛》2018 年第 3 期，第 63—67 页。国内较早传本之异同参见王珂：《宋元日用类书〈事林广记〉研究》，上海师范大学学士学位论文，2010 年，第 116—141 页。

再赘述外，其余部分主要就仅见或最早见于该书者略述于后。

蚕桑方面，包括收种茧、出蚕种、扫蚕苗、治蚕室、种桑柘等各种技术知识。如记收种茧云："必取箔之中而近上者，乃健蚕为之，其种必善。近下乃懒蚕，亦无甚子。茧腰小乃雄蛾，大者雌蛾，须用好藤纸下子。至端午以蒲、柳、桃、艾叶挼水浴之，悬净处。立春日采五果枝烧灰，淋汤候冷再浴过，藏之。"记柘蚕云："拓叶多丛生，干疏而直，叶丰而厚。春蚕食之，其丝以冷水缫之，谓之'冷水丝'。柘蚕先出先起而先茧。柘叶隔年不采者，春再生必毒蚕。如不采，夏月皆要打落，方无毒。"又记养蚕缺食之法："以甘草水洒桑叶，次以米粉参之，候干与食，谓之'斋蚕'。可以度百夜，成茧厚实。"①

园艺作物方面，述录各种果蔬、花卉栽培、嫁接方法。如记载种石榴之法云："取直枝如母指大者，斩长一尺，以八九条为一科，烧下头二寸，沉坑竖枝，坑畔置杂骨、姜、石于枝间，实下土，出枝头一寸，水浇即生。"记载种茄子法："初见根处擘开，榴硫黄一皂大，以泥培之，结子大如盏，味甘而益人。"种薤韭畦"欲深下水和粪。初岁唯一剪，每剪即加粪，深畦所以容粪也。若用鸡粪尤好"，种香菜"常以洗鱼水浇之，则香。而茂沟泥水、米泔尤佳"。种莲花"以牛粪壤地，于立夏前三两日，掘藕根取节头，着泥中种之。当年即便开花。大率荷莲极畏桐油"。种海棠"冬至日早以糟水浇根，其花鲜盛。花谢结子，剪去，来年花盛无叶"。水仙收时"用小便浸一宿，杀干，悬当火处，种之无不发花者。亦须肥壤，地瘦则无花。不可阙水，故名水仙"。又记催花之法云："用马粪浸水浇之，三四月开者，次日尽开也。"②在古代社会，水果贮存是一个技术难关，《事林广记》述录了很多水果保鲜方法："生荔枝临熟者，摘入瓮，浇蜜浸之，油纸紧封瓮口，勿令渗水，投井中，虽久不损……桃，以麦麸

① (宋)陈元靓:《事林广记·庚集》卷3,(日)长泽规矩也编:《和刻本类书集成》第1辑,上海:上海古籍出版社,1990年影印本,第345页。

② (宋)陈元靓:《事林广记·庚集》卷3,(日)长泽规矩也编:《和刻本类书集成》第1辑,第346—348页。

煮粥，入盐少许，候冷，倾入新瓮，取桃纳粥中，密封瓮口，冬月食之如新桃。不可熟，但择其色红者佳。……柑橘、梨、栗等，取三石缸，实以洞泥并水，撒菉豆于面，别用竹簟安缸内，离泥一二寸，以所藏之物顿于簟上，密封泥之。豆芽长则缠定果子，虽经年色味皆如新，极佳。……莆萄以蜡纸裹，顿罐中，再融蜡封之，至冬不枯。"[①]至于所记花果品种、名称，则不胜枚举，不再罗列。所记茶叶品种及栽培、焙制技术亦非常详细，然宋代茶书既夥，自未能超出其范围，兹不烦叙。

畜牧兽医方面述录马牛羊等家畜、家禽的相视、饲养、救治方法。如记相鹅鸭法云："鹅、鸭母，其头欲小，口上龇有小珠，满五者生(夘)[卵]多，满三者为次。"记养猪法云："猪者，水畜也。其性趍(同'趋')下，利早湿之地，宜于北方作阑(同'栏')。一日必三时餧(同'喂')之，以麦麸、以糟糠、以米泔、以桐花苎叶、以野菜。每饲，饲必令充饱，恣令野食，自然肥大。若关留，必不能长也。"[②]治疗牛便血，以"川当归、红花为细末，以酒二升半煎，取二升冷灌之"即效。治疗马气喘，以"玄参、亭历、升麻、牛蒡、兜苓、黄耆、知母、贝母同为末，每服二两，浆水调，草后灌之"，则"喘、嗽皆治"。[③]

饮食方面，最早记述了佛跳墙的做法："精猪、羊肉，沸汤绰过，切作骰子块，以猪羊脂煎，令微熟。别换汁入酒、醋、椒、杏、盐料煮干取出，焙燥可久留不败。"[④]还记载了很多食材替代烹饪方法，如假熊掌做法："猪、羊头烂煮去骨，猪、羊蹄烂煮去骨，于净布内取意排。间包裹重石，压经宿取出糟。"又多载如今之水果罐头做法，如

---

① (宋)陈元靓:《事林广记·癸集》卷6,(日)长泽规矩也编:《和刻本类书集成》第1辑,第445—446页。

② (宋)陈元靓:《事林广记·庚集》卷6,(日)长泽规矩也编:《和刻本类书集成》第1辑,第356页。

③ (宋)陈元靓:《事林广记·辛集》卷8,(日)长泽规矩也编:《和刻本类书集成》第1辑,第388—389页。

④ (宋)陈元靓:《事林广记·癸集》卷3,(日)长泽规矩也编:《和刻本类书集成》第1辑,第438页。

烧梨子法："赤皮梨子三百个，入瓶中，用糖五斤，微火烧令沸。可一日候糖干，入盐一斤、酥半斤，烧候黑色，放冷，别入新净干瓶内收之，其味好。"①

酿造方面述录曲、酒、酱、醋等酒浆调料酿造方法。如宋人屡记之竹叶清酒，皆未言及酿法，《事林广记》则记云：

> 竹叶清酒（曲方上卷），合浆如常法，以曲一小块置浆米下，唯米酸方不坏。每石用脚四斗，余六斗作两次投。每斗馈饭用浆四升泼之，别用糯米一升半，仍粥，候温，入曲末二两，熟、冷油一两，酵头半盏。每斗米用曲十两，留一两盖面，仍分三处搜和，唯烂为佳。入瓮中留一坑子，候粥与面发，即倾入瓮中坑子内，再拍平。将所留下曲掺放醅面，如发紧，要频拭瓮邊（同"边"），恐汗流入醅中也。十日可熟，暑月尤宜造。②

其余蓝桥风月酒、三拗酒、思春堂酒等皆为宋代他书所无，当为南宋后期产生的新品牌名酒。所记酱有熟酱、面酱等，其造面酱法为：

> 面六十斤，炒黄，作数度炒。豆黄一硕，盐十五斤，椒、芜黄各四两，熟油半斤。
>
> 右豆黄蒸如常法，下甑了候热入面和匀，摊布幕上，厚三寸许。着构叶密盖，经宿，拨开白扑，匀取于日中曒（"晒"之俗字）干，煎盐水拌入诸物，及入黑附子四两，炮过入瓮内。日中曒，夜即盖，如少造依此法。③

---

① （宋）陈元靓：《事林广记·癸集》卷4，（日）长泽规矩也编：《和刻本类书集成》第1辑，第442页。

② （宋）陈元靓：《事林广记·癸集》卷2，（日）长泽规矩也编：《和刻本类书集成》第1辑，第437页。

③ （宋）陈元靓：《事林广记·癸集》卷4，（日）长泽规矩也编：《和刻本类书集成》第1辑，第440页。

所记醋有长生醋、麦醋、梅子醋等，其造麦曲法为："大麦二斗。先一斗炒令黄，水浸一宿，炊一甑，以六斤白麪（同'面'）相和，于净室内用席一领匀摊，以黄茅覆之，七日熟。便将余一斗麦炒令黄，浸一宿，擂过入瓮，水六斗，搅匀密盖，七日熟。"[①]

陈元靓生平参见上节。

7.《全芳备祖》

五十八卷，陈景沂编集。该书最早刊本今硕果仅存于日本宫内厅书陵部，董康、傅增湘、赵万里、唐圭璋、李裕民、杨宝霖等承日本旧说认为是元刊本[②]，郑振铎、梁家勉、安平秋、程杰等认为是宋刊本[③]。笔者亦认为是宋刊本。此本国内失传，元明清亦未见新刻，所传悉为写本或抄本，如《四库全书》本、丁丙八千卷楼本、孔广

---

① (宋)陈元靓：《事林广记·癸集》卷4，(日)长泽规矩也编：《和刻本类书集成》第1辑，第441页。

② 董康著，朱慧整理：《书舶庸谭》卷2，北京：中华书局，2013年，第61页(上海大东书局1930年初版)；傅增湘：《藏园群书经眼录》卷10，北京：中华书局，2009年，第697页；赵万里辑：《校辑宋金元人词》，北京：国家图书馆出版社，2013年影印本，第32页(国立中央研究院历史语言研究所1931年初版)；唐圭璋：《记〈全芳备祖〉》，《词学论丛》，上海：上海古籍出版社，1986年，第693页；李裕民：《略谈影印本〈全芳备祖〉的几个问题》，国务院古籍整理出版规划小组编：《古籍点校疑误汇录(一)》，北京：中华书局，1990年，第143—150页(初刊于1982年12月20日国务院古籍整理出版规划小组编《古籍整理出版情况简报》第99期)；李裕民：《〈全芳备祖〉刻本是元椠》，《黄石师院学报》1983年第3期，第72—76页。

③ 梁家勉：《日藏宋刻〈全芳备祖〉影印本序》，(宋)陈景沂编辑：《全芳备祖》，北京：农业出版社，1982年影印本，第1—8页(初刊于《学术研究》1981年第6期，第112—114页，题为《影印〈全芳备祖〉序言》)；安平秋、杨忠等：《〈日本宫内厅书陵部藏宋元版汉籍影印丛书(第一辑)〉影印说明》，《中国典籍与文化》2003年第1期，第112—113页；程杰：《日藏〈全芳备祖〉刻本时代考》，《江苏社会科学》2014年第5期，第217—222页。

陶岳雪楼本等，计约 30 种。[1] 诸本质量自以宋刊本为胜，但其他本子亦有可取之处，不可完全忽之。[2]

《全芳备祖》分为前集和后集，前集 27 卷，后集 31 卷，包括花、果、卉、草、木、农桑、蔬、药 8 部。部下分目，以各种植物名称立目，计 302 目，收录植物 302 种。每一目下又分《事实祖》《赋咏祖》《乐府祖》三个子目。《事实祖》下又分《碎录》《纪要》《杂著》三细目，内容涉及所叙植物相关名称、性状、功用、典故及有关诗文名句；《赋咏祖》则以诗体为名划分细目，罗列相关诗作；《乐府祖》则以词牌名称划分细目，罗列相关词作。所引材料皆标明出处或作者[3]。诸子目、细目的设置视内容需要而定，并非每一目下或每一子目之下俱有之。

据上可见，该书偏于类文，其在农学上的价值主要有以下两点：一是《事实祖》下《碎录》部分所体现的宋人对各种植物生理性状的认识。二是该书作为宋代晚出之类书，差不多囊括宋人常见的种种植物。兹将其所记都为一表（表 5），以概见宋人所面对的植物世界及其分类观念：

表 5　《全芳备祖》收录植物统计表

花（121 种）	梅花、红梅、腊梅、牡丹、芍药、琼花、玉蕊、海棠、棣棠、甘棠、桃花、李花、林檎、梨花、杏花、荷花、菊花、岩桂、葵花、葵叶、黄葵、一丈红、蓼花、芦花、夜合、百合、牵牛、凌霄、酴醿、黄酴醿、紫薇、杜鹃、蔷薇、金沙、木香、柳花、木兰、辛夷、桐花、赪桐、刺桐、冬青、楝花、橘花、柚花、含笑、山茶、山丹、朱槿、佛桑、茶花、巴榈、山枇杷、月季、丽

① 详参程杰：《〈全芳备祖〉的抄本问题》，《中国农史》2013 年第 6 期，第 114—122 页。

② 参见赵昱：《〈全芳备祖〉异文考论》，《中国典籍与文化论丛》第 16 辑，南京：凤凰出版社，2014 年，第 240—258 页。

③ 但误题颇多，甚至有意作伪。参见刘蔚：《〈全芳备祖〉文献疏失举正》，《清华大学学报》2006 年第 5 期，第 98—104 页。

续表

	春、长春、寿春、迎春、仙掌、剪春罗、水仙、山礬、瑞香、薝蔔、兰花、蕙、樱桃、石榴、芙蓉、茉莉、素馨、萱草、金钱、金凤、金灯、滴滴金、玉簪、玉玫瑰、红玫瑰、玉绣球、衮绣球、万蝶、真珠、黄雀儿、鸡冠、石竹、紫竹、罂粟、锦带、密友、滴露、芸花、雁来红、山橙、紫阳、杏香、茨菰、水红、徘徊、碧蝉儿、满堂春、粉团儿、波罗、孤儿、史君子、曼陀罗、小黄蘗、阇提、玉手炉、御仙、御带、望仙、木槲、茧榛、太平、天南竺、红钵盂、佛手、散水、佛见笑、宝相
果(40 种)	荔支、龙眼、莲、藕、菱、芡、茨菰、凫茨、橘、柚、枸橼、柑、橙、金橘、甘蔗、橄榄、余甘子、榅桲、甘露子、梅、杏、桃、梨、柤、石榴、杨梅、枇杷、柿、枣、胡桃、松子、栗、银杏、榧、瓜、木瓜、李、柰、樱桃、蒲萄
卉(11 种)	草、芝草、虞美人草、菖蒲、苔藓、萍、蘋、荇、菰、蒲、芦
草(8 种)	芭蕉、木绵、薜荔、藤萝、蓝、茅、蓬、莎
木(34 种)	松、柏、桧、栝、杉、槐、椿、竹、杨柳、枫、榕、楸、榆、桐、梓、豫章、石楠、柟、灵寿木、椰子、桄榔、楮、榛、椶榈、椶笋、黄杨、樗栎、桦、荆、水清木、海棕木、女贞木、七叶木、桫椤木
农桑(14 种)	谷、禾、黍、稷、粟、粳、秫、稻、米、粟、麦、豆、桑、麻
蔬(除豆腐外 38 种)	笋、蕨菜、薇、枸杞、甘菊、蔬菜、荠、元修菜、山药、芋、瓠、茄、薤、韭、葱、姜、菌蕈、木耳、芸薹、蔊菜、决明、苜蓿、藜藿、荠、藤菜、芜菁、莱菔、莴苣、芥、菘、菠薐、苋、芹、莼、蒿、荇、茭白、芦笋、豆腐
药(35 种)	茶、人参、茯苓、白术、苍术、肉豆蔻、白豆蔻、丁香、甘草、辰砂、钟乳、茱萸、皂荚、仙灵毗、芣苜、菝葜、白头翁、白蘘荷、益智、覆盆子、杜若、蘼芜、兔丝子、地黄、椒、芎、槟榔、扶留、薏苡、黄精、金樱子、麦门冬、天门冬、紫苏、胡麻

书中对不同植物先后秩序的安排，如花部以梅居首，木部列松为先，当寓崇尚气节之微旨。梁家勉认为“宋人则多重梅……是书花部，选梅为首，就跟这一时代风尚分不开”[①]，实际上北宋跟唐人一样喜爱牡丹，对梅、菊的推重是南宋才逐渐形成的。

作者陈景沂，号江淮肥遯愚一子，台州人。[②] 生平仅据《全芳备祖》卷首所载自序及韩境序可知大概。陈氏序云：

> 余束发习雕虫，弱冠游方外，初馆西浙，继寓京庠，暨姑苏、金陵、两淮诸乡校，晨窗夜灯，不倦披阅，记事而提其要，纂言而钩其玄，独于花果草木尤全且备，所集凡四百余门，非全芳乎？凡事实、赋咏、乐府，必稽其始，非备祖乎？[③]

可见其自幼业儒，不到20岁即离开家乡作塾师，后曾入太学及苏州等州学学习。此与韩序“天台陈君，少负特操，读书数万卷……感万物敷荣，乃独致意于草木蕃庑，积而为书……客游江淮……可以广记载、备讨论者，毕录无遗……而《全芳备祖》之书成矣”[④]语相合。亦与陈氏自谓《全芳备祖》为其“少年之书”相合，换言之《全

---

① 梁家勉：《日藏宋刻〈全芳备祖〉影印本序》，（宋）陈景沂编辑：《全芳备祖》，第4页。

② 陈氏姓名与籍贯，又有陈咏、吴咏及今台州温岭人、黄岩人之说，均据清中期以来家谱、方志为言。参见梁家勉：《日藏宋刻〈全芳备祖〉影印本序》，（宋）陈景沂编辑：《全芳备祖》，第1页；陈信玉：《〈全芳备祖〉辑者陈景沂籍贯考证》，《中国农史》1991年第1期，第106—107页；程杰：《〈全芳备祖〉编者陈景沂姓名、籍贯考》，《南京师大学报》2015年第6期，第117—130页；蔡宝定：《〈全芳备祖〉编者陈景沂考证——与程杰先生商榷》，《台州学院学报》2017年第2、4期，第1—6、1—5、10页。

③ （宋）陈景沂编，程杰、王三毛点校：《全芳备祖》，杭州：浙江古籍出版社，2014年，第3页。按：其谓“所集凡四百余门”，不知是否初作如此，笔者上文以今传本（经过祝穆父子订正）统计，仅302目。

④ （宋）陈景沂编，程杰、王三毛点校：《全芳备祖》，第1页。

芳备祖》必成于陈景沂“客游江淮”期间。宝祐元年(1253),韩境在绍兴见到了前来求序的陈景沂,状其貌云:“貌癯气腴,神采内泽。”[①]此语似不当为中青年人而发,假定该年陈景沂 50 岁,则其当嘉泰四年(1204)前后生人。细按韩序语气,当为与陈氏同龄或稍长而位尊者。考以载籍,韩境字仲容,[②]为韩琦六世孙,嘉熙二年(1238)进士,[③]“寓居于越,尝以架阁言事贬于婺,诗书笔札皆工”。[④] 以宋代平均魁龄 30 岁[⑤]计之,宝祐元年其 66 岁,此亦与陈氏推测年龄相合。

韩序署款系时为“宝祐元年癸丑中秋”[⑥],陈序署款系时为“宝祐丙辰(四年)孟秋”[⑦]。其书既久成,何以又于此时董理序之?笔者认为即刊序也——因成书于宝祐五年(1257)的谢维新《古今合璧事类备要·别集》花、果、木、草、谷、蔬诸门承自《全芳备祖》[⑧],而未收后者所见祝穆《南溪樟隐记》一文(宝祐六年前后祝穆子祝洙代亡父完成《全芳备祖》订正工作时补入的乃父绝笔之作),故程杰推测《全芳备祖》刊刻之年当在宝祐六年之后,很可能付梓于宋度宗咸淳年间(1265—1274)。[⑨] 实际上谢书虽承自陈书,但并非完全照抄,弃祝文而不录,又何伤焉?——至少,宝祐四年或五年

① (宋)陈景沂编,程杰、王三毛点校:《全芳备祖》,第 1 页。

② (宋)佚名撰,燕永成整理:《东南纪闻》卷 1,《全宋笔记》第 8 编第 6 册,郑州:大象出版社,2017 年,第 283 页。

③ (宋)张淏纂修:《宝庆会稽续志》卷 6,《宋元方志丛刊》第 7 册,北京:中华书局,1990 年影印本,第 7162 页。

④ (清)陈梦雷纂:《古今图书集成·字学典》卷 112,台北:鼎文书局,1977 年,第 1083 页。

⑤ 参见本书第 99 页注释②。

⑥ (宋)陈景沂编辑:《全芳备祖》,第 7 页。

⑦ (宋)陈景沂编辑:《全芳备祖》,第 12 页。

⑧ 详参杨宝霖:《〈古今合璧事类备要〉别集草木卷与〈全芳备祖〉》,《文献》1985 年第 1 期,第 160—173 页。

⑨ 程杰:《日藏〈全芳备祖〉刻本时代考》,《江苏社会科学》2014 年第 5 期,第 222 页。

当为《全芳备祖》始刻之年。程杰还认为陈景沂可能“曾亲赴建阳一线与书商接触”[1]，洽谈出书事宜。如确，笔者认为时间亦当为宝祐四年或五年。

① 程杰：《〈全芳备祖〉编者陈景沂生平和作品考》，《绍兴文理学院学报》2013年第6期，第71页。

第三章　宋代耕作、农具、农田水利类农书

生产工具的发明创造有赖于整个社会科学技术的发展水平，取得“革命性”进步是非常困难的。宋代农业生产工具多承自前代，虽有重要发展但总体上并无巨大变化，因此不会给学者较多激发使为撰著，故而宋代农具类专著甚少。但另一方面，中国传统社会农业生产工具经过宋代发展基本定型，下开数代不易，以当时科技水平来说也是了不起的，故亦吸引了研究者的目光，产生了《农器图》《农器谱》二书，是继唐陆龟蒙《耒耜经》之后最早的农具专著，对后世产生了相当大的影响，使得农书记叙农具成为当然。一般来说，宋代言耕作技术必言具体作物，是则成上一章所论之综合性农书而仅论耕作之专著几无。如从这一情况出发，实不必设置耕作类农书一类，但从农学学科系统性出发，固应立此一类；另外宋代虽无耕作类专著（以后未必没有新的发现），其他朝代是有的，亦应立此一类。耕作、农具两类著作既少，故可合为一类。

宋代知识分子每有为生民立命、为万世开太平之社会责任感，宋朝政府又非常重视农田水利，尤其是庆历新政、熙丰变法时代，国家层面更加注重立法及政策的导向性。如作为庆历新政政纲的《答手诏条陈十事》所列第六事“厚农桑”，强调应于太湖地区积极兴修水利，以使民不困而国不虚。熙丰变法朝廷成立了制置三司条例司，地方行政机构也进行了改革，创设了提举常平、广惠仓兼管勾农田水利差役事，作为新的路级监司官。熙宁二年（1069）颁布了专门的农田水利法律《农田利害条约》（亦称《农田利害约束》），对水利工程的必要性、规划、施工及经费来源等方面都作了详细规定。尤其是鼓励学者积极研究水利、建言献策，“其言事人并籍定姓名、事件，候施行讫，随功利大小酬奖；其兴利至大者，当议量材录用”。对于积极组织、兴修农田水利工程的地方官员亦量

功绩大小给予奖励、提拔："与转运官或升任、减年磨勘、循资，或赐金帛令再任，或选差知自来陂塘圩埠、堤堰沟洫、田土堙废最多县分，或充知州、通判，令提举部内兴修农田水利。资浅者，且令权入。其非本县令佐，为本路监司、管勾官差委擘画兴修，如能了当，亦量功利大小比类酬奖。"[①]自此以后，"四方争言农田水利"[②]，故宋代涌现出了很多水利专著，不仅前代无法比拟，所取得学术成就可以说已达到传统社会的高峰，后世论水之书悉不脱其笼罩。

第一节　耕作、农具类农书

1.《农器图》

卷帙不明，杜詹撰。历代史志书目不载，仅见于《玉海》："(大中祥符)二年(1009)六月庚子，河东转运杜梦证(后因避仁宗讳改名尧臣)上子詹所撰《农器图》，诏裒之。六年七月诏农器免税，从知滨州吕夷简之言也。"[③]《中国农学书录》《中国农业古籍目录》未著录。此书是宋代最早的农具专著，惜早亡佚。

杜詹，棣州阳信(治今山东阳信县)人[④]。当于献书后以父荫出仕，天禧元年(1017)官已至屯田员外郎，召试学士院，为都官员外郎。[⑤] 二年出任三门、白波发运使[⑥]，三年迁京西转运副使[⑦]，不久升任陕西转运使[⑧]。仁宗即位入朝为三司户部判官、祠部郎中，

① (清)徐松辑:《宋会要辑稿》食货一之二七至二八，第 4815 页。

② (宋)王称撰，孙言诚、崔国光点校:《东都事略》卷 79《王安石传》，第 664 页。

③ (宋)王应麟纂:《玉海》卷 178《食货·农书》，第 3277 页。

④ 据雍正《山东通志》载其父籍贯知(卷 15，《景印文渊阁四库全书》第 540 册，第 11 页)。

⑤ (清)徐松辑:《宋会要辑稿》选举三一之一四，第 4730 页。

⑥ (清)徐松辑:《宋会要辑稿》食货四二之七，第 5565 页。

⑦ (清)徐松辑:《宋会要辑稿》方域一七之六，第 7599 页。

⑧ (清)徐松辑:《宋会要辑稿》食货六三之一七七，第 6075 页。

天圣二年(1024)初与秘阁校理李垂、太子中允赵固同为考官"考试知举官亲戚举人"。[①] 四年复出为陕州西路转运使,任上曾向朝廷请求允许民间贩卖煤炭:"磁、相等州所出石炭,今后除官中支卖外,许令民间任便收买贩易。"[②]六年与著名书法家李建中之子、同官李周士刻晁迥《劝慎刑文(并序)》《慎刑箴(并序)》立于永兴军文宣王庙,碑上结衔是"陕府西诸州水陆计度转运使兼本路劝农使、中大夫、尚书刑部郎中、直史馆、上柱国、赐紫金鱼袋"。[③] 杜詹职位早显,而此后载籍未见记载,恐即卒逝。

2.《农器谱》

三卷,续二卷,曾之谨撰。《遂初堂书目》《直斋书录解题》《宋史》均著录于"农家类"。[④] 根据周必大嘉泰元年(1201)序,可知《农器谱》包括"耒耜、耨镈、车戽、蓑笠、铚刈、蓧蒉、杵臼、斗斛、釜甑、仓庾"十类,此外还有"杂记"一篇,"皆考之经传,参合今制,无不备者"。[⑤] 周必大所见之书只有三卷,则陈振孙所记续书二卷当为曾氏此后继作。

《农器谱》已佚,但据曾雄生研究,王祯《农书·农器图谱》"大部分内容引自南宋曾之谨的《农器谱》"[⑥],故下文以王书《农器图谱》部分为据对宋代农具略作论述。当然,其中田制及桑麻诸门非曾

① (清)徐松辑:《宋会要辑稿》选举一九之八,第4566页。

② (清)徐松辑:《宋会要辑稿》食货三七之一〇,第5453页。

③ 杜文、张宁:《北宋〈劝慎刑文、箴〉碑略考》,《碑林集刊》第9辑,西安:三秦出版社,2003年,第39页。

④ (宋)尤袤:《遂初堂书目》,《丛书集成初编》第32册,第20页;(宋)陈振孙撰,徐小蛮、顾美华点校:《直斋书录解题》卷10,第296页;《宋史》卷205《艺文志四》,第5207页。

⑤ (宋)周必大撰,王蓉贵、(日)白井顺点校,《周必大全集》卷54《曾氏农器谱题辞》,第509页。

⑥ 曾雄生:《〈农器图谱〉和〈农器谱〉关系试探》,《农业考古》2003年第1期,第152页。

书所有[①]，自不应涉及；另外，曾书既名“农器谱”而王书更为“农器图谱”，且周必大序亦未言曾书有图，则曾书当无图。[②] 虽然图为王书所绘，但其距宋未远，所指相同，故笔者仍采之以见宋代农具形制。

《农书·农器图谱》耒耜门所记农具包括耒耜、犁、牛、耙、耖、劳、挞、耰、碌碡、砺礋、耧种、吨车、瓠种、耕槃、牛轭、秧马；钁臿门包括钁（图 6a）、臿、铎、长镵、铁搭、杴、镵、铧、鐴、铲、劐、梧桐角；钱镈门包括钱、镈、耨、耰锄、耧锄、镫锄、铲、耘荡、耘爪、薅马、薅鼓；铚艾门包括铚、艾、镰、推镰、粟鉴、镙、铍、劚刀、斧、锯、镧、砺；杷朳门包括杷、朳、平板、田荡、辊轴、秧弹、杈、笐、乔扦、禾钩、搭爪、禾担、连枷、刮板、击壤；蓑笠门包括蓑、笠、屝、屦、橇、覆壳、通簪、臂钩、牧笛、葛灯笼；蓧蒉门包括蓧、蒉、筐、筥、畚、笔、篅、䉛、谷匣、箩、箸、儋、篮、箕、帚、籭、箅、箣、筛谷箉、飏篮、种箪、晒槃、掼稻簟；杵臼门包括杵臼、碓、堈碓、砻、碾、辊碾、飏扇、礦、连磨、油榨；仓廪门包括仓、廪、庾、囷、京、谷盅、窖、窦、升、斗、斛、概；鼎釜门包括鼎、釜、甑、箄、老瓦盆、匏樽、瓢杯、土鼓；舟车门包括农舟、划船、野航、下泽车、大车、拖车、田庐、守舍、牛室；灌溉门包括水栅、水闸、陂塘、水塘、翻车、筒车、水转翻车、牛转翻车、驴转筒车、高转筒车、水转高车、连筒、架槽、戽斗、刮车、桔槔、辘轳、瓦窦、石笼、浚渠、阴沟、井、水箬；利用门包括濬铧、水排、水磨、水砻、水碾、水轮三事、水转连磨、水击面罗、槽碓、机碓、水转大纺车、缶、绠、田漏。[③] 另一方面，北宋时期孙端

---

① 详参曾雄生：《〈农器图谱〉和〈农器谱〉关系试探》，《农业考古》2003年第1期，第152—156页。

② 参见周昕：《中国农具通史》，济南：山东科学技术出版社，第605—606页。

③ 曾雄生认为王祯于灌溉门较多新增，又认为利用门为王祯新增内容（《〈农器图谱〉和〈农器谱〉关系试探》，《农业考古》2003年第1期，第155、156页）。笔者认为利用门所记大多出于前人记载，亦曾之谨所能见，且前揭周必大曾称誉其书“皆考之经传，参合今制，无不备者”，何况还有周氏所未见之续书，因此利用门亦当如灌溉门一样为自《农器谱》车戽门分出者。又，钁臿门所记农具宋及前代典籍多所见载，亦为宋世常见农具，曾之谨必（注转下页）

叟以组诗的形式描述过农具(狭义)、蚕具(属广义农具),虽其诗已佚,其人亦不得而知,但梅尧臣嘉祐二年(1057)有《和孙端叟寺丞农具十五首》《和孙端叟蚕具十五首》[①],王安石又有《和圣俞农具诗十五首》[②]。三人所咏农具有田庐、飏扇、搂(应为"耧")种、樵斧、耒耜、钱、镈、耰锄、襏襫、台笠、耕牛、牛衣、水车、田漏、耘鼓、牧笛、茧馆、织室、桑原、高几、(科)[柯]斧、桑钩、桑筥、蚕簇、蚕槌、蚕薄、缫盎、纺车、龙梭。楼璹作于南宋初的《耕织图》中亦绘制了大量农具图形,主要有犁、耙、耖、碌碡、戽斗、桔槔、龙骨水车、粪桶、粪勺、秧马、腰镰、连枷、木锨、杈、簸箕、箩、筐、篮、提篮、筛、杵臼、碓、砻、碾、磨等。[③]综上可见宋人所用农具之大概。上述绝大部分无疑为篇幅达五卷之多的《农器谱》所收,而《农书·农器图谱》承袭自该书并以名门类的耒耜、䦆臿、钱镈(《农器谱》为"耨镈")、灌溉、利用、蓑笠、铚艾(《农器谱》为"铚刈")、蓧蒉、杵臼、鼎釜(《农器谱》为"釜甑")、仓廪(《农器谱》为"仓庾",且并入《农器谱》斗斛门)11门,显然是当时最重要、最具代表性的农具。

耒耜、耨、钱、镈、耰锄、犁、耙、耖、碌碡等是整地农具。耒、耜二物而一事,耒下前曲接耜,"耒长六尺有六寸……自其庛,缘其外,遂曲量之,以至于首,得三尺三寸。自首遂曲量之,以至于庛,亦三尺三寸。合之为六尺六寸。若从上下两曲之内,相望如弦量之,只得六尺"[④]。其形制如下图(图6b)。犁为古代常见翻耕农具,有十一

(续上页注)著及之,故此门当由《农器谱》耒耜门或耨镈门分出。

① (宋)梅尧臣著,朱东润编年校注:《梅尧臣集编年校注》卷27,上海:上海古籍出版社,1980年,第912—918、918—922页。

② (宋)王安石撰,王水照主编:《王安石全集》第5册《临川先生文集》卷11,第288—292页。

③ (宋)楼璹:《耕织图诗》,《丛书集成初编》第1461册;并参见周昕:《中国农具通史》,2010年,第577—576页。

④ (元)王祯著,孙显斌、攸兴超点校:《王祯农书·农器图谱》集之一,长沙:湖南科学技术出版社,2014年,第214—215页。

个部件，耕起的土块叫墢，“起其墢者，鑱（今称铧）也；覆其墢者；壁也。故鑱引而居下，壁偃而居上”①。其形制如下图（图6c）。

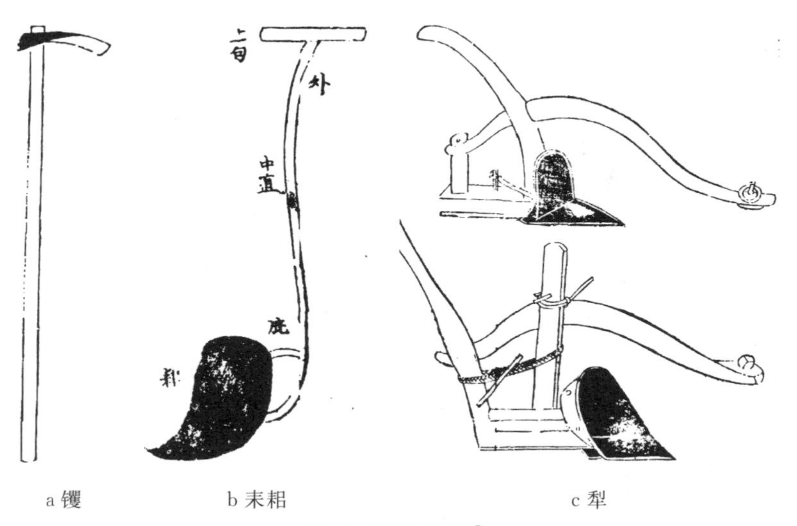

a 镬　　b 耒耜　　c 犁

图6　整地农具②

耧种、瓠种、种箪等是播种农具。耧种即耧车，又叫耧犁，“两柄上弯，高可三尺；两足中虚，阔合一（垅）［垄］。横桄四匝，中置耧斗，其所盛种粒，各下通足窍。仍旁挟两辕，可容一牛。用一人牵傍，一人执耧，且行且摇，种乃自下”③。其形制如下图（图7a）。瓠种贮种量约一斗，“乃穿瓠两头，以木箪贯之，后用手执为柄，前用作觜（瓠觜中草莛通之，以下其种）泻种于耕（过）垄

① （元）王祯著，孙显斌、攸兴超点校：《王祯农书·农器图谱》集之一，第218页。

② 引自《农书·农器图谱》集之三、二、一，明嘉靖九年山东布政使司刻本，叶一a至b、三一a至b、三四a至b。

③ （元）王祯著，孙显斌、攸兴超点校：《王祯农书·农器图谱》集之一，第241—242页。

畔……随耕随泻,务使均匀,又犁随掩过,遂成沟垄”[①]。其形制如下图(图 7b)。

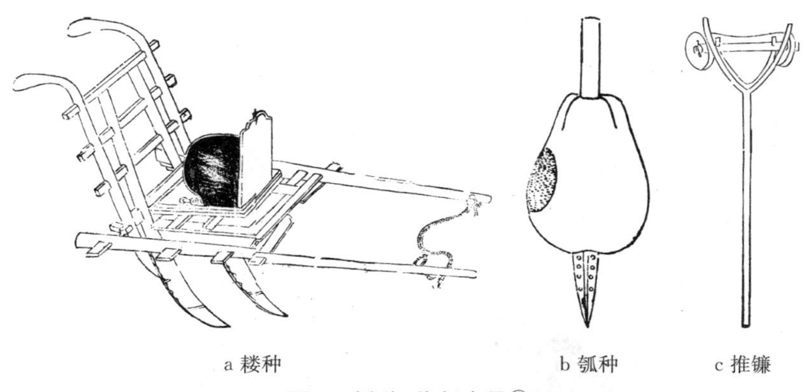

a 耧种　　　　b 瓠种　　　　c 推镰

图 7　播种、收割农具[②]

翻车、筒车、戽斗、连筒、架槽、刮车、桔槔、辘轳等是排灌农具。翻车、筒车因不同动力(水力、人力、畜力)又有不同形制,如驴转筒车,与水转翻车相比,是将后者下轮改为一横木,横木两端各以一驴反向牵引,从而带动筒车转动(图 8a),在临井、潭处可用以浇灌园圃。[③] 牛转翻车等亦类似。戽斗则是较简单的器具,“凡水岸稍

① (元)王祯著,孙显斌、攸兴超点校:《王祯农书·农器图谱》集之一,第 245 页。

② 引自王祯《农书·农器图谱》集之二、二、五,明嘉靖九年山东布政使司刻本,叶四四 a 至 b、四七 a、二二 a。

③ (元)王祯著,孙显斌、攸兴超点校:《王祯农书·农器图谱》集之十三,第 503 页。按:周昕《中国农具通史》云:“《王祯农书》所说的‘卫转筒车’,实际指的是‘驴’转筒车,这在王祯所绘《农器图谱》中明确地表示出来(图 7-8-16,采自《授时通考》),王祯为什么称‘驴’为‘卫’,尚不得而知。”(第 654 页)实际上,今存王祯《农书》最早版本嘉靖九年山东布政使司刻本(此本明后期曾两次翻刻,均传世)“卫转筒车”作“驴转筒车”〔日本国立公文书馆内阁文库藏本《农器图谱》集之十三,叶二六 a;南京图书馆藏本《农器图谱》集之十三,叶二六 a。两本卷首文不同,孙显斌、攸兴超点校《王祯农书》(注转下页)

下，不容置车，当旱之际乃用”。用法是以双绠系在柳筲、竹箕、木罂两旁，由“两人掣之，抒水上岸，以溉田稼”①。其形制如下图（图8b）。

a 驷转筒车　　　　　　　　b 戽斗

图8　灌溉农具②

镰、推镰、铚、刈、钹、禾钩、搭爪等是收割农具。“荞麦熟时，子易焦落”便用推镰，推镰“用木柄，长可七尺。首作两股短叉，架以横木，约二尺许。两端各穿小轮圆转，中嵌镰，刃前向，仍左右加以

(续上页注)认为可能前者为嘉靖九年较早印本，后者为较晚印本而有抽补。参见《王祯农书·导言》，第8页〕，而“驷”正是驴的别名。周昕所据，当为四库本，该本作“衛转翻车(按：驴一名衛)”(《景印文渊阁四库全书》第730册，第530页)。唐李匡乂《资暇集》卷下有云“代呼驴为衛(今简作‘卫’)”(《丛书集成初编》第279册，长沙：商务印书馆，1939年，第21页)，此即四库馆臣按语所据。至于为何呼“呼驴为衛”，李书认为一个可能的原因是“衛地出驴”，另一可能是“以其有軸、有槽，譬如诸衛有胃、曹也”(《丛书集成初编》第279册，第21页)。两说均非是，仅因“衛”是“驷”的异体字而已。“衛”既是“驷”之异体，后来刊刻王祯《农书》者遂有意或误以“驷”为“衛”可想而知。

① (元)王祯著，孙显斌、攸兴超点校：《王祯农书·农器图谱》集之十三，第515页。

② 引自《农书·农器图谱》集之十三，明嘉靖九年山东布政使司刻本，叶二六a至b、三二a至b。

斜杖,谓之蛾眉杖,以聚所劖之物。凡用则执柄就地推去,禾茎既断,上以蛾眉杖约之,乃回手左拥成稕”。[①] 其形制见上页(图 7c)。

笐、乔扦等是晾晒农具,连枷、掼稻簟等是脱粒农具。笐即竹木之架,如屋状(图 9a),主要用于霖雨季节,“若麦若稻等稼,获而栞(音茧)之。悉倒其穗,控于其上。久雨之际,比于积垛,不致郁(浥)[浥]。江南上雨下水,用此甚宜;北方或遇霖潦,亦可仿此”。[②] 掼稻簟(图 9b)主要用于尚未农忙之时,“农家禾有早晚,次第收获,即欲随手得粮,故用广簟展布,置木物或石于上,各举稻把掼之,子粒随落,积于簟上。非惟免污泥沙,抑且不致耗失。又可晒谷物,或卷作笆,诚为多便”。[③]

a 笐

b 掼稻簟

图 9　晾晒、脱粒农具[④]

蓧、蒉、筐、畚、䉛、篓、篮、帚(图 10d)等是清运、盛粮农具。蓧

① (元)王祯著,孙显斌、攸兴超点校:《王祯农书·农器图谱》集之十三,第 295 页。

② (元)王祯著,孙显斌、攸兴超点校:《王祯农书·农器图谱》集之六,第 325 页。

③ (元)王祯著,孙显斌、攸兴超点校:《王祯农书·农器图谱》集之八,第 382 页。

④ 引自《王祯农书·农器图谱》集之六、八,明嘉靖九年山东布政使司刻本,叶三六 a 至 b、一五 a。

用来盛粮种，“南方盛稻种用篅，以竹为之；北方藏粟种用篓，多以草木之条编之”[①]，篠亦其类，如下图（图 10a）。䉛也是盛种器，北方以荆柳或蒿卉制成，南方判竹编草或用蘧蒢作成，如下图（图10b）。蒉是草编成的盛谷器。箩是洁米盛器，“量可一斛”[②]，上圆下方，以竹编而成，如下图（图 10c）。

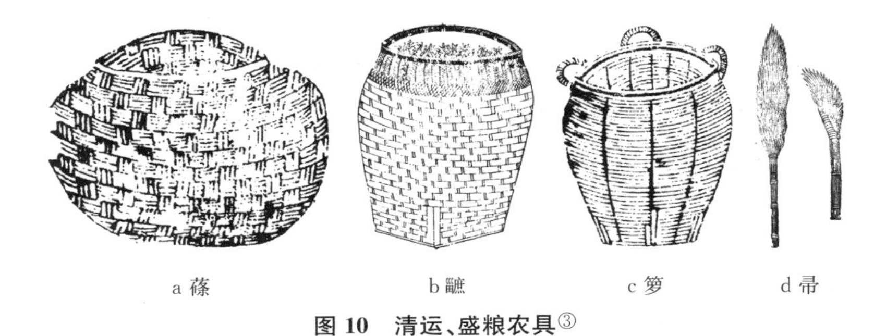

a 篠　　b 䉛　　c 箩　　d 帚

图 10　清运、盛粮农具[③]

杵臼、碓、砻、磨、飏扇、筛谷簩等是加工农具。杵臼（图 11a）是舂米工具，宋代稻一百二十斤舂粟二十斗、米十斗称“毇”，舂米六斗大半斗称“粲”或“粝”；米一石舂为九斗，称“糳”（精米）。根据考古发现，中国在新石器时代即已发明杵臼，因此古人“黄帝尧舜氏作断木为杵，掘地为臼。杵臼之利，万民以济”的说法是有一定依据的。碓是在杵臼基础上进一步发明的。砻（图 11b）、碾（11c）均用以去谷壳，前者“日可破谷四十余斛”，后者“日可毇米四十余斛”；[④]磨（图 11b）是磨面粉或米粉的工具。砻、碾、磨在宋代均有

① (元)王祯著，孙显斌、攸兴超点校：《王祯农书·农器图谱》集之八，第 354 页。

② (元)王祯著，孙显斌、攸兴超点校：《王祯农书·农器图谱》集之八，第 365 页。

③ 引自《王祯农书·农器图谱》集之八，明嘉靖九年山东布政使司刻本，叶一 a 至 b、五 a、七 a 至 b、一〇 a。

④ (元)王祯著，孙显斌、攸兴超点校：《王祯农书·农器图谱》集之九，第 397、399 页。

利用畜力或水力者，产量当然是利用人力所不能比的。飏扇、筛、筛谷箉等是加工辅助工具。飏扇“其制中置簨轴，列穿四扇或六扇，用薄板或糊竹为之。复有立扇、卧扇之别”[①]，用处是舂、辗之际扇去米中之糠得到净米，即今所谓风车（图 11d）。筛子是谷麦脱粒或舂米后筛去糠粃的用具，筛谷箉等于在筛子上装上长系，便于挂在树枝或屋梁上（图 11e），可以减少人的体力支出。

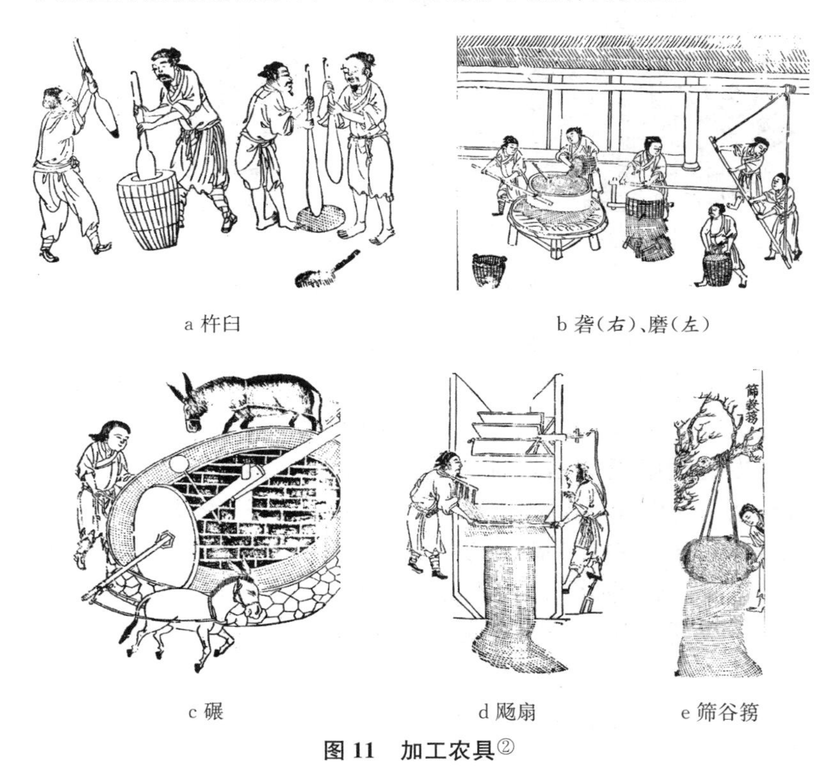

a 杵臼　　b 砻（右）、磨（左）

c 碾　　d 飏扇　　e 筛谷箉

图 11　加工农具[②]

① （元）王祯著，孙显斌、攸兴超点校：《王祯农书·农器图谱》集之九，第 404 页。

② 引自《王祯农书·农器图谱》集之九、九、九、九、八，明嘉靖九年山东布政使司刻本，叶一七 a 至 b、二一 a 至 b、二三 b、二六 a 至 b、一二 b。

仓、廪、庾、囷、京、窖、窦等为储粮之所。仓者，藏也，既为储粮之所之总名，又为规模较大者之专名（图 12a）。廪则为仓之有屋者（图 12b）；仓之无屋者称庾，即露天仓库（图 12d）。囷指小型园仓（图 12c），京指小型方仓。宋朝政府非常重视仓储建设管理，甚至路级长官而有“提举常平、广惠仓兼管勾农田水利差役事”（南宋称“提举常平茶盐公事”）之名（省称则曰“仓司”），于《农器谱》所载纷繁的仓廪形制亦可见一斑。

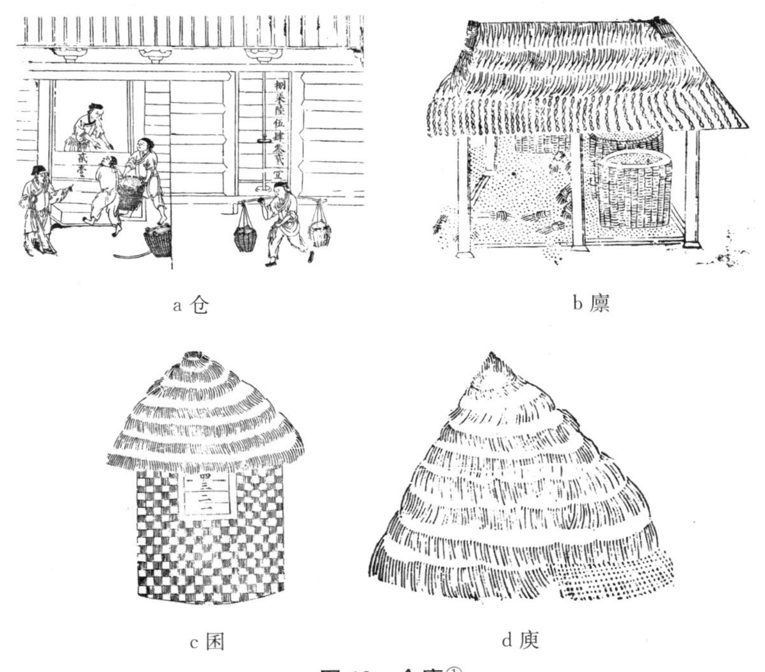

a 仓　　b 廪

c 囷　　d 庾

图 12　仓廪[①]

有研究者认为王祯《农书·农器图谱》所记农具表明“中国传统农具已基本配套齐全，各类农具自身已基本走完了发展演变之

① 引自《王祯农书·农器图谱》集之十，明嘉靖九年山东布政使司刻本，叶三二 a 至 b、三三 a 至 b、三五 a、三四 a。

路而完全定型”[1]，而王祯《农书》始撰于元贞二年（1296），距宋亡仅20年。因此无论王书抄录曾书多寡，都可以说宋代是中国传统农具配套齐全、完全定型的时代。

《农器谱》作者曾之谨，吉州太和（治今江西泰和县）人，是《禾谱》作者曾安止侄孙。乾道元年（1165）、七年（1171）两次通过吉州解试[2]，然直至绍熙元年（1190）始中余复榜进士[3]。在耒阳（治今湖南耒阳市）令任上，曾之谨因为苏轼曾以曾安止书“不谱农器”为憾[4]，遂立意撰一部农具专著即《农器谱》。书成曾请乡先辈、孝宗朝丞相周必大写序，周序作于嘉泰元年（1201）八月[5]，则《农器谱》当完稿于此年前。开禧二年（1206），曾之谨又将《禾谱》《农器谱》寄呈陆游以求诗誉扬，陆游阅后在诗中给了很高的评价：

欧阳公谱西都花，蔡公亦记北苑茶。
农功最大置不录，如弃六艺崇百家。
曾侯奋笔谱多稼，儋州读罢深咨嗟。
一篇《秧马》传海内，农器名数方萌芽。
令君继之笔何健，古今一一辨等差。

---

① 周昕：《中国农具通史》，第603页。

② 同治《万安县志》卷10《选举志》，《中国方志丛书·华中地方》第868号，台北：成文出版社，1989年影印本，第860页；嘉靖《江西通志》卷26，《四库全书存目丛书·史部》第183册，济南：齐鲁书社，1996年影印本，第317页。按：万安县熙宁四年自太和、龙泉、赣县析置，下有夏造村，今犹有夏造镇；又《万安县志》原文为“许擅（夏造人）……曾之谨（夏韶人）”，则“曾之谨（夏韶人）”恐当作“曾之谨（夏造人）”。曾之谨多次参加解试，可能于乾道元年冒籍万安发解。

③ 嘉靖《江西通志》卷26，《四库全书存目丛书·史部》第183册，第322页。

④ （清）王文诰辑注，孔凡礼点校：《苏轼诗集》卷38《秧马歌（并引）》，第2051页。

⑤ （宋）周必大撰，王蓉贵、（日）白井顺点校：《周必大全集》卷54《曾氏农器谱题辞》，第509页。

我今八十归抱耒，两编入手喜莫涯。
神农之学未可废，坐使末俗惭浮华。[①]

此后曾之谨于嘉定元年（1208）迁知道州江华县（治今湖南江华瑶族自治县西南），四年秩满为王镐所代。[②] 著名词人刘过是曾之谨同乡，期间有《谒江华曾百里（二首）》赠之，其一云："抠衣三十年前事，曾似诸生傍绛纱。一国所尊吾白下，双凫犹远令江华。时来馆学总余事，老去衣冠怀故家。莫怪我门郊岛外，狂生尚有一刘叉。"[③]"双凫"典出《后汉书·王乔传》，后借指地方官，"双凫犹远令江华"即言曾之谨时在远在江华县任地方官。"抠衣"典出《礼记》，指见尊长入室、入坐时提起长袍下摆行走以示恭敬，亦称"摄齐"，引申为师事、侍奉老师之义；且下句又云"曾似诸生傍绛纱"，可见刘过对曾之谨以学生自居。刘过卒年学界一般认作开禧二年（1206），实际上是错误的，其确切卒年是嘉定二年（1209）冬[④]。则刘过赠诗必作于嘉定元年或二年，时年 55 或 56 岁（刘过生于绍兴二十四年，1154）。"三十年前"，刘过二十五六岁，其既自居学生，则淳熙五（1178）至六年曾氏年龄至少在三十五六岁以上，这与其乾道年间（1165—1173）已参加过多次发解试亦相吻合。准此，曾之谨生年当为绍兴十三年（1143），嘉定四年（1211）已 69 岁，则其知江华县秩满应即致仕矣，故此后不再见于记载。据沅州（治今湖南芷江侗族自治县）知州王镇（1116—1193）墓碣，其四女王漳丧夫

① （宋）陆游著，钱仲联、马亚中主编：《陆游全集校注》第 10 册《剑南诗稿》卷 67《耒阳令曾君寄〈禾谱〉〈农器谱〉二书求诗》，第 234 页。

② 隆庆《永州府志》卷 4 之下《职官表下》，《四库全书存目丛书·史部》第 201 册，济南：齐鲁书社，1996 年影印本，第 573 页。

③ （宋）刘过：《龙洲集》卷 4，上海：上海古籍出版社，1978 年，第 29 页。

④ 参见俞兆鹏：《南宋诗人刘过卒年考》，《求真集：俞兆鹏史学文集》，南昌：江西教育出版社，2004 年，第 349—356 页。

后“再归衡州耒阳县令曾之谨”[1]。以曾氏任耒阳县令时年龄估计，亦当为续弦。倘若非是，适为张邦炜“宋代出现了结婚年龄增大，特别是男性读书人尤其明显”[2]观点之一例证。

第二节　农田水利类农书

学术研究的根本价值或在于提供现实社会问题的解决之策，即所谓“学以致用”；或在于提升社会成员的思想水平与人生境界，即所谓“人文化成”。一时代固有一时代之学术，但一个学术新议题的形成除了受制于内在学理逻辑之外，更受到社会及所处历史阶段即外部因素的制约与影响，中国传统社会也是如此。宋代农田水利类农书基本上是以吴中水利为研究对象的，宋人所言“吴中水利”“吴门水利”“三吴水利”皆指太湖地区而言。宋代持续两百年的吴中水利课题的形成与发展，揭示了传统社会学术新议题是如何从社会现实的潜在需要，通过国家的政策引导，在知识分子的主动参与承担之下成为一门显学的。[3] 其研究成果，毫无疑问在解决宋代吴中水患问题、维护民众生命财产安全、确保农业生产及增加国家财政收入等方面发挥了巨大的作用。

1.《吴门水利书》

四卷，郏亶撰。《中国农学书录》《中国农学古籍目录》未著录。该书实际上是郏亶熙宁五年（1072）建言水利的两篇文章，一篇是《上苏州水利书》，另一篇是《上治田书》。

顾炎武云：“吴中之水，曰震泽、曰具区、曰太湖，一也。其命名

---

① （宋）周必大撰，王蓉贵、（日）白井顺点校：《周必大全集》卷77《朝议大夫赐紫金鱼代王君茔碣》，第702页。

② 张邦炜：《宋代的“榜下捉婿”之风》，《宋代婚姻家族史论》，北京：人民出版社，2003年，第79页。

③ 详参拙文《宋代吴中水利的常态化研究》，《中国社会科学报》2020年12月8日第7版《国家社科基金专刊》。

不同，皆以时起，抑各有所取义焉耳。自昔宋人而言，其西之南，则严、湖、杭、天目诸山之原，有自苕、霅而来者。其西则宣、歙、池、九阳江之水，有自五堰而来者。其北则润州之金坛、延陵之丹阳与宜兴之荆山之水，有自荆溪、百渎而来者。而其东北则常州之水，有自望亭而来者。其入海之道，虽曰三江，而二江已绝，唯吴淞一江，而吴江南岸又筑为石堤，以便纲运。而苏州居其左偏，厥田下下。而沿海与江，地皆冈阜。或以其中倾外仰，比之盘盂。”[①]也就是说太湖地区是一个以太湖为中心的盘形洼地，因此极易汇聚四方之水；其东部平原海拔在 2.5—3.5 米，从太湖至东海地势逐渐升高，因此不利于太湖地区东向海洋排水，故历代皆重视于其地兴修水利。

郏亶《上苏州水利书》首先强调的也是在苏州兴修水利工程的重要性：“天下之利莫大于水田，水田之美莫过于苏州。”然后总结了自唐末以来太湖地区水利治理存在的问题，即所谓“其失有六”。一是因苏州东枕海北接江，就向东开浚昆山三塘而导水于海，向北开常熟二浦而导水于江。但此五处在正处于太湖碟形洼地的碟沿上，地势愈来愈高，里程亦远，水位高时或能冲决入长江、东海，水位低时反致江水、海水倒灌。是以“景祐以来屡开之而卒无效也”。二是认为“苏之厌水以其无堤防也”，故昆山、常熟、吴江皆峻筑堤岸。此虽有“通往来御风涛之小功”，但无益于卫民田、去水害之大效。三是昆山下驾、新洋等浦本可导水入松江（古亦名吴江、吴松江、松陵江，即今吴淞江）泄之，但诸浦虽决而堤防不立，水位没能提高，水平面与松江等，并不能导水入江。四是古代设望亭堰御常州来水使之入太湖而不为患苏州，故人皆谓望亭堰不能废，实际上治苏州之水不在乎望亭堰之废否。五是因认为“苏水所以不泄者，以松江盘曲而决水迟也”，故应对槎浦、金灶子等浦加以裁弯取直。

① (清)顾炎武撰，黄珅、严佐之、刘永翔主编：《顾炎武全集》第 13 册《天下郡国利病书·苏州备录下》，上海：上海古籍出版社，2011 年，第 546—547 页。

但“苏之水与江齐平，决江之曲者足以使江之水疾趋于海而未能使田之水必趋于江也”。六是因认为苏州本是泽国，自当漫容数州之水，不当障陂湖而为田土。此种看法最为疏阔不值辩驳。

接着郏亶针对这些问题提出了自己的意见，是所谓“六得”。一曰“辨地形高下之殊”，昆山、常熟处太湖地区“碟沿”东部、北部，其田是为高田，高田患旱，与低田患水不同，故治水亦须治旱。二曰“求古人蓄泻之迹”，即利用前人所修灌溉工程遗迹。如昆山高田灌溉水道系统：南北向的横沥塘结合东西向的小塘（谓之门，如所谓钱门、张冈门、沙堰门、斗门之类）；昆山低田排水水道系统：下驾、小虞等浦皆决水于松江之道，又有横塘“贯其中而棋布之”，使水行于外田成于内，“故水虽大而不能为田之害，必归于江海而后已”。三曰“治田有先后之宜”，即先取昆山、常熟高田设堰潴水以灌溉之，又浚其经界沟洫，使水周流以浸润之；立冈门以防其壅，则高田无干旱之患，而水田（低田）亦减数百里流注之势。后取水田除四湖外某家泾、某家浜之类一切罢去；并每隔数里而为一纵浦、横塘，务使塘浦阔深而堤岸高厚，塘浦阔深则水通流，堤岸高厚则田自固。四曰“兴役顺贫富之便”，苏州人口多、民殷富的，兴役可以做不扰民，他预计用五年时间即可成功。五曰“取浩博之大利”，通过算经济账，他认为治水成功后高田、低田皆得利，每年国家可增收“三四十万之税”。六曰“舍姑息之小惠”，认为虽至治之世未尝不役民，倘因治水必将役民则罢那是姑息小惠，治水才是使民登富的真正的养民之道。[①] 因有此“六失”“六得”之说，故此篇又名《奏苏州治水六失六得》。

《上治田书》则专论治田之法。一论“古人治低田高田之法”。禹时“震泽（太湖）为患，禹乃凿断岗阜，流为三江，东入于海”，然低田仍常有水患而高田常有旱灾，古人遂于低田“纵浦以通于江”，在浦东西为横塘以分水势，积水可泄于浦塘而无水患，有如后世圩

---

① （宋）郏亶：《上苏州水利书》，《全宋文》第75册，上海、合肥：上海辞书出版社、安徽教育出版社，2006年，第374—378页。

田；于高田则设冈门、斗门以潴蓄雨水，高田亦无旱灾。二论“后世废低田高田之法”，后世低田浦塘堤防尽坏，三江中东江、娄江又已壅塞，只剩下较浅的松江，排水不畅；高田冈门、斗门亦坏，不复能蓄聚春夏雨水。低田、高田均告不治。三论“自来议者只知决水而不知治田”，治田为本，治水是为治田，然后世惟知泄水而已。四论“治田之法”，强调治田为先，决水为后，具体方法则是恢复前代措施。五论“乞循古人之遗迹治田”，即合理利用古人遗留下来的塘浦、港沥、冈门等水利工程，郏亶列举了各地可用者总计 7 项 266 条。六论“先往两浙相度则议论难合”。七论“先诣司农寺陈白则利害易明”，是为了保证建言实施提出的要求。[①] 因为讲了 7 条意见，故此篇又名《治田利害七论》。

概括来讲，郏亶的治水方略是治水先治田、治水兼治旱、低田高田分治、合理利用前代水利工程，在建设经费上则贯彻“谁受益谁负担”的原则发动民众出钱出力。这些观点和措施是合理的，因此他受到了王安石、神宗的赞赏，上书后即被授为司农寺丞、提举两浙路兴修水利。但这一计划实际上是一个非常庞大的农田水利系统工程，以当时的社会经济条件几乎不可能在短期内（至少不可能在郏亶自己说的五年内）竣工。他显然低估了工程的规模及建设过程中的种种矛盾，最终半年后即被罢官[②]，神宗甚至还有“郏亶妄作，中道而止”[③]的评语。

《上苏州水利书》《上治田书》为郏亶向朝廷的上书，实非有意之著述，虽有熙宁六年他本人“以其说镂板，遍下州县，许诸色人（者）[等]考详合议”[④]之说，但未见传世之本。今所见最早的是范成大《吴郡志》，其后诸书多有收载。前者见《三吴水利录》卷一、《三吴水考》卷八、《吴都文粹》卷五、《娄水文征》卷一、《吴郡文编》

① （宋）郏亶：《上治田书》，《全宋文》第 75 册，第 378—385 页。
② （宋）李焘：《续资治通鉴长编》卷 245 熙宁六年五月乙丑，第 5960 页。
③ （宋）李焘：《续资治通鉴长编》卷 246 熙宁六年八月乙亥，第 5989 页。
④ （宋）范成大撰，陆振岳点校：《吴郡志》卷 19《水利上》，第 279 页。

卷二三、《天下郡国利病书》、《江南通志》卷六三、道光《昆新两县志》卷三五、光绪《苏州府志》卷九、光绪《嘉定县志》卷七等，后者见《三吴水利录》卷一、《娄水文征》卷一、光绪《苏州府志》卷九、光绪《嘉定县志》卷七等。诸书文字颇有异同，这是在使用中需要注意的。此外，《全宋诗》存其诗 3 首，《全宋文》此两文外又载其另文 2 篇。

郏亶，字正夫，出身苏州昆山县太仓农家。自幼读书，识度不凡，"甫冠登嘉祐二年进士第"——则其生年为景祐五年（宝元元年，1038）——是宋朝以来昆山第一位进士。释褐获授睦州团练推官、知杭州於潜县，但他并未赴任。后迁居金陵，遣其子郏侨问学于王安石，[①]此必嘉祐八年（1063）荆公归葬母亲返金陵至治平四年（1067）神宗即位受诏重起知江宁府之间事。其贽见诗云："十里松阴蒋子山，暮烟收尽梵宫宽。夜深更向紫微宿，坐久始知凡骨寒。一派石泉流沆瀣，数庭霜竹颤琅玕。大鹏况有抟风便，还许鷦鷯附羽翰。"[②]诗中深表仰慕之情及自荐之意，可见宋朝改革时代的到来已呼之欲出，而王安石则是众望所归的引领者，在人们心目中其随着神宗即位起而执政是必然的。熙宁二年（1069）初王安石任参知政事，主持改革大计。同年底朝廷颁布《农田水利约束》[③]，并分遣诸路常平官专领农田水利事，鼓励吏民"知土地种植之法、陂塘圩埠堤堰沟洫之利害者，皆得自言"[④]，一时之间言水利、理财或改革者络绎不绝，俱"使乘驿赴阙。或召至中书或赴司农，不验虚实，便令兴役……微有效则除官、赐金帛"[⑤]，郏亶遂上书言苏州

---

① (宋)龚明之撰，孙菊园点校：《中吴纪闻》卷 3，上海：上海古籍出版社，1986 年，第 57 页。

② (元)陈世隆编，徐敏霞校点：《宋诗拾遗》卷 6《遣儿侨就学于王介甫以诗为贽》，沈阳：辽宁教育出版社，2000 年，第 82 页。

③ 《宋史》卷 14《神宗本纪一》，第 272 页。

④ 《宋史》卷 173《食货志上》，第 4167 页。

⑤ (宋)李焘：《续资治通鉴长编》熙宁五年十一月庚午注引，第 5866—5867 页。

水利。熙宁五年,朝廷任命"睦州团练推官、知於潜县郏亶为司农寺丞、两浙路提举兴修水利"[①]。睦州团练推官、知於潜县是郏亶登第后所授官职,可见他上书时无职,恰与林希《野史》"昆山富人郏亶以苏田尽如江南筑圩岸,召赴司农"[②]的记载相印证。范成大《吴郡志》则载郏亶上书时任"广东机宜"[③]即广东安抚司机宜文字,不知何据。郏亶所议多有反对意见,同时工程浩大民不堪命,以致引发群体性事件,因之罢官,由沈括接替其相度两浙路农田水利差役等事一职[④]。回到老家,郏亶并不服气,乃"治所居之西积水田曰大泗瀼者,如所献之说为圩岸、沟洫、井舍、场圃",而收获甚丰,于是又"图其状以献"。[⑤] 复被召为司农寺主簿,于熙宁九年(1076)五月曾往西北部熙河路相度营田利害。[⑥] 不久升任司农寺丞、江东转运判官。元丰六年(1083)十月曾因罪被弹劾。[⑦] 元祐初年,入为太府寺丞,继出知温州。据《中吴纪闻》记载,郏亶后受召为比部郎中,未至而卒,享寿66岁[⑧]——则其卒年为崇宁二年(1103)。

2.《水利书略》

一卷,郏侨撰。郏侨字子高,一字乔年,晚号凝和子。为郏亶之子,早年师事王安石。其负才挺出、特立独行,与同样不同流俗的范周(范仲淹从孙,范纯古子)为忘形交。[⑨] 官至将仕郎,乡人称之为"郏长官"。他继承父志研究水利,父亡后向朝廷奏上《水利书

① (宋)李焘:《续资治通鉴长编》熙宁五年十一月癸丑,第5824页。
② (宋)李焘:《续资治通鉴长编》熙宁五年十一月庚午注引,第5867页。
③ (宋)范成大撰,陆振岳点校:《吴郡志》卷19《水利上》,第264页。
④ (清)徐松辑:《宋会要辑稿》食货七之二六,第4918页。
⑤ (宋)龚明之撰,孙菊园点校:《中吴纪闻》卷3,第58页。
⑥ (宋)李焘:《续资治通鉴长编》卷275熙宁九年五月己巳,第6727页。
⑦ (宋)李焘:《续资治通鉴长编》卷340元丰六年十月庚辰,第8180页。
⑧ (宋)龚明之撰,孙菊园点校:《中吴纪闻》卷3,第58页。
⑨ (宋)龚明之撰,孙菊园点校:《中吴纪闻》卷5,第110页。

略》[1]。又有《幼成警悟集》[2]。

《水利书略》收载于范成大《吴郡志》(卷一九《水利下》)、归有光《三吴水利录》(卷中)、张国维《吴中水利全书》(卷一三)及《江南通志》(卷六三《河渠志》)等书。《中国农学书录》《中国农学古籍目录》未著录。郏侨认为他父亲所说的“后世废低田高田之法”的原因虽确存在,但最主要的原因则是端拱(988—989)年间为了修建漕运工程,“不究堤岸堰闸之制与夫沟洫畎浍之利”而一切毁之。去古既久,以致莫可寻绎。天禧(1017—1021)、乾兴(1022)年间朝廷派遣使者兴修水利,但他们作为“远来之人”,不知道三吴地势高下、水源来历及前人营田之利皆失,而“耻于空还”,遂遽采“愚农道路之言,以目前之见为长久之策”,是以没有效果。郏侨指出:“太湖盖积十县之水……昔禹治水,凡以三江决此一湖之水,今则二江已绝,唯吴松一江存焉。”排水之道既已减少,“又为权豪请占,植以菰蒲芦苇;又于吴江之南筑为石塘,以障太湖东流之势;又于江之中流多置罾断,以遏水势”。致吴江日淤月淀,下流浅狭。一旦风雨袭来,四郡之民“惴惴然有为鱼之患”,“凝望广野,千里一白。少有风势,驾浪动辄数尺。虽有中高不易之地种已成实,顷刻荡尽”。[3]

郏侨自己的治理措施主要有以下几点:其一,治水必先治江宁。导九阳江、银林江等五堰决于西江,润州治丹阳、练湖决于北海,常州治宜兴隔湖、沙子淹及江阴港浦入于北海,则西北之水不入太湖为害。其二,苏州治诸邑限水之制。辟吴江南面石塘以决太湖,会于青龙、华亭而入海;同时开浚吴松江;其他江湖风涛为害之处筑为石塘,及于彭汇与诸湖瀼等处;秀州治华亭、海盐港浦;杭

---

① (宋)范成大撰,陆振岳点校:《吴郡志》卷19《水利上》,第280页。

② (宋)凌万顷、边实纂:《淳祐玉峰志》卷中《人物》,《宋元方志丛刊》第1册,北京:中华书局,1990年影印本,第1077页。

③ (宋)郏侨:《水利书略》,(宋)范成大撰,陆振岳点校:《吴郡志》卷19《水利下》,第282页。

州迁长河堰，以宣、歙、杭、睦等山源决于浙江，如此则东南之水不入太湖为害。其三，治水者一般持二说，一为导青龙江开三十浦，一为使植利户浚泾浜、作圩埕。"是二者各得其一偏"，郏侨认为当合二为一，但施行有先后。当然两者也可同时兼行，其效更速。

郏侨强调，开浚蒲塘必须重视设置堰闸以防江潮涨沙，必须劝民作圩埕、浚泾浜以治田，否则必有堙塞之患。置堰闸又需以设立专门机构管辖，以时启闭，否则必如范仲淹、叶清臣昔年开茜泾等浦虽置闸久而废坏。他的这一观点后来被提举两浙水利赵霖所重视、采纳[①]。郏侨还乞请恢复常州无锡县望亭堰闸，并划归苏州管辖。原因是常、润之地比苏州高，而苏州东接海岸之地亦高，苏州介于此两高之间，每遇大水西则为常、润之水所注，东则为大海岸道所障，积水无缘通泄。故不仅须开茜泾等浦以向东决水，还须由苏州管辖望亭堰闸以防遏常、润之水西流；常、润之水则由五卸堰顺流入于长江。如此方可使积水之地悉为良田，坐收苗赋以助国用。郏侨的治水方略承其家学，所谋深远而规划宏大，但这在当时是不可能实现的。

3.《吴郡图经续记》

三卷，朱长文撰。《遂初堂书目》记作《吴郡续图经》[②]，《舆地纪胜》引作《(吴郡图经)续志》[③]，《(宝祐)重修琴川志》引作《续吴门志》[④]。《中国农学书录》《中国农业古籍目录》未收叙。《直斋书录解题》《文献通考》均著录于地理类[⑤]，然此书颇涉水利，更有《治水》专目，故为言宋代水利书者所不能忽略。《吴郡图经续记》之所

① 详参王建革：《宋元时期太湖东部地区的水环境与塘浦置闸》，《社会科学》2008年第1期，第135—136页。

② (宋)尤袤：《遂初堂书目》，《丛书集成初编》第32册，第15页。

③ (宋)王象之：《舆地纪胜》卷5《两浙西路・平江府》，第323页。

④ (宋)孙应时纂修，(宋)鲍廉增补，(元)卢镇续修：《琴川志》卷9《叙产》，《宋元方志丛刊》第2册，第1241页。

⑤ (宋)陈振孙撰，徐小蛮、顾美华点校：《直斋书录解题》卷8，第245页；(元)马端临：《文献通考》卷204《经籍考三十一》，第1699页。

以名“续记”，是因为前已有罗处约《吴县图经》、李宗愕《苏州图经》。全书分上、中、下三卷，上卷包括封域、城邑、户口、坊市、物产、风俗、门名、学校、州宅、南园、仓务、海道、亭馆、牧守、人物 15 门；中卷包括桥梁、祠庙、宫观、寺院、山、水 6 门；下卷包括治水、往迹、园第、家墓、碑碣、事志、杂录 7 门。其体例被学者认为是“方志开始定型之作”①，“实为后世志书之祖”②。这里主要考察其卷下《治水》。《治水》谈的是朱长文家乡苏州所在的太湖地区的水患治理。

上文已言太湖地区是一个以太湖为中心的碟形洼地，其东部平原从太湖至东海地势逐渐升高，不利于太湖地区东向海洋排水，此即朱长文所谓“地势倾于东南，而吴之为境，居东南最卑处，故宜多水”③。隋唐在太湖地区积极的水利建设使该区粮食生产在全国越来越具有无可替代的重要地位④，故唐人云：“三吴者，国用半在焉。”⑤但太湖流域原有的娄江、东江、吴淞江组成的三路排水系统，到北宋时只剩下松江一路⑥，因此宋代太湖地区水患压力远超前代。

朱长文《治水》从大禹讲起，他指出“自三(本作‘二’)江故道既废，而五湖所受者多，以百谷钟纳之巨浸，而独泄于松陵之一川(指松江)，势不能无浸溢之患也”。前代乃“以塘行水，以泾均水，以塍

---

① 黄苇：《论宋元地方志书》，《历史研究》1983 年第 3 期，第 78 页。

② (清)李光廷：《吴郡图经续记》跋，《守约篇·乙集》第 7 册，清同治广东李氏刻本，叶七 a。

③ (宋)朱长文纂修，李勇先校点：《吴郡图经续记》卷下，《宋元珍稀地方志丛刊·乙编》第 1 册，第 83 页。

④ 详参张剑光、邹国慰：《唐五代环太湖地区的水利建设》，《南京大学学报》1999 年第 3 期，第 114—121 页。

⑤ (唐)杜牧：《赠吏部尚书崔公行状》载崔郾语，吴在庆：《杜牧集系年校注》，北京：中华书局，2008 年，第 917 页。

⑥ 满志敏主编：《上海地区城市、聚落和水网空间结构演变》，上海辞书出版社，2013 年，第 6 页。

御水，以埭储水，遇淫潦可泄以去，逢旱岁可引以灌，故吴人遂其生焉”。接着朱氏梳理了宋代历次治水工程：天禧（1017—1021）、天圣（1023—1032）年间吴中水灾，发运使张纶采取的措施是在昆山、常熟“各开众浦，以导积水”。景祐（1034—1038）中范仲淹知苏州，经过经度，他认为当时河渠虽多但堙塞已久，仅松江不能尽泄震泽（太湖）众湖之水，治理太湖地区水患应当“疏导诸邑之水，东南入于松江，东北入于扬子与海也”，于是开浚五河。此后自宝元（1038—1040）年间叶清臣以来，治水基本上都是在对松江实施裁弯取直工程，使其“道直流速”。这是因为北宋松江河道迂回，有很多叫做“汇”的大河湾，如盘龙汇“介于华亭、昆山之间，步其径才十里，而洄穴迂缓逾四十里，江流为之阻遏。盛夏大雨，则泛溢旁啮，沦稼穑，坏室庐，殆无宁岁”。嘉祐（1056—1063）年间吴中连年灾荒，朝廷又命知苏州蔡抗、知昆山县韩正彦董其事，除“大修至和塘使之坚厚，民得因依立塍堨以免水患”，又开松江白鹤汇“如盘龙（汇）之法”。[①]

朱长文还记载了他同时代人对治理吴中水患的看法。如绍兴士人、《蟹谱》作者傅肱建言“决松江之千墩、金城诸浦汇，涤去迂滞”，同时“开无锡之五泻堰（即五卸堰），以减太湖而入于北江；导海盐之芦沥浦，以分吴淞而入于浙水；于昆山、常熟二县深辟浦港”。质言之，就是恢复三江排水系统而不是仅赖松江一江。可以说是具卓识之大手笔。又如司农丞郏亶建言：

> 先取昆山之东、常熟之北，凡所谓高田者，一切设堰潴水以灌溉之；又浚其沟洫，使水周流于其间以浸润之；立堈门以防其壅，则高田不涸，而水田亦减流注之势。然后取向之凡谓水田者，除四湖外一切罢去，如某家泾、某家浜之类。循古遗迹或五里、七里而为一纵浦，又七里或十里而为一横塘。因塘浦之土以为堤岸，使塘浦阔深、堤岸高厚，则水不能为害，而可

① （宋）朱长文纂修，李勇先校点：《吴郡图经续记》卷下，《宋元珍稀地方志丛刊·乙编》第1册，第83—85页。

使趋于江也。①

朱长文《治水》对上述治水方法都有评价，他认为治水最重要的原则是“当浚其下”，因为“下流既通，则上游可导也”。他还指出当时旧有泾浦“日为潮沙之所积，久则淤淀，是不可以不治也”，提醒执政者不要因熙宁末年以来吴中丰稔而“兴作差简”。②

朱长文，字伯原，先世为越州剡人，自其祖迁居苏州。朱氏少有俊声，“十岁善属文，读书辄终夜”。后在太学从宋代著名学者孙复学《春秋》，嘉祐四年(1059)登进士第。因“吏部限年未即用”，他遂回到其父任知州的彭州(治今四川彭州市)。次年“除秘书省校书郎、守许州司户参军”，③却在还都开封时“坠马伤足”④，不能赴任，再次回到父亲身边。熙宁十年(1077)其父去世后，朱长文返回老家苏州，“筑室乐圃坊”，“士大夫过者以不到乐圃为耻”，⑤乡人尊之，称其“乐圃先生”，又将之与徐积、陈烈并称为“三先生”。⑥《吴郡图经续记》就是因知州晏知止(晏殊四子)之命作于在此一时期，成书于元丰七年。⑦ 元祐元年(1086)，朱长文在苏轼等的举荐

① (宋)朱长文纂修，李勇先校点：《吴郡图经续记》卷下，《宋元珍稀地方志丛刊·乙编》第1册，第86页。

② (宋)朱长文纂修，李勇先校点：《吴郡图经续记》卷下，《宋元珍稀地方志丛刊·乙编》第1册，第86页。

③ (宋)张景修：《(朱长文)墓志铭》，朱长文：《乐圃余稿》附录，《文渊阁四库全书》第1119册，台北：台湾商务印书馆，1986年，第56页。按：宋代铨格定科举出身须年满20岁才能任官(朱翌：《猗觉寮杂记》卷下，《丛书集成初编》第284册，长沙：商务印书馆，1939年，第73页)。

④ (宋)朱长文：《乐圃余稿》卷9《与诸弟书》，《文渊阁四库全书》第1119册，第45页。

⑤ 《宋史》卷444《文苑传六·朱长文传》，第13127页。

⑥ (宋)张景修：《(朱长文)墓志铭》，(宋)朱长文：《乐圃余稿》附录，《文渊阁四库全书》第1119册，第57页。

⑦ (宋)朱长文纂修，李勇先校点：《吴郡图经续记》自序，《宋元珍稀地方志丛刊·乙编》第1册，第1—2页。

下朱长文出任苏州州学教授[①]，后受召为太学博士，绍圣间改宣德郎、除秘书省正字兼枢密院编修文字。此后不久即辞世。[②]

张景修为撰《墓志铭》云："以疾终于家，命夫！实元符元年二月十七日丙申也，享年六十。"[③]米芾为撰《墓表》云："元符元年二月丙申构疾不禄，享年六十。"[④]则朱氏卒于哲宗元符元年（绍圣五年，1098）。关于其生年，王瑞来据张撰《墓志铭》"擢嘉祐四年进士第"[⑤]及米撰《墓表》"十九岁登乙科"[⑥]倒推，定为"康定二年（1041）"[⑦]。邓小南则据其卒年倒推，指出"应该生于宝元二年，即公元1039年"；又据张撰《墓志铭》、米撰《墓表》所记登第年及魁龄倒推，认为"当是生于1041年"，遂"取其中姑定为1040年即康定元年生"。[⑧] 实际上，既然张景修、米芾两人记载的非常具体的朱氏逝世时间及享年是相同的，则其确定无疑（因为都是朱氏家属所提供。并且人既已逝世，即使生前有所隐讳，此时再无隐瞒必要）。那么，推断其生年显然应该以此为据。以朱长文登科年及魁龄倒推，本来也是可以的，但必须二者皆无误方可。朱氏嘉祐四年登第无误[⑨]，就只能是其魁龄有误：为彰显

① 孔凡礼点校：《苏轼文集》卷27《荐朱长文札子》，第779页。

② （宋）朱梦炎：《朱长文事略》，朱长文：《琴史·后序》，《文渊阁四库全书》第839册，台北：台湾商务印书馆，1986年，第69—70页。

③ （宋）张景修：《（朱长文）墓志铭》，（宋）朱长文：《乐圃余稿》附录，《文渊阁四库全书》第1119册，第57页。

④⑥ （宋）米芾：《（朱长文）墓表》，朱长文：《乐圃余稿》附录，《文渊阁四库全书》第1119册，第58页。

⑤ （宋）张景修：《（朱长文）墓志铭》，朱长文：《乐圃余稿》附录，《文渊阁四库全书》第1119册，第56页。

⑦ 王瑞来：《〈吴郡图经续记〉考述》，《苏州大学学报》1988年第4期，第127页。按：原文为"康定五年（1041）"，显为笔误。

⑧ 邓小南：《朱长文家世、事历考》，《北大史学》第4辑，1997年，第72页注释①。

⑨ 有其他材料佐证，如范成大《吴郡志》卷28《进士题名》（第405页）。

“少年英才”而虚报。如杨万里 28 岁登第，却隐瞒 4 岁只报 24 岁；舒岳祥 38 岁登第，却隐瞒 17 岁只报 21 岁，以致二人履历出现和朱长文类似的矛盾，即官年和实年的差别。则米撰《墓表》云“十九岁登乙科”、《宋史》本传云“年未冠，举进士乙科”、张撰《墓志铭》云“吏部限年未即用”[①]皆言其官年形成之“事实”也（此为人所共知，不得不说亦只能如此说）。简言之，朱长文生于宝元二年（1039），卒于元符元年。

《吴郡图经续记》传世版本非常多，主要有宋绍兴四年苏州刻本[②]、明嘉靖二十七年刻本、万历二年钱氏悬磬室刻本、清《四库全书》本、清嘉庆十年虞山张氏照旷阁刻《学津讨原》本、道光长白荣氏刻《得月簃丛书》本、同治广东李氏刻《守约篇》本、咸丰三年仁和胡氏《琳琅秘室丛书》木活字印本、同治真州张氏广东刻《榕园丛书》本、同治十二年江苏书局刻本、民国上海商务印书馆《丛书集成初编》本。朱氏著作除《吴郡图经续记》外，还有《易经解》《续书断》《乐圃余稿》《墨池编》《琴史》等。其父朱公绰，少时是范仲淹学生，中天圣八年进士，官至光禄寺卿，历知彭州、广济军、舒州。[③]

4.《吴中水利书》

一卷，单锷撰。《中国农学书录》未著录。单锷经常“独乘一小舟，遍历三州（苏、常、湖）水道，经三十年。凡一沟一渎，无不周览考究”[④]，可见《吴中水利书》是单锷在调查研究基础上写成的。据其书中自云：“自熙宁八年（1075）迄今十四载。”[⑤]可知该书成于元

---

① 《宋史》卷 444《文苑传六·朱长文传》，第 13127 页。

② 详参（日）须江隆撰，刘猛译：《段落缺失旳启示：朱长文及北宋地方志的编纂》，《历史地理》2014 年第 2 期，第 395—406 页。

③ （宋）朱长文：《乐圃余稿》卷 9《朱氏世谱》，《文渊阁四库全书》第 1119 册，第 44 页。按：关于朱长文父祖及子嗣情况详参邓小南：《朱长文家世、事历考》，《北大史学》第 4 辑，1997 年，第 73—79 页。

④ （宋）单锷：《吴中水利书》，《丛书集成初编》第 3018 册，上海：商务印书馆，1936 年，第 15 页。

⑤ （宋）单锷：《吴中水利书》，《丛书集成初编》第 3018 册，第 2 页。

祐四年(1089)。六年七月苏轼曾代为奏进。[①]

太湖地区原有水利体系大约从宝元三年(康定元年,1040)开始崩溃,至熙宁三年(1070)演变成结构性、经常性的水灾。[②]《吴中水利书》开篇首先概括了前人对吴中水患原因的看法,如认为是庆历以来吴江修筑长堤横截江流,以致太湖水常溢不泄而壅灌三州;或认为是废罢胥溪五堰,使宣、歙、金陵九阳江之水不入芜湖,而经宜兴荆溪入太湖,增加了太湖的水量;或认为是宜兴百渎太半堙塞,无法排泄荆溪之水,以致宜兴水患等。单锷认为这些看法虽然不无道理,但却属"知其一而不知其二,知其末而不知其本,详于此而略于彼"。他指出太湖吐纳众水,"上游的来水量、下游的去水量、太湖的容蓄量三者是一个整体,任何一个方面出毛病都会导致矛盾激化,灾害加重"[③]。治理吴中水患必须有全局观念,因此他将太湖地区喻为一个人的身体:

> 自西五堰东至吴江岸,犹之一身也。五堰则首也,荆溪则咽喉也,百渎则心也,震泽则腹也,傍通太湖众渎,则络脉众窍也,吴江则足也。今上废五堰之固,而宣、歙、池九阳江之水不入芜湖,反东注震泽;下又有吴江岸之阻,而震泽之水积而不泄。是犹有人焉桎其手、缚其足、塞其众窍,以水沃其口,沃而不已,腹满而气绝。视者恬然,犹不谓之已死。今不治吴江岸、不疏诸渎以泄震泽之水,是犹沃水于人,不去其手桎,不解其足缚,不除其窍塞,恬然安视而已。诚何心哉?[④]

---

① 孔凡礼点校:《苏轼文集》卷32《进单锷〈吴中水利书状〉》,第915页。按:《四库全书总目》云:"元祐六年,苏轼知杭州日,尝为状进于朝"(卷69《地理类二》,第611页),误,其时苏轼已入朝任翰林学士、知制诰兼侍读。

② (韩)俞垣浚:《北宋前期太湖流域的水利及其特性》,《宋史研究论丛》第7辑,保定:河北大学出版社,2006年,第81—82页。

③ 汪家伦:《北宋单锷〈吴中水利书〉初探》,《中国农史》1985年第2期,第74页。

④ (宋)单锷:《吴中水利书》,《丛书集成初编》第3018册,第1—2页。

尽管认为吴中水患是各种原因综合造成的,但单锷认为其中最主要的还是吴江堤岸的修筑。因为吴江堤岸的修筑直接阻遏了太湖排水,致湖水"常溢而不泄"、壅灌粮田,"十年之间,熟无一二";同时抬高了太湖及其周边河湖水位,使昔日之"高原"变成泽国;且"筑岸之后水势迟缓",以致泥沙增积、茭芦生长,加快了太湖排水道吴淞江的淤塞。

基于上述认识,单锷提出了自己的治水方法。最重要的是先开江尾茭芦之地,运其所涨之泥;然后在吴江堤岸上设立1000座桥,每30步一桥,以桥拱为港走水兼通粮运。又其下游开白蚬、安亭二江,使太湖水由华亭、青龙入海。质言之,即使泄水道畅通,加大太湖排水量,"则三州水患必大衰减"。[①] 其次,开宜兴夹苎干渎,恢复常州运河古所设置的孟渎、牌泾等14处渎泾,引太湖西面来水北入长江;并恢复五堰,使宣、歙、池、广德、溧水之水不东注太湖。质言之,即减少太湖入水量。最后,开导临江、湖、海诸县一切港渎,并开通茜泾。

跟郏氏父子的宏大蓝图比起来,单锷之论直击要害,是一种切实可行的措施——既然是治水,最迫切的目标当然是治"水",至于治田、治旱,都可先置而不顾。故单锷一则曰"今欲泄震泽之水"、再则曰"今欲泄三州之水"。有学者认为,这是当时人们对吴江长堤破坏水环境以及郏亶治水失败给人们带来的对于漕运先于疏泄、治田先于治水方针的反思,而"单锷的水论是这些质疑和批评的综合体现"[②]。苏轼奏进《吴中水利书》时希望朝廷颁下己言与单书,"委本路监司躬亲按行,或差强干知水官吏考实其言,图上利害"[③]。但"事下部使者"后,部使者却推诿给单锷本人"按行",单锷意识到其疑忌而未行。不久苏轼又离朝出知颍州,此事遂不了

---

① (宋)单锷:《吴中水利书》,《丛书集成初编》第3018册,第3页。

② 谢湜:《高乡与低乡:11—16世纪江南区域历史地理研究》,北京:生活·读书·新知三联书店,2015年,第100页。

③ 孔凡礼点校:《苏轼文集》卷32《进单锷〈吴中水利书状〉》,第917页。

了之。单锷的治水画策失去了实践的机会。

单锷，字季隐。祖先为金陵人，曾祖单谊始迁于常州宜兴。其家世乐善好施，“以德善称”。单锷少有志操，曾师从胡瑗。长邃于学，著《诗义解》《易义解》《春秋义解》诸书。《四库全书总目提要》称他为“嘉祐四年进士，欧阳修知举时所取士也”[①]，误，其与弟单镇“皆老于场屋”[②]，实未登第。其为文不喜浮靡，故务于实学。单锷性“乐易遇人，倾盖如故”。听人言一切倾信，即使后来知道是玩谑之语也不以为愠。又性喜酒，客至皆留饮。醉辄假寐，然“顷刻即醒，未尝为酒困”。其书法工于细楷，“几若摹印”。老年时气体益健，心思、目力非少年可及。大观四年（1110）正月病逝家，享寿80岁。[③] 则其生于天圣八年（1030）。

《吴中水利书》传世版本主要有清《四库全书》本、嘉庆海虞张海鹏刻《墨海金壶》本、光绪武进盛氏思惠斋刻《常州先哲遗书》本、光绪二十六年刻本、清末姚振宗《快阁师石山房丛书》钞本、民国上海商务印书馆《丛书集成初编》本。

5.《三十六浦利害》

一卷，《中国农学书录》《中国农业古籍目录》未著录。这是赵霖在北宋时上奏徽宗的水利建言，所以跟郏亶、郏侨、单锷等人一样，是并未有意而为的学术著作。此文最早收载于《吴郡志》，南宋末年被郑虎臣编入《吴都文粹》始冠以此名。明正德《姑苏志》录载时易名为《赵霖体究治水利害状》。赵霖所言，非止36浦，故《三十六浦利害》名不符实，此应即《姑苏志》易名之由。然其得名既早，引者稍众；兼以颇能昭明赵氏首重开浦之旨，则其名可用。“三十

① 《四库全书总目》卷69《地理类二》，第611页。

② (宋)慕容彦逢：《摛文堂集》卷15《单季隐墓志铭》，《景印文渊阁四库全书》第1123册，台北：台湾商务印书馆，1986年，第480页。并参见周生春：《四库全书史部地理类提要辨证》，《浙江学刊》1996年第3期，第101页。

③ (宋)慕容彦逢：《摛文堂集》卷15《单季隐墓志铭》，《景印文渊阁四库全书》第1123册，第479—480页。

六”之数，视为约言即可。

徽宗即位之初，颇思有为，从其年号“靖国”“崇宁”可知。就水利建设来说，他下诏表示“愿推广元丰修明水政”[①]，并于崇宁元年(1102)在苏州设置“提举淮浙澳闸司”[②]。在此形势下，吴中地方官员各于管辖范围内兴修水利较为积极，如中书舍人许光疑大观元年(1107)上奏：“苏州水患莫若开江浚浦……开一江有一江之利，浚一浦有一浦之利”[③]，大观三年遂由两浙监司委任专员，“置十九师”，疏浚吴淞江。[④] 政和初提举常平徐铸“修松江堤，易土以石。辟常熟水田数百顷，为之疆畎”[⑤]。政和六年(1116)徽宗打算全面治理苏州水患，遂下御笔令知平江府庄徽差户曹赵霖相度吴中水利：“访闻平江府三十六浦内自古置闸，随潮启闭，泄放水势，岁久堙塞，遂致积年为患。今差本府户曹赵霖，躬亲具逐浦相度经久利害，绘图赴尚书省指说。”[⑥]赵霖因上《三十六浦利害》奏札。

《三十六浦利害》所论苏州水患的成因可以说已是老生常谈：

> 浙西六州之地，平江最为低下。六州之水注入太湖，太湖之水流入松江，接青龙江东入于海。而平江之地势，自南直北至常熟县之半，自东至昆山县地西南之半，水与太湖、松江水面相平，皆是诸州所聚之水泛滥其中。平江之地虽下于诸州，而濒海之地特高于他处，谓之冈身。冈身之西，又与常州地形

① 《宋史》卷95《河渠志五》，第2375页。

② 《宋史》卷96《河渠志六》，第2384页。

③ (明)姚文灏编辑，汪家伦校注：《浙西水利书校注·宋书》，北京：农业出版社，1984年，第28页。

④ 洪武《苏州府志》卷3《水利》，《中国方志丛书·华中地方》第432号，第204页。

⑤ 洪武《苏州府志》卷3《水利》，《中国方志丛书·华中地方》第432号，第205页。

⑥ (宋)龚明之撰，孙菊园点校：《中吴纪闻》卷1，第15页。

> 相等，东西与北三面势若盘盂。积水南入，注乎其中，所以自古沿海、环江开凿港浦者，借此防导积中之水。[①]

因此赵霖所提出的治水措施，首要的一步就是“开治港浦”。港浦既要讲开浚，还要讲治理，即“经久不堙塞之法”。当时濒海田土惧醎潮之害，民众皆作堰坝以隔海潮，然“里水不得疏，外沙日以积”，昆山诸港浦日久就会堙塞。而冈身“每缺雨则恐里水之减”，不能满足灌溉需求，民众遂为堰坝以止流水；临江每遇潮至则于浦身开凿小港以供己用，常熟诸浦遂因此堙塞。怎么治理港浦堙塞呢？方法就是“置闸启闭”。闸门可以限内外之水，可以随潮启闭。其次就是“筑岸裹田”，即筑圩岸以固民田。即使太湖、松江之水与积水沉没民田，圩岸也可狭其流、分其势，“如此则积水日削、众浦日耗矣”。[②] 大纲既陈，赵霖又作《开浦篇》《置闸篇》《筑圩篇》三目详为申论。

《开浦篇》开篇云：“高田引以灌溉，低田导以决泄。”职是之故，前人才开浚了或名港浦、或名泾浜、或谓之塘、或谓之漕的大大小小、纵横交错的90余处港浦。显然，浦港的重要性不言而喻。《置闸篇》指出，前朝开浚的最重要的36浦中，曾经设置闸门的仅4浦，其时又仅庆安、福山两闸尚存，余皆废弃。赵霖强调，“治水莫急于开浦，开浦莫急于置闸，置闸莫利于近外”。“近外”具体讲，指“去江海止可三五里”。因为近外置闸有五利：一是“潮上则闭，潮退则启。外水无自以入，里水日得以出”；二是“外水不入则泥沙不淤于闸内，使港浦常得通利，免于堙塞”；三是“置闸启闭，水有泄而无入，闸内之地尽获稼穑之利”；四是近外置闸即使闸外之浦有澄沙淤积，“岁时浚治地里不远，易为工力”；五是“港浦既已深阔，积

① (宋)赵霖:《三十六浦利害》,(宋)郑虎臣编:《吴都文粹》卷6,《景印文渊阁四库全书》第1358册,第744页。

② (宋)赵霖:《三十六浦利害》,(宋)郑虎臣编:《吴都文粹》卷6,《景印文渊阁四库全书》第1358册,第744—745页。

水既已通流”，则有利于货船往来，官府遂可在设闸处课税以助国计。《筑圩篇》则化用郑亶的话说：“天下之地，膏腴莫美于水田，水田利倍莫盛于平江。”苏州水田又以低为胜，赋税亦多出于低乡之田。但低田当时为积水浸没者“十已八九”，原因是田圩废坏，水通为一，“遇东南风则太湖、松江与昆山积水尽奔常熟，遇西北风则常熟之水东赴者亦然。正如盛盂中水，随风往来，未尝停息”。他说他在实地考察时，曾经登上昆山、常熟的至高点，一眼望去，“水与天接”。当地父老都说：“水底十五年前皆良田也。”所以必须修筑圩岸包围民田，使得水底之田重为良田。修筑圩岸资费劳役自然不少，而当地民众“频年重困，无力为之”，但只要“官司借贷钱谷，集植利之众，并工戮力”，则可“督以必成”。[①]

赵霖奏上，政和六年(1116)九月朝廷任命其为两浙提举常平，赴朝不待引见上殿即“疾速发赴新任”。[②] 次月浙西路设置兴修水利所，开修诸浦，复“命本路提举常平赵霖主之”[③]。七年四月，因役兴扰攘，徽宗降旨暂停水利事。言者复论其欺妄诞谩、专恣狂妄，赵霖遂被罢职，别与差遣。[④] 八年(重和元年)六月，因“两浙霖雨，积水多浸民田，平江尤甚”，朝廷复以赵霖为提举常平，“措置救护民田，振恤人户，毋令流移失所”。八月，诏加赵霖直秘阁。[⑤] 次年三月，赵霖坐增修水利不当，降两官。然六月又下诏：“赵霖兴修水利，能募被水艰食之民，凡役工二百七十八万二千四百有奇，开

---

① (宋)郑虎臣编：《吴都文粹》卷6,《景印文渊阁四库全书》第1358册，第745—746页。

② (宋)范成大撰，陆振岳点校：《吴郡志》卷19《水利下》，第290页。

③ (宋)李埴撰，燕永成校正：《皇宋十朝纲要校正》卷17《徽宗》丙申政和六年，北京：中华书局，2013年，第491页。

④ (清)徐松辑：《宋会要辑稿》职官六八之三七，第3926页。按：原文作“湖北常平赵霖放罢”，误，“湖北常平”应为“两浙常平”。

⑤ 《宋史》卷96《河渠志六》，第2387页。按：《宋会要辑稿》记为“(十月)三十日，提举两浙路常平赵霖直秘阁，仍再任”(选举三三之三一，第4771页)。

一江、一港、四浦、五十八渎，已见成绩，进直徽猷阁。仍复所降两官。”[1]

靖康元年(1126)三月，因党同朱勔父子贪赃枉法、强占民田，赵霖与其他两浙路及苏州府有关官员一起被言官弹劾去职，[2]故《建炎以来系年要录》说其“坐赃废”。此后北宋覆亡，建炎三年(1129)，金元帅、右监军完颜宗弼一路南下追击高宗，在长江北岸和州(治今安徽和县)发生了激烈战事，宗弼左臂被射伤，宋方伤亡更是惨重。城破之时，余众“溃围而出，保州之西麻湖水寨”。赵霖时在江东，间关赴难，被推为首。后军民上言于朝，建炎四年五月被任为和州知州。[3] 同月又获命为和州无为军镇抚使兼知和州[4]。绍兴元年(1131)初，“朝请大夫、和州无为军镇抚使赵霖复直秘阁”[5]。不久其奏上崔绍祖冒充皇侄案[6]。二年七月，和州镇抚使赵霖等以“有守御之劳，并进秩一等”，八月赵霖又“复霖直徽猷阁”。[7] 年底，其又因“营田有绪”迁一官，升为左中奉大夫。[8] 三年

---

① 《宋史》卷96《河渠志六》，第2388页。按：《宋会要辑稿》食货七之三七、六一之一〇六(第4924、5926页)与《宋史》同，职官六九之二记为“降一官”(第3930页)，后者当误。

② (宋)汪藻著，王智勇笺注：《靖康要录笺注》卷4，成都：四川大学出版社，2008年，第516页。

③ (宋)李心传撰，辛更儒点校：《建炎以来系年要录》卷33建炎四年五月乙卯，第667页。

④ (宋)李心传撰，辛更儒点校：《建炎以来系年要录》卷34建炎四年五月乙丑，第672页。

⑤ (宋)李心传撰，辛更儒点校：《建炎以来系年要录》卷42绍兴元年二月己巳，第784页。

⑥ (宋)李心传撰，辛更儒点校：《建炎以来系年要录》卷42绍兴元年二月丙戌，第791页。

⑦ (宋)李心传撰，辛更儒点校：《建炎以来系年要录》卷56绍兴二年七月戊寅，第1013页。

⑧ (宋)李心传撰，辛更儒点校：《建炎以来系年要录》卷60绍兴二年十一月辛酉，第1059页。

四月，因赵霖遣人按治王彦恢不法事，后者遂亦弹劾前者奸赃，二人并罢。淮西安抚使胡舜陟言："（赵）霖本赃吏之魁，今已老病……吏民皆不安居"。狱具，赵霖犯公罪杖刑，但以罚金代替。[①]次年年底，因殿中侍御史张致远言赵霖等皆"有死守之功"，当年其"悉力措画，数与敌斗。屡拒他盗，不废耕植。官私就绪，冠于他郡。民到于今称之"。朝廷乃复赵霖为左中奉大夫、直徽猷阁、奉祠家居，守本官致仕，然"命下而霖已卒矣"。[②]

赵霖治水措施显然是承单锷所论而来，但也吸收了郏氏父子的有关观点。其于宣和元年（1119）正月役夫兴工，先后开浚修筑 1 江、1 港、4 浦、58 渎，还筑有常熟塘岸一条并随岸开塘。赵氏的治水措施是经受了历史检验的，其死后十余年，人尚谓："浙西湖、秀州、平江府旧年常有积水之患，田不能耕，迁移失业……提举常平官赵霖开浚华亭处沾海三十六浦，决泄水势，二十年间并无水患。"[③]赵霖因治水走上历史前台，其治水知名前的履历则宋代典籍所不载。[④] 据明清书志，仅知其字肃之[⑤]，和州人，崇宁癸未（二年，1103）霍端友榜登第，[⑥]大观元年（1107）曾任鼎州教授[⑦]。

---

① （宋）李心传撰，辛更儒点校：《建炎以来系年要录》卷 64 绍兴三年四月丁亥，第 1116 页。

② （宋）李心传撰，辛更儒点校：《建炎以来系年要录》卷 83 绍兴四年十二月壬辰，第 1403 页。

③ （清）徐松辑：《宋会要辑稿》方域一七之二二，第 7607 页。

④ 《宋史》记大观元年"都水使者赵霖得龟两首于河，献以为瑞"（卷 351《郑居中传》，第 11103 页），此"赵霖"为"赵霆"之误。

⑤ 《四库全书总目》卷 187《总集类二》，第 1702 页。按：他书均不见载，未省四库馆臣何据。

⑥ 光绪《安徽通志》卷 154《选举志・表四》，《续修四库全书》第 653 册，上海：上海古籍出版社，2002 年影印本，第 45 页。

⑦ 嘉靖《常德府志》卷 12《官守志》，《天一阁藏明代方志选刊》第 56 册，上海：上海古籍书店，1964 年影印本，叶二二 a。

6.《治田三议》

一卷，李结撰。《中国农学书》《中国农业古籍目录》未著录。该书在《宋会要》中称《治田利便三议》，后正德《姑苏志》、《吴中水利全书》、《三吴水考》、乾隆《江南通志》等均有收载，惜皆节录。

该书首先强调苏、湖、常、秀所产为两浙之最，而诸州之田自绍兴十三年(1143)以来屡被水害。议者但以为是积水不决之故，而积水不决则是因为“工役浩繁，事皆中辍”。李结认为这种看法只是表面原因，要根治吴中水患应坚持三个原则：“一曰敦本，二曰协力，三曰因时。”“敦本”谓治水须兼顾治田，他引述郏亶治水须兼顾治田之论，即在开浚塘浦的同时高筑圩岸，否则“知决水而不知治田，则所浚之地不过积土于两岸之侧，霖雨荡涤复入塘浦，不五七年填淤如旧”，只能前功尽弃。接着指出治水的当务之急“莫若专务治田”，希望诏令监司守令巡视“诸州水田、塘浦紧切去处”开浚塘浦，以开浚之土修筑两边田岸，“田岸既成，水害自去”。质言之，宋代实行数十年的、自单锷反思郏亶治水措施确立起来的决水优先原则受到了挑战，宋代吴中治水理论走了一个之字形的发展路径之后重新回到郏亶的立场。“协力”即协力解决治水兴役所需经费，李结认为“百姓所鸠工力有限，必赖官中补助”，因此他建议发常平义仓钱米随地多寡，“量行借贷与田主之家”。[①] 概括而言，即由田地租佃者出任役夫，其口粮、雇钱由田地所有者按田产面积分摊，也就是所谓“计田出丁”，此在传统社会税制演进中不期然扮演了重要一环。[②] 平素兴役，民众难免有怨言，政府可在灾害饥歉年份趁农闲动工。此即“因时”之义。孝宗因所陈耗费巨大，乃命两浙路转运判官胡坚常“相度措置”。胡坚常调查后认为李结所议“诚为允当”，遂在请示朝廷后刻印文告，晓示民众“各自依乡原体例，出备钱米与租佃之人”兴修水利，即由田地租佃者出任役夫，而

---

① (清)徐松辑：《宋会要辑稿》食货八之一三至一四，第4941页。

② 详参葛金芳：《中国近世农村经济制度史论》，北京：商务印书馆，2013年，第325—326页。

其口粮、雇钱由田地所有者按其田产面积分摊。最终这次水利兴修工程基本上做到了“官无所损，民不告劳”。[①] 可见李结“协力”“因时”的建议是非常正确的。

李结，明《吴兴备志》记其“字元明”，因慕唐“元（结）次山之风”，遂依其字号为次山。[②] 通行本周必大集则云：“河阳李君名元，字次山。卜筑霅溪，又号渔社”[③]，可见“次山”其字，非号也。但依此说，则其名“元”，笔者乃以周著现存最早版本核之，原文本作“河阳李君，名元名也，字元字也”[④]，与李结绘《西塞渔社图》卷尾周必大亲书跋文（图 13）相符，盖误出于四库本《文忠集》“河阳李君名元，字次山，卜筑霅溪，又号渔社”[⑤]之文。《吴兴备志》所言李结“字元明”，则由周跋“名元名”讹误所致。传世典籍对李结记载寥寥，已有研究未能考详其人其事[⑥]，兹以《西塞渔社图》宋人题跋[⑦]为基础对其生平事迹加以考索缕述，兼对相关研究中的一些错误看法予以辨正。

---

① （清）徐松辑：《宋会要辑稿》食货八之一四，第 4941 页。

② （明）董斯张：《吴兴备志》卷 13《寓公征》，《景印文渊阁四库全书》第 494 册，第 426 页。

③ （宋）周必大撰，王蓉贵、（日）白井顺点校：《周必大全集》卷 18《跋李次山〈霅溪渔社图〉》，第 166 页。按：《全宋词》（北京：中华书局，1965 年，第 3 册，第 1516 页）等所谓李结为“南阳人”，误。

④ （宋）周必大：《周益公文集》卷 18《跋李次山〈霅溪渔社图〉》，明澹生堂钞本，叶三八 b。按：存世宋刻残本均不及载。

⑤ （宋）周必大：《文忠集》卷 18《跋李次山〈霅溪渔社图〉》，《景印文渊阁四库全书》第 1147 册，第 183 页。

⑥ 前此惟冯幼衡《从〈西塞渔社图〉的题跋看李结生平与南宋士大夫的书法》（《故宫学术季刊》1999 年第 2 期，第 65—122 页）一文略详，然亦不过数行而已。

⑦ 美国大都会艺术博物馆（Metropolitan Museum of Art）藏，蒙爱丁堡大学（University of Edinburgh）邱子臧小姐帮助提供高清电子图版。

唐元結字次山嘗家樊上與漁
者爲鄰帶笭箵而歌欸乃自號聱
叟今河陽李君名元名也字元字
也卜築霅溪又號漁社具善學柳
下惠者耶始乾道聞于官中都君
以先世之契數携此圖求跋自念
身游東華塵土中欲爲西塞漁山
下語難矣屬者奉祠歸廬陵所居
在城東隅去江無五十步洲名白
鷺横陳其前日以扁舟實緣草間
漁來相從百往而不止雖未敢竊
下語難矣屬者奉祠歸廬陵所居
在城東隅去江無五十步洲名白
鷺横陳其前日以扁舟實緣草間
漁來相從百往而不止雖未敢竊
比張志和亦庶幾乎元次山矣而
君方以尚書郎奉使全蜀凡六十
一郡之官吏數十万之將士莫不
歛衽受約束衛校聽號令猶念舊
社不置万里遣書與圖偕來督跋
前約予欲遣數忘機之樂則君權
任如此顧豈招隱時邪須君它日
奏計　甘泉厩直承明尚寄聲于
我當有以告君今未可也姑題卷
軸歸之紹熙元年三月三日適逢
丁巳青原野夫周必大

图 13　《西塞渔社图》周必大跋

范成大跋李结《西塞鱼社图》(图 14)云:“始余筮仕歙掾,宦情便薄,日思故林;次山时主簿休宁,盖屡闻此语。后十年,自尚书郎归故郡,遂卜筑石湖;次山适为昆山宰。”范氏绍兴二十四年(1154)登第,二十六年除徽州(治今安徽歙县)司户参军,则其年李结为徽州辖县休宁主簿。绍兴末年,李结调任绍兴府新昌县丞。[①] 乾道二年(1166)范成大任尚书吏部员外郎,被劾罢返乡,即所谓“自尚书郎归故郡”,则李结时知昆山县——明嘉靖《昆山县志》亦记李结曾为知县[②]。又据范氏“隆兴二年,浙西郡国七大水,吴之属县五,昆山为甚……明年春,民大饥,且疾皆仰哺于官。河阳李结次山适为其邑长”[③]语,与其从兄范成象“乾道改元,河南李候为邦之二年

① (宋)楼钥:《攻媿集》卷 58《新昌县丞厅壁记》,《景印文渊阁四库全书》第 1153 册,台北:商务印书馆,1986 年,第 41 页;万历《绍兴府志》卷 28,《中国方志丛书·华中地方》第 520 号,台北:成文出版社,1983 年影印本,第 1954 页。

② 嘉靖《昆山县志》卷 5,《天一阁藏明代方志选刊》第 11 册,上海:上海古籍书店,1963 年影印本,叶二 b。

③ (宋)范成大撰:《昆山县新开塘浦记》,孔凡礼辑:《范成大佚著辑存》,北京:中华书局,1983 年,第 149—150 页。

也”[1]语相印证，可见隆兴二年(1164)李结已莅此任。

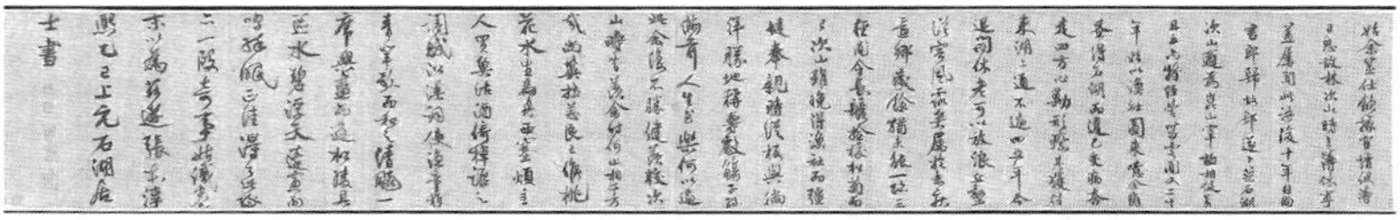

图14 《西塞渔社图》范成大跋

李结知昆山县期间，两浙西路爆发了大水灾且以“昆山为甚”，加以瘟疫继发，当此之时，没有人敢再兴役修治水利，但李结认为水利未修，“则水害无终穷也”；而且此时动工，按照国家农田法令“荒岁得杀工直以募役”。于是他痛下决心，将本用于供上的羡余以及劝分(宋朝以官爵、免役等为条件激励富人赈灾的救荒措施)所得作为募役经费，用以置办粮食、衣服和修筑工具。结果前来应役者络绎不绝，整个工程共疏浚五浦(新洋江、小虞、茜泾、下张、顾浦)三塘(郭泽、七丫、至和)，历时50天而毕，未用国家一升一文、未动国家一兵一卒，“官无所损，民不告劳”。[2] 经过此次修浚，昆山10年未再遭受大型水灾，直到淳熙元年(1174)提举浙西常平薛元鼎方复浚之[3]。除了兴治水利，李结还重修了县学、又籍没僧田拨充学田。范成象撰、知平江府沈度及李结等所立《昆山县校官碑》详记之，碑上李结结衔是“右宣教郎知昆山县主管学事”[4]。

乾道六年(1170)十二月，因年初孝宗有诏“欲均役法，严限田，

---

① (宋)范成象:《昆山县重修县学记》，钱穀编:《吴都文粹续集》卷5，《景印文渊阁四库全书》第1385册，第120页。

② (宋)徐松辑:《宋会要辑稿》食货八之一四，第4941页。

③ 嘉庆《直隶太仓州志》卷19《水利中》，清嘉庆七年刻本，叶一b。按：书中将李结开浚塘浦系于“隆兴三年”，应为“二年”。

④ (清)李传元等:《昆新两县续补合志》卷20《金石》，《中国地方志集成》江苏府县志辑第17册，南京：江苏古籍出版社，1991年影印本，第535页。

抑游手，务农桑”[①]，时任监行在都进奏院的李结乃奏上《治田三议》。《西塞鱼社图》周必大跋（图13）云：“始乾道间，予官中都，君以先世之契，数携此图求跋。自念身游东华尘土中，欲为西塞溪山下语难矣。”“东华”指百官入朝议事所出入的东华门，周必大自隆兴元年奉祠，乾道六年七月始再度入朝任秘书少监兼直学士院[②]。李结既“数携此图”向周必大求跋，则此年已作成《西塞渔社图》。可能因其水利建言，七年正月李结被提拔为提举两浙西路常平茶盐公事[③]，七月被命筑设秀州华亭县新泾塘堰闸“以捍海潮，免浸民田”。[④] 十月，李结有关于预支左藏南库会子“七万二千贯”的奏言，又有“乞以见管营田拨归本司，同常平田立官庄”之请，朝廷均听从了他的意见。[⑤] 然次年七月李结即被罢任。[⑥] 淳熙元年（1174）九月，李结父李迎逝世。李迎字彦将，官终通判明州府，著有《济溪老人遗稿》[⑦]，《宋史》著录为“《李迎遗稿》一卷”[⑧]。

阎苍舒跋（图15）云：“始予在朝行，李公次山守毗陵，书疏往来，知其才气不群。”阎氏在朝任职始于淳熙三年，似其时李结已在知常州任上；然据《咸淳毗陵志》，淳熙三年至六年二月常州守臣为陈庸、杨万里[⑨]，李结知常州为接任杨万里，则阎氏本“以前我任朝官、李结知常州时，我们常有书信往来”之意，非言其始任朝官李结

---

① 《宋史》卷173《食货志上》，第4175页。

② （宋）周必大：《周益公文集》附录《年谱》，明澹生堂钞本，叶七b。

③ （宋）范成大撰，陆振岳点校：《吴郡志》卷7，第92页。

④ （宋）徐松辑：《宋会要辑稿》食货六一之一二一，第5934页。

⑤ 《宋史》卷173《食货志上》，第4193页。

⑥ （宋）范成大撰，陆振岳点校：《吴郡志》卷7，第92页。

⑦ （宋）周必大撰，王蓉贵、（日）白井顺点校：《周必大全集》卷75《朝奉大夫致仕李君迎墓表》，第688—689页。

⑧ 《宋史》卷208《艺文志七》，第5378页。

⑨ （宋）史能之：《咸淳毗陵志》卷8，《宋元方志丛刊》第3册，北京：中华书局，1990年影印本，第3020页。

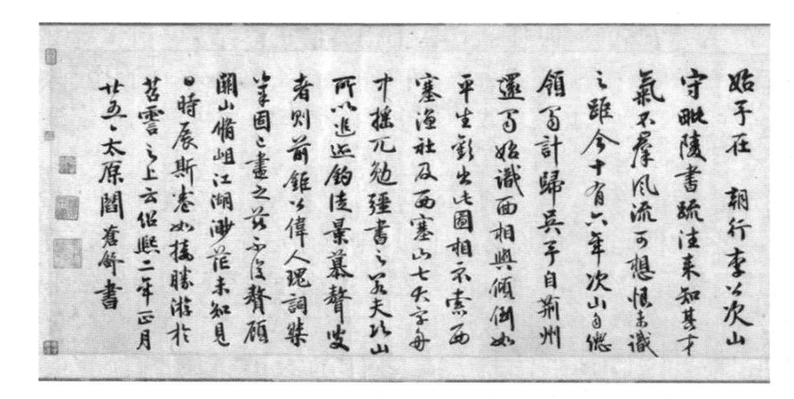

图 15　《西塞渔社图》阎苍舒跋

即知常州。显然，唐圭璋编《全宋词》小传称其守常在乾道六年[①]、饶宗颐推断为淳熙二年（1175）[②]皆误。淳熙六年（1179）正月，李结受命伊始，即“请捐官田予民，以充义役，自两浙始。先以本州未经佃户官田二十余万亩，均给义役”[③]，朝廷诏其措置以闻，然卒不行。义役相当于民众集资设立基金（买田），以基金利息（田地收获）助役。总体上看是有好处的，但摊派集资对于较为贫穷的民众来说也是严重负担。和此前范成大处州（治今浙江丽水市）义役相比，李结“捐官田予民，以充义役”的办法显然更加惠民。二月，李结阶官由承议郎转朝奉郎。四月，李结又奏言：“国信使、副回程河道水浅，乞将礼物权寄留镇江府，使、副等人出陆先归，候水通日行船。”[④]孝宗从之。次年（1180）五月，因言官弹劾其苛民，“合斛用

---

① 唐圭璋编：《全宋词》第 3 册，第 1516 页。

② 饶宗颐：《李结〈霅溪渔社图〉及其题识有关问题研究》，《饶宗颐二十世纪学术文集》第 13 卷《艺术（上）》，北京：中国人民大学出版社，2009 年，第 291 页。

③ （宋）李心传撰，徐规点校：《建炎以来朝野杂记・甲集》卷 7，第 155 页。

④ （清）徐松辑：《宋会要辑稿》职官三六之五九，第 3101 页。

斗，尤为非理”①，李结被放罢。然其罢任之后还给常州民众带去了余荫：孝宗诏将常州籍没都吏陈持家财尽行出卖，所得钱分给“沿河三县四十五都保正、长买田，添助义役”②，即是从李结离任前之请。

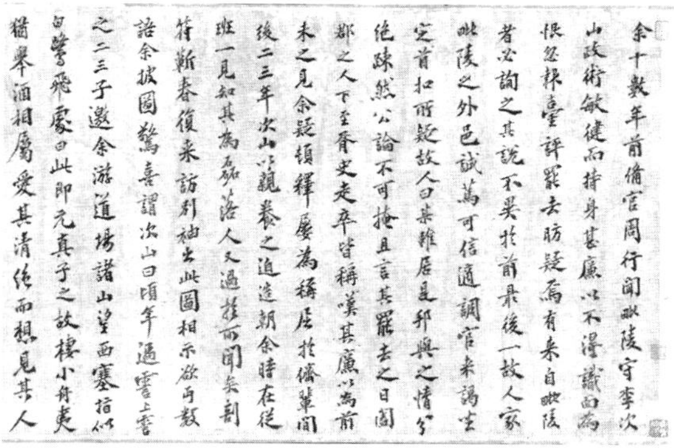
余十數年前備官周行聞毗陵守李次山政術敏健而持身甚廉以不得識面為恨忽報臺評罷去朌疑焉有來自毗陵者必詢之其說不異於前最後一故人家毗陵之外邑趂篤可信適調官來謁出定首扣所疑故人曰某雖居是邦與之情分絕踈然公論不可掩且言其罷去之日闔郡之人下至胥史走卒皆稱嘆甚廉以為前未之見余疑頓釋屢為稱居於儕輩間後二三年次山以覲養之追逐朝余時在從班一見如其為人魁落人又過於前聞矣別符靳春復來訪別袖出此圖相示欲丐數語余披圖驚喜謂次山曰頃年過霅上書之二三子邀余游道場諸山望西塞指似曰鶯飛處曰此即元真子之故棲小舟更猶舉酒相屬愛其清絕而想見其人

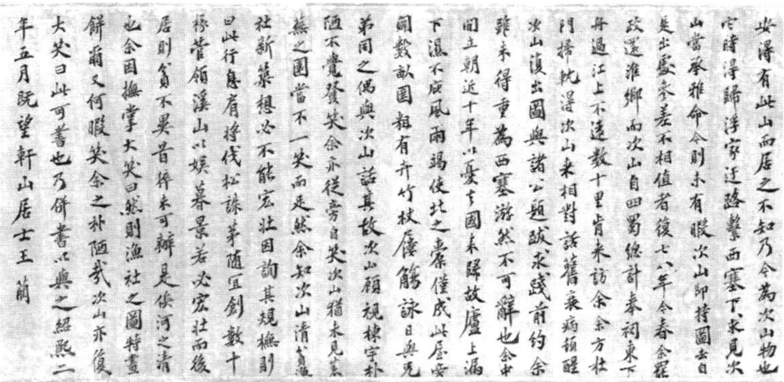
如浮有此山而居之不知乃今為次山物也它時浮歸浮家迂路繫西塞下求見次山當承雅命令則未有暇次山即持圖去自是出處參差不相值者復七八年今春余罷政還淮鄉而次山自四蜀作計奉祠東下舟過江上不遠數十里肯來訪余余方杜門掃軌得次山來相對話舊喪病頓醒次山復出圖與諸公題跋求践前約余雖未得重為西塞游然不可辭也余中間立朝近十年以憂言國未歸故廬上漏下濕不庇風雨竭使北之橐僅成此屋要闢數畝園粗有卉竹杖屨觴詠日與兒弟同之偶與次山話其故次山顧視棟宇朴陋不覺發笑余亦從旁自笑次山猶未見其燕之園當不一笑而是然余知次山清蒼社新築想必不能宏壯因詢其規橅則曰此行急前將伐松誅茅隨宜創數十椽营傾溪山以娛暮景若必宏壯而後居則貧不異昔將未可辦是僕河之清也余因撫掌大笑曰然則漁社之圖特畫餅爾又何暇笑余之朴陋哉次山亦復大笑曰此可書也乃併書以與之紹熙二年五月既望軒山居士王藺

图 16　《西塞渔社图》王蔺跋

王蔺跋（图 16）云：“余十数年前备官周行，闻毗陵守李次山政术敏健，而持身甚廉，以不得识面为恨。忽报台评罢去。”“周行”指

① （清）徐松辑：《宋会要辑稿》职官七二之二八，第 4002 页。

② （清）徐松辑：《宋会要辑稿》食货六六之二一，第 6618 页。

朝官,“毗陵”指常州。王藺入朝为官始于淳熙六年(1179),其年李结确在知常州任上。王跋作于绍熙二年(1191),则“十数年”为12年。王跋又云:“(李结)后二三年次山以亲养之迫造朝,余时在从班,一见知其为磊落人,又过于所闻矣。剖符蕲春复来访,别袖出此图相示,欲丐数语。”“从班”为侍从官别称,王藺淳熙八年三月任中书舍人兼侍讲[①]。“剖符蕲春”指知蕲州(治蕲春,今湖北蕲春县),李结所以得此任,盖因其“以亲养之迫造朝”所请。然据《宋会要》,淳熙九年(1182)七月,因言者论其奉祠刚刚一年,不应该有此除授,新被任命为知秀州的李结免差遣,“依旧(提举)宫观”[②]——可见李结绍熙八年七月已奉祠,如其果有知蕲州之任,只能在淳熙八年三月至七月之间,然蕲州历代地方志所不载,很可能如其知秀州之命一样,因旋罢奉祠而未之任,则“后二三年”实为后二年;更可能是淳熙九年知“秀州”被王藺误记为“蕲春”(仅见于王跋),则“后二三年”实为后三年。王氏与李结本非熟稔,李第一次邀跋即被其以“未有暇”的借口拒绝,倘其误记亦属当然。

淳熙十二年,李结与老友杨冠卿结成“雪溪词社”[③],颇有终老林泉之态。同年李结母、永嘉学派先驱之一周行己女周氏逝世[④]。服除后杨冠卿为代拟《代常州守服阕上政府启》,其文略谓李结虽有志隐居,然以“立身扬名者,孝道之先;而移孝为忠者,臣节之大”,因此“欲期匠石之见收,庸效顽金之自跃”,复哀语“既罹百忧,所欠一死,顾来日之无几,冀大造之曲成”,恳望主政者能够“解衣衣我而推食食我”。[⑤] 可见再仕之心实未熄灭。也许是因其上书之效,李结迎来了重返仕途的机会——出任职任颇重的四川总领。

---

① (清)徐松辑:《宋会要辑稿》选举二二之五,第4598页。

② (清)徐松辑:《宋会要辑稿》职官七二之三五,第4005页。

③ 参见孔凡礼:《范成大年谱》,济南:齐鲁书社,1985年,第436页。

④ (宋)周必大撰,王蓉贵、(日)白井顺点校:《周必大全集》卷75《朝奉大夫致仕李君迎墓表》,第689页。

⑤ (宋)杨冠卿:《客亭类稿》卷6,《景印文渊阁四库全书》第1165册,台北:台湾商务印书馆,1986年,第470页。

《宋会要辑稿》职官四三载："（绍熙）二年二月五日，四川总领李结言：'利州绍兴监见管工匠一百八十七人，除招刺到监兵子弟及旧收刺军匠三十六人外，其余皆是诸处配到贷命之人，昼则重役，夜则锁鋜，无有出期。乞下铸钱司日后遇有配到人兵，将在监执役年远者逐旋填替，发还元本州军……本监军匠最系重役而衣粮未能裹足，乞各除旧请外更与添支米二斗。'"[①]据此，李结出任四川总领必在绍熙二年(1191)二月以前且绍熙二年二月初仍在任。职官七三又载：因言官劾其"为县为郡为监司，皆刻剥害民之事"，绍熙元年九月二十八日"诏新任湖北运副李结差主管建宁府武夷山冲佑观"。[②] 结合上一条记载，其初任四川总领的时间必在绍熙元年九月以后。但《西塞鱼社图》周必大跋（图 13）却记云："君方以尚书郎奉使全蜀，凡六十一郡之官吏，数十万之将士，莫不敛板受约束，衔枚听号令。犹念旧社不置，万里遣书，与图偕来，督践前约……姑题卷轴归之。绍熙元年三月三日，适逢丁巳，青原野夫周必大。"据此，绍熙元年三月前李结已出任四川总领。《宋会要辑稿》两处记载凿枘相合，似不可能有误；然周跋署款缀有干支，绍熙元年三月三日干支确为丁巳，似亦无误之可能。因此，已有研究或从前者，认为李结任职在绍熙二年或绍熙元年至二年[③]；或从后者，认为其任职在绍熙元年[④]。

此本无可抉择，幸赖有赵雄等跋（图 17），问题则迎刃而解：

---

① (清)徐松辑：《宋会要辑稿》职官四三之一七六，第 3361 页。

② (清)徐松辑：《宋会要辑稿》职官七三之二至三，第 4017—4018 页。

③ 如唐圭璋编《全宋词》(第 3 册，第 1516 页)、雷家圣《聚敛谋国：南宋总领所研究》(台北：万卷楼图书股份有限公司，2013 年，第 187 页)等。

④ 如饶宗颐《李结〈霅溪渔社图〉及其题识有关问题研究》〔《饶宗颐二十世纪学术文集》第 13 卷《艺术(上)》，第 291 页〕、傅熹年《访美所见中国古代名画札记》〔《中国书画鉴定与研究(傅熹年卷)》，北京：故宫出版社，2014 年，第 162 页〕、冯幼衡《从〈西塞渔社图〉的题跋看李结生平与南宋士大夫的书法》(《故宫学术季刊》1999 年第 2 期，第 90 页)等。按：傅文据周跋"以尚书郎奉使全蜀"语认为李结所任为四川都转运使，误。

“绍熙嗣之诏，以次山为尚书郎，出总蜀计。予适叨守潼川……居无何，予以请祠得归，方增治衡宇于内江之阴……俄而次山书来言曰：‘万里孤官，岂人之情。有词吁天，蒙恩报可。今移节湖右，出峡有日，将归老于西塞山下矣。’”文中“熙”字残损模糊，收藏馆方释读为“绍兴嗣”，仔细辨认，可断其误。可见，李结出任四川总领之命出自光宗诏旨。光宗即位在淳熙十六年（1189）二月一日，赵雄以宁武军节度使、开府仪同三司判潼川府（治今四川三台县）在同年闰五月十七日[①]。期间与李结颇有公务往来：“潼川盐策之□□，计府至多，月课不登，郡邑俱病。次山则蠲其苛取，而舒其期会，潼川于是复为乐国，予益知次山之能。”（图 17）又李结四川总领一职前任是赵彦逾，《玉海》载：“绍熙元年五月甲戌，置《绍熙会计录》……从户侍赵彦逾之请也。”[②]《宋会要辑稿》载：“绍熙元年正月二十七日，宰执进呈右谏议大夫何澹札子，乞置《绍熙会计录》……令何澹同赵彦逾依已得指挥稽考以闻。”[③]赵彦逾本年正月既已在朝廷担任户部侍郎，则至晚上年底已与李结交接离任。换言之，李结至晚淳熙十六年下半年已出任四川总领一职。再参以周必大跋“属者奉祠归庐陵（周氏淳熙十六年五月被劾罢相，七月回到家乡吉州庐陵县[④]）……而君方以尚书郎奉使全蜀”语，可

---

① 《宋史》卷 36《光宗本纪》，第 696 页。按：原文为“改判资州”，“资州”为“潼川府”之误，据《宋会要辑稿》职官五四之二六知：“绍熙元年六月二十四日诏：‘宁武军节度使、开府仪同三司、判（同）[潼]川府、降益川郡国开（“国开”二字衍）公赵雄充醴泉观使，在外任便居住（从其请也）。’”（第 3590 页）——就是说至次年六月赵雄都在判潼川府任上。且据赵跋自述“予适叨守潼川……居无何，予以请祠得归”（图 2），其自判潼川府任请祠致仕，无判资州事，与《宋会要辑稿》合。

② （宋）王应麟纂：《玉海》卷 185《食货·会计》，扬州：广陵书社，2003 年影印本，第 3395 页。

③ （清）徐松辑：《宋会要辑稿》食货五六之六三，第 5804 页。

④ （宋）周纶（周必大子）：《周益国文忠公年谱》，周必大撰，王蓉贵、（日）白井顺点校：《周必大全集》卷首，第 33 页。

知李结在淳熙十六年下半年出任四川总领确凿无疑。绍熙元年(1190)五月二日，赵雄因所荐举之官贪腐受到责降，[①]遂请祠致仕，回到家乡资中，即其跋文所谓“予以请祠得归”。数月后，赵雄收到李结致信，信中提到自己因离家乡太远，已向皇帝申请，并获命“移节湖右”(即前揭《宋会要辑稿》载荆湖北路转运副使之命)。李结对这一任命非常高兴，他认为如此则“出峡有日，将归老于西塞山下矣”——可见李结写信时正准备去湖北赴任，尚未收到罢领宫观的诏书——因此在离开四川之前特命人持书携画向曾担任过宰相的赵雄求跋。赵雄很欣赏李结，称誉他“才术敏强，所至辨治，号一时能吏”，于是欣然命笔。题跋时间是“绍熙庚戌日南至”即绍熙元年十一月十七日，则其时李结仍在四川总领任上。

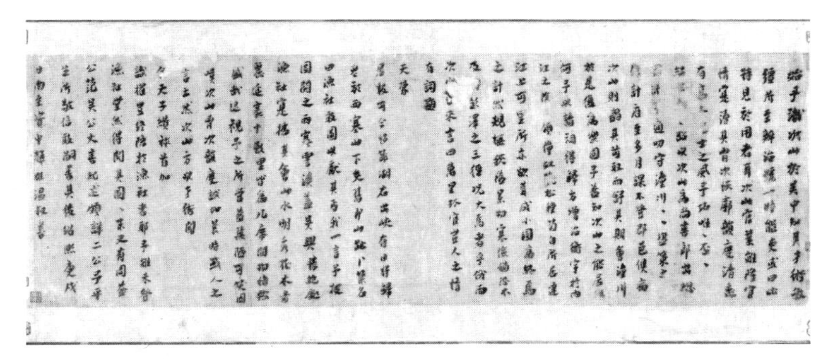

图 17　《西塞渔社图》赵雄跋

据前揭，绍熙元年九月二十八日稍前李结已收到湖北运副新任命，按宋代《职制令》规定：“诸之官者……川、广、福建路限六十日(本路待阙者减半)，余路三十日。”[②]则其接任者杨辅最晚十一月底必已莅任。换言之，本年底李结已可离蜀，但春节在即，此时启程必致春节哀度于客旅孤舟之中，因此李结应是春节之后即绍

① (清)徐松辑：《宋会要辑稿》职官七二之五六至五七，第 4016 页。

② (宋)谢深甫等编纂，戴建国点校：《庆元条法事类》卷 5，《中国珍稀法律典籍续编》第 1 册，哈尔滨：黑龙江人民出版社，2002 年，第 53 页。

熙二年正月初才动身的——这和同样于上年底被劾罢、自荆州还蜀的阎苍舒想法一样,因此两人的归途相交于正月底的长江风浪之上。此据阎苍舒跋(图 15)可知:“次山自总领蜀计归吴,予自荆州还蜀,始识面。相与倾倒,如平生欢,出此图相示,索‘西塞渔社’及‘西塞山’七大字。舟中摇兀,勉强书之……绍熙二年正月二十五日太原阎苍舒书。”阎氏有“书画帅”之称,李结自然出图向他求跋、索字。既然绍熙二年(1191)正月李结已在归舟之中,何以《宋会要辑稿》会载绍熙二年二月李结乞请将新配到人兵与利州绍兴监现管工匠“逐旋填替,发还元本州军”一事?显然其为李结离任之前的上奏,《宋会要辑稿》所记为收到公文的时间。另外,饶宗颐以阎苍舒有“索‘西塞渔社’及‘西塞山’七大字”语,遂认为《西塞渔社图》“卷前应有阎氏所书此七大字,今已不可见……则今所存此卷,一非旧观矣”[①],此属误判。盖李结本欲在其居处湖州霅溪建造园林,尝自述云:“所居之侧有数散花洲,若经营得之,结茅其上,以待宾客,遂为渔社壮观也。西塞前荷花丛中有一湖,方圆可百顷,其员如镜”,“西塞大费买山钱,若加数年,恐可盖数椽茆屋,为容身计”[②],《西塞渔社图》即其蓝图也(晚于阎跋 4 个月的王蔺跋有“渔社之图特画饼”语)。因此,李结向阎苍舒求“西塞渔社”“西塞山”七大字,应非书卷首,而是另纸书写拟为所造园林牌匾之用者。

尤袤《西塞鱼社图》(图 18)跋云:“渔社主人以尚书郎万里使蜀,洗手奉法,一毫不以自污。归装枵然,止朝天石一二块,真不负朝家委任之意。出示《渔社图》及赵、周、范三老跋语,欲余附名其间……予生甲辰,与公同岁。”署款系时“绍熙辛亥暮春中澣”即绍

---

① 饶宗颐:《李结〈霅溪渔社图〉及其题识有关问题研究》,《饶宗颐二十世纪学术文集》第 13 卷《艺术(上)》,第 296 页。

② 辛更儒:《〈诸老先生惠答客亭书启编〉考释》,《文献》2010 年第 1 期,第 74 页。按:四库本《客亭类稿》已将卷首《诸老先生惠答客亭书启编》删去,辛文系据收藏于国家图书馆的宋刻残本释录。

熙二年(1191)三月中旬，时尤袤知太平州(治今安徽当涂县)[①]。前揭王藺跋又云："次山自四蜀总计奉祠东下，舟过江上，不远数十里肯来访余。余方杜门扫轨，得次山来，相对话旧，衰病顿醒。次山复出图与诸公题跋，求践前约。余虽未得重为西塞游，然不可辞也。"王跋系时于"绍熙二年(1191)五月既望"，据上文知李结三月中旬已东行至太平州，何以两个月后反而到了西距太平州150多千米的无为军庐江县(治今安徽庐江县)王藺家中？当是其在尤袤处了解到枢密使王藺罢政家居的消息，于是调头西行前往拜访并求题跋。此可见李结的返乡之旅确为游览、访友的"旅程"，即使走回头路也在所不惜，并无急于归家的迫切心情。

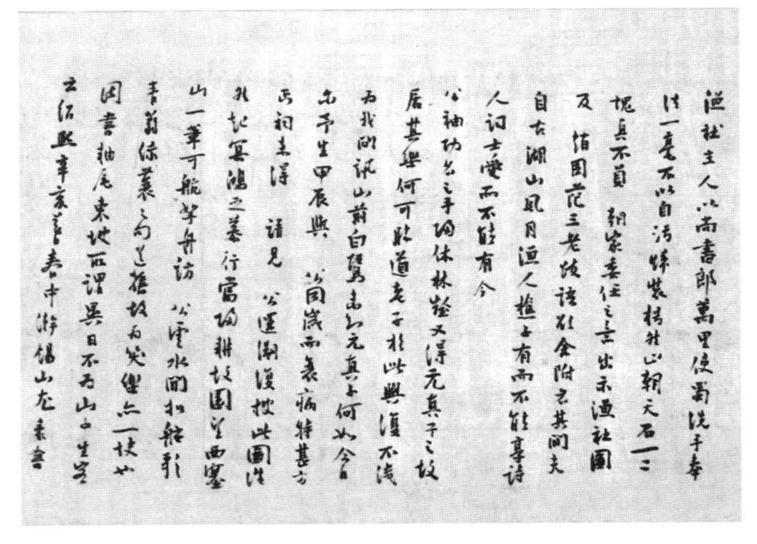

图18 《西塞渔社图》尤袤跋

李结既与尤袤同岁，则生于徽宗宣和六年(1124)，绍熙二年业已68岁。"尚书郎"为尚书省六部二十四司长二郎中、员外郎的总

① 《宋史》卷389《尤袤传》，第11927页；(清)徐松辑：《宋会要辑稿》职官六之七一，第2532页。

称，据杨冠卿编《诸老先生惠答客亭书启编》“渔社李度支帖”[1]、周必大《朝奉大夫致仕李君迎墓表》，可知其为户部度支司员外郎——此为李结仕途终点。庆元三年（1197），周必大有云：“今（李迎）诸子惟如皋（幼子李绮，曾知如皋县）在。”[2]则李结此年已卒矣——雅好绘事、浮沉宦海，然始终葆有一个诗意栖居之梦的李结的人生也走到了终点。除《西塞渔社图》外，李结另有画作两幅，“其一泛舟湖山之下，小女奴坐船头吹笛；其一跨驴渡小桥，入深谷”[3]，范成大为其各题一绝以状之。或即因此三画，元夏文彦《图绘宝鉴补遗》乃许其“工山林人物”[4]。

7.《水利编》

三卷，王章撰。《中国农学书录》《中国农业古籍目录》未著录。书已佚，故研究者或云“无考”[5]；或以为是历仕后唐、后晋、后汉三朝，乾祐三年（950）郭威兵变时被杀的隐帝朝宰相王章所撰[6]。后者为清顾櫰三《补五代史艺文志》以来成说。然该书仅见于《宋史·艺文志》“农家类”[7]，如为其所著，新旧五代史《王章传》何以不言？且王章吏人出身，增省耗、抬估之目刻剥官民，“尤不喜文士，尝语人曰：‘此辈与一把算子，未知颠倒，何益于国邪？’”[8]亦未

① 辛更儒：《〈诸老先生惠答客亭书启编〉考释》，《文献》2010第1期，第75页。按：辛考“渔社李度支”诸帖作于绍熙年间，固其宜也，然“李结之度支郎中任必在其任尚书郎之前”云云，则误矣。

② （宋）周必大撰，王蓉贵、（日）白井顺点校：《周必大全集》卷75《朝奉大夫致仕李君迎墓表》，第689页。

③ （宋）范成大：《范石湖集》卷10，上海：上海古籍出版社，1981年，第128页。

④ （元）夏文彦：《图绘宝鉴·补遗》，《丛书集成初编》第1654册，上海：商务印书馆1937年影印本，第104页。

⑤ 潘晟：《宋代地理学的观念、体系与知识兴趣》，北京：商务印书馆，2014年，第416页注⑥。

⑥ 张兴武：《五代艺文考》，成都：巴蜀书社，2003年，第145页。

⑦ 《宋史》卷205《艺文志四》，第5206页。

⑧ 《新五代史》卷107《王章传》，第334页。

见他有任何其他诗文之作，必不事笔砚间者。更何况《宋史·艺文志》著录《水利编》于范如圭、贾元道、陈靖、林勋等宋人著作之后，是亦必宋代之书也。

宋代可考者有三王章，一为江宁府通判，建炎元年（1127）因兵乱被害；[①]一字达可（1118—？），永兴军长安县（治今陕西西安市）人，绍兴十八年（1148）进士；[②]一字之韩，台州宁海（治今浙江宁波市宁海县）人，隆兴元年（1163）进士，官终湖南路转运司幹官。[③]三人之中，《水利编》作者当以后者为是，盖因南宋大目录学家晁公武（卒年约1175）、陈振孙（卒年约1261）、尤袤（卒年为1194）三人之书皆不著录，恐均不及见也——尤其长安王章与尤袤还是同年。

8.《四明它山水利备览》

二卷，魏岘撰。《中国农学书录》未著录。传世版本有明崇祯十四年陈朝辅刻本、清《四库全书》本、道光二十四年金山钱氏重编增刻《墨海金壶》本、民国上海商务印书馆《丛书集成初编》本等。

该书上卷主要是关于它山堰水利工程建设和管理的内容，如水源、置堰、堰规制作、梅梁、三堨、日月二湖、淘沙、防沙、修堰、护堤、开水口、筑堤岸、水喉、食喉、气喉、积年沙淤处、建回沙闸、看守回沙闸人、回沙闸外淘沙等；下卷则为与之有关的诗文，其中《四明重建乌金竭记》《它山堰次永嘉薛叔振韵》《回沙闸成次乡帅陈大卿韵》《它山诗歌跋》为魏岘自作。《四明它山水利备览》一书有很多先进的认识，如其指出森林植被可以涵蓄水源，防止水土流失：

> 四明占水陆之胜，万山深秀。昔时巨木高森，沿溪平地，

---

① （宋）李心传撰，辛更儒点校：《建炎以来系年要录》卷4建炎元年夏四月庚申，第91页。

② （宋）不著编人：《绍兴十八年同年小录》，《宋代传记资料丛刊》第46册，北京：北京图书馆出版社，2006年影印本，第141页。

③ （宋）陈耆卿纂：《嘉定赤城志》卷33《人物门二》，《宋元方志丛刊》第7册，第7533页。

竹木亦甚茂密，虽遇暴水湍激，沙土为木根盘固，流下不多，所淤亦少，开淘良易。近年以来木值价高，斧斤相寻，靡山不童，而平地竹木亦为之一空。大水之时既无林木少抑奔湍之势，又无包缆以固沙土之积，致使浮沙随流奔下，淤塞溪流，至高四五丈，绵亘二三里。两岸积沙侵占，溪港皆成陆地，其上种木有高二三丈者，繇是舟楫不通，田畴失溉。①

书中还提到建筑空心坝：

（它山堰）涝则七分水入于江、三分入溪，以泄暴流；旱则七分入溪、三分入江，以供灌溉。堰脊横阔四十有二丈，覆以石版，为片八十有半，左右石级各三十六。岁久沙淤，其东仅见八九，西则皆隐于沙。堰身中擎以巨木，形如屋宇。每遇溪涨湍急，则有沙随实其中，俗谓护堤沙，水平沙去，其空如初。土人以杖试之，信然。堰低昂适宜，广狭中度，精致牢密，功侔鬼神。与其他堰埭杂用土石、竹木、砖筱，稍久辄坏者不同。②

这些都反映了七八百年前宋人在水利方面取得的认识和成就。魏岘本人一生多次主持维修它山堰工程③，表现出卓越的才干，深受乡人信赖。

魏岘原籍寿春（治今安徽寿县），因祖父魏杞迁居鄞县碧溪，遂为鄞人。早年曾“知滁州清流县（治今安徽滁州市）”。④ 嘉定初知

① （宋）魏岘：《四明它山水利备览》卷上，《丛书集成初编》第3018册，上海：商务印书馆，1936年，第4—5页。

② （宋）魏岘：《四明它山水利备览》卷上，《丛书集成初编》第3018册，第2页。

③ 详参闵宗殿：《魏岘的事迹和贡献》，《古今农业》1996年第4期，第63—65页。

④ （宋）楼钥撰，顾大朋点校：《楼钥集》卷105《龙图阁待制赵公神道碑》，第1822页。

广德军(治今安徽广德市),九年(1216)广德军大旱,江东转运副使真德秀与魏岘未经批准即发廪赈济,加以与真德秀、军学教授林庠之间的矛盾,后为台谏论罢奉祠。[①] 十四年时任朝奉郎、提举福建路市舶,任内主持重修它山堰乌金堨工程。[②] 理宗绍定中曾任都大提点坑冶司(治所在饶州),掌管冶铜铸钱,因此其有"魏都大"或"魏泉使"之称。绍定五年(1232)五月,因都大坑冶司将蕲州进士冯杰抑为炉户,诛求日增,冯杰妻子、女儿、弟弟先后死于非命,冯杰遂"毒其二子一妾,举火自经而死"[③],理宗乃将魏岘罢职。淳祐二年(1242),魏岘复出任直秘阁、知吉州(治今江西吉安市)兼管内劝农使[④],又为黄师雍以其党附宰相郑清之论罢[⑤]。此后年事既高,乃居家撰著《四明它山水利备览》,书成不早于淳祐九年(1249)[⑥]。或不久即逝矣。魏岘还编有《魏氏家藏方》一书。

---

① (宋)真德秀:《西山文集》卷7《第二奏乞待辠》,《景印文渊阁四库全书》第1174册,第114—119页。

② (宋)魏岘:《四明它山水利备览》卷下《四明重建乌金竭记》,《丛书集成初编》第3018册,第22—23页。

③ 《宋史》卷41《理宗本纪一》,第796页。

④ (清)徐时栋:《烟屿楼文集》卷12《魏吉州传》,《清代诗文集汇编》第656册,上海:上海古籍出版社,2010年影印本,第287页。

⑤ 《宋史》卷424《黄师雍传》,第12659—12660页。

⑥ 参见闵宗殿:《魏岘的事迹和贡献》,《古今农业》1996年第4期,第66页。

第四章　宋代作物类农书

广义的农作物一般分为粮食作物、经济作物、饲料及绿肥作物、药用作物四类。经济作物亦称原料作物，包括棉、麻等纤维作物，胡麻等油料作物，甘蔗等糖料作物，茶叶等饮料作物，以及蔬菜作物、观赏作物、果树等等。其中蔬菜作物、观赏作物、果树又常被称为园艺作物[①]，有其特殊性，且为宋代农书大宗；茶亦为宋代农书大宗，同样体现了宋代农学发展的新特点。至于饲料及绿肥作物，在包括宋代在内的整个古代都无专书述及；叙记药用作物之书一般归类入医书。因此，本书将园艺类农书单列一类，于第六章专章论述；将茶书单列一节于本章第三节论述。本章第一、二节则分别论述粮食作物类农书及除园艺作物、茶之外的其他经济作物类农书。

第一节　粮食作物类农书

1.《禾谱》

五卷，曾安止撰。《遂初堂书目》《直斋书录解题》《宋史》均著录于“农家类”。[②] 除乾隆《泰和县志》中尚保存部分文字外，全书久已亡佚。1980年代，曹树基在《匡原曾氏重修族谱》（光绪三十四年刊）中发现了《禾谱》部分内容，整理出《〈禾谱〉校释》一文[③]，虽远非

---

① 亦有将茶叶视为园艺作物者，本书不从。

② （宋）尤袤：《遂初堂书目》，《丛书集成初编》第32册，第20页；（宋）陈振孙撰，徐小蛮、顾美华点校：《直斋书录解题》卷10，第296页；《宋史》卷205《艺文志四》第5207页。按：《遂初堂书目》记作者名“曾安上”，误。

③ 《中国农业古籍目录》既收录《禾谱》（第206页），又收录曹氏此文（第9页），重出。

全帙，但已可让人对这一宋代专论粮食作物的著作有所了解。

《禾谱》是我国第一部水稻专著，书前有程祁(其父程筠为苏轼兄弟同年)序及曾安止自序。程序作于政和四年(1114)，追述了他与曾安止的交往及他所看到的抄本情况。曾序指出其著书缘由一是“近时士大夫之好事者，尝集牡丹、荔枝与茶之品为经及谱，以夸于市肆。予以为农者，政之所先，而稻之品亦不一，惜其未有能集之者”，二是“清河公表臣……以是属余，表臣职在将明，而耻知物之不博。野人之事，为贱且劳，周爰咨访，不自倦逸，可谓善完其本者哉。予爱其念，而为之书焉”。①

《禾谱》开篇对水稻的种属、名称作了辨析，指出“稻有总名，有复名，有散名”。稻有总名谓稻作为粮食作物亦包括在古所称的“谷”之中，故“江南呼稻之有稃者曰稻谷，黍之有稃者曰黍谷”；复名即不同区域对水稻的不同称呼，“盖一物而方言异”；散名谓水稻不同品种亦各有名称，其中要注意因古今、地域差异导致的“名同而实非”者。各水稻品种，以播种、收获时间早晚为标准则可分为早稻、晚稻两个大类。就其家乡来说，“西昌(太和吴置西昌、东昌二县，故以指称)俗以立春、芒种节种，小暑、大暑节刈为早稻；清明节种，寒露、霜降节刈为晚稻”。以生物性质为标准，则可分为杭(即粳稻)、糯两大类，“其别凡数十种”。②

《禾谱》所记水稻品种有：

早禾杭品十二

稻禾　赤米占禾　乌早禾　小赤禾　归生禾　黄谷早禾

六月白　黄菩(蕾)[萨]禾　红桃仙禾　大早禾　女儿红禾

① (宋)曾安止：《禾谱》序，曹树基：《〈禾谱〉校释》，《中国农史》1985年第3期，第76页。按：曹树基认为“清河公表臣”指钟清卿(字表臣)。

② 曹树基：《〈禾谱〉校释》，《中国农史》1985年第3期，第78页。并参见刘敬林、吴义江：《〈禾谱校释〉商榷七则》，《中国农史》2013年第2期，第127—131页。

住马香禾

早禾糯品十

稻白糯　黄糯　竹枝糯　青稿糯　白糯　秋风糯　黄栀糯　赤稻糯　乌糯　椒皮糯

晚禾秔品八

住马香禾　八月白禾　土雷禾　紫眼禾　大黄禾　蜜谷乌禾　矮赤秔禾　稻禾

晚禾糯品十二

黄桅糯　矮稿糯　龙爪糯　马蹄糯　白糯　大椒糯　大乌糯　小焦糯　大谷糯　青稿糯　骨雷糯　竹枝糯

附早禾品二

早稻禾　早糯禾

附晚禾品二

赤稑糯　乌子糯[①]

如此多的水稻品种，说明当时太和地区以及整个江南地区水稻栽培业高度发达。[②]

曾安止还指出，不同水稻品种“或产于中国，或生于四夷”。所举例证即宋代引入中国的越南占城稻：“太和早种中有早占禾，晚种中有晚占禾，乃海南占城国所有，西昌传之才四五十年。”[③]占城稻引入江南地区是在大中祥符五年(1012)：“(真宗)以江、淮、两浙路稍旱即水田不登，乃遣使就福建取占城稻三万斛，分给三路，令择民田之高仰者莳之，盖旱稻也。仍出种法付转运使揭牓谕

① 曹树基:《〈禾谱〉校释》,《中国农史》1985年第3期,第82页。

② 详参尹美禄:《从〈禾谱〉看北宋吉泰盆地的水稻栽培》,《农业考古》1990年第1期,第195—197页。

③ 曹树基:《〈禾谱〉校释》,《中国农史》1985年第3期,第78页。

民。”[①]据曾氏言可见大中祥符五年三路并未能广泛引种——占城稻进入太和县已是其后三四十年之事。占城稻进入包括太和县在内的江南地区后，“通过自然变种和对新品种的人工筛选……（农民）培育了只有六十天就成熟的品种和极有利于扩大稻作区的品种”[②]，而江西则“有八十占（80天就收获），有百占，有百二十占”[③]，上述“赤米占禾”可能就是宋代农民培育出的一个生长期只要60天或80天的占城稻新品种[④]。

曾安止字移忠，吉州太和（治今江西泰和县）人。据说其祖先曾庆仕唐为光州团练使，居金陵，后人始徙至太和。曾安止父亲曾肃曾参加科考，初试不中，即“不复有仕进意，杜门教子而已”[⑤]。熙宁六年（1073）曾安止第一次应举，虽取得同学究出身，但他引以为耻，“不离上庠，励己修业，夜以继日，至伤厥明”，三年后再考复登第，“诏升甲科”。[⑥] 初调洪州丰城（治今江西丰城市）主簿，后除江州彭泽（治今江西彭泽县）令。任上导民以孝，颇有政声。不久

---

① (宋)李焘：《续资治通鉴长编》卷77大中祥符五年五月戊辰朔，第1764页。

② (美)何炳棣撰，谢天祯译：《中国历史上的早熟稻》，《农业考古》1990年第1期，第124页。

③ (宋)吴泳：《鹤林集》卷39《隆兴府劝农文》，《景印文渊阁四库全书》第1176册，第383页。

④ 郑学檬认为“赤米占禾”属占城稻系（《中国古代经济重心南移和唐宋江南经济研究》，长沙：岳麓书社，2003年，第115页）；曹树基认为“赤米占禾”不是占城稻，“占”与“粘”音同，“占米”即“粘米”（《浩浩长江》，广州：广东教育出版社，1995年，第176页）。当以前者为是。

⑤ 光绪三十四年修《匡原曾氏重修族谱》载，转引自曹树基：《〈禾谱〉及其作者研究〉》，《中国农史》1984年第3期，第84页。

⑥ (宋)黄履：《宋进士宣德郎移忠公墓志铭》，曹树基：《〈禾谱〉校释》，《中国农史》1985年第3期，第83—84页。

以目盲辞官，授宣德郎，因自号屠龙翁，盖“伤技成而无所用”。[①]元符元年(1098)，曾安止无疾而卒，享年五十一，则其生于庆历八年(1048)。著作除《禾谱》外，尚有《车说》《屠龙集》，均佚。曾安止兄安辞，弟安中、安强均登第，一门四进士，为一时佳话。

曾氏撰著《禾谱》在其致仕之后，绍圣元年(1094)苏轼因“讥斥先朝”之罪被贬南迁经过太和时，其书已就，他曾呈请苏轼过目。东坡以为该书“文既温雅，事亦详实”，但以“不谱农器”为憾遂自作《秧马歌》并书赠之“使附于《禾谱》之末”[②]——秧马是宋代农民发明的一种拔秧、插秧辅助农具——这显然与曾安止写一部水稻专著的作意相悖，故其并未将之附入，以致程祁为《禾谱》作序时看到“《秧马》一段，亦不收载”时怀疑所见“非全书”[③]。曾氏后人后来将苏轼亲书《秧马歌》刻石立碑，1980年代泰和县文管部门在该县石山乡匡原村曾氏祠堂中发现了这一诗碑，现收藏于该县博物馆。[④]

2.《禾谱》

卷帙不详，陆游撰。历代史志书目不载，仅陆游《秋怀(其六)》一诗提及：“曩得治中俸，湖山偶卜居。身尝著禾谱，儿解读农书。”[⑤]据前二句可知，所言当其晚年事。我们知道，曾安止侄孙曾之谨《农器谱》在宁宗初年撰就《农器谱》一书，于开禧二年(1206)

---

① (宋)黄履：《宋进士宣德郎移忠公墓志铭》，曹树基：《〈禾谱〉校释》，《中国农史》1985年第3期，第84页；(宋)程祁：《〈禾谱〉题序》，曹树基：《〈禾谱〉校释》，《中国农史》1985年第3期，第74页。

② (清)王文诰辑注，孔凡礼点校：《苏轼诗集》卷38《秧马歌(并引)》，第2051页。

③ (宋)程祁：《〈禾谱〉题序》，曹树基：《〈禾谱〉校释》，《中国农史》1985年第3期，第75页。

④ 参见尹美禄：《〈秧马歌〉碑及秧马的流传》，《农业考古》1987年第1期，第174—178、428页。

⑤ (宋)陆游著，钱仲联、马亚中主编：《陆游全集校注》第10册《剑南诗稿》卷68，第263页。

夏将《禾谱》《农器谱》寄呈陆游，陆游对两书作了很高的评价。陆游之作《禾谱》，当缘此事激发，则必作于此年或稍后。书既亡佚，其内容不得而知，以常理度之，当如曾氏谱江西稻品一样，所记为绍兴、两浙水稻品种。此书《中国农学书录》《中国农业古籍目录》未著录。

第二节 经济作物类农书

除茶、园艺作物外，宋代经济作物类农书叙记对象主要是竹、桐、甘蔗。中国对竹的利用早在史前时期即已开始，河姆渡遗址、大汶口遗址都有竹器使用的残迹。距今4000余年前的湖州钱山漾新石器时代遗址更出土了篓、篮、谷箩、簸箩、竹席、竹绳、刀箭、箄等二百多件竹器实物。[①] 竹在中国古代社会生活中应用相当广泛。[②] 竹虚心、有节，与松、梅并称“岁寒三友”，与梅、兰、菊并称“花中四君子”，所象征的精神气质在中国传统文化具有重要地位，故有“何可一日无此君”[③]“可使食无肉，不可居无竹”[④]之说。因此，竹不仅有经济用途，还成为一种观赏植物。第一部竹类研究专著《竹谱》产生于南朝刘宋时期，作者戴凯之。汉代以前人们一直将竹子视为一种草，如《山海经》云“其草多竹”[⑤]，《说文解字》云：

---

① 浙江省文物管理委员会：《吴兴钱山漾遗址第一、二次发掘报告》，《考古学报》1960年第2期，第85—86页。

② 王乾：《从〈竹谱〉看中国古代对竹子的利用》，《古今农业》1993年第3期，第35—39页。

③ (南朝宋)刘义庆著，(南朝梁)刘孝标注，余嘉锡笺疏：《世说新语笺疏》卷下之上《任诞第二十三》，北京：中华书局，2007年，第893页。

④ (清)王文诰辑注，孔凡礼点校：《苏轼诗集》卷9《於潜僧绿筠轩》，第448页、第471页校勘记〔七六〕。

⑤ 袁珂校注：《山海经校注》卷2《西山经》、卷5《中山经》，成都：巴蜀书社，1992年，第40、182页。

“竹，冬生草也。”[①]至戴凯之《竹谱》始独立为一类（此前西晋嵇含《南方草木状》已记竹 6 种，并列“竹类”一目），认为其“非草非木……植物之中有草、木、竹，犹动品之中有鱼、鸟、兽也”[②]。这是符合现代植物学分类的正确看法。该书正文是四言一句的韵文，但以散文形式作了大量注释，注释字数约为正文五倍。戴谱不仅叙载了各种竹类植物的名称、外观，还详记了其产地（包括湖北、江西、江浙、广东、海南、巴蜀等地）、用途，[③]对后世具有很大的影响。宋代有钱昱、释惠崇、吴良辅、丁权撰《竹谱》，佚名撰《续竹谱》。除丁权之作为画谱外，余书均为农学著作。释赞宁有《笋谱》一书，有的学者亦视之为竹谱，但该书内容为竹笋种类、产地、性状、食用方法及相关诗文典故，本书归在第六章第三节《蔬菜类农书》予以讨论，兹作说明。

1.《竹谱》

三卷，钱昱撰，已佚。《中国农学书录》《中国农业古籍目录》未著录。据《玉壶清话》载，该书是集录论谈之语而成：“（钱昱）与赞宁僧录迭举竹数束，得一事抽一条，昱得百余条，宁倍之。昱著《竹谱》三卷，宁著《笋谱》十卷。”[④]

钱昱，字就之，杭州人。《宋史》有传。钱昱为吴越第三位国君忠献王钱佐长子，后汉天福十二年（947）钱佐薨时昱仅 5 岁，故未能继位。太平兴国三年（978）其叔父钱俶纳土，钱昱入宋授白州刺史。钱氏轻便秀美，好学强记，喜藏书，多所交游。求换文资，召试

---

① （汉）许慎撰，（宋）徐铉校定：《说文解字》，北京：中华书局，2013 年，第 90 页。

② （晋）戴凯之：《竹谱》，《新编汉魏丛书》第 6 册，厦门：鹭江出版社，2013 年，第 329 页。按：自清王谟以来即指戴凯之为刘宋人（《竹谱》跋，第 335 页），其或自东晋入宋，但主要活动于刘宋无疑。

③ 详参王建：《世界第一部竹类专著——〈竹谱〉》，《古籍整理研究学刊》1992 年第 1 期，第 25—28 页。

④ （宋）释文莹撰，郑世刚、杨立阳点校：《玉壶清话》卷 1，第 7 页。按：《宋史》本传记此事在钱昱归宋后（第 13915 页）。

改为秘书监、判尚书都省。[①] 太平兴国八年，钱昱进献《太平兴国录》一卷，后出知宋、寿、泗、宿四州，[②]至道二年(996)迁郢州(治今湖北钟祥市)团练使[③]。咸平二年(999)病卒，年五十七，有子100余人。钱昱琴棋书画无所不精，饮酒至斗余不乱，善谐谑。然贪猥纵肆，无名节可称。[④] 钱氏与叔父钱俨并有文名，时人比之为"二陆"，有文集二十卷[⑤]，亦佚。

2.《竹谱》

一卷，释惠崇撰。历代史志书目不载，仅见于《明世善堂藏书目录》。因明人于书素喜作伪，故王毓瑚说"很像是后人伪作"[⑥]。书已佚。

释惠崇，寿州寿春(治今安徽寿县西南)人[⑦]，是北宋著名的九诗僧之一。能书，长于王体；擅画，"为寒汀远渚、萧洒虚旷之象，人

① 《宋史》卷480《吴越钱氏世家》，第13915页。

② (宋)钱若水修，范学辉校注：《宋太宗皇帝实录校注》卷26太平兴国八年九月癸丑朔，北京：中华书局，2012年，第45页。按：《宋史》记其献书在改监前(卷480《吴越钱氏世家》，第13916页)。

③ (宋)钱若水修，范学辉校注：《宋太宗皇帝实录校注》卷76至道二年二月戊子，第671页。按：《宋史》本传同(第13916页)，潘自牧《记纂渊海》记作"鄂州团练使"(卷33，《景印文渊阁四库全书》第930册，1986年，第717页)，当因鄂州古称郢州而误。

④ 《宋史》卷480《吴越钱氏世家》，第13916页。

⑤ 清吴任臣《十国春秋》言其书名《贰卿文稿》(卷83《钱昱传》，北京：中华书局，2010年，第1210页)，清陈鳣《续唐书》则记《贰卿文稿》为其叔父钱俨著作(卷19《经籍志》，《丛书集成初编》第3848册，上海：商务印书馆，1936年，第211页)。

⑥ 王毓瑚：《中国农学书录》，第56页。

⑦ (宋)释文莹撰，郑世刚、杨立阳点校：《玉壶清话》卷5，第54页；李文泽、霞绍晖校点整理：《司马光集·补遗》卷12《温公续诗话》，成都：四川大学出版社，2010年，第1796页。按：其籍贯尚有建阳(治今福建南平市建阳区)、长沙二说，参见李裕民：《北宋名僧惠崇的诗与画》，《山西大学师范学院学报》1994年第2期，第17页。

所难到”①。所绘《春江晓景》经苏轼题诗，人尽皆知：“竹外桃花三两枝，春江水暖鸭先知。蒌蒿满地芦芽短，正是河豚欲上时。”惠崇生卒年不详，其与寇准(961—1022)、魏野(960—1019)均有交。魏野《赠惠崇上人》有“崇师耳聩性还聪”句，则惠崇与魏交往时已患老年性耳聋。李裕民认为魏作此诗时最多50多岁，以惠崇比他大10岁计，则其生年约当南唐保大八年(950)。南唐亡在975年，其时惠崇二十五六岁，与刘仁本《羽庭集》称其“南唐惠崇”亦合。其卒年亦应与寇、魏相近，即在天禧四年(1020)前后，寿约七十。惠崇交游者尚有同为“九诗僧”的释希昼、释文兆，及宋代著名隐士陈抟(871? —989)、林逋(957—1078)等。

3.《竹谱》

二卷，吴良辅撰。《宋史・艺文志》于“农家类”著录。②《中国农学书录》《中国农业古籍目录》均误作“吴辅”③。该书已佚，仅元李衎《竹谱》引有两条，兹移录如下。

(种龙竹……戴凯之《竹谱》曰：“䈽篭之美，爰自昆仑。”)吴良辅《竹书》曰：䈽篭竹名黄帝使，伶伦伐之昆仑之阴，吹以应律。按：䈽篭字与音皆相似，疑即一物，但后又有种龙竹，

---

① (宋)郭若虚著，黄苗子点校：《图画见闻志》卷4《花鸟门》，北京：人民美术出版社，2003年，第102—103页。按：原文作“慧崇”。

② 《宋史》卷205《艺文志四》，第5206页。

③ 王毓瑚：《中国农学书录》，第56页；张芳、王思明主编：《中国农业古籍目录》，第213页。按：《中国农学书录》谓《宋史・艺文志》撰人作“吴辅”，明柯维骐《宋史新编・艺文志》“作吴良辅，似是误衍‘良’字”。《宋史・艺文志》本即作“吴良辅”，王氏误看，后多袭之而误，如王汐牟《历代竹谱考论及其历史价值》(《古籍整理研究学刊》2013年第3期，第88、90页)、《历代竹谱的编纂与中国古代竹文化的演化历程》(《廊坊师范学院学报》2012年第4期，第78、79页)等。

未详。[①]

（箓竹……《山海经注》箓竹实中，劲强有毒，锐以刺虎，中之则死。箓此作篻，未详。）吴良辅《竹书》篻读若摽。有梅之摽，《方言》以为篾竹。或又云即簕竹，一物而二名者也。（戴凯之《竹谱》……）[②]

第一条按语本可能为李衎所加，但比照第二条上下文来看应为吴书原有。第二条援引《方言》，而吴氏著有《方言释音》[③]一书，精于小学，估计此为其《竹谱》一个特点，即兼疏音义——残存两条均有此项内容可谓强力证据。

吴良辅生平向来无考，故《中国农学书录》谓其“始末不详，大约是宋代人”[④]。据《宋史》记载，吴良辅元丰（1078—1085）中[⑤]曾上《乐书》五卷、《乐纪》三十六卷，释声、律、音、器四门，记“太昊迄隋开皇诸乐故事、歌曲”。[⑥] 元符元年（1098）底哲宗诏复神宗乐制，时吴良辅任信州（治今江西上饶市西北）司法参军，次年正月太常少卿张商英乃荐之。哲宗召其赴太常寺“按协雅乐”[⑦]、“改造琴瑟，教习登歌”[⑧]，三月命“修定乐章”[⑨]。《玉海》记“协律郎吴良辅集王安

---

① (元)李衎:《竹谱》卷4《竹品谱》,《景印文渊阁四库全书》第814册,第359页。

② (元)李衎:《竹谱》卷5《异形品上》,《景印文渊阁四库全书》第814册,第374页。

③ (宋)郑樵:《通志》卷63《艺文略一》,第762页。

④ 王毓瑚:《中国农学书录》,第56页。

⑤ 《宋史》卷128《乐志三》,第2996页。

⑥ (宋)王应麟纂:《玉海》卷105《音乐・乐三》,第1928页。按:《宋史》作“《乐记》”(卷202《艺文志一》,第5055)。

⑦ (宋)李焘:《续资治通鉴长编》卷505元符二年春正月庚午,第12045页。

⑧ 《宋史》卷128《乐志三》,第2996页。

⑨ (宋)王应麟纂:《玉海》卷105《音乐・乐三》,第1933页。

石《胡笳十八拍》曲及《元丰行》谱歌六篇，协之音律，附于琴声，为《琴谱》一卷”[①]，则“协律郎”为其在太常寺所任职务，《琴谱》即为其工作成果。不久吴良辅以冗官罢。崇宁元年(1102)，徽宗诏博求知音之士重订乐制，翰林学士张商英再度进言：“信州司理参军吴良辅善鼓琴，知古乐。臣为太常少卿日尝荐为协按音律官，使改造琴瑟、教习登歌……乞还良辅旧职。”[②]诏从之。吴氏尚有《诗乐说》[③]、《诗重文说》[④]等著作。另《武林旧事》记“淳熙(1174—1189)教坊乐部”人员中亦有“吴良辅”[⑤]，从时间上看应为同名之另一人。

4.《续竹谱》

一卷，佚名撰。宋元史志书目仅《遂初堂书目》于“谱录类”著录。[⑥]《中国农学书录》《中国农业古籍目录》未收载。书已佚。元刘美之亦撰《续竹谱》，此别为一书。

5.《竹史》

卷帙不明，高似孙撰。历代史志书目不载，仅史铸《百菊集谱》云“高属寮有《竹史》之作”[⑦]。书已佚，内容无可考矣，然以理度之，必记各种竹品。《中国农学书录》《中国农业古籍目录》未著录。

高氏生平参见本书第八章。

6.《桐谱》

《桐谱》，一卷，陈翥撰。《遂初堂书目》著录于“谱录类”[⑧]，《直

① (宋)王应麟纂：《玉海》卷110《音乐·乐器》，第2015页。

② (清)徐松辑：《宋会要辑稿》乐三之二四，第319页。

③ (宋)郑樵：《通志》卷64《艺文略二》，第767页。

④ 《宋史》卷201《艺文志一》，第5046页。

⑤ (宋)四水潜夫(周密)辑：《武林旧事》卷4，杭州：西湖书社，1981年，第57页。

⑥ (宋)尤袤：《遂初堂书目》，《丛书集成初编》第32册，第24页。

⑦ (宋)史铸：《百菊集谱·菊史补遗序》，明万历汪氏刻《山居杂志》本，叶九a。

⑧ (宋)尤袤：《遂初堂书目》，《丛书集成初编》第32册，第20页。

斋书录解题》《宋史·艺文志》均著录于“农家类”[①]。陈翥著书目的《桐谱》序自道为：“茶有《经》，竹有《谱》，吾皆略而不具。植桐乎西山之南，乃述其桐之事十篇，作《桐语》一卷……亦有补农家说云耳。”[②]也就是说是有意识的创新之作。《桐谱》是世界上最早论述泡桐的专著，在国内外都颇受重视，如美国 *Economic botany*（《经济植物》）杂志载文研究泡桐起源及引入欧美的过程就引用了《桐谱》中的材料[③]。该书传世版本有明末清初宛委山堂刻《说郛》本、明末《说郛》板编印《唐宋丛书》本、光绪六年山西浚文书局刻《植物名实图考长编》本、《说林》清抄本、民国二至六年乌程张氏刻《适园丛书》本、民国上海商务印书馆《丛书集成初编》本等。

除卷首自序，《桐谱》全书分叙源、类属、种植、所宜、所出、采斫、器用、杂说、记志、诗赋 10 篇。“所出”“杂说”辑录桐树产地及其他有关史料；“记志”包括《西山植桐记》《西山桐竹志》二文，所叙为陈翥本人在西山（今名凤凰山）种植桐、研究桐树的经过；“诗赋”包括陈翥本人所作《植桐诗》《西山桐十咏》《桐赋》等诗文。其余诸目所论则为桐树生物特性、种植技术及加工利用等方面内容，“较全面而系统地总结了北宋及其以前我国古代劳动人民关于桐树种植和利用的一整套经验”[④]。

今所谓“桐”包括泡桐（以前属玄参科，现独立为泡桐科）、梧桐（亦名青桐，梧桐科）、法国梧桐（悬铃木科）、油桐（大戟科油桐属）、血桐（大戟科血桐属）、山桐子（亦名山梧桐，大风子科）等，较为混杂。古代亦然，虽梧、桐二字产生之初可能梧指梧桐、桐（荣）指泡桐，但至迟秦汉时代已混淆不清。如《说文》云“桐，荣也”，又云

① （宋）陈振孙撰，徐小蛮、顾美华点校：《直斋书录解题》卷 10，第 300 页；《宋史》卷 205《艺文志四》第 5207 页。

② （宋）陈翥：《桐谱·序》，《丛书集成初编》第 1352 册，第 1 页。

③ 详参张秉伦：《桐谱》，《张秉伦科技史论集》，合肥：中国科学技术大学出版社，2018 年，第 339 页。

④ （宋）陈翥著，潘法连校注：《桐谱校注·校注说明》，北京：农业出版社，1981 年，第 1 页。

“梧，桐木”[①]，是荣、梧皆称为“桐”。郭璞注《尔雅》云“荣，桐木（即梧桐）”、“榇，梧（今梧桐）”[②]，更是认为荣、梧均为梧桐。有研究者认为《桐谱》书中“见不到‘泡桐’两字”而是“用‘桐’来指称泡桐”，是因为“陈翥博览典籍，文化修养较深”，对“桐”专指泡桐“这一点当然十分清楚”。[③] 实际上陈氏跟许、郭诸人一样，也是把桐跟梧桐等同起来的，认为《尚书》《诗经》等古代典籍“或称桐，或云梧，或曰梧桐，其实一也”[④]。陈翥之所以用“桐”称泡桐是因为“‘荣’者，乃桐之一木耳”[⑤]，换言之，即“桐”为总名，正如梧桐可称为桐，泡桐自可称桐。析言有别，统言无别，宋人本就是这样称呼的——陈翥家乡铜陵关于泡桐的谚语“轻是桐，重是桐，难斫亦是桐”[⑥]就是明证——陈翥袭之并且也只能袭之而已，因为“泡桐”一词明代方始产生。但要注意的是，《桐谱》书中“桐”一词有时是总名（类名），有时是专名（种名），并不都指泡桐。此正《桐谱》首列《叙源》之意。

《桐谱》所记桐树有白花桐、紫花桐、取油桐、刺桐、梧桐和赪桐6种。白花桐即今之白花泡桐：

> 文理粗而体性慢，叶圆大而尖长，光滑而毳稚者三角。因子而出者，一年可拔三四尺；由根而出者，可五七尺；已伐而出于巨桩者，或几尺围。始小成条之时，叶皆茸毳而嫩。皮体清

① （汉）许慎撰，（宋）徐铉校定：《说文解字》，第113页。

② 周祖谟：《尔雅校笺》卷下，昆明：云南人民出版社，2004年，第133、131页。

③ 宣炳善：《陈翥〈桐谱〉梧桐混用为泡桐纠谬》，《中国农史》2002年第2期，第97页。按：宣文进一步申说陈翥用“桐”称泡桐，是因为他“很看不起在他认为是不太实用却为富人点缀生活的梧桐”，于是“宁愿将古籍中的梧桐理解为泡桐，属于理解上的问题也就是一个文化认同的问题”（第99页）——这只是一个陈书失误的问题。

④ （宋）陈翥：《桐谱》，《丛书集成初编》第1352册，第1—2页。

⑤ （宋）陈翥：《桐谱》，《丛书集成初编》第1352册，第1页。

⑥ （宋）陈翥：《桐谱》，《丛书集成初编》第1352册，第3页。

白，喜生于朝阳之地。其花先叶而开，白色，心赤内凝红。其实穟先长而大，可围三四寸。内为两房，房中有肉，肉上细白而黑点者，即其子也。[①]

紫花桐即今之紫花泡桐（亦名毛泡桐）：

文理细而体性紧，叶三角而圆大，白花，花叶其色青，多毳而不光滑。叶硬，文微赤，擎叶柄毳而亦然。多生于向阳之地，其茂拔，但不如白花者之易长也。其花亦先叶而开，皆紫色而作穟（同"穗"），有类紫藤花也。其实亦穟，如乳而微尖，状如诃子而粘。《庄子》所谓"桐乳致巢"，正为此紫花桐实。而中亦两房，房中与白花实相似，但差小。[②]

据上引文可见陈翥对白花泡桐和紫花泡桐花叶果实的颜色、形状以及生长习性描述得细致入微，让人读后可以得到准确的认知。书中还记载了泡桐因气候原因一年内开花两次的情况："其花开有先后，先者未有叶而开，自春徂夏乃结其实。实如乳尖，长而成穟，《庄子》所谓'桐乳致巢'是也；后者至冬叶脱尽后始开，秀而不实，其蕊萼亦小于先时者。是知桐独受阴阳之淳气，故开春冬之两花，而异于群木也。"以及泡桐花、叶、皮的经济、医药用途："其叶味苦，寒，无毒，主恶蚀疮[著]（蔺）[阴]；皮主五痔，杀三虫，疗贲豚气病；其花饲猪，肥大三倍。然其皮叶亦有効于人也。"[③]在细致观察、研究的基础上，陈翥将"白花桐""紫花桐"归为一类（泡桐科泡桐属），

①② （宋）陈翥：《桐谱》，《丛书集成初编》第1352册，第3页。

③ （宋）陈翥：《桐谱》，《丛书集成初编》第1352册，第2页。按：原文句读为"……主恶蚀疮。蔺皮主五痔……"，《说郛》本作"……主恶蚀疮著阴；皮主五痔……"（《说郛三种》卷25，第447页），陈翥引此语出《神农本草经》，作"桐叶，味苦，寒，无毒，主恶蚀创著阴；皮主五痔……"（吴普等述，孙星衍、孙冯翼辑：《神农本草经》，《丛书集成初编》第1429册，长沙：商务印书馆，1937年，第117页），据改。

其分类标准是二桐“皮色皆一类，但花叶小异，而体性紧慢不同耳。至八月，俱复有花，花至叶脱尽后始开，作微黄色”[①]。又将另外一种“（花）微红而黄色者”视为白花泡桐变型而不单列一种：“盖亦白花之小异者耳。”[②]这和现代植物学以花（花序）、叶、果实特征作为主要分类标准是一致的。[③] 陈翥对泡桐加以植物学意义上的科学分类，并详述其生物学特性，这是《桐谱》最重要、影响最深远的贡献。此后明清学者率云：“（梧桐）古或通指，今则专以青桐为梧桐。以《桐谱》言之，则白、紫花二种皆今泡桐。先花后叶，《尔雅》谓之荣桐，荣即泡也”[④]；“桐有四种，《诗》与《尔雅》得其二焉。《定之方中》之桐，白桐也，即《尔雅》之荣桐木，亦名华桐、名椅桐、名泡桐……《卷阿》之桐，梧桐也，即《尔雅》之榇梧”[⑤]。

有研究者认为古代“桐乳”指梧桐果实，因此陈翥称泡桐果实为“桐乳”是一个错误——“错误地认为‘桐乳’是泡桐子，不是梧桐子”[⑥]。根据上揭《桐谱》对泡桐果实清楚明白的描述：“其（白花桐）实穟先长而大，可围三四寸。内为两房，房中有肉，肉上细白而黑点者，即其子也”，“其（紫花桐）实亦穟，如乳而微尖，状如诃子而粘。《庄子》所谓‘桐乳致巢’，正为此紫花桐实。而中亦两房，房中与白花实相似，但差小”，显见为今所称白花泡桐、紫花泡桐的果实（图 19a），而绝非梧桐果实（图 19c）。此由“状如诃子”四字亦可见出——诃子是一种药材，其果实如图（图 19b），与泡桐果实确实很相似。至于称泡桐果实为“桐乳”，一是因为陈翥既以桐称泡桐，则

①② （宋）陈翥：《桐谱》，《丛书集成初编》第 1352 册，第 3 页。

③ 详参吴晓东：《〈桐谱〉对泡桐的分类与描述》，《植物杂志》1993 年第 2 期，第 47 页。

④ （清）方以智：《通雅》卷 43《植物 · 木》，北京：中国书店，1990 年影印本，第 518 页。

⑤ （清）陈启源：《毛诗稽古编》卷 28《辨物》，济南：山东友谊书社，1991 年影印本，第 988 页。

⑥ 宣炳善：《陈翥〈桐谱〉梧桐混用为泡桐纠谬》，《中国农史》2002 年第 2 期，第 93 页。

a 泡桐果实

b 梧桐果实

c 诃子果实

图 19　泡桐、梧桐、诃子果实比较图

泡桐像乳之果实自可名之；二是就令古人称“梧桐”果实为“桐乳”，而据前揭陈翥本和汉晋时人一样，认为古所谓“梧桐”就是泡桐，自亦以“桐乳”称之。总之，陈翥称以“桐乳”称泡桐果实并不是他“没有见过真正的梧桐，当然也就没有见过梧桐子，所以就把文献中的梧桐子当作他所熟悉的紫花泡桐的泡桐子”①。事实上，陈翥是了解梧桐的，其分类中就有梧桐一类：“一种，枝不入用，身叶俱滑如桼之初生。今兼并之家，成行植于阶庭之下、门墙之外，亦名梧桐，有子可啖。”②梧桐果实确实可以吃，这一描述说的正是今之梧桐

① 宣炳善：《陈翥〈桐谱〉梧桐混用为泡桐纠谬》，《中国农史》2002 年第 2 期，第 93—94 页。

② （宋）陈翥：《桐谱》，《丛书集成初编》第 1352 册，第 3—4 页。

（亦名青桐，梧桐科）。陈翥接着还说："（此梧桐）与《诗》所谓梧桐者非矣。"亦可为他认为古所称"梧桐"非真正梧桐而是泡桐的看法之一证。此外，《桐谱》所记还有取油用桐（即今油桐，大戟科油桐属）、刺桐（今多称刺楸，五加科）、赪桐（马鞭草科）3种。

《桐谱》总结了泡桐与光照、温度和土壤的关系，指出泡桐喜光、在蔽阴条件下生长不良：桐之性"不奈（通'耐'）低湿"，"不喜巨材所荫"，"皆恶阴寒，喜明暖。阴寒则难长，明暖则易大"。[①] 因此多生于"高暖之地""向阳之地"，如植于"沙湿、低下、泉润之处，则必枯矣。纵有生者，抽茂不如高平之所"。[②] 总之，"土膏腴则茎叶青嫩而乌黑，土瘦薄则成苍黄之色"[③]。泡桐根系发达，根系薄壁组织和输导组织发达，如果土壤肥沃疏松、湿度适当，根就扎得深、扎得快，植株就生长良好；如果土壤透气性差、含水量过大，薄壁细胞容易缺氧窒息而死，根系就会腐烂，植株就生长不良。[④] 可见陈翥对泡桐生长习性的认识是合乎科学的。

泡桐种植技术虽早已见于《齐民要术》，但《桐谱》有很多独创性论述，体现了宋代林学知识取得的巨大进步。如育苗方面，陈翥介绍了播种育苗、压条育苗和留根育苗三种方法。其首次提出的留根育苗做法是："于桐处耕锄其下，使蔓根寸断，则其根断自萌而茂。"[⑤]这种方式（及压条方式）比播种方式育出的泡桐苗生长更快，至今仍被采用。栽植方面，《桐谱》指出每年十月到次年正月是泡桐"叶陨、汁归其根、皮干未通之时"，最适宜栽植造林。栽植前先要挖出又宽又深的根穴，并穴中施上基肥，再选择苗龄一二年的苗木放穴中，然后分层覆土、施肥，最后"以黄土盖焉"。栽植过程中要注意"一无爪爬，二无振摇"，这样至春自然荣茂。书中还指出泡桐林可以天然更新："凡桐之子，轻而善飏，如柳絮，飞可一二里。

① （宋）陈翥：《桐谱》，《丛书集成初编》第1352册，第4、5、6页。

② （宋）陈翥：《桐谱》，《丛书集成初编》第1352册，第5页。

③⑤ （宋）陈翥：《桐谱》，《丛书集成初编》第1352册，第4页。

④ 熊大桐：《陈翥及其〈桐谱〉》，《农业考古》1987年第1期，第231页。

其子遇地熟则出，在林麓间则不生矣。"[①]《桐谱》还提出在次年春季要对上年栽植的泡桐平茬，即贴地砍去树干，用土壤填塞其中空心者，使之再抽发新条："至来春，则齐土斫去矣。忌其空心者，免为雨所灌，令别抽心者。"或者"别下栽时，更斫去植，则尤妙于春斫也"。[②]林木抚育方面，《桐谱》指出一要中耕，植株"其下当常锄之令熟，无使草之滋蔓，为诸藤之所缠缚，致形材曲而不滑"，如"有竹木根侵之"，亦"尽锄去"，并要注意施肥；[③]二要修枝，待树枝长到五六寸时"则去之"，"高者手不能及，则以竹夹折之"，"至二三年则勿去其枝，恐其长而头下垂故也。伺其大则缘身而上，以铁刀贴身去，慎勿留桩，只经一两春，自然皮合也"。[④]三要夹干，泡桐树长到一二丈时易倾斜弯曲，须"以物对夹缚之令直，以以木牵之亦可"，这样才能培育出"长可至十丈"的良材。[④]四要破叶，泡桐"叶圆而大，条虚而嫩。叶圆而大则鼓风矣，条虚而嫩则易折矣"，须"以竹竿破其叶，令作三片，又摘之令疏"，[⑤]这样就不会遭受风灾。五要作好保护，因泡桐树皮软脆易伤，如"耕锄之时及牛马等损之"须"以楮皮缠缚之"，[⑥]不然树脂流出影响其生长。《桐谱》还详述了泡桐采伐和利用的相关知识[⑦]。

《桐谱》成书时间，其自序署款系时为"皇祐元年十月七日夜"[⑧]。因一般著书者大都为书成方序，故《直斋书录解题》据以定《桐谱》作年为"皇祐元年"[⑨]，后世多从之。然陈翥却是先写序后

---

①② (宋)陈翥：《桐谱》，《丛书集成初编》第1352册，第4页。

③④⑤⑥ (宋)陈翥：《桐谱》，《丛书集成初编》第1352册，第5页。

⑦ 详参熊大桐：《陈翥及其〈桐谱〉》，《农业考古》1987年第1期，第232页。

⑧ (宋)陈翥：《桐谱·序》，《丛书集成初编》第1352册，第1页。

⑨ (宋)陈振孙撰，徐小蛮、顾美华点校：《直斋书录解题》卷10，第300页。按：中国林业科学研究院泡桐组、河南省商丘地区林业局编著《泡桐研究》云"《桐谱》一书作于北宋元(佑)[祐]时期"(北京：农业出版社，1980年，第4页)，张企曾《陈翥的〈桐谱〉和我国泡桐栽培的历史经验》云"《桐谱》一书作于北宋元(佑)[祐]时期(公元一〇四九年)"(《农史研究》第2辑，北京：农业出版社，1982年，第135页)，均误(1049年实为皇祐元年)。

著书，其书中有很多证据，如《西山植桐记》云：

> 至庆历八年戊子冬十有一月，于家后西山之南，始有地数亩。东止陈诩，西止柴樣，凡东西延二十丈有奇；南止弟翊，北止兄翦，凡南北袤十丈有奇。自十二月至于皇祐三年辛卯冬，浇而植之，凡数百株。[①]

即是说陈翥庆历八年(1048)始有地，至皇祐三年(1051)底才全部种上桐树。其《西山桐十咏》序中又说："吾始植桐于西山之阳……及数年，桐茂森然。"[②]陈翥始植桐是庆历八年十二月，又过"数年"桐树才长成，因此其书稿至少到皇祐三年冬仍在撰写之中。[③]

陈翥字子翔，池州铜陵县(治今安徽铜陵市)人，因号铜陵逸民，又号咸聱子。其幼年生活据《西山植桐记》开篇数语可知："少渐义方，训涉孤哀，沦于季孟，惸疾否滞，十有余年。蝎蠹木虚，根

---

① (宋)陈翥：《桐谱》，《丛书集成初编》第1352册，第10页。按：原文中"东止陈诩，西止柴樣"语民国初乌程张氏刻《适园丛书》本作"东止西止，陈翊紫樣"(卷下，叶一四a)，潘法连《桐谱校注》以此为底本，故其云"'紫樣'当是陈翊的字(别号)，疑或为'子樣'之讹误……《集成》本作('陈诩'及)'柴樣'，可能均属臆改"(第99页)。《丛书集成续编》本当然不是"臆改"，其据明末钟人杰、张遂辰(以《说郛》板)编印的《唐宋丛书》本(叶一五a)排印，《说郛》百二十卷本亦同(《说郛三种》弓105，第4826页)——潘氏校注本云"《说郛》本作'东止陈翊，西止紫樣'"(第98页)，所据应为《说郛》百卷本(《说郛三种》卷25，第451页)。潘法连又谓此"陈翊"(实应为"陈诩")"当即下文所说的……作者之弟(陈)翊"(第99页)，恐误，陈翥下文既说"南止弟翊，北止兄翦"，何此不云"东止弟翊，西止柴樣"而言"东止陈诩，西止柴樣"？诩、翊当是不同之二人。至于"紫樣"是陈翊字号云云，更是凿空之言。

② (宋)陈翥：《桐谱》，《丛书集成初编》第1352册，第12页。

③ 详参潘法连：《〈桐谱〉撰期考》，《中国农史》1987年第3期，第104—108页。

枝不附。”[①]“义方”指行事谨守理、法，“训”指教育，“孤”谓父丧，“哀”谓母丧，“季孟”指鲁国三桓中势力最强的季孙氏和势力最弱的孟孙氏，“惸”是“茕”的异体字。简言之，陈翥是说他十几岁之前即明行事应守之理、法，渐立挺拔之正道人格，但在接受教育的过程中父母相继亡故，遂比下有余、比上不足。自己一个人茕茕孑立，又患疾病，人生简直糟透了。堂兄弟也不亲附，反而不断侵夺财产，犹如“蝎蠹木虚”。研究者一般认为后文所提陈翊、陈翦是陈翥亲兄、弟，实际只是堂兄弟。其《西山桐竹志》“吾虽布衣，孤而且否”[②]语亦为明证。陈翥既出身贫苦，又体弱多病，自然打算“干禄以代耕”[③]，故“笃志好学，杜门读书”，“潜心经史，足迹不逾里间”，以致“家人妇子，非时不见”，人号为“闭户先生”。[④] 但久考而未中，40 岁时他终于认识到：“余年至不惑，命乖强仕，埙篪不合，遂成支离。”[⑤]在生活的压力下，不得不作出“志愿相畔”的举动，即“退为治生”。其治生之计就是种植桐、竹，虽然人们认为“得利之速，植桐不如植桑之博矣”，[⑥]“植数亩桐、竹不如植桑，且以桑一年一叶，质之以买桐、竹，可数倍矣。桐、竹岂为生之急务乎！”[⑦]都“诮其治生之拙”，甚至其堂兄弟亦“窃笑之，以为不能为农圃之事”。[⑧] 但陈翥坚持认为其地“惟黄壤，非桑之宜”，坚持认为种植桐、

---

① (宋)陈翥:《桐谱》,《丛书集成初编》第 1352 册,第 10 页。按:潘法连《桐谱校注》标点作“少渐义方训,涉孤哀,沦于季孟……”(第 97 页),显误。

② (宋)陈翥:《桐谱》,《丛书集成初编》第 1352 册,第 11 页。

③ (宋)陈翥:《桐谱·序》,《丛书集成初编》第 1352 册,第 1 页。

④ 嘉靖《铜陵县志》卷 7《人物》,《天一阁藏明代方志选刊》第 25 册,上海:上海古籍书店,1962 年影印本,叶四 b;嘉靖《池州府志》卷 7《人物》,《天一阁从明代方志选刊》第 24 册,上海:上海古籍书店,1962 年影印本,叶四八 a。

⑤⑦ (宋)陈翥:《桐谱》,《丛书集成初编》第 1352 册,第 11 页。

⑥ (宋)陈翥:《桐谱》,《丛书集成初编》第 1352 册,第 10 页。

⑧ (宋)陈翥:《桐谱》,《丛书集成初编》第 1352 册,第 12、11 页。

竹亦能致富，并取号桐竹君“以固而拒之”。[①] 他自问：“夫仲尼岂不能明老圃之业乎？”自答：“农圃之事，余岂不能为哉！”[②]言行体现了一名知识分子的自信，也体现了宋代知识分子对“知识”在农业生产和经济活动中所起作用的自信。读书人种田，毫无疑问应该有更大收获，陈翥这一心态是非常值得玩味的。当然，结果也符合其预期：“及数年，桐茂森然”、“桐茂成翠林”，讥者“复私羡之，始知桐之易成耳”。[③]

据陈翥《西山植桐记》“吾今年（庆历八年）四十矣”[④]语，可知陈翥必生于大中祥符二年（1009）。然有研究者据民国十三年纂《五松陈氏宗谱》所载认为生年为“太平兴国七年（982）九月二十八日”，卒年为“嘉祐六年（1061）辛丑正月十四日”。[⑤] 这显然与陈氏自述相悖。又有学者据该谱所载杜衍、黄荆公赠诗定其卒于嘉祐元年（1056）[⑥]，亦不确。总之，《五松陈氏宗谱》所载陈翥事迹真实性很成问题，如所谓监察御史陈允、参知政事盛度、殿中侍御史萧定基、包拯、仁宗朝宰相杜衍、黄荆公曾赠诗陈翥，或无其人，或无其事，均不实，[⑦]不能用该谱来考述陈翥生平事迹。

7.《桐谱》

卷帙不明，丁黼撰。此书仅乾隆《江南通志》著录云：“《桐谱》

---

① （宋）陈翥：《桐谱》，《丛书集成初编》第 1352 册，第 11、13 页。

② （宋）陈翥：《桐谱》，《丛书集成初编》第 1352 册，第 10、11 页。

③ （宋）陈翥：《桐谱》，《丛书集成初编》第 1352 册，第 12、13、12 页。

④ （宋）陈翥：《桐谱》，《丛书集成初编》第 1352 册，第 11 页。按：同页《桐竹君咏》序云：“余年至不惑……始有地数亩于西山之南。”据《西山植桐记》知其始于西山有地数亩事在庆历八年十一月，亦可旁证。

⑤ 潘法连：《〈桐谱〉撰期考》，《中国农史》1987 年第 3 期，第 106、108 页。

⑥ 张秉伦：《陈翥史迹钩沉》，《中国科技史料》1992 年第 1 期，第 35—36 页。

⑦ 详参杨国宜、路育松：《陈翥生平事迹考——〈五松陈氏宗谱〉质疑》，《安徽师大学报》1996 年第 1 期，第 98—102 页。

一卷，石埭丁黼。”[①]难免让人生疑，但既无其造伪之证据，此姑从之。

丁黼，字文伯，号涎溪（邑之舒溪古名）。《宋史》有传而略，因其死于抗元，故自清全祖望以来学者对其事迹多有考订。丁黼先世居沛，故每自署“东徐（州）丁黼”。宋室南渡，其曾祖父丁执中迁于池州石埭（治今安徽石台县），遂为石埭人。[②] 丁黼生于乾道二年（1166）[③]，少颖悟，“年十四，已知为学之要”，从池州州学教授、永嘉徐谊学，[④]登淳熙十四年（1187）进士第，授崇德县（治今浙江桐乡市崇福镇）尉。[⑤] 绍熙三年（1192），迁秀州（治今浙江嘉兴市）录事参军。庆元二年（1196），父丧丁忧。[⑥] 嘉定五年（1212）任余杭县令，[⑦]秩满迁太仆寺主簿，又迁司农寺丞，因旱灾言事贬知信州。任上以工代赈、修城有功，受到前一年出任江南东路转运副使、主持赈灾事宜的真德秀（作有《江东救荒录》）赏识、推荐，升为

---

① 乾隆《江南通志》卷192《艺文志》，《中国地方志集成·省志辑·江南》第6册，第674页。

② （宋）魏了翁：《鹤山集》卷81《赠奉直大夫丁公墓志铭》，《景印文渊阁四库全书》第1173册，第243—244页。

③ （宋）吴泳《褒忠庙碑》云“公之祖武德尝梦山神告之曰：‘若死，葬之寺之右，三纪必生异人。公后三十六年而生，又七十二年而庙食于此’”（《鹤林集》卷34，《景印文渊阁四库全书》第1176册，第331页），丁黼立庙受享在嘉熙二年（1238）（《石埭备志汇编》卷1《大事记稿》，《中国地方志集成·安徽府县志辑》第63册，南京：江苏古籍出版社，1998年影印本，第7页），据此可知其生年。并参见陈世松：《〈宋史·丁黼传〉补正》，《文史》第13辑，北京：中华书局，1982年，第320页注③。

④ （宋）魏了翁：《鹤山集》卷81《赠奉直大夫丁公墓志铭》，《景印文渊阁四库全书》第1173册，第244页。

⑤ 嘉靖《池州府志》卷7，《天一阁藏明代方志选刊》第24册，叶四九b。

⑥ （宋）魏了翁：《鹤山集》卷81《赠奉直大夫丁公墓志铭》，《景印文渊阁四库全书》第1173册，第243页。

⑦ （宋）丁黼：《〈越绝书〉跋》，（汉）袁康：《越绝书》卷末，明嘉靖三十三年四川张氏双柏堂刻本，叶一二八a。

江东路提点刑狱。[①] 十三年(1220),除直秘阁、夔州路安抚使兼知夔州,宣力守御。[②] 期间校刻《风俗通义》《越绝书》《逸周书》,均为作跋语。十六年入朝为将作监,寻改军器监。宝庆元年(1225),魏了翁、真德秀等霅川之变后为济王鸣冤招致史弥远报复,均被罢放,丁黼受到波及,贬知吉州。丁黼并未因此疏远真、魏,仍然多有往来。[③] 绍定四年(1231),以右文殿修撰充广西制置副使兼知静江府[④],六年[⑤]迁四川安抚制置副使兼知成都府。端平元年(1234)[⑥],辟王翊为制置司参议官,筹画御元。三年九月[⑦],蒙古阔端、塔海部自城北驷马桥攻入成都,丁黼与其外甥王荼幹等六人退至石笋街观音院,俱死难。参议官王翊亦赴井死。[⑧] 丁黼卒年71岁。著作有《涎溪集》《六经辨证疑问》《诸史精考》等,全祖望认为其学问"伯仲真、魏之间"[⑨]。

---

① 嘉靖《池州府志》卷7,《天一阁藏明代方志选刊》第24册,叶四九b。按:真德秀《荐知信州丁黼等状》荐语云:"朝奉郎知信州军州事丁黼,性本诚实,学有师傅,修身立朝,物论素所推许。今为郡守,曾未数月,循良岂(同'恺')弟之政已流闻于四方。"(《西山文集》卷12,《景印文渊阁四库全书》第1174册,第192页。)

② 系时据汪桂海考(《丁黼事辑编年》,《文津学志》第3辑,北京:国家图书馆出版社,2010年,第103页)。

③ 参见汪桂海:《丁黼事辑编年》,《文津学志》第3辑,第106—108页。

④ 嘉靖《广西通志》卷7《秩官表五》,《四库全书存目丛书·史部》第187册,济南:齐鲁书社,1996年影印本,第91页。

⑤ 参见陈世松:《〈宋史·丁黼传〉补正》,《文史》第13辑,第320页注⑦。

⑥ 参见汪桂海:《丁黼事辑编年》,《文津学志》第3辑,第110页。

⑦ 《宋史》系时为嘉熙三年(卷454《忠义传九·丁黼传》,第13345页),误,参见陈世松:《〈宋史·丁黼传〉补正》,《文史》第13辑,第318—319页。

⑧ (宋)佚名:《昭忠录·王翊传》,《丛书集成初编》第3355册,长沙:商务印书馆,1939年,第5—6页。

⑨ (清)黄宗羲原著,(清)全祖望补修,陈金生、梁运华点校:《宋元学案》卷61《徐陈诸儒学案》,第1972页。

8.《糖霜谱》

中国最早的人工甜味料是麦芽糖，即“含饴弄孙”之“饴”也。蔗糖的产生要晚得多，尽管国人食用甘蔗的历史至少可上溯至战国时期，如《招魂》“有柘浆些”[①]云云。蔗糖到底产生于何时？20世纪学者曾展开热烈讨论，自刘士鉴、袁翰青发其轫[②]，20世纪60年代至80年代吉敦谕、吴德铎、李治寰等学者踵武于后[③]，至20世纪90年代季羡林总其大成[④]，这个问题终于获得了准确而详尽的回答。约而言之，魏晋时期蔗糖是蔗汁晒、煎而成的稠液态饴糖，称饴、饧、石蜜；六朝乃能效印度、交趾以石灰为澄清剂制造固态红糖，称沙糖、黑石蜜等（宋人改称红糖、红沙糖）；唐代两次派留学生到印度学习其制糖之法，造出了乳糖（加牛奶、米粉）、分蜜沙糖（结晶沙糖。宋人称白糖、白沙糖、沙糖，实际还是红色的）；垂至明代，中国才引进国外制糖法制出了经过脱色的真正白色的白沙糖（称洋糖、白砂糖）。至于冰糖，则是中国先民的发明，始于唐而普及于宋，王灼《糖霜谱》是历史上第一部专论甘蔗种植及制糖的专著——所记正是冰糖制法。

---

① 汤炳正等注：《楚辞今注》，上海：上海古籍出版社，2012年，第233页。

② 刘士鉴：《糖考》，《益世报·史地周刊》第51期，1947年7月22日；袁翰青：《我国制糖的历史》，《中国化学史论文集》，北京：生活·读书·新知三联书店，1956年，第134—152页。

③ 吉敦谕有《糖和蔗糖的制造在中国起于何时》（《江汉学报》1962年第9期，第48—49页）、《糖辨》（《社会科学战线》1980年第4期，第181—186页），吴德铎有《关于“蔗糖的制造在中国起于何时”——与吉敦谕先生商榷》（《江汉学报》1962年第11期，第42—44页）、《答〈糖辨〉——再与吉敦谕先生商榷》（《社会科学战线》1981年第2期，第150—154页），李治寰有《从制糖史谈石蜜和冰糖》（《历史研究》1981年第2期，第146—154页）、《中国食糖史稿》（北京：农业出版社，1990年）。此外还有于介、周可涌等学者的论文可资参看。

④ 季羡林：《糖史》，《季羡林文集》第9、10卷，南昌：江西教育出版社，1998年。

《糖霜谱》，一卷，《直斋书录解题》著录于“农家类”。[①] 该书共分7节。《原委》叙记糖霜（一名糖冰）产自遂宁、广汉、福唐、四明、番禺，“中国之大，止此五郡”。其中以遂宁所产质量最高。遂宁制糖霜法源自唐大历间僧人所传：“（邹和尚）不知所从来。跨白驴，登繖（同‘伞’）山，结茅以居……一日，（其）驴犯山下黄氏者蔗苗，黄请偿于邹。邹曰：‘汝未知窨蔗糖为霜，利当十倍。吾语女塞责可乎？’试之，果信。自是流传其法。”[②]《考源》则是一篇“制糖简史”，书中指出：中国古代食蔗是榨蔗为浆而饮，其后乃为蔗饧、石蜜、沙糖（分蜜沙糖）。最早提到糖霜的是苏轼，其元祐间过金山寺作诗送遂宁僧圆宝有云：“冰盘荐琥珀，何似糖霜美。”后元符间黄庭坚在戎州答梓州雍熙光长老寄糖霜亦云：“远寄蔗霜知有味，胜于崔浩水晶盐。”因此王灼认为“糖霜果非古也”，“四郡所产亦起近世耳”，[③]对糖霜起于唐的说法似有怀疑。《种蔗》首叙遂宁甘蔗品种：“蔗有四色：曰杜蔗，曰西蔗，曰芳蔗……，曰红蔗……。红蔗止堪生啖；芳蔗可作沙糖；西蔗可作（糖）霜，色浅，土人不甚贵；杜蔗紫嫩，味极厚，专用作霜。”次言种植技术：

> 择取短者（芽生节间，短则节密而多芽），掘坑深二尺，阔狭从便，断去尾，倒立坑中，土盖之〔不倒则雨水入夹叶，久（不）[必]坏。凡蔗田，十一月后深耕，杷搂燥土，纵横摩劳令（热）[熟]〕。如开渠，阔尺余，深尺五，两傍立土垅。上元后、二月初区种，行布相傀，灰薄盖之，又盖土，不过二寸。清明及端午前后，两次以猪牛粪细和灰薄盖之。盖土常使露芽。六月半，再使溷粪。余用前法。草不压数耘，土不厌数添，但常

① （宋）陈振孙撰，徐小蛮、顾美华点校：《直斋书录解题》卷10，第301页。

② （宋）王灼著，李孝中、侯柯芳辑注：《王灼集·糖霜谱》，第315页。

③ （宋）王灼著，李孝中、侯柯芳辑注：《王灼集·糖霜谱》，第317—318页。

使露芽。候高成丛，用大锄翻垅上土尽盖。十月收刈。

尤其要注意的是甘蔗“最因地力”，故“不可杂他种，而今年为蔗田者，明年改种五谷，以休地力。田有余者，至为改种三年”①。《种蔗》还记叙了遂宁产制糖霜的具体地域分布。

《治蔗》《成霜》叙记糖霜制作方法。第一步用蔗削、蔗镰、蔗凳、蔗碾、榨斗、蔗（一作“枣”）杵、榨盘、榨床、漆瓮等专用工具对甘蔗加以处理：“先削去皮，次锉如钱……次入碾，碾阙则舂。碾讫号曰泊。次烝泊，烝透，出甑入榨。取尽糖水，投釜煎，仍上烝生泊。约糖水七分熟，权入瓮，则所烝泊亦堪榨。如是煎烝相接。事竟，歇三日（过期则酿），再取所寄收糖水煎，又候（九分）熟，稠如饧（十分太稠，则成沙脚。‘沙’音‘嗄’）。插竹遍瓮中，始正入瓮，簸箕覆之。”②第二步即候糖水结晶：

糖水入瓮两日后，瓮面起粥文，染指视之，如细沙。上元后，结小块；或缀竹梢如粟穗，渐次增大如豆，至如指节，甚者成座如假山。俗谓“随果子结宝[实]”。至五月，春生夏长之气已备，不复增大，乃沥瓮〔过初伏不沥则化为水。下户急欲(前)[钱]，四月沥〕。霜虽结，糖水犹在，沥瓮者戽出糖水，取霜沥干。其竹梢上团枝，随长短剪出就沥。沥定，曝烈日中，极干收。瓮四周循环连缀生者曰瓮鉴，颗块层出，类崖洞间钟乳，但侧生耳——不可遽沥，沥须就瓮曝数日，令干硬，徐以铁铲分作数片出之。③

糖霜的品质即使一瓮所出，“器色亦自不同”。从形状上说，“堆叠

① (宋)王灼著，李孝中、侯柯芳辑注：《王灼集·糖霜谱》，第321页。

② (宋)王灼著，李孝中、侯柯芳辑注：《王灼集·糖霜谱》，第323页。

③ (宋)王灼著，李孝中、侯柯芳辑注：《王灼集·糖霜谱》，第324—325页。

如假山者为上，团枝次之，瓮鉴次之，小颗块次之，沙脚为下”。从颜色上说，“紫为上，深琥珀次之，浅黄色又次之，浅白为下”。其中以密排壁立者为贵（不论大小），俗称马齿霜面，是上贡之物。有的重十斤，有的重二十斤，甚至有重三十斤者。糖霜“性易销化，畏阴湿及风”，因此要讲究收藏方法：以干大、小麦铺瓮底，然后于麦上安竹篼、密排笋皮，而于其上盛贮之，并以绵絮覆篼，再以簸箕覆瓮。[①]

《收功》讲制作糖霜的经济价值，王灼算了一笔账，从耕田至沥瓮要一年半的时间。开瓮之日，一般可收数十斤，有的以此暴富。如果糖水未结霜，则卖糖水或自熬沙糖，仍能获取大利。当然，结霜剩余糖水亦可售卖或自熬沙糖。有的还破荻竹编狻猊、灯、球状投糖水瓮中，结成的糖霜即其形状，价值更是普通糖霜的数倍。[②]此法《孔氏谈苑》亦载：“收冰之法，冬至前所收者坚而奈久，冬至后所收者多不坚也……川中乳糖狮子，冬至前造者色白不坏，冬至后者易败多蛀。”[③]不过，这种方法并非宋人新创，唐代制作沙糖即有。唐德宗时布衣张子路上书言李泌收受严震（金）狮子百枚，计价二万贯。德宗杀之，谓李泌说：“朕料必是沙糖狮子。山南地贫，何处有如许金？又人家用一百个金狮子作何物？”[④]《食用》讲糖霜的食用、医用价值，录有糖霜饼、对金汤、凤髓汤、妙香汤等做法。[⑤]

洪迈看过王灼《糖霜谱》后写了一篇札记，收在《容斋随笔·五笔》之中，《中国农业古籍目录》加以著录。因其仅为摘要，毫无新增内容，本书不视之为别一农书。《糖霜谱》主要传世版本有明末清初宛委山堂刻《说郛》本、国家图书馆藏赵美琦校跋明抄本、清康

---

① （宋）王灼著，李孝中、侯柯芳辑注：《王灼集·糖霜谱》，第 325 页。

② （宋）王灼著，李孝中、侯柯芳辑注：《王灼集·糖霜谱》，第 326 页。

③ （宋）孔平仲撰，杨倩描、徐立群点校：《孔氏谈苑》卷 1《收冰法》，北京：中华书局，2012 年，第 194 页。按：与《丁晋公谈录》《国老谈苑》《孙公谈圃》合刊。

④ （宋）曾慥撰，王汝涛等校注：《类说校注》卷 2，第 48 页。

⑤ （宋）王灼著，李孝中、侯柯芳辑注：《王灼集·糖霜谱》，第 327 页。

熙间曹寅刻《楝亭藏书十二种》本、明末毛氏汲古阁抄本、《四库全书》本、嘉庆十年虞山张氏照旷阁刻《学津讨原》本、民国上海商务印书馆《丛书集成初编》本等。

作者王灼字晦叔，号颐堂，小溪县（治今四川遂宁市）人。生平不详于史志，学者虽有考证，然多未能征实，此据王氏诗文系时明确者述其大概。北宋末年，王灼曾到开封应举，建炎元年入吕好问幕①，不久归蜀。绍兴九年（1139）在同乡、夔州路钤辖安抚使冯康国幕府，十二年"被檄至临安"，②这是其第一次到杭州，作诗有"西湖声价甲天下，梦想平生初识之"③之句。十四年初投书秦桧以求汲引，未有结果，④遂返归蜀中。十五年（1145）客寓成都碧鸡坊妙胜院，屡有论作。后归乡里居，十九年以前作编成《碧鸡漫志》，⑤该书在词学史、音乐史上享有较大声誉。《糖霜谱》或即作于此时，因二十四年（1154）释守元已为之跋，且文谓"晦叔作《糖霜谱》，余闻之且久。偶获七篇，尽读于大慈之方丈院"⑥云云。三十一年（1161）九月，金分三路自川陕、荆襄、两淮侵宋，王灼在报国热情的驱使下或于此年底入利州路提点刑狱李邦献（徽宗朝"浪子宰相"李邦彦弟）幕。要注意的是，当时利州路宪司并不在利州（治今四川广元市）而在兴元府（治今陕西汉中市东）。两个月后完颜亮败死采石，宋方转入反攻。三十二年三月，西路四川宣抚使吴璘自秦

---

① 王灼《贺吕右丞启》有"某叨陪寮寀，幸托声光"（《王灼集》，第342页）之语。

② （宋）王灼著，李孝中、侯柯芳辑注：《王灼集·李（亮）教授墓志铭》，第347页。

③ （宋）王灼：《初到西湖》，《永乐大典》卷2264，北京：中华书局，1986年影印本，第778页。

④ （宋）王灼：《投秦太师》，《永乐大典》卷987，第406页。

⑤ （宋）王灼著，李孝中、侯柯芳辑注：《王灼集·〈碧鸡漫志〉序》，成都：巴蜀书社，2005年，第193页。

⑥ （宋）释守元：《〈糖霜谱〉跋》，（宋）王灼：《糖霜谱》，《景印文渊阁四库全书》第844册，第844页。

州(治今甘肃天水市)引兵北攻德顺军(治今宁夏隆德县东北),[①]至五月,已夺取秦、陇、环、原、熙、河、兰、会、洮州,积石、镇戎、德顺军,商州、虢州、陕州、华州 16 州军。[②] 六月孝宗即位,听从史浩建议命吴璘退军保全川蜀。隆兴元年(1163)"正月甲午(初三),四川宣抚司奉诏班师"。[③] 此即王灼《次韵李士举(邦献字)丈感春》"四时平分春大好,春虽强半未甘老。……貔貅万屯移蜀塞,胡人喜悦秦人泣"诗及自注"宣抚招讨公(吴璘)取德顺,张形势,欲吞全陕,功将成矣。圣主念两国赤子,有诏颁师移屯蜀口。宪车李丈感春有作,某次韵及之"[④]所言军政形势。换言之,王诗必作于隆兴元年春。此外,王灼又有《次韵李士举丈除夕(三首)》,诗云:"黎杖初防老,桃符又换新。惊回潼水梦,喜见义城春"、"镜里丝丝发,平明六十春"。[⑤] 钱建状认为此诗作于感春诗前,即为绍兴三十二年(1162)除夕,则王灼生于崇宁三年(1104);[⑥]岳珍认为此诗作于感春诗后,即为隆兴元年(1163)除夕,则王灼生于崇宁四年。[⑦] 详按两说,岳珍虽具体论证过程较为冗赘且偶有讹误,但结论则是正确的,这是因为她发掘到了另一条史料证据,即王灼《答戴时行》诗:"如今四十已知非,誓学宗门第一机……"[⑧]王灼此诗作于绍兴十

① (宋)李心传撰,辛更儒点校:《建炎以来系年要录》卷 198 绍兴三十二年三月辛丑、戊申,第 3585、3588 页。

② (宋)李心传撰,辛更儒点校:《建炎以来系年要录》卷 199 绍兴三十二年五月,第 3625 页。

③ 《宋史》卷 33《孝宗本纪一》,第 621 页。

④ (宋)王灼著,李孝中、侯柯芳辑注:《王灼集·颐堂文集》卷 3,第 81 页。

⑤ (宋)王灼著,李孝中、侯柯芳辑注:《王灼集·颐堂文集》卷 5,第 150 页。

⑥ 钱建状:《王灼生年新证》,《古籍研究》第 45 期,合肥:安徽大学出版社,2004 年,第 170—171 页。

⑦ 岳珍:《〈碧鸡漫志〉作者王灼生卒年补考》,《西华师范大学学报》2014 年第 1 期,第 33—34 页。

⑧ (宋)王灼著,李孝中、侯柯芳辑注:《王灼集·颐堂文集》卷 5,第 15 页。

四年(1144)[①],上溯39年正是崇宁四年。隆兴元年(1163)五月,王灼幕主、时任兴元府提点刑狱的李邦献因“陕西河东路招讨使司言(前)金贼侵犯本界,利州路提刑李邦献调发本路义士分屯守把,并无透漏;又应副粮运不扰而办”[②],故有诏特转一官,大约在乾道元年(1165)迁为夔州路提点刑狱,王灼随之赴夔州。二年底李邦彦被放罢,[③]王灼时已逾六十,如果不是更早,其当于此时返归乡里。后未再出仕。至于王灼卒年,钱建状仅据《次韵李士举丈感春》诗作年云“必在隆兴元年以后”[④],岳珍则据王灼《次韵吕(凝之)阆州锦屏之集》考指其当卒于淳熙八年(1181)之后[⑤],是可信的。王灼著述除前揭尚有《颐堂文集》《颐堂词》等。

第三节　茶书类农书

中国饮茶方式在宋代有一个巨大的变化——宋代虽以点茶法为主,但今之叶茶冲泡法也已产生并在一定程度上流行。此外还有一个易被忽视的巨大变化,即茶的主产区由中西部地区转移到东南地区。唐陆羽《茶经》列举了当时的8个茶叶主产区、43个州级行政区:剑南(彭州、绵州、蜀州、邛州、雅州、泸州、眉州、汉州)、山南(峡州、襄州、荆州、衡州、金州、梁州)、黔中(恩州、播州、费州、夷州)、淮南(光州、义阳郡、舒州、寿州、蕲州、黄州)、岭南(福州、建

① 王灼《李(亮)教授墓志铭》云:“绍兴九年,灼官夔州钤辖安抚司幕府……后三年,灼被檄至临安。”(《王灼集·辑逸》,第347页。)并参见(宋)王灼撰,岳珍校正:《碧鸡漫志校正》,成都:巴蜀书社,2000年,第203—204页。

② (清)徐松辑:《宋会要辑稿》兵一九之一一,第7086页。

③ (清)徐松辑:《宋会要辑稿》职官七一之一七,第3980页。

④ 钱建状:《王灼生年新证》,《古籍研究》第45期,合肥:安徽大学出版社,2004年,第171页。

⑤ 岳珍:《〈碧鸡漫志〉作者王灼生卒年补考》,《西华师范大学学报》2014年第1期,第35页。按:如果说王灼卒于淳熙七年春季之后,当更坚实。

州、韶州、象州)、江南(鄂州、袁州、吉州)、浙西(湖州、常州、宣州、杭州、睦州、歙州、润州、苏州)、浙东(越州、明州、婺州、台州)。[①] 约略观之,即知以中西部为主;且唐代最有名的"号为第一"的茶叶也产自中西部,即有"仙茶"之称的四川蒙顶茶(石花、小方、散芽等)。[②] 据今人研究,唐代茶叶产区遍及四川、贵州、云南、广西、广东、陕西、湖北、湖南、河南、安徽、江西、浙江、江苏、福建 14 个省,仍以中西部为主。以州级行政区统计,仅今四川、重庆地区(19 州)即约占全国(82 个)的四分之一;浙江、江苏、福建合计才 14 个州。四川、重庆地区所产名茶达 49 种,约占全国 160 种的三分之一;浙江、江苏、福建所产合计才 25 种。[③] 梅尧臣对此已加揭示:"陆羽旧茶经,一意重蒙顶。比来唯建谿,团片敌金饼。顾渚及阳羡,又复下越茗。近来江国人,鹰爪夸双井。凡今天下品,非此不览省。蜀荈久无味,声名谩驰骋。"[④]因此,宋代茶书所述多东南尤其是福建之茶。

1.《荈茗录》

一卷,陶穀撰。《中国农学书录》《中国农业古籍目录》未著录。原为陶著《清异录》"茗荈门"内容,明喻政编《茶书》(后世亦称《茶书全集》)将之摘出作为一本专门的茶书单行,遂为人所熟知、称引。喻政字正之,南昌人,万历二十三年(1595)进士,曾任南京兵部郎中、知福州府。《茶书》有明万历四十年(1612)刻谢肇淛、周子夫序本和万历四十一年刻(1613)喻政自序本(亦载谢、周序)两种版本,前者称"甲本",分元、亨、利、贞四部分,收书 17 种;后者称

---

① (唐)陆羽等撰,宋一明译注:《茶经译注(外三种)》,上海:上海古籍出版社,2017 年,第 69—79 页。

② (唐)李肇:《国史补》卷下,上海:上海古籍出版社,1979 年,第 60 页。按:与《因话录》合刊。

③ 程启坤、姚国坤:《论唐代茶区与名茶》,《农业考古》1995 年第 2 期,第 235—244 页。

④ (宋)梅尧臣著,朱东润编年校注:《梅尧臣集编年校注》卷 27《得雷太简自制蒙顶茶》,第 985 页。

“乙本”，分仁、义、礼、智、信五部分，收书27种。《荈茗录》在甲本之亨部、乙本之义部，本书以乙本为据。

较之《清异录》“茗荈门”，《荈茗录》少开篇“十六汤”部分，盖因此前陶宗仪《说郛》已摘“十六汤”单独为一书（题名《十六汤品》，亦称《汤品》）。据陶穀说，《十六汤品》录自苏廙《仙芽传》卷九[1]，而未言苏廙为何许人，《说郛》辄标为唐人[2]。有研究者因“遍检唐代资料无考”，且明周中孚即疑“似宋元间人伪托”[3]，再加之文中有“御胯”一词，而“御胯”“是宋代贡茶龙凤团茶的专用名词，绝非唐人所能未卜先知”，故断言《十六汤品》作者唐苏廙“子虚乌有”，[4]恐不确。因为即或文中混入了与作者时代不符的内容，亦不能推出全书皆非其作的结论。其实，陶穀卒于开宝三年(970)，寿六十八，则其生年为唐天复三年(903)，因此苏廙极其可能为唐人。退一步说，即非唐人，亦当为五代人，不可谓无其人。这个问题正如《清异录》一样，不能因为书中有个别晚于陶穀时代的内容，就认为《清异录》非陶穀作，须知古代典籍在流传过程中被增删改易乃是常见之事。

《荈茗录》载茶事18目，第一条“龙坡山子茶”记开宝(968—976)中“窦仪以新茶饮予（陶穀），味极美。奁面标云‘龙坡山子茶’。龙坡是顾渚（属今浙江长兴县）之别境”。窦仪卒于乾德四年(966)，不可能有开宝之事，若非作者自误，必为后世掺入。其余或记地方名茶，如云吴僧梵川“自往蒙顶采茶。凡三年，味方全美。得绝佳者圣阳花、吉祥蕊，共不逾五斛，持归供献”，这是宋代关于蒙顶茶最早的记载；云显德初建州有“玉蝉膏”“清风使”两种铤子

---

① （宋）陶穀撰，孔一点校：《清异录》卷下，第98页。

② （明）陶宗仪等编：《说郛三种》弓93，第4277页。

③ （清）周中孚撰，黄曙辉、印晓峰标校：《郑堂读书记》卷50《谱录类一》，上海：上海书店出版社，2009年，第831页。

④ 方健：《宋代茶书考》，《农业考古》1998年第2期，第269页。

茶(类于茶砖)。[①] 或记饮茶之俗,如云点茶至唐始盛,"近世有下汤运匕,别施妙诀,使汤纹水脉成物象者,禽兽虫鱼花草之属,纤巧如画,但须臾即就散灭,此茶之变也。时人谓之'茶百戏'"。或记著名茶师,如云"沙门福全,生于金乡,长于茶海,能注汤幻茶成一句诗,并点四瓯,共一绝句,泛乎汤表。小小物类,唾手办耳。檀越日造门求观汤戏"。[②]

作者陶穀生平参见本书第一章第三节。

2.《北苑茶录》

三卷,亦名《建安茶录》[③]、《茶图》,丁谓撰。该书是第一部专记建茶的茶书,何以名为《北苑茶录》呢?沈括《梦溪笔谈》有确切解说:

> 建茶之美者,号"北苑茶"。今建州凤凰山,土人相传谓之"北苑"。言江南尝置官领之,谓之"北苑使"。予因读《李后主文集》,有《北苑诗》及《文苑纪》,知北(宛)[苑]乃江南禁苑,在金陵,非建安也。江南"北苑使",正如今之"内园使"。李氏时有"北苑使",善制茶人竞贵之,谓之"北苑茶",如今茶器中有"学士瓯"之类,皆因人得名,非地名也。丁晋公为《北苑茶录》云:"北苑,地名也,今曰龙焙。"又云:"苑者,天子园囿之名。此在列郡之东隅,缘何却名北苑?"丁亦自疑之,盖不知"北苑茶"本非

---

① (宋)陶穀:《荈茗录》,(明)喻政:《茶书》,万历四十一年刻本,叶一 a、一 a、二 a。按:《全宋笔记》点校本"饮予"作"饮余"、"自往蒙顶采茶"作"自往蒙顶结庵种茶"、"五斛"作"五斤"(第 1 编第 2 册,第 98—99 页)。

② (宋)陶穀:《荈茗录》,(明)喻政:《茶书》,万历四十一年刻本,叶四 a、三 b。

③ 诸书皆作《建安茶录》,惟《苕溪渔隐丛话·后集》作《建阳茶录》,当误。参见(宋)胡仔纂集,廖德明校点、周本淳重订:《苕溪渔隐丛话·后集》卷11《玉川子》,第 85 页。

地名。始因误传，自晋公实之于书，至今遂谓之北(宛)[苑]。[①]

《北苑茶录》已佚，蔡襄云："丁谓《茶图》独论采造之本，至于烹试，曾未有闻。"[②]晁公武云："建州研膏茶起于南唐，太平兴国中始进御。(丁)谓咸平中为闽漕，监督州吏，创造规模，精致严谨。(《建安茶录》)录其园焙之数、图绘器具及叙采制入贡法式。"[③]据此可知该书大致内容。此外，他书尚有称引，兹为搜讨以详窥其原貌。

《杨文公谈苑》云：

> 建州，陆羽《茶经》尚未知之，但言福建等十二州未详，往往得之，其味极佳。江左日近方有蜡面之号，李氏别令取其乳作片，或号曰京挺、的乳及骨子等，每岁不过五六万斤，讫今岁出三十余万斤。凡十品，曰龙茶、凤茶、京挺、的乳、石乳、白乳、头金、蜡面、头骨、次骨，龙茶以供乘舆及赐执政、亲王、长主，余皇族、学士、将帅皆得凤茶，舍人、近臣赐京挺、的乳，馆阁白乳。龙、凤、石乳茶皆太宗令造。江左乃有研膏茶供御，即龙茶之品也。丁谓为《北苑茶录》三卷，备载造茶之法，今行于世。[④]

可见《北苑茶录》记载了龙茶、凤茶等十种特级茶的制法。不过对于杨书蜡茶"近日方有蜡面之号"的说法，高承不同意：

> 丁谓《北苑茶录》曰："剙(同'创')造之始，莫有知者。质

---

① (宋)沈括撰，胡道静校证：《梦溪笔谈校证·梦溪补笔谈》卷1，第906页。

② (宋)蔡襄撰，唐晓云整理校点：《茶录(外十种)》，上海：上海书店出版社，2015年，第11页。

③ (宋)晁公武撰，孙猛校证：《郡斋读书志校证》卷12，第534页。

④ (宋)杨亿口述、黄鉴笔录，(宋)宋祁重订，李裕民整理：《杨文公谈苑》，郑州：大象出版社，2017年，第131页。

之三馆检讨，杜镐亦曰：'在江左日，始记有研膏茶。'"欧阳修《归田录》亦云出福建，不言所起。按：唐氏诸家说中，往往有蜡面茶之语，则是自唐有之也。①

熊蕃则认为：

蜡面产于福(州)。五代之季建属南唐……北苑初造研膏，继造蜡面(丁晋公《茶录》载泉南老僧清锡，年八十四，尝示以所得李国主《书寄研膏茶》："隔两岁方得腊面。"此其实也……而晋公所谓腊面起于南唐，乃建茶也)。②

至于龙凤茶、石乳，高承引《北苑茶录》云："龙茶……太宗太平兴国二年(977)遣使造之，规取像类，以别庶饮也"，"石乳太宗皇帝至道二年(996)诏造也"。③ 熊蕃也说："圣朝开宝末下南唐，太平兴国初特置龙凤模，遣使即北苑造团茶，以别庶饮。龙凤茶盖始于此。"又进一步指实云："龙、凤等茶皆太宗朝所制，至咸平初丁晋公漕闽，始载之于《(北苑)茶录》(人多言龙、凤团起于晋公，故张氏《画墁录》云晋公漕闽始创为龙凤团，此说得于传闻，非其实也)。"④

《东溪试茶录》引有更多内容，一论北苑茶佳好之由：

(茶宜高山之阴，而喜日阳之早。自北苑凤山南直苦竹园头，东南属张坑头，皆高远先阳处，岁发常早，芽极肥乳，非民

① (宋)高承撰，金圆、许沛藻点校：《事物纪原》卷9《酒醴饮食部》，北京：中华书局，1989年，第466页。

② (宋)熊蕃撰，熊克绘图：《宣和北苑贡茶录》，《景印文渊阁四库全书》第844册，第637页。

③ (宋)高承撰，金圆、许沛藻点校：《事物纪原》卷9《酒醴饮食部》，第466、467页。

④ (宋)熊蕃撰，熊克绘图：《宣和北苑贡茶录》，《景印文渊阁四库全书》第844册，第637页。

间所比。**次出壑源岭，高土决地，茶味甲于诸焙。**）丁谓亦云："凤山高不百丈，无危峰绝崦而岗阜环抱，气势柔秀，宜乎嘉植灵卉之所发也。"又以"建安茶品甲于天下，疑山川至灵之卉、天地始和之气，尽此茶矣"。又论"石乳出壑岭断崖、缺石之间，盖草木之仙骨"。丁谓之记，录建溪茶事详备矣。至于品载，止云北苑、壑源岭，及总记官私诸焙千三百三十六耳。[①]

二记官焙地理分布："丁氏旧录云：'官私之焙千三百三十有六，而独记官焙三十二。'"[②]三述茶病："芽择肥乳，则甘香而粥面着盏而不散；土瘠而芽短，则云脚涣乱，去盏而易散；叶梗半则受水鲜白，叶梗短则色黄而泛……乌蒂、白合，茶之大病，不去乌蒂则色黄黑而恶，不去白合则味苦涩。丁谓之论备矣。"[③]

除《北苑茶录》之外，丁谓还写过很多茶文、茶诗，可与之对读，如《北苑焙新茶诗（并序）》：

天下产茶者，将七十郡半，每岁入贡，皆以社前、火前为名，悉无其实。惟建州出茶有焙，焙有三十六，三十六中，惟北苑发早而味尤佳。社前十五日即采其芽，日数千工，聚而造之，逼社即入贡，工甚大，造甚精，皆载于所撰《建阳茶录》，仍作诗以大其事。

北苑龙茶者，甘鲜的是珍。四方惟数此，万物更无新。
才吐微茫绿，初沾少许春。散寻索树遍，急采上山频。
宿叶寒犹在，芳芽冷未伸。茅茨溪口焙，篮笼雨中陈。
长疾勾萌并，开齐分两均。带烟蒸雀舌，和露叠龙鳞。

① （宋）宋子安：《东溪试茶录》，《丛书集成初编》第1480册，上海：商务印书馆，1936年，第1页。

② （宋）宋子安：《东溪试茶录》，《丛书集成初编》第1480册，第2页。

③ （宋）宋子安：《东溪试茶录》，《丛书集成初编》第1480册，第6—7页。

作贡胜诸道，先尝只一人。缄封瞻阙下，邮传渡江滨。
特旨留丹禁，殊恩赐近臣。啜为灵药助，用与上罇亲。
头进英华尽，初烹气味醇。细香胜却麝，浅色过于筠。
顾渚惭投木，宜都愧积薪。年年号供御，天产壮瓯闽。[①]

丁谓(966—1037)，字谓之，后改公言，长洲县(治今江苏苏州市)人。《宋史》有传。谓性聪敏，善为诗文，淳化二年(991)谒王禹偁，王氏有诗誉云："三百年来文不振，直从韩、柳到孙(何)、丁(谓)。"[②]后向人推荐丁谓更称"其文类韩、柳，其诗类杜甫"[③]。次年丁谓高中第四(孙何中状元)，释褐为大理评事、通判饶州(治今江西鄱阳县)。五年迁太子中允、直史馆，为福建路采访，上言茶盐利害。次年(至道元年，995)升任转运使，[④]创进贡龙茶制度，《北苑茶录》亦作于此时。[⑤] 三年初真宗即位，丁谓入朝为三司户部判官。咸平二年(999)领峡路转运使，会分川、峡为四路，改为夔州路转运使。次年王均乱蜀，朝廷集施、黔、高州溪蛮捍御，既而反为寇掠。丁谓开谕抚绥，蛮乱遂平。景德元年(1004)初，入朝权三司盐铁副使，旋擢知制诰、判吏部流内铨。[⑥]年底契丹侵宋，真宗亲征澶渊，以丁谓知郓州(治今山东东平县西北)，兼郓、齐、濮州安抚使、提举转运及兵马事。[⑦] 次年迁右谏议大夫、权三司使，上《景德农

① (宋)胡仔纂集，廖德明校点，周本淳重订:《苕溪渔隐丛话·后集》卷11《玉川子》，第85页。

② (宋)司马光撰，邓广铭、张希清点校:《涑水记闻》卷2，第39页。按:系时参见(日)池泽滋子:《丁谓研究》附录一《丁谓年谱》，成都:巴蜀书社，1998年，第261页。

③ (宋)王禹偁:《小畜集》卷18《荐丁谓与薛太保书》，《景印文渊阁四库全书》第1086册，第168页。

④⑥ 《宋史》卷283《丁谓传》，第9566页。

⑤ 参见(日)池泽滋子:《丁谓研究》附录一《丁谓年谱》，第265页。

⑦ (宋)李焘:《续资治通鉴长编》卷58景德元年十月庚寅，第1276页。按:《宋史》作"景德四年，契丹犯河北，真宗幸澶渊"(卷283《丁谓传》，第9567页)，误。

田敕》《景德会计录》，建请知州、转运使兼劝农使衔，加枢密直学士。赞成真宗封祀、修建玉清昭应宫，大中祥符二年（1009）迁给事中、三司使，遂为计度泰山路粮草使、修玉清昭应宫使、天书扶侍使。五年九月，进户部侍郎、参知政事。次年朝谒太清宫，命丁谓为奉祀经度制置使、判亳州，丁谓进献芝草、白鹿等祥瑞之物。九年（1016）九月，拜平江军节度使，出知昇州（治今江苏南京市）。[①]天禧三年（1019）初，奏言天降甘露，又奏茅山鹤翔，旋被召入朝复任参知政事。时寇准为相，丁谓事准谨甚，"尝会食，羹污准须，谓起徐拂之。准笑曰：'参政，国之大臣，乃为官长拂须耶？'谓甚愧之，由是倾诬始萌矣"。[②] 年底，迁为枢密使，次年奏劾寇准，取而代之。乾兴元年（1022），封晋国公。寻真宗崩，丁谓为山陵使。同年六月，宣仁太后发其奸而责之，以太子少保分司西京，七月又贬崖州（治今海南三亚市崖州区）司户参军，诸子并勒停。京师谚云："欲得天下宁，当拔眼中丁。"[③]天圣三年（1025）底，徙雷州（治今广东雷州市）司户参军，天圣八年（1030）底再徙道州（治今湖南道县）司户参军。明道二年（1033），以宣仁太后不豫，大赦，复丁谓秘书监职使致仕，居安州（治今湖北安陆市），徙光州（治今河南潢川县）。[④] 景祐四年（1037）卒。丁谓妻为参知政事窦偁女[⑤]。

丁谓著述除上揭尚有《丁晋公集》《青衿集》《虎丘集》《知命集》《丁晋公谈录》《天香传》等[⑥]，惟后二书存世，余皆亡佚。

---

① 《宋史》卷283《丁谓传》，第9567页。

② （宋）李焘：《续资治通鉴长编》卷93天禧三年六月戊戌，第2152页。

③ （宋）李焘：《续资治通鉴长编》卷99乾兴元年七月辛卯，第2294页。

④ （宋）李焘：《续资治通鉴长编》卷112明道二年三月庚寅，第2609页；（宋）曾巩撰，王瑞来校证：《隆平集校证》卷4《宰臣・丁谓》，北京：中华书局，2012年，第163页。

⑤ （宋）王禹偁：《小畜集》卷18《荐丁谓与薛太保书》，《景印文渊阁四库全书》第1086册，第168页。

⑥ 详参（日）池泽滋子：《丁谓研究》附录一《丁谓年谱》，第335页。

3.《补茶经》

一卷，周绛撰，已佚。《郡斋读书志》云周氏“祥符初知建州，以陆羽《茶经》不载建安，故补之”①，《直斋书录解题》亦云书当作于大中祥符间，且又有一陈龟注本；②熊蕃《宣和北苑贡茶录》则云“景德中建守周绛为《补茶经》”③。研究者多以熊蕃为建州人，又专研建茶，其说最可信从，④实际上这只是想当然而已，兹详考周绛仕履以证之。

周绛，字幹臣，溧阳人(治今江苏溧阳市)。少时曾在本县黄山观为道士，法名智进。一日该县县令视水灾至观，智进慕其威仪闲雅，因更名绛，改业儒行，太平兴国八年(983)中进士。⑤ 景德元年(1004)，真宗采群臣之有闻望者24人，于崇政殿越次引对，或与馆职，或命为省府判官，或升其差遣，时号“二十四气”，时任太常博士的周绛即其中之一，⑥因于次年⑦获迁都官员外郎、知常州。三年修缮宜兴县周将军(周处)庙，并作有《周将军庙记》。⑧《咸淳毗陵

---

① (宋)晁公武撰，孙猛校证:《郡斋读书志校证》卷12，第535页。

② (宋)陈振孙撰，徐小蛮、顾美华点校:《直斋书录解题》卷14，第418页。

③ (宋)熊蕃撰，熊克绘图:《宣和北苑贡茶录》，《景印文渊阁四库全书》第844册，第638页。

④ 如潘法连《读〈中国农学书录〉札记之五(八则)》(《中国农史》1992年第1期，第87页)、阮浩耕等点校注释《中国古代茶叶全书》(杭州:浙江摄影出版社，1999年，第57页)等。

⑤ (元)张铉纂修，王会豪等校点:《至正金陵新志》卷11上《祠祀志一》，《宋元珍稀地方志丛刊·乙编》第6册，成都:四川大学出版社，2009年，第1287页；乾隆《镇江府志》卷37《儒林传》，《中国地方志集成·江苏府县志辑》第28册，南京、上海、成都:江苏古籍出版社、上海书店、巴蜀书社，1991年影印本，第147页。

⑥ (宋)李焘:《续资治通鉴长编》卷56景德元年六月丙辰，第1238—1239页。

⑦ 万历《常州府志》卷9上《职官二》，明万历四十六年刻本，叶一一b。

⑧ 成化《重修毗陵志》卷27，《中国方志丛书·华中地方》第423号，台北:成文出版社，1983年影印本，第1316页。按:原文作“景德(注转下页)

志》又记景德四年(1007)宜兴县天申宫有"尚书都官员外郎、知军州周绛题诗石刻"[①]、"大中祥符四年(1011)检校工部郎中周绛撰"《龙兴观三门记》[②],可见周绛自景德二年至大中祥符四年一直在常州任职。而《八闽通志》载周绛大中祥符间知建州[③],则必在大中祥符四年至九年(1016)间——则上揭晁公武云周氏"祥符初知建州"应为"祥符末"——其《补茶经》自当作于此数年间。

《补茶经》著录于《宋秘书省续到四库阙书目》而未标"阙"[④],可见南宋初尚未亡佚。其书内容尚可据他书引述略见一斑:《舆地纪胜》云:"周绛《茶苑中录》(王氏误记书名)云:'天下之茶建为最,建之北苑又为最'"[⑤];《郡斋读书志》云:"丁谓以为茶佳不假水之助,(周)绛则载诸名水云"[⑥];《宣和北苑贡茶录》云:"(《补茶经》)言芽茶只作早茶,驰奉万乘尝之可矣。如一枪一旗,可谓奇茶也。故一枪一旗号拣茶,最为挺特(先)[光]正。"[⑦]

4.《述煮茶泉品》

一卷,叶清臣撰,《中国农学书录》未著录。本书实际上只是一

(续上页注)三年,郡守周绛与令李若谷增缮,绛为记",同书卷39又云"《周将军庙记》,景德二年郡守周绛撰"(第1979页)。万历《常州府志》(卷9上《职官二》,明万历四十六年刻本,叶一一b)等其他常州方志均记周作为《缮周将军庙记》。

① (宋)史能之纂修:《咸淳毗陵志》卷8《秩官》,《宋元方志丛刊》第3册,第3017页。

② (宋)史能之纂修:《咸淳毗陵志》卷29《碑碣》,《宋元方志丛刊》第3册,第3203页。

③ (明)黄仲昭修纂:《(弘治)八闽通志》卷31《秩官》,上册第897页。

④ (宋)佚名:《秘书省续编到四库阙书目》卷2,《丛书集成续编》第3册,第309页。

⑤ (宋)王象之:《舆地纪胜》卷129《福建路·建宁府》,第3697页。

⑥ (宋)晁公武撰,孙猛校证:《郡斋读书志校证》卷12,第535页。

⑦ (宋)熊蕃撰,熊克绘图:《宣和北苑贡茶录》,《景印文渊阁四库全书》第844册,第638页。按:据《说郛》百卷本、百二十卷本(《说郛三种》卷60、弓93,第913、4258页)、《读画斋丛书》本(叶六b)改。

篇短文，初附于唐张又新《煎茶水记》之后。自《说郛》将之摘出，除《煎茶水记》版本系统外，复有单行本系统传世，主要有宋刻《百川学海》本、明弘治十四年无锡华珵刻《百川学海》本、嘉靖十五年郑氏宗文堂刻《百川学海》本、万历四十一年刻《茶书》本、明末刻《茶书》本、明末刻《八公游戏丛谈》本、明末清初宛委山堂刻《说郛》本、清《古今图书集成》本、雍正墨韵堂刻《茶史》本、《四库全书》本、乾隆五十八年挹秀轩刻《唐人说荟》巾箱本、《清怀丛书》清抄本、民国扫叶山房石印《五朝小说》本等。最早的宋刻《百川学海》本题名为《述煮茶泉品》，叶氏文中亦云"凡泉品二十，列于右幅"①，可见明《说郛》本题名《述煮茶小品》实为妄改，而新出数种点校本却均用《说郛》妄改之名，习非成是，可为一叹。

《述煮茶泉品》记载当时茶叶主产区为吴、楚、闽，各地又有最著之名茶："右于武夷者为白乳，甲于吴兴者为紫笋，产禹穴者以天章显，茂钱塘者以径山稀。至于续庐之岩、云衡之麓，鸦山著于吴、歙，蒙顶传于岷、蜀。"②书中指出，茶饮的好坏不仅在于茶芽的品质，"苟制非其妙，烹失于术"，就会影响其色香味形；"蒸焙以图，造作以经，而泉不香水不甘"，也会影响茶汤。叶清臣自云少年时得到一本《茶说》，其中将烹茶之水分为20品，自己踏上宦途后东奔西走，颇有机会烹试尝饮："会西走巴峡，经虾蟆窟；比憩芜城，汲蜀岗井；东游故都，绝杨子江；留丹阳酌观音泉，过无锡斠慧(止)[山](即惠山)水。粉枪末旗，苏兰薪桂，且鼎且缶，以饮以歠。莫不瀹

① (宋)叶清臣：《述煮茶泉品》，宋刻《百川学海》本，叶四b。

② (宋)叶清臣：《述煮茶泉品》，宋刻《百川学海》本，叶三b至四a。按：清汪灏等编《广群芳谱》认为当作"桐庐"(卷19《茶谱》，康熙四十七年佩文斋刻本，叶七a)而径改，王太岳等《四库全书考证》又据以考四库本"续庐之岩"刊误(卷52，长沙：商务印书馆，1940年，第2178页)，今点校本悉从其说作"桐庐之岩"。然"续庐之岩"自宋《百川学海》本以来诸本皆同，且以文义按之，本不误也。

气涤虑，蠲病(折醒)[析酲]，祛鄙悋之生心，招神明而还达观。”①

上揭叶氏文中既云“凡泉品二十，列于右幅”，则其前必有二十品泉，然其文自宋刻《百川学海》本即无之，而于文后以小字注云“泉品二十见张又新水经”，显然是刊刻者因其与前文张又新《煎茶水记》所列重合，故删之而欲读者互见。兹移录如下以补全其文：

庐山康王谷水帘水第一
无锡县惠山寺石泉水第二
蕲州兰溪石下水第三
峡州扇子山下有石突然泄水独清冷状如龟形俗云虾蟆口水第四
苏州虎丘寺石泉水第五
庐山招贤寺下方桥潭水第六
扬子江南零水第七
洪州西山西东瀑布水第八
唐州栢岩县淮水源第九(淮水亦佳)
庐州龙池山顾水第十
丹阳县观音寺水第十一
扬州大明寺水第十二
汉江金州上游中零水第十三(苦水)
归州王虚洞下香溪水第十四
商州武关西洛水第十五(未尝泥)
吴松江水第十六
天台山西南峰千丈瀑布水第十七
郴州圆泉水第十八
桐庐严陵滩水第十九

① (宋)叶清臣:《述煮茶泉品》，宋刻《百川学海》本，叶四 a。按:据民国武进陶氏景宋咸淳刊《百川学海》本校改。

雪水第二十（用雪不可太冷）[①]

叶清臣，字道卿，号卞（一作“弁”）山居士，《宋史》有传。其人“天资爽迈”[②]，“浚学伟文”“高节莫屈”[③]，为北宋前期名臣。天圣二年（1024），宋代进士科考有了一大改革，即由重诗赋改为重策论，叶清臣在考试中所写策论深受知贡举刘筠赞赏，最终高中榜眼——“宋进士以策擢高第，自清臣始”——初授太常寺奉礼郎、签书苏州观察判官事。[④] 天圣六年（1028）诏试学士院，策、颂俱优，被命为禄寺丞、充集贤校理。[⑤] 不久出为太平州（治今安徽当涂县）通判，明道二年（1033）迁知秀州（治今浙江嘉兴市）。[⑥] 景祐二年（1035）秩满入朝判三司户部勾院，上疏请行察吏能、兴太学、重县令、省流外官、罢度僧、训兵练将等九事，[⑦]这是比庆历新政范仲淹《答手诏条陈十事疏》更早的改革呼声和具体改革措施。不久，范仲淹因越职言事贬知饶州，叶清臣亦请外任，获知宣州（治今安徽宣城市）。[⑧] 次年，复诏用为太常丞、集贤校理、判盐铁勾院、同修起居注，年底奏上《升平举要》十篇，再兼直史馆。[⑨] 景祐五年（宝元元年，1038）初因灾异屡见诏求直言，叶清臣上疏直指“大臣

---

① （唐）张又新：《煎茶水记》，宋刻《百川学海》本，叶二 a 至三 a。

② （宋）李焘：《续资治通鉴长编》卷皇祐元年三月癸卯，第 3996 页。

③ （宋）范仲淹撰，李勇先、王蓉贵校点：《范仲淹全集·范文正公文集》卷 11《祭叶翰林文》，第 279 页。

④ 《宋史》卷 295《叶清臣传》，第 9849 页。

⑤ （清）徐松辑：《宋会要辑稿》选举三一之二七，第 4737 页。

⑥ （宋）石延年：《饯叶道卿题名》，刘玲双：《桂林石刻》，北京：中央文献出版社，2006 年，第 251 页。

⑦ （宋）彭百川：《太平治迹统类》卷 29《官制沿革上》，《景印文渊阁四库全书》第 408 册，第 766 页。

⑧ 据叶清臣《得请宣城府》诗可知（《全宋诗》卷 226，北京：北京大学出版社，1995 年，第 2652 页）。

⑨ （宋）李焘：《续资治通鉴长编》卷 120 景祐四年十一月辛丑，第 2839 页。

秉政，专制刑爵”[①]，韩琦亦随之，吕夷简荐任的王随、陈尧佐等宰执俱被罢免。叶清臣亦因父老欲养请外任，被命为两浙转运副使，成为其知己、亲戚、知润州范仲淹（与叶清臣儿女亲家郑戬——叶氏同榜探花——是连襟）的上级。任上叶氏积极治理吴中水患，对松江实施了裁弯（盘龙汇）取直工程，使其“道直流速”而不至于“泛溢旁啮，沦稼穑，坏室庐，殆无宁岁”。[②] 不久入朝任右正言、知制诰，寻迁知审官院、判国子监。康定元年（1040），再迁龙图阁直学士、起居舍人、权三司使事，[③]任上司铸当十钱、裁定茶法、请禁铜钱外流。其时天圣二年榜状元宋庠任参知政事、探花郑戬任枢密副使。叶清臣（榜眼）与二人及庠弟宋祁（本第三名被章献太后挪置第十）关系密切，有“四友”之号，遂为本年复相的吕夷简所忌，乃指为朋党，皆斥逐之，[④]叶清臣出为江宁（治今江苏南京市）知府[⑤]。庆历三年（1043）初，入朝为翰林学士，知通进、银台司，勾当三班院。时范仲淹任参知政事，庆历新政大幕即将拉开，但叶清臣不久以父丧去职。[⑥] 五年底，庆历新政早已失败，在新任宰相陈执中的打压下，叶清臣服阕除翰林侍读学士、知邠州（治今陕西彬州市），旋改知澶州，又改青州（治今山东寿光市北）。[⑦] 七年（1047）五月，再迁龙图阁直学士、永兴军路都部署兼本路安抚使、知永兴军（治今陕西西安市）。[⑧] 八年四月，仁宗召还叶清臣，任为翰林学士、权三司使。[⑨] 皇祐元年（1049），因河北转运使失供军粮，叶清臣“自

---

① （宋）李焘：《续资治通鉴长编》卷121宝元五年春正月丁卯，第2858页。

② （宋）朱长文纂修，李勇先校点：《吴郡图经续记》卷下，《宋元珍稀地方志丛刊·乙编》第1册，第84页。

③ （宋）李焘：《续资治通鉴长编》卷128康定元年九月己未，第3038页。

④ （宋）田况撰，张其凡点校：《儒林公议》卷下，第123页。

⑤ （宋）李焘：《续资治通鉴长编》卷132庆历元年五月庚午，第3127页。

⑥ 《宋史》卷295《叶清臣传》，第9851页。

⑦ （宋）李焘：《续资治通鉴长编》卷158庆历六年三月丁未，第3824页。

⑧ （宋）李焘：《续资治通鉴长编》卷160庆历七年五月壬午，第3874页。

⑨ （宋）李焘：《续资治通鉴长编》卷163庆历八年四月甲戌，第3944页。

以汴漕米七十余万给之，又请发大名库钱以佐边籴”，而判大名府、河北安抚使贾昌朝“格诏不从”，叶清臣“固争，且疏其跋扈不臣”。宰相文彦博惟欲息事宁人，乃徙贾判郑州，罢叶清臣为侍读学士、知河阳（治今河南孟州市南）。[①]

《续资治通鉴长编》记叶清臣皇祐元年（1049）至河阳后“未几卒”[②]，范仲淹同年十月有《祭叶翰林文》[③]，《隆平集》《东都事略》均记其“知河阳，卒，年五十”[④]，则叶氏卒于皇祐元年，生于咸平三年（1000）。至于胡宿撰郑戬墓志铭载其卒于叶清臣逝后“百余日”的“皇祐五年冬十一月甲子”[⑤]，研究者已据《宋会要辑稿》《续资治通鉴长编》相关记载考定“五年”为“元年”之误[⑥]；并且范仲淹逝于皇祐四年（1052），倘叶清臣卒于皇祐五年，范氏自不可能有《祭叶翰林文》，此亦为“五年”必误之铁证。至于叶清臣籍贯，《续资治通鉴长编》《东都事略》《宋史》均记为苏州长洲（治今江苏苏州市）人。有研究者据宋祁为叶清臣父叶参（“苏州九老会”成员之一）所撰墓志铭及其曾孙叶梦得所撰《湖州叶氏族谱叙》，考定叶清臣籍贯为乌程县（治今浙江湖州市）——其号“弁山居士”亦为证据（弁山在湖州城北）——叶参知苏州时始徙居长洲

① （宋）李焘：《续资治通鉴长编》卷166皇祐元年三月癸卯，第3995页。

② （宋）李焘：《续资治通鉴长编》卷166皇祐元年三月癸卯，第3996页。

③ （宋）范仲淹撰，李勇先、王蓉贵校点：《范仲淹全集·范文正公文集》卷11，第279页。

④ （宋）曾巩撰，王瑞来校证：《隆平集校证》卷14《侍从·叶清臣》，第413页；（宋）王称撰，孙言诚、崔国光点校：《东都事略》卷64《叶清臣传》，第523页。

⑤ （宋）胡宿：《文恭集》卷36《宋故宣徽北院使、奉国军节度使、明州管内观察处置等使、金紫光禄大夫、检校太保、使持节明州诸军事、明州刺史，兼御史大夫、判并州、河东路经略安抚使，兼并、代、泽、潞、麟、府、岚、石兵马都部署，上柱国、荥阳郡开国公，食邑二千五百户、食实封三百户，赠太尉，文肃郑公墓志铭》，《景印文渊阁四库全书》第1088册，第938、932页。

⑥ 曾枣庄、吴洪泽：《宋代文学编年史》，南京：凤凰出版社，2010年，第529页。

县，故人谓其为长洲人或苏州人。[①] 叶氏著作有《春秋纂类》《叶清臣集》等，今均佚。

5.《茶说》

一卷，温×撰。历代史志书目均未载，《中国农学书录》《中国农业古籍目录》亦未著录，仅见于叶清臣《述煮茶泉品》，云其少年时所见。叶清臣说其泉品二十之说来自"温氏所著《茶说》"[②]，则温书必袭自张又新《煎茶水记》一书。亦可知温书或为论煮茶之说，篇幅自无多，当止一卷。

6.《北苑拾遗》

一卷，《中国农业古籍目录》未著录。《郡斋读书志》记云"《北苑拾遗》一卷，皇朝刘異（袁州本作'异'）撰"[③]，《通志·艺文略》著录云"《北苑拾遗》一卷，丁谓撰"[④]，《直斋书录解题》记云"《北苑拾遗》一卷，刘昇撰"[⑤]，《宋史·艺文志》记云"刘异《北苑拾遗》一卷"[⑥]。異、异虽为古今字，但刘异有兄刘弇、刘弈，弟刘戒，[⑦]其名自当以"异"字为正。至于书名，诸书目全同，本应无异辞，但有研究者却据贾岩老"《北苑拾遗录》云……"[⑧]一语谓书名应作《北苑拾遗录》，恐难免故标新异之嫌。

刘异，字成伯，闽县（治今福建福州市）人。父刘若虚，字叔阳，

① 参见陈才智：《宋人叶清臣生卒与籍贯求是》，《齐鲁学刊》2020 年第 3 期，第 120—121 页。

② （宋）叶清臣：《述煮茶泉品》，宋刻《百川学海》本，叶四 a。

③ （宋）晁公武撰，孙猛校证：《郡斋读书志校证》卷 12，第 534、535 页注释〔二〕。

④ （宋）郑樵：《通志》卷 66《艺文略四》，第 784 页。

⑤ （宋）陈振孙撰，徐小蛮、顾美华点校：《直斋书录解题》卷 14，第 418 页。

⑥ 《宋史》卷 205《艺文志四》，第 5207 页。

⑦ （宋）蔡襄撰，陈庆元等校注：《蔡襄全集》卷 33《屯田员外郎赠光禄卿刘公墓碣》，第 737 页。

⑧ （宋）苏轼撰，（宋）王十朋注：《东坡诗集注》卷 16《岐亭五首》其三注引，《景印文渊阁四库全书》第 1109 册，第 358 页。

咸平五年(1002)进士,曾知温州永嘉县[①],官终屯田员外郎、知邵武军。[②] 天圣八年(1030),刘异和乃兄刘弈同榜登进士,[③]与王拱辰、蔡襄等同年。《郡斋读书志》云庆历(1041—1048)初刘异在湖州采新闻遗事作《北苑拾遗》,附于丁谓《北苑茶录》之末(故《通志·艺文略》误为丁谓作)——据《嘉泰吴兴志》,宝元(1038—1040)初湖州司法参军厅迁址,刘异有记,[④]可见刘氏自宝元起即在湖州任职——《宣和北苑贡茶录》也说"庆历初,吴兴刘異为《北苑拾遗》"[⑤],陈振孙又云《北苑拾遗》书前有庆历元年序[⑥],可见该书成于此年。庆历二年三月,梅尧臣到任湖州监税与刘异相识。不久刘异受荐还都,迁秘书省著作郎、知弋阳县,梅尧臣有《送刘成伯著作赴弋阳宰》诗。据"我昨之官来,值君为郡掾"[⑦]句可知刘氏在湖州的职务是诸曹参军。刘异女是蔡襄次子蔡旬妻,蔡襄庆历五、六年初知福州时有《与亲家评事书》[⑧],可知其时刘异官大理评事。皇祐元年(1049),刘异为权御史台推直官。[⑨] 据刘克庄《〈铭刘屯田帖〉跋》云:"(蔡)公出镇福唐,(刘)屯田亡矣。"[⑩]"福唐"为

① (宋)梁克家纂修:《淳熙三山志》卷2《地理类二》,《宋元方志丛刊》第8册,第7081页。

② (宋)梁克家纂修:《淳熙三山志》卷26《人物类一》,《宋元方志丛刊》第8册,第8009页。

③ (宋)梁克家纂修:《淳熙三山志》卷26《人物类一》,《宋元方志丛刊》第8册,第8010页。

④ (宋)谈钥纂修:《嘉泰吴兴志》卷8《州治》,《宋元方志丛刊》第5册,北京:中华书局,1990年影印本,第4723页。

⑤ (宋)熊蕃撰,熊克绘图:《宣和北苑贡茶录》,《景印文渊阁四库全书》第844册,第638页。

⑥ (宋)陈振孙撰,徐小蛮、顾美华点校:《直斋书录解题》卷14,第418页。

⑦ (宋)梅尧臣著,朱东润编年校注:《梅尧臣集编年校注》卷12,第206页。

⑧ (宋)蔡襄撰,陈庆元等校注:《蔡襄全集·补遗》,第837页。

⑨ (清)徐松辑:《宋会要辑稿》职官一一之一四,第2629页。

⑩ (宋)刘克庄撰,王蓉贵、向以鲜校点:《后村先生大全集》卷103,第2677页。

福州别称，这当然只能是蔡襄二知福州时之事，则刘异亡于至和三年(1056)八月前。最后要指出的是，曾任大名府朝城(治今山东莘县朝城镇)令、京兆府鄠县(治今陕西西安市鄠邑区)令的刘异[①]非此刘异。

《北苑拾遗》今已佚，然自他书称引尚可略见其内容。如《郡斋读书志》记："其书言涤磨调品之器甚备，以补(丁)谓之遗也。"[②]《宣和北苑贡茶录》称："《北苑拾遗》云：'官园中有白茶五六株，而壅培不甚。至茶户唯有王免者家一巨株，向春常造浮屋以障风日。'"[③]王十朋《东坡诗集注》转引贾岩老语曰："《北苑拾遗》录云：'北苑之地("叶家白")以溪东叶布为首称，叶应言次之，叶国又次之。凡籍者三千余户。'"[④]可见刘异已记"王家白""叶家白"两家白茶名品。可惜王家白茶树后来被人暗中毁掉了，蔡襄对此有详细记载：

> 王家白茶闻于天下，其人名大诏。白茶唯一株，岁可作五七饼，如伍铢钱大。方其盛时，高视茶山，莫敢与之角，一饼直钱一千，非其亲故不可得也。终为园家以计枯其株。予过建安，大诏垂涕为予言其事。今年枯枿辄生一枝，造成一饼，小于五铢。大诏越四千里特携以来京师见予，喜发颜面。予之好茶固深矣，而大诏不远数千里之役，其勤如此，意谓非予莫

① (宋)田锡撰，罗国威校点：《咸平集》卷29《制诰二》，成都：巴蜀书社，2008年，第347页。

② (宋)晁公武撰，孙猛校证：《郡斋读书志校证》卷12，第534、535页注释〔二〕。

③ (宋)熊蕃撰，熊克绘图：《宣和北苑贡茶录》，《景印文渊阁四库全书》第844册，第638页。按：陆羽《茶经》引《永嘉图经》云"永嘉县东三百里有白茶山"〔宋一明译注：《茶经译注(外三种)》，第65页〕，以此度之，盖隋或唐初即已有白茶一品。

④ (宋)苏轼撰，(宋)王十朋注：《东坡诗集注》卷16，《景印文渊阁四库全书》第1109册，第358页。

之省也。可怜哉！己巳初月朔日书。[①]

宋子安《东溪试茶录》亦记“白叶茶”以新培育未久，时人大重之，“民间视为茶瑞”，[②]又记位于毕源的著名白茶园户名“王大照”。蔡襄此文作于治平二年(1065)，《东溪试茶录》作于英宗、神宗之世，则“王大诏”与“王大照”当为同一人。《北苑拾遗》成书早于蔡文24年，则所记王免当为王大照之父。

7.《茶录》

一卷，蔡襄撰。《中国农学书录》未著录。据《茶录》前、后序，是书之作是因蔡襄父丧服阙到京复职不久，仁宗多次问及“建安贡茶并所以试茶之状”，蔡襄遂退而“造《茶录》二篇上进”。[③] 蔡氏抵京时间为皇祐三年(1051)九月，其十一月十一日致友人书中已言及仁宗曾“问小茗(即小龙团)造作之因”[④]，故一般认为《茶录》即作于此年。但也有研究者认为“蔡襄是在仁宗多次询问之后，才萌发创作《茶录》进御之意愿，遂郑重其事地构思撰稿，并以小楷恭誊，这必定要费相当时日”，故当成书于皇祐四年初。[⑤] 两说都有可能，何者为确取决于蔡襄的创作速度。考虑到蔡氏进士科考第十名的文思才华、名列宋四家的书法水平、对建茶的熟知程度、《茶录》篇幅不大的特点及其返朝尚未获新职的仕进心态，皇祐三年似更为可能。

《茶录》因丁谓《茶图》“独论采造之本。至于烹试，曾未有闻”[⑥]，遂有意于创新，乃著上篇“论茶”，下篇论“茶器”即制茶、饮茶工具。“论茶”又分色、香、味、藏茶、炙茶、碾茶、罗茶、候汤、熁

① (宋)蔡襄撰，陈庆元等校注：《蔡襄全集》卷25《茶记》，第569页。

② (宋)宋子安：《东溪试茶录》，《丛书集成初编》第1480册，第5页。

③ (宋)蔡襄撰，陈庆元等校注：《蔡襄全集》卷30《茶录》，第675页。

④ (宋)蔡襄撰，陈庆元等校注：《蔡襄全集》卷28《彦猷学士》，第632页。

⑤ 蒋维锬：《蔡襄年谱》，厦门：厦门大学出版社，2000年，第101页。

⑥ (宋)蔡襄：《茶录》，《丛书集成初编》第1480册，上海：上海商务印书馆，1936年，第1页。

盏、点茶10目。“色”记云“茶色贵白”，但饼茶因“多以珍膏油其面，故有青、黄、紫、黑之异”，茶末“黄白者受水昏重，青白者受水详明，故建安人开试以青白胜黄白”。“香”指出和膏时添加龙脑、烹点时加入珍果、香草以益香的作法都是不对的，这样做反而会掩盖茶之真香。茶味“主于甘滑”，蔡襄指出“惟北苑凤凰山连属诸焙所产者味佳”，“水泉不甘”也会损害茶味。“藏茶”指出储藏茶叶宜用蒻叶忌香药、宜温燥忌湿冷，因此储藏茶叶时要用蒻叶封裹放入焙中，两三日须烘焙一次。烘焙“用火常如人体温”，温度过高“则茶焦不可食”。“炙茶”指出茶叶放置过久则“香色味皆陈”，可“以沸汤渍之，刮去膏油，一两重乃止。以钤箝之，微火炙干，然后碎碾”，这样味道较好。“碾茶”要先用干净纸张密裹、搥碎，然后碾之。刚碾之茶色白，经宿则色昏，所以茶须饮时方碾。“罗茶”则要适度，过细、过粗都影响茶、水的融合。“候汤”因在瓶中煮水，不可见视，故很有难度。汤“未熟则沫浮，过熟则茶沉”，有所谓蟹眼状汽泡即为过熟之汤[①]——这一点跟《大观茶论》不同，徽宗认为煮水以汽泡如“鱼目、蟹眼连绎并迸跃”为正好。[②]“熁盏”指出点茶须先暖盏，因为盏冷“则茶不浮”。“点茶”指出茶、水比例要合适，所用茶粉差不多每盏“一钱匕”，茶少汤多则“云脚散”，汤少茶多则“粥面聚”。点茶时先略注汤调和茶粉，“令极匀”，然后一边续添入汤，一边用茶匙环回击拂，茶汤及盏六分即可。点茶成品以“面色鲜白、着盏无水痕为绝佳”。当时建安开试新茶以所点茶汤先出水痕者为负，故较量胜负的术语为“相去一水、两水”。[③]将蔡襄所记与徽宗《大观茶论》对读，即可见出徽宗撰著时对前代茶书的取则，更可见出北宋时期茶道的发展，如徽宗时期点茶分七个步骤即“七汤”，蔡襄时期尚未如此繁复；徽宗时期有专用点茶击拂工具“筅”，蔡襄时期所用即钞取茶粉的茶匙。

---

① (宋)蔡襄:《茶录》,《丛书集成初编》第1480册,第1—2页。

② 丁以寿:《〈大观茶论〉校注》,《农业考古》2010年第5期,第301页。

③ (宋)蔡襄:《茶录》,《丛书集成初编》第1480册,第3页。

“论茶器”分茶焙、茶笼、砧椎、茶钤、茶碾、茶罗、茶盏、茶匙、汤瓶9目。茶焙为制茶工具，系以竹篾、蒻叶编成，作用是“纳火其下，去茶尺许，常温温然所以养茶色香味也”。茶笼是储藏工具。砧椎实际是砧、椎两种工具，砧用木材制成，椎用金属制成，用以碎茶。茶钤用金属弯曲制成，用以炙茶，相当于今火钳之类。茶碾以银、铁为之，用以碾茶。茶罗为筛茶工具，罗底用东川鹅溪画绢之密者为佳，总之越细密越好。茶盏即点茶、饮茶器皿，因茶色白，所以用黑盏最佳。蔡襄指出，著名的建安兔毫盏因其盏壁较厚，熁盏之后保温时间较久，故最适于点茶，为其他茶盏所不及。茶匙要重，这样击拂方有力，故最好用黄金做成，当然一般都是银铁所制。汤瓶要小，这样容水较少，故候汤时间短，且“点茶注汤有准”。最好以黄金制成，一般人所用自然为银瓶、铁瓶或瓷瓶。[①]

蔡襄，字君谟，兴化军仙游（治今福建仙游县）人，《宋史》有传。蔡襄生于大中祥符五年（1012），虽出身农民家庭，但外祖父卢仁为乡塾师，故襄幼年即得从学。[②] 因受到县尉凌景阳（后襄成为其女婿，与苏颂连襟）欣赏，先后被举荐入县学、郡学学习。[③] 天圣八年（1030）蔡襄进士及第[④]，与欧阳修、石介、唐介等同年，初授漳州军事判官。景祐三年（1036），因前官秩满，在京待选，值范仲淹以言事被贬谪，蔡襄作《四贤一不肖诗》，声名鹊起，[⑤]获授西京留守推官。宝元三年（康定元年，1040），入朝为秘书省著作佐郎、充馆阁

① （宋）蔡襄：《茶录》，《丛书集成初编》第1480册，第3—4页。

② 道光《惠安县续志》卷7《人物志上》，民国二十五年杜氏排印本，叶七四b。

③ （宋）苏颂著，王同策等点校：《苏魏公文集》附录一《魏公谭训》，北京：中华书局，1988年，第1156页。按：原文“挈至军中”，误，“军”应为“郡”。

④ （宋）欧阳修著，李逸安点校：《欧阳修全集》卷35《端明殿学士蔡公墓志铭》，第520页。

⑤ 《宋史》卷320《蔡襄传》，第10397页。

校勘，[①]与欧阳修、梅尧臣等交好。此时蔡襄书法之名渐著，苏轼力称之云："余评近岁书，以君谟为第一。"[②]庆历三年(1043)，因欧阳修等推荐，获除秘书丞、知谏院，次年保州军乱，蔡襄数上奏札主张坚决镇压，年底以右正言出知福州。[③] 六年正月上元节，蔡襄"令民间一家点灯七盏。陈烈作大灯长丈余，大书云：'富家一盏灯，太仓一粒粟。贫家一盏灯，父子相对哭。风流太守知不知，犹恨笙歌无妙曲。'"[④]同年延聘与陈烈并称"古灵四先生"的周希孟到福州讲学[⑤]。次年三月[⑥]，改授福建路转运使。因建安贡茶属漕司职事，蔡襄遂赴北苑视察，创制小龙团奉上，乃命岁贡。其《北苑十咏》诗即表"修贡贵谨严，作诗谕远永"[⑦]之意。八年(1048)，父卒居家守制。皇祐二年(1050)底服除被召入京复原官右正言，四年九月迁起居舍人、知制诰、权通判吏部流内铨。六年(至和元年，1054)七月迁龙图阁直学士、权知开封府，次年出知泉州，旋改福州。任上整顿吏治，作有《福州五戒文》《教民十六事》，倡移风俗，禁止厚葬。嘉祐三年(1058)复移知泉州，在府治内建安静堂，次年于此作《荔枝谱》。六年入京任翰林学士、权三司使。[⑧] 八年(1063)初，仁宗崩，英宗即位，蔡襄迁给事中、三司使，但英宗对其主持下的国家财政工作并不满意。治平元年(1064)，蔡襄乃以小

---

① (宋)黄岩孙纂：《宝祐仙溪志》卷4，《宋元方志丛刊》第8册，北京：中华书局，1990年影印本，第8314页。

② 孔凡礼点校：《苏轼文集》卷69《跋君谟〈书赋〉》，第2182页。

③ (宋)李焘：《续资治通鉴长编》卷152庆历四年十月己酉，第3708页。

④ (宋)晁说之撰，黄纯艳整理：《晁氏客语》，《全宋笔记》第1编第10册，郑州：大象出版社，2003年，第105页。

⑤ (宋)欧阳修著，李逸安点校：《欧阳修全集》卷35《端明殿学士蔡公墓志铭》，第521页。

⑥ 据蒋维锬考(《蔡襄年谱》，第76—77页)。

⑦ (宋)蔡襄撰，陈庆元等校注：《蔡襄全集》卷2《北苑十咏·修贡亭》，第55页。

⑧ 据蒋维锬考(《蔡襄年谱》，第168页)。

楷书写《茶录》刻石——这也是《茶录》得到较大传播的重要因素之一——在笔墨流淌的过程中，他一定会回想起仁宗对他宠眷；或者反过来说，正因为他回想起仁宗对他宠眷，才挥笔写下这篇因仁宗而作的文字并刻石传播。这是对仁宗的纪念，也是对属于自己的时代即将消逝的缅怀。次年初，蔡襄以端明殿学士、礼部侍郎出知杭州，[①]三年底因母丧去职，丁忧期间次子蔡旬（刘昇婿）复逝，遭此双重打击，蔡襄不久即病卒，享年五十六。

《茶录》传世版本很多，主要有宋刻《百川学海》本，明弘治十四年无锡华珵刻《百川学海》本，嘉靖十五年郑氏宗文堂刻《百川学海》本，万历三十一年胡氏文会堂刻《格致丛书》本（题名《新刻茶录》），万历间刻《茶书》甲、乙本，明末刻《茶书》本，明末清初宛委山堂刻《说郛》本，清《四库全书》本，《饮膳》清抄本，民国扫叶山房石印《五朝小说》本，民国上海商务印书馆《丛书集成初编》本等。还有蔡襄刻石的宋明拓本传世[②]。

8.《东溪试茶录》

一卷，宋子安撰。《宋史·艺文志》作《东溪茶录》，"试"字脱。[③] 宋子安生平不详，当为建安本地业茶士人。他在书中提到"近蔡公作《茶录》"[④]，蔡书作于皇祐三年（1051）；又熊蕃《宣和北苑贡茶录》已引述该书，则其必成于蔡书之后、熊书之前，很可能在英宗、神宗时期。[⑤]

前此丁谓、蔡襄二书记建茶仅叙北苑壑源岭，致"四方以建茶为目，皆曰北苑"[⑥]，宋氏故作此书以为补正。全书包括"自序""总叙焙名""北苑（曾坑、石坑附）""壑源（叶源附）""佛岭""沙溪""茶

---

① （宋）李焘：《续资治通鉴长编》卷 204 治平二年二月辛丑，第 4946 页。

② 详参水赍佑：《蔡襄〈茶录〉帖考》，《中国书法》2008 年第 4 期，第 183—184 页。

③ 《宋史》卷 205《艺文志四》，第 5207 页。

④⑥ （宋）宋子安：《东溪试茶录》，《丛书集成初编》第 1480 册，第 1 页。

⑤ 蔡书虽作于仁宗时，但治平元年（1064）刻石后流播始广，作为普通士人，宋子安恐始得而知。

名”“采茶”“茶病”9个部分。序首云“隍首七闽，山川特异……群峰益秀，迎抱相向，草木丛条，土地秀粹之气钟于是”，故所产茶“气味殊美”[①]，其中尤以北苑（其地范围西距建安洄溪二十里，东至东宫百里）连属诸山为胜。叶源、佛岭、沙溪所产则媲美北苑、壑源。宋子安指出“茶于草木为灵最矣，去亩步之间，别移其性”[②]，强调了产地自然条件与茶叶品质的关系。“总叙焙名”指出南唐时建安有38处官焙，宋太祖立国之初仅以“环北苑近焙”为官焙，外焙俱还民间。至道中分游坑、临江、汾常、西蒙洲、西小丰、大熟六焙隶南剑州，庆历中复取苏口、曾坑、石坑、重院还属北苑官焙。又引丁谓《北苑茶录》说明了当时官焙的具体分布。

“北苑（曾坑、石坑附）”“壑源（叶源附）”“佛岭”“沙溪”诸目详述诸园焙地理位置、获名原因及所产茶叶品质。北苑焙为建溪茶焙之首，有25处茶园。次为苦竹园头，再次为鼯鼯窠、张坑头。苦竹园头以多苦竹得名，又因“高远居众山之首”，故称“园头”。[③] 苦竹园头和张坑头“皆高远先阳处，岁发常早，芽极肥乳，非民间所比”[④]。苏口焙最高茶园名曾坑，岁贡上品一斤，然其地“山浅土薄，苗发多紫，复不肥乳，气味殊薄”，后不复贡。石坑有茶园十处，其焙在宋子安时已久废不开。[⑤] 壑源焙在北苑之南，山势高峻，以壑源口所产“甘香特胜”。壑岭坑为壑源主峰，“土皆黑埴，茶生山阴，厥味甘香，厥色青白，及受水则淳淳光泽（民间谓之‘冷粥面’）”。壑岭尾所产“色黄而味多土气”。叶源在壑岭尾东南，“土赤多石，茶生其中，色多黄青。无粥面粟纹而颇明爽，复性重喜沉。为次也”。佛岭在北苑东南，环岭诸茶园所产“少甘而多苦，色亦重

① （宋）宋子安：《东溪试茶录》，《丛书集成初编》第1480册，第1页。按：宋刻《百川学海》本“隍首七闽”作“建首七闽”（叶一a）。

② （宋）宋子安：《东溪试茶录》，《丛书集成初编》第1480册，第2页。

③ （宋）宋子安：《东溪试茶录》，《丛书集成初编》第1480册，第2—3页。

④ （宋）宋子安：《东溪试茶录》，《丛书集成初编》第1480册，第1页。

⑤ （宋）宋子安：《东溪试茶录》，《丛书集成初编》第1480册，第3页。

浊”。佛岭东北诸园所产“泛然缥尘色而不鲜明，味短而香少”，品质较劣。沙溪在北苑西十里，山浅土薄，产茶“叶细，芽不肥乳。自溪口诸焙，色黄而土气”。[①]

“茶名”列叙建茶品种。一为白叶茶，以新培育未久，时人大重之。其芽叶如纸，民间视为茶瑞，因而取其第一者为斗茶，但其“气味殊薄，非食茶之比”。白叶茶主产地为壑源，佛岭、沙溪亦有。二为柑叶茶，其树高丈余，“径头七八寸，叶厚而圆，状类柑橘之叶。其芽发即肥乳，长二寸许”，为食茶之上品。三为早茶，与柑叶茶类似，萌发甚早。四为细叶茶，叶比柑叶茶细薄，芽短而不乳，产于沙溪。五为稽茶，叶细而厚密，芽晚而青黄。六为晚茶，类于稽茶，比诸茶为晚。七为丛茶，亦名蘖茶，“丛生，高不数尺”，一年之内数发，贫民多植以取利。[②]

建茶比他郡茶叶为早，北苑、壑源茶尤早。其发芽最早在惊蛰前后数日，“先芽者气味俱不佳，惟过惊蛰者最为第一”，故其时民间以惊蛰为候。宋子安指出，采茶不能在日出之后，因“日出露晞，为阳所薄，则使芽之膏腴立耗于内，茶及受水而不鲜明”。又采摘时断芽须用指甲掐断不用手指捻断，因“以指则多温易损”。总之，制茶“择之必精，濯之必洁，蒸之必香，火之必良，一失其度，俱为茶病”。[③]

“茶病”叙制茶过程中的注意事项：

芽择肥乳，则甘香，而粥面着盏而不散。土瘠而芽短，则云脚涣乱，去盏而易散。叶梗半则受水鲜白，叶梗短则色黄而泛。乌蒂、白合，茶之大病。不去乌蒂则色黄黑而恶，不去白合则味苦涩。蒸芽必熟，去膏必尽。蒸芽未熟则草木气存，去

① (宋)宋子安:《东溪试茶录》,《丛书集成初编》第1480册,第4—5页。

② (宋)宋子安:《东溪试茶录》,《丛书集成初编》第1480册,第5—6页。

③ (宋)宋子安:《东溪试茶录》,《丛书集成初编》第1480册,第6页。

> 膏未尽则色浊而味重。受烟则香夺，压黄则味失，此皆茶之病也。[①]

宋子安所言全面、准确，非熟悉茶事者所不能道，《东溪试茶录》诚为中国古代茶书之杰作。

《东溪试茶录》传世版本很多，主要有宋刻《百川学海》本，明弘治十四年无锡华珵刻《百川学海》本，嘉靖十五年郑氏宗文堂刻《百川学海》本，万历间刻《茶书》甲、乙本（署“宋建安朱子安著”，当从衢本《郡斋读书志》而误[②]），万历三十一年胡氏文会堂刻《百家名书》本、《格致丛书》本（题名《新刻东溪试茶录》），明末刻《茶书》本（题名《试茶录》），明末清初宛委山堂刻《说郛》本（题名《试茶录》）、清《四库全书》本、民国上海商务印书馆《丛书集成初编》本。

9.《北苑总录》

一作《茶苑总录》，曾伉编撰。《通志·艺文略》著录为“十四卷”[③]，《直斋书录解题》著录为“十二卷”[④]。《遂初堂书目》著录有《茶总录》一书[⑤]，应即此书而脱“苑”字。

曾伉，字公立，侯官（治今福建福州市）人。古灵四先生之一的周希孟弟子[⑥]，皇祐五年（1053）进士。[⑦] 熙宁二年（1069），神宗改革大幕拉开，曾伉是朝廷派出去相度诸路农田、水利、税赋、科率、

---

① （宋）宋子安：《东溪试茶录》，《丛书集成初编》第1480册，第6页。

② 参见（宋）晁公武撰，孙猛校证：《郡斋读书志校证》卷12，第537页注释〔二〕。

③ （宋）郑樵：《通志》卷66《艺文略四》，第784页。

④ （宋）陈振孙撰，徐小蛮、顾美华点校：《直斋书录解题》卷14，第418页。

⑤ （宋）尤袤：《遂初堂书目》，《丛书集成初编》第32册，第24页。

⑥ （宋）梁克家纂修：《淳熙三山志》卷8《公廨类二》，《景印文渊阁四库全书》第484册，第186页。按：中华书局影印《宋元方志丛刊》本阙此页。

⑦ （宋）梁克家纂修：《淳熙三山志》卷26《人物类一》，《宋元方志丛刊》第8册，第8012页。

徭役利害的八名使者之一，并于年底成为最早的仓司官员之一。[①]此前他的职务是兴化军（治今福建莆田市）判官、监建州买纳茶场，[②]则《北苑总录》必成于此任上——陈振孙记作者为“兴化军判官曾伉”亦为力证——时间当为神宗初年。曾伉对于新法的态度跟同为八名使者之一、《洛阳花谱》作者张峋一样，不太理解而较为消极。他还写信给王安石，认为青苗法贷款给百姓却要收二分的利息，不无盘剥、与民争利之嫌，应该无息贷款。王安石专门给他回了一封信作了解释：所谓政治即为国为民理财，表面上看取息“二分不及一分，一分不及不利而贷之，贷之不若与之”，但这种做法是不可持续的；何况二分利息并不高，“亦常平之中正也”，[③]因此必续按照法律规定取息，方才是为政之道。曾伉可能仍持不同意见，因此其和张峋一样被闲置，直到熙宁七年（1074）八月才再次见到有关记载：与京西转运使吴几复同被处以罚铜十斤，其时任该路转运判官；[④]不久调任太子中允、检正中书礼房公事，同年底朝廷派其“察访荆湖路常平等事”，他亦坚辞不行。[⑤] 次年闰四月曾伉出为提举绛、隰州义勇、保甲[⑥]，次月河东旱灾，神宗乃命曾伉等措置赈济。[⑦] 元丰二年（1079）五月，时任检正中书孔目房的曾伉因泄露公事被罚铜二十斤。[⑧] 年底，已迁太常丞、检正中书孔目、吏房公事的曾伉因“详定闲冗文字”减磨勘二年，[⑨]后在此基础上

---

① （清）徐松辑：《宋会要辑稿》职官四三之二，第 3274 页。按：原文作“曾亢”，误。

② （清）徐松辑：《宋会要辑稿》职官六六之三三，第 6224 页。

③ （宋）王安石撰，王水照主编：《王安石全集》第 6 册《临川先生文集》卷 73《答曾公立书》，第 1306—1307 页。

④ （宋）李焘：《续资治通鉴长编》卷 255 熙宁七年八月甲申，第 6239 页。

⑤ （宋）李焘：《续资治通鉴长编》卷 257 熙宁七年冬十月庚辰，第 6276 页。

⑥ （宋）李焘：《续资治通鉴长编》卷 263 熙宁八年闰四月癸巳，第 6418 页。

⑦ （宋）李焘：《续资治通鉴长编》卷 264 熙宁八年五月戊寅，第 6475 页。

⑧ （清）徐松辑：《宋会要辑稿》职官六六之六至七，第 3871 页。

⑨ （宋）李焘：《续资治通鉴长编》卷 301 元丰二年十二月丁未，第 7329 页。

纂成《新修尚书吏部式》《元丰新修吏部敕令式》二书。[①] 五年(1082)出为江南东路路提举盐事官[②]，寻迁江西提刑，后入为吏部员外郎[③]、左司员外郎[④]。七年初因前巡历洪州时“受公使库月给，及以官钱自贷职田所得米备偿”被劾，会其卒而止。[⑤]

《茶苑总录》书已佚，仅见施注苏诗征引一条：“《茶苑总录》：段成式《谢因禅师茶》云：‘忽惠荆州紫笋茶一角，寒茸擢笋，本贵含膏，嫩叶抽芽，方珍捣草。’”[⑥]可见确如陈振孙所言，是“集录《茶经》诸书”[⑦]编纂而成的一部茶书总集，可惜没有流传下来。至于《舆地纪胜》所谓“周绛《茶苑总录》云：‘天下之茶建为最，建之北苑又为最’”[⑧]，乃出误记，其语出周书《补茶经》中。

10.《品茶要录》

一卷，一作《茶品要录》，黄儒撰。黄儒字道辅，建安(治今福建建瓯市)人，熙宁六年(1073)进士。[⑨] 苏轼称其“博学能文，淡然精深”，为“有道之士”，但“不幸早亡，独此书传于世”。[⑩]《直斋书录解题》称苏跋作于“元祐中”[⑪]，则《茶品要录》至晚成书于元祐

① (宋)王应麟纂：《玉海》卷117《选举·诠选》，第2172页。

② (宋)李焘：《续资治通鉴长编》卷301元丰五年三月乙酉，第7795页。

③ (宋)庞元英撰，金园整理：《文昌杂录》卷2，《全宋笔记》第2编第4册，郑州：大象出版社，2006年，第126页。

④ (宋)庞元英撰，金园整理：《文昌杂录》卷4，《全宋笔记》第2编第4册，第165页。

⑤ (宋)李焘：《续资治通鉴长编》卷343元丰七年二月壬申，第8236页。

⑥ (宋)施元之等注，(清)顾嗣立等删补：《施注苏诗》卷19《问大冶长老乞桃花茶栽东坡》，康熙三十八年宋荦刻本，叶一九b。

⑦ (宋)陈振孙撰，徐小蛮、顾美华点校：《直斋书录解题》卷14，第418页。

⑧ (宋)王象之：《舆地纪胜》卷129《福建路·建宁府》，第3697页。

⑨ (明)黄仲昭修纂：《(弘治)八闽通志》卷49《选举》，下册第176页。

⑩ 孔凡礼点校：《苏轼文集》卷66《书黄道辅〈品茶要录〉后》，第2067页。

⑪ (宋)陈振孙撰，徐小蛮、顾美华点校：《直斋书录解题》卷14，第419页。

(1086—1094)初年，很可能作于神宗之世。

《品茶要录》上承《东溪试茶录》“茶病”之说，专门叙记建茶弊病、茶叶品质评鉴方法，故四库馆臣云：“与他家茶录惟论地产、品目及烹试器具者，用意稍别。”[①]书中指出建茶有采造过时、白合盗叶、入杂、蒸不熟、过熟、焦釜、压黄、渍膏、伤焙、以沙溪茶冒充壑源茶10病。“采造过时”谓卖茶者往往谓开焙后前三火茶皆佳，但实际上一火茶比二火茶要好；又因茶芽畏霜，而三火茶采造时间稍晚，如果霜冻天气已过，则三火茶品质更好。如果茶色昏黄，则为采造于雨水天气者；如果茶色不鲜白、水脚微红，则为采造已过时令者。“采造过时”云极品茶叶用于斗茶，故称为“斗”(一火茶)、“亚斗”(二火茶)，斗品很少，“园户或止一株”；稍次于斗品的拣芽为“遍园陇中择其精英者”，也是上品。有些茶户为了增加拣芽产量或改善茶色，常常混入白合(一芽而有两小叶抱生者)、盗叶(新枝上抱生的色白之叶)，这种茶茶色虽然鲜白，但茶味涩淡。“入杂”即在茶叶中加入柿叶、桴槛叶，这种茶叶“试时无粟纹甘香，盏面浮散隐如微毛、或星星如纤絮者”。检验茶叶是否入杂可“侧盏视之，所入之多寡从可知矣”。如果茶芽未蒸熟，则“虽精芽所损已多”，试时色青易沉，桃仁气味者，只有“正熟者”味方甘香。如果蒸得过熟，“试时色黄而粟纹大”。不过，两劣相较，过熟比不熟好，因为过熟甘香之味胜于不熟，故黄白胜青白。蔡襄《茶录》云青白胜黄白，是从茶色角度而言的。蒸茶不可太久，这样不仅有过熟之病，还会使水干锅焦之气上达于茶，这种茶“试时色多昏红，气焦味恶”，即所谓有“热锅气”。“压黄”指茶萌而不及采、采而不及蒸、蒸而不及研、研而不及制以致经宿而后制，这种茶“试时色不鲜明”，还略带“坏卵气”即臭鸡蛋味。“渍膏”指出制茶须尽去其膏，尽去其膏的茶“有如干竹叶之色”。而有的茶户为了让茶饼好看易售，故意不将茶膏榨干，这种茶看上去饼面光黄，略似受潮，“试时色虽鲜白，其味带苦”。“伤焙”指出，制茶本须用

① 《四库全书总目》卷115《谱录类》，第989页。

覆灰之微火（称之为“冷火”）烘焙，有的茶户为了“速干以见售”，故用火常带烟焰，烟焰既多就会熏损茶饼，这种茶“试时其色昏红，气味带焦”。“辨壑源沙溪”指出，两地虽仅一岭之隔、数里之遥，然所产茶品质殊异。“夫春雷一惊，筠笼才起，售者已担簦挈橐于其门。或先期而散留金钱，或茶才入笪而争酬所直”，故壑源之茶供不应求。有的沙溪茶户遂“阴取沙溪茶黄”至壑源制造，卖茶者徒趋其名，很难分辨。黄儒指出，“凡肉理怯薄，体轻而色黄，试时虽鲜白不能久泛，香薄而味短者”就是沙溪茶假冒的壑源茶，“凡肉理实厚，体坚而色紫，试时泛盏凝久，香滑而味长者”，才是真壑源茶。[①] 书中这些论述皆非“专家”所不能道，故有研究者称之为中国历史上的第一部茶叶检验专著，“是茶叶检验走向专业化和系统化的一个重要标志”。[②]

《品茶要录》传世版本主要有明万历二十五年金陵荆山书林刻《夷门广牍》本（题名《茶品要录》，作者署“宋建安道人黄儒著”），万历间刻《茶书》甲、乙本，万历四十三年程百二、胡之衍刻《程氏丛刻》本，明末清初宛委山堂刻《说郛》本，清《古今图书集成》本，《四库全书》本，民国扫叶山房石印《五朝小说》本，民国上海商务印书馆《景印元明善本丛书》本（题名《茶品要录》）等。

11.《建安茶记》

吕惠卿撰，已佚。《郡斋读书志》记作“一卷”[③]，《宋史·艺文志》记作“二卷”，书名记作《建安茶用记》（“用”字衍）。[④]《中国农业古籍目录》未著录。

吕惠卿，泉州晋江县（治今福建晋江市）人。《宋史》入《奸臣传》。吕氏生于明道元年（1032），嘉祐二年（1057）中进士，释褐为为真州（治今江苏仪征市）军事推官，得欧阳修赏识荐充馆职。欧

① （唐）陆羽等撰，宋一明译注：《茶经译注（外三种）》，第101—113页。

② 于良子：《〈品茶要录〉评介》，《中国茶叶》1997年第6期，第42页。

③ （宋）晁公武撰，孙猛校证：《郡斋读书志校证》卷12，第537页。

④ 《宋史》卷205《艺文志四》，第5206页。

又荐之于王安石，安石与论经义多合，遂定交。熙宁初王安石秉政，屡荐之于神宗，至有“学先王之道而能用者，独惠卿而已”之语。故制置三司条例司设，惠卿遂检详文字，寻擢太子中允、崇政殿说书、集贤校理。熙宁三年(1070)制置三司条例司罢，吕惠卿改同判司农寺，同年丁父忧。五年服除为天章阁侍讲、同修起居注、管勾国子监，旋迁右正言、知制诰，与安石子王雱同修国子监经义教材，又兼侍讲、权知谏院。后历判军器监兼检正中书五房公事，翰林学士、判司农寺。七年，王安石第一次罢相，荐韩绛同中书门下平章事、吕惠卿参知政事，故人称二人为“传法沙门”“护法善神”，期间颇为倾轧之事。八年初王安石再相，每排安石之议，十月乃以本官出知陈州(治今河南周口市淮阳区)。十年徙知延州兼鄜延路经略安抚使，寻遭母丧，起复。元丰五年(1082)八月迁知太原府，后移知定州兼定州路安抚使、马步军都总管。八年复知太原府兼河东路安抚使。哲宗立，高太后把持朝政，元祐元年(1086)初吕惠卿移知扬州，数月后即贬为光禄卿，分司南京，苏州居住。再贬建宁军节度副使，建州安置。王毓瑚认为《建安茶记》当作于此时[①]。高太后死后哲宗改元“绍圣”，吕惠卿再获重用，历知江宁、大名、延安三府。徽宗即位后历知杭州、扬州、太原、大名、青州，大观元年(1107)责授祁州团练副使，宣州安置，又移庐州安置。政和元年(1111)卒。[②] 吕惠卿一生著述甚多，但大都亡佚。[③]

12.《建安茶录》

此书历代史志书目不载，仅宋施元之注苏诗云：“吕仲吉《建安

---

① 王毓瑚：《中国农学书录》，第 77 页。

② 《宋史》卷 471《奸臣传 · 吕惠卿传》，第 13706 页；陆杰：《吕惠卿年谱》，上海师范大学古籍整理研究所编：《中国传统文化与典籍论丛》，兰州：甘肃人民出版社，2014 年，第 78—102 页。

③ 详参(宋)吕惠卿撰，汤君集校：《庄子义集校 · 前言》，北京：中华书局，2009 年，第 15 页。

茶录》：芽如鹰爪雀舌者为上，一枪一旗次之”[①]；“吕仲吉《茶记》：鳌源其别有八，沙溪其一也”[②]。从作者为同一人、书名相似、所引内容皆记建茶看，《茶记》《建安茶录》当为一书，且书名确有可能作《建安茶记》，与上揭吕惠卿书同，故有学者猜测“吕仲吉”即“吕吉甫（惠卿字）”之误[③]，但两名差距较大，似不至误。另外，假定非因字误，而是因吕惠卿排行第二（实际上宋代史籍只载其有升卿、和卿、温卿诸弟而未见其有兄的记载）、字吉甫而称之为“仲吉”，则此称必为人所习称、熟知（而不可能仅施元之一人作此称），但笔者搜检载籍，除有一明人叫吕仲吉（字叔大）外[④]，再无一见——故清陆廷燦《续茶经》即归《茶记》一书于明吕仲吉名下[⑤]——以吕惠卿在宋代历史上的地位、影响，绝不可能其有此称而仅此一见，因此，此“吕仲吉”不可能是吕惠卿，此《建安茶记》必为同名之另一书。《中国农学书录》《中国农业古籍目录》未著录。

“吕仲吉”到底是谁呢？笔者认为可能是苏轼友人吕仲甫。誊录者或刻工在墨迹不清楚的情况下，误“（仲）甫”为“（仲）吉”是可能的。当然，也可能宋代本有一吕仲吉——除作此书外其余种种则绝未见诸记载；同时其虽作此书，但又仅施元之一为征引，其他人绝无涉笔——只是这种可能性较小。

---

① （宋）施元之、顾禧注：《施顾注东坡先生诗》卷 28《怡然以垂云新茶见饷，报以大龙团，仍戏作小诗》，宋嘉泰六年淮东仓司刻景定三年郑羽补刻本，叶二三 b。

② （宋）施元之等注，（清）顾嗣立等删补：《施注苏诗》卷 10《和蒋夔寄茶》，康熙三十八年宋荦刻本，叶一五 b。按：宋本此卷残。

③ 如徐海荣主编：《中国茶事大典》，北京：华夏出版社，2000 年，第 576 页；王河：《茶典逸况：中国茶文化的典籍文献》，北京：光明日报出版社，1999 年，第 72—73 页。

④ （明）曹学佺：《石仓诗稿》卷 29《桂林集》，《四库禁毁书丛刊》第 143 册，北京：北京出版社，1997 年影印本，第 553、559 页。

⑤ （清）陆廷燦：《续茶经》卷下之五《茶事著述名目》，《景印文渊阁四库全书》第 844 册，第 733 页。

吕仲甫字穆仲，洛阳人，吕蒙正孙。熙宁中为杭州观察推官，与苏轼相善，多所唱和。元丰中累官至提点河北东路刑狱[①]，七年(1088)与河北西路提刑吕温卿对调[②]，继迁河东路转运判官。绍圣四年(1097)底迁江、淮、荆、浙等路发运副使，[③]兼制置盐、矾、茶事。[④] 元符元年(1098)以直秘阁知荆南府(治今湖北江陵县)，[⑤]次年坐奉用妓乐宴集降一官。[⑥] 元符三年(1100)徽宗即位，曾使辽贺正旦。[⑦] 次年(建中靖国元年，1101)返国后升任权户部侍郎，年底以集贤殿修撰出知应天府。[⑧] 崇宁元年(1102)八月落职[⑨]移知徐州[⑩]，旋前复职迁知邓州。崇宁二年(1103)十月坐任户部侍郎时奏改免役宽剩钱，再落职知海州。[⑪] 此后即不见于记载。吕仲甫既曾制置茶事，撰著茶书即为顺理成章的职务行为，则《建安茶录》当作于绍圣年间。

13.《茶论》

卷帙不明，沈括撰。历代史志、书目不载，据沈氏自言“予山居有《茶论》”[⑫]知，今佚。《中国农学书录》《中国农业古籍目录》未著录。沈括生平参见第一章第三节。

---

① (宋)李焘:《续资治通鉴长编》卷348元丰七年八月乙亥，第8345页。

② (清)徐松辑:《宋会要辑稿》职官六一之四一，第3774页。

③ (宋)李焘:《续资治通鉴长编》卷493绍圣四年十一月癸卯，第11720页。

④ (宋)李焘:《续资治通鉴长编》卷494元符元年二月庚子，第11755页。

⑤ (宋)李焘:《续资治通鉴长编》卷500元符元年秋七月戊辰，第11916页。

⑥ (宋)李焘:《续资治通鉴长编》卷516元符二年闰九月戊寅，第12273页。

⑦ 《宋史》卷19《徽宗本纪一》，第360页。

⑧ (清)徐松辑:《宋会要辑稿》选举三三之二二，第4766页。

⑨ (清)徐松辑:《宋会要辑稿》职官六七之四〇，第3907页。

⑩ (清)徐松辑:《宋会要辑稿》食货六五之七四，第6193页。

⑪ (清)徐松辑:《宋会要辑稿》食货六六之七〇，第6242页；《宋史》卷178《食货志上》，第4332页。

⑫ (宋)沈括撰，胡道静校证:《梦溪笔谈校证》卷24，第773页。

14.《雅州蒙顶茶记》

一卷，王庠撰。据《舆地纪胜》转引"《唐志》贡茶之郡十有六，剑南惟雅一郡而已（王庠《蒙顶茶记》）"[1]云云可知。该书历代书志不载，《中国农学书录》《中国农业古籍目录》亦未著录。学界历来认为该书早佚，近年研究者发现实际上还保存在《新刊国朝二百家名贤文粹》中[2]，题名《雅州蒙顶茶记》，可见该书书名当以此为确。

王庠字周彦，荣州（治今四川荣县）人，《宋史》有传。其家累世同居，号"义门王氏"。其父王梦易皇祐元年（1049）登第，初授绵州司法参军（治今四川绵阳市东），历官知遂州青石县（治今重庆潼南区玉溪镇西青石坝）、合州石照县（治今重庆合川区），通判果州（治今四川南充市北），摄知兴州（治今陕西略阳县），后改四川茶运，有吏才，元丰末被人诬陷罢归，元祐元年（1086）卒。[3] 其母向氏为真宗朝宰相向敏中四子向传师女、神宗向皇后之从祖姑。王庠自幼颖悟，16岁父亡后更加发愤苦读。[4] 元祐中吕陶以贤良方正直言极谏科荐之，王庠让于宋邦杰，未几制科罢。崇宁元年（1102）王庠"应能书，为首选"，时京师蝗灾，乃上书论时政得失，有"中外壅蔽，将生寇戎之患"之语，遂下第。王庠乃归家奉亲，不复应举。徽宗大观四年（1110）推行三舍法改革，州郡荐之，因当时正值元祐党禁，王庠乃自陈云："苏轼、苏辙、范纯仁为知己，吕陶、王吉尝荐举，

---

[1] （宋）王象之：《舆地纪胜》卷147《成都府路·雅州》，第3971页。

[2] 参见虞文霞：《宋代两篇名茶重要文献考释》，《农业考古》2013年第5期。按：原文作"《国朝三百家名贤文粹》"，误。

[3] （宋）张商英：《大宋故赠通议大夫王公墓表》，北京图书馆善本金石组编：《宋代石刻文献全编》第2册，北京，北京图书馆出版社，2003年影印本，第903页。

[4] （宋）任宗易：《双溪记》，北京图书馆金石组编：《北京图书馆藏中国历代石刻拓本汇编》第42册，郑州：中州古籍出版社，1989年，第143页。按：王庠《宋史》本传言其13岁丧父、母为向皇后之姑（卷377，第11657页），均误。

黄庭坚、张舜民、王巩、任伯雨为交游，不可入举求仕，愿屏居田里。”后复举荐八行（孝、友、睦、姻、任、恤、中、和）卓异之士，大司成考定其为天下第一，诏旌其门，赐号廉逊处士；寻赐出身及章服，改潼川府教授，“一日四命俱至”，俱力辞不受。宣和中其弟王序以恩幸至徽猷阁直学士，王庠与之各建大第，论者谓其晚年隐操稍衰。① 王庠为苏轼堂侄女婿②，卒后孝宗淳熙元年（1174）“缘其子进（士）[十一]本陈乞”追谥“贤节处士”③。王庠生卒年载籍所无，赖石刻碑志材料可知：其父王梦易卒年“（王）庠年十六；次曰（王）序，年十四”④，则其生于熙宁四年（1071）。王序卒于“绍兴六年十月六日”，王庠“先公数月卒”，⑤则王庠亦卒于绍兴六年（1136）。王氏著作有《王庠文集》（一名《王庠集》）等。另英宗、神宗之际有同名王庠者，曾官通判冀州、提举汴河河堤⑥，非此所论王庠。

《雅州蒙顶茶记》文末言蜀中因“邈在西南数千里之外，故凡物

① 《宋史》卷377《王庠传》，第11657—11658页。

② （宋）黄庭坚撰，刘琳、李勇先、王蓉贵校点：《黄庭坚全集·正集》卷18《与王观复书》，成都：四川大学出版社，2001年，第472页。

③ （清）徐松辑：《宋会要辑稿》礼五八之一一五，第1669页。按：据朱承撰王序墓志铭《宋故文安郡开国侯王徽学墓志铭》，王庠子名芹孙、公孙、桐孙、槐孙，孙名曾慧、曾光、曾□、曾封（《宋代石刻文献全编》第4册，第724页），则王庠无名“王本”之子、孙；亦不可能为王庠任何一子、孙之名之笔误；又宋代虽有江西分宁人、元丰八年（1085）进士王本（官终知扬州兼淮南兵马钤辖），但其淳熙元年已不在人世（嘉靖《宁州志》卷16，《天一阁藏明代方志选刊》第43册，上海：上海书店1990年影印本，第638—640页）。换言之，并无为王庠请谥之“进士（王）本”，则“士”字之误必由“十一”二字上下连笔而书、后人在抄录中误认所致。

④ （宋）张商英：《大宋故赠通议大夫王公墓表》，北京图书馆善本金石组编：《宋代石刻文献全编》第2册，第903页。

⑤ （宋）朱承：《宋故文安郡开国侯王徽学墓志铭》，北京图书馆善本金石组编：《宋代石刻文献全编》第4册，第724页。

⑥ 参见方健：《宋代茶书考》，《农业考古》1998年第2期，第274页。

物不能自达而速显于时。韬光晦迹,岂止蒙山茶而已哉！是可叹也!"[①]颇有自叹遭际之意。以前揭王氏生平按之,惟与其崇宁元年(1102)42岁时下第后的人生低潮期心情相符——大观四年(1110)以后州郡屡荐之,皆为其主动推辞而不就,固已由锐意仕进遭到挫折后的沮丧怨艾转为看透利禄之路而决意隐居——故《雅州蒙顶茶记》当作崇宁元年至大观四年间,并且极可能作于崇宁初。

《雅州蒙顶茶记》首叙巴蜀自古产茶,唐代雅州茶不仅为蜀中之冠,蒙顶上清峰所产茶更为天下之最。接着考论了陆羽《茶经》称誉江茶的原因:其生活在江、湖间,连不算远的建茶亦言未详,更何况远在西蜀之隅的上清绝品,盖其"未尝得之也"。唐代其他人则多言蜀茶,如韦齐休《行记》云:"蜀茶尽出于此。"李德裕入蜀"得蒙(顶)茶,沃于汤饼之上,移时尽化",[②]白乐天《琴茶诗》云:"琴里知闻惟绿水,茶中故旧是蒙山。"书中指出,蒙顶茶"不特味甘色白,又其性温暖,久服不令人患冷,非他茶之比";且具备陆羽所言"生烂石沃土者上""紫者上""笋者上""叶卷而若薇始抽者上"四上之美,可谓"秀气所钟,天自珍惜"。王庠最后指出蒙顶茶的衰落始自唐肃宗乾元(758—760)罢贡之后,"蒙山不得入禁中,于今三百余年"。至蔡襄以建茶作龙凤团以进,"虽宸恩殊锡亦所稀得",故建茶日贵而蜀茶益不振,世遂"不知蒙顶紫笋本天下第一"。[③] 西南

---

① (宋)王庠:《雅州蒙顶茶记》,(宋)佚名辑:《新刊国朝二百家名贤文粹》卷146,《续修四库全书》第1653册,上海:上海古籍出版社,2002年影印本,第561页。

② (宋)王庠:《雅州蒙顶茶记》,(宋)佚名辑:《新刊国朝二百家名贤文粹》卷146,《续修四库全书》第1653册,第561页。按:《全宋文》作"沃于汤研之上"(第145册,第142页),误,据《舆地纪胜》卷147《成都府路·雅州》(第3982页)、《方舆胜览》卷55《雅州》(北京:中华书局,2003年,第978页)所引改。

③ (宋)王庠:《雅州蒙顶茶记》,(宋)佚名辑:《新刊国朝二百家名贤文粹》卷146,《续修四库全书》第1653册,第561页。

地区是茶树原产地，宋代产茶名区从西南转移到东南，《雅州蒙顶茶记》注意到了茶史上的这一重大转折，并提出了自己的解释，是值得重视的珍贵史料。

15.《大观茶论》

一卷。卷首自序云："偶因暇日，研究精微，所得之妙，[后]人有不自知为利害者，叙本末列于二十篇，号曰《茶论》。"①熊蕃《宣和北苑贡茶录》亦引云："至大观初，今上亲制《茶论》二十篇"、"今上圣制《茶论》曰……"，②可见书本名《茶论》。因系徽宗御制，故《郡斋读书志》著录该书称为《圣宋茶论》③；因书作于大观(1107—1110)初年④，故明《说郛》收入其书又改为称《大观茶论》。由于该书未署名，《宋史·艺文志》《直斋书录解题》等亦未著录，故有学者怀疑此书并非徽宗作，游修龄可为代表⑤。然是书序而不名，正可为徽宗御制之一证；且上揭熊蕃《宣和北苑贡茶录》一再引云"今上亲制""今上圣制"，恐仍以徽宗御制为确。

《大观茶论》序谓"茶之为物，擅瓯闽之秀气，钟山川之灵禀"，可见所记为建茶。又记当时饮茶风气之盛"缙绅之士，韦布之流，

---

① 丁以寿：《〈大观茶论〉校注》，《农业考古》2010年第5期，第299页。

② (宋)熊蕃撰，熊克绘图：《宣和北苑贡茶录》，《景印文渊阁四库全书》第844册，第637、638页。

③ (宋)晁公武撰，孙猛校证：《郡斋读书志校证》，第537页。

④ 有的研究者认为大观仅四年，元年、二年方得称为"大观初"，而熊蕃《宣和北苑贡茶录》有"大观初，今上亲制《茶论》"之语，又有"大观二年……"的记载，故其所谓的"大观初"只能是大观元年(如余悦：《中国宋代茶文化与〈大观茶论〉——在日本京都演讲提纲》，《农业考古》2012年第2期，第248—249页；虞文霞：《宋徽宗〈大观茶论〉成书年代及"白茶"考释》，《农业考古》2015年第5期，第189页)。实际上，书中还有"大观四年……"的记载，且熊书成于宣和五、六年(1124)间，熊氏又为一布衣，因此他无法确知徽宗之书的具体作年(《大观茶论》书本身未系时)，只能说"大观初"，其实元年、二年都是可能的。

⑤ 游修龄：《〈大观茶论〉作者问题的探讨》，《农业考古》2003年第4期，第262—265页。

沐浴膏泽，熏陶德化，咸以雅尚相推，从事茗饮”，“天下之士，励志清白，竞为闲暇修索之玩，莫不碎玉锵金，啜英咀华，较箧笥之精，争鉴裁之妙。虽否士于此时，不以蓄茶为羞，可谓盛世之清尚也”；及其对茶业的影响“故近岁以来，采择之精、制作之工、品第之胜、烹点之妙，莫不咸造其极”。[①] 序言而外，全书外分地产、天时、采择、蒸压、制造、鉴别、白茶、罗碾、盏、筅、瓶、杓、水、点、味、香、色、藏焙、品名、外焙 20 目，对建茶的生长、采制、品质、储藏、点茶工具与技艺等进行了全面论述。

“地产”指出最适宜茶树生长的地方在崖须向阳、在圃须荫凉，因为“石之性寒，其叶抑以瘠，其味疏以薄，必资阳和以发之；土之性敷，其叶疏以暴，其味强以肆，必资阴荫以节之”，故茶圃须“植木，以资茶之阴”。“天时”指出采茶当于惊蛰前后进行，此时天气轻寒，茶叶生长较慢，故茶工可从容致力；若误过最佳时间，天气燠热，茶树生长快，不抓紧采制茶芽已老，采、蒸、压、研、制各个工序都会受到影响，茶的品质自然较差。“采择”叙记采摘茶叶的方法，一是须于日出前进行，二是须用指甲掐断不以手指捻断，三是要去白合、乌蒂以免损害茶味、茶色。还特别指出茶工要“多以新汲水自随，得芽则投诸水”，[②]以保证茶芽不失水枯槁。

“蒸压”指蒸芽、压黄。书中指出蒸芽不可太生或过熟，“太生则芽滑，故色清而味烈；过熟则芽烂；故茶色赤而不胶”。压黄也不能过久或不及，否则也会影响茶色、茶味。总的原则是蒸芽及熟即可、压黄膏尽即止。“制造”提出了涤芽惟洁、濯器惟净、蒸压惟宜、研膏惟熟、焙火惟良五条原则，还指出造茶要注意白天时长、工力众寡、采择多少，当天所采当天焙制，否则搁置过宿也会损害茶色、茶味。[③]

“鉴别”提出了好茶的四条鉴别标准：“色莹彻而不驳，质缜绎

① 丁以寿：《〈大观茶论〉校注》，《农业考古》2010 年第 5 期，第 299 页。

②③ 丁以寿：《〈大观茶论〉校注》，《农业考古》2010 年第 5 期，第 300 页。

而不浮，举之则凝然，碾之则铿然。”并叙记了不同品质的团茶的不同表现：“膏稀者，其肤蹙以文；膏稠者，其理敛以实。即日成者，其色则青紫；越宿制造者，其色则惨黑。有肥凝如赤蜡者，末虽白，受汤则黄；有缜密如苍玉者，末虽灰，受汤愈白。有光华外暴而中暗者，有明白内备而表质者。”①

徽宗酷爱白茶，故专列“白茶”一目云：

> 白茶自为一种，与常茶不同。其条敷阐，其叶莹薄。崖林之间，偶然生出，(虽)非人力所可致。正焙之有者不过四五家，[生者]不过一二株，所造止于二三胯而已。芽英不多，尤难蒸培。汤火一失，则已变而为常品。须制造精微，运度得宜，则表里昭澈，如玉之在璞，它无与伦也。②

前揭刘异《北苑拾遗》、宋子安《东溪试茶录》虽都已记宋代白茶好尚，但仍然有人比如宋子安即认为其“气味殊薄，非食茶之比”③。至徽宗以皇帝之位而推尊之，白茶一时遂居天下第一名茶。故熊蕃云：“白茶可贵自庆历始，至大观而盛也。”④

碾、罗、盏、筅、瓶、杓诸目所记均为宋代烹茶茶具。碾由槽、轮构成，作用是将团茶碾碎。制碾以银为上，熟铁为次，生铁“害茶之色尤甚”。罗由竹条和细绢制成，须紧绷轻平，作用是筛罗茶粉。盏为点茶器，色贵青黑，“取其焕发茶采色也”；盏底须“差深而微宽，底深则茶宜立，易于取乳”，宽则便于“运筅旋彻，不碍击拂”。用盏小大取决于茶之多少——“盏高茶少，则掩蔽茶色；茶多盏小，

① 丁以寿：《〈大观茶论〉校注》，《农业考古》2010年第5期，第300页。

② 丁以寿：《〈大观茶论〉校注》，《农业考古》2010年第5期，第300—301页。

③ (宋)宋子安：《东溪试茶录》，《丛书集成初编》第1480册，第5页。

④ (宋)熊蕃撰，熊克绘图：《宣和北苑贡茶录》，《景印文渊阁四库全书》第844册，第638页。

则受汤不尽”。筅是点茶击拂工具,以箸竹老者为之,一端粗一端细,如剑脊之状。瓶是煮水工具,最好是用金银制成,瓶口要稍大而宛直,末端要圆小峻削,以便于注汤。杓是续水工具,大小“以可受一盏茶为量”。[①]

“水”叙烹茶用水之要:“以清轻甘洁为美……当取山泉之清洁者。其次,则井水之常汲者为可用。”煮水以气泡如“鱼目、蟹眼连绎并迸跃为度,过老则以少新水投之,就火顷刻而后用”。“点”详细描述了宋代点茶的整个过程和注意事项:第一步(第一汤)是调和茶膏,“量茶受汤,调如融胶”;注汤须从盏畔环注,注意“勿使侵茶”。第二汤“自茶面注之,周回一线,急注急止”。第三汤注汤多少如前,“击拂渐贵轻匀,周环[旋复],表里洞彻”。经此一步,粟米、蟹眼状泡沫覆满茶汤表面,茶色十已得六七。第四汤注汤须少,茶筅“欲转稍宽而勿速”。第五汤注汤可稍多,茶筅击拂须“轻盈而透达”。经此一步,茶色已尽显。第六汤仅以茶筅“缓绕拂动”。第七汤视茶浓度注汤,稀稠合适则止,然后饮之。[②]

味、香、色是品茶的三个主要方面。《大观茶论》指出,茶以味为上,“甘香重滑为味之全,惟北苑、壑源之品兼之”。茶之真香非龙麝可拟,但须蒸熟而压之,干而研之,研细而造之,方能入盏馨香四达。至于茶色,《大观茶论》指出点茶之色以纯白为上,青白为次,灰白次之,黄白又次之,并说明了各种茶色形成的原因。[③]

“藏焙”叙记焙制之法,焙制次数过多则茶团面干而香减,次数不够则色杂味散。具体方法是以热火置炉中,以静灰拥合七分;露火三分,亦以轻灰糁覆。过一段时间才将火炉放置于焙土上,逼散焙中润气,然后才“列茶于其中,尽展角焙之”,初不可蒙蔽,待火通

① 丁以寿:《〈大观茶论〉校注》,《农业考古》2010年第5期,第301页。

② 丁以寿:《〈大观茶论〉校注》,《农业考古》2010年第5期,第301—302页。

③ 丁以寿:《〈大观茶论〉校注》,《农业考古》2010年第5期,第302页。

彻方覆之。火之多少取决于焙之大小，以“探手炉中，火气虽热，而不至逼人手者”为准。焙茶时要“时以手挼茶，体虽甚热而无害，欲其火力通彻茶体尔”。焙毕，常用竹漆器封藏。“品名”叙记建茶名品，如叶耕之平园、台星岩，叶刚之高峰、青凤髓，叶思纯之大岚，叶琼、叶辉之秀皮林，叶师复、叶师贶之虎岩等。强调茶之美恶“在于制造之工拙”，而不在于出产岗地。[①] 这一点与宋子安不同，宋氏认为“茶于草木为灵最矣，去亩步之间，别移其性”[②]。“外焙”指官焙外之民焙，书中指出了民焙茶的缺点及其与官焙茶的区别。还揭露了有些茶户“采柿叶、桴榄之萌”[③]混充茶叶的欺诈手段。

《大观茶论》是研究建茶、宋代制茶工艺及茶道茶艺的重要资料，尤其是其关于点茶的记载向为人称引。然其传世版本并不多，有明万历刻《稗史汇编》本、明末清初宛委山堂刻《说郛》本、清初《古今图书集成》本等。

宋徽宗作为著名的亡国之君，为人所熟知，兹略述其一生大概。赵佶生于元丰五年(1082)，为神宗十一子、哲宗异母弟。绍圣三年(1096)，年仅15岁的赵佶由遂宁君王改封端王。元符三年(1100)哲宗崩，赵佶早已拉拢向太后，大造谶纬舆论，因此尽管宰相章惇认为其“轻佻，不可以君天下”[④]，还是被立为帝。徽宗当政信用蔡京、童贯、王黼、梁师成、李彦、朱勔等被民众称为“六贼”的奸臣；又崇奉道教，耗费民财在全国大造宫观，宠信林灵素、张虚白等佞人，政治乌烟瘴气。赵佶性格好大喜功，政和元年(1111)郑允中、童贯使辽，携李良嗣南来，建取燕之策，徽宗大喜，赐其国姓。重和元年(1118)，徽宗派马政、呼延庆等由海道使金，约夹攻辽；又于宣和二年(1120)派赵良嗣使金，史称“海上之盟”。同年，方腊于

① 丁以寿：《〈大观茶论〉校注》，《农业考古》2010年第5期，第302—303页。

② (宋)宋子安：《东溪试茶录》，《丛书集成初编》第1480册，第2页。

③ 丁以寿：《〈大观茶论〉校注》，《农业考古》2010年第5期，第303页。

④ 《宋史》卷22《徽宗本纪四》，第417页。

睦州青溪县(治今浙江淳安县)起事。六年(1124)以收复燕云大赦天下,京师、河东、陕西地震,河北、河东、京东、京西、浙西大水。七年金人攻宋,徽宗下诏罪己,禅位于太子赵桓即钦宗。靖康元年(1126),徽宗借口诣亳州太清宫南逃镇江府,不久在钦宗的要求下回到京师。年底金军会攻开封,次年初北宋灭亡,徽、钦二帝与后宫、宗室、百官、工匠、倡优等一道被掳北去。“一小撮统治者的祸国,使千百万无辜平民……惨遭劫难。”[①]不久赵构即位于南京,建立南宋,改元建炎。二年(1128),徽宗、钦宗至上都,被封为昏德公、重昏侯,四年被徙至五国城(在今黑龙江依兰县)。在金国为阶下囚期间,徽宗写过一首诗:“九叶鸿基一旦休,猖狂不听直臣谋!甘心万里为降虏,故国悲凉玉殿秋。”[②]颇有自责之意,然悔无及矣。绍兴五年(1135),徽宗卒,按金人风俗用生绢裹葬。十二年(1142)金归还徽宗梓宫及高宗生母韦氏,徽宗被安葬于绍兴永固陵。元至元二十二年(1285),徽宗陵墓被盗发。

16.《紫云坪植茗灵园记》

历代史志书录仅光绪《太平县志》对此石刻曾予录文,但谓原石“半已剥蚀”故“不备载”[③],而1988年文物普查时却在四川万源县石窝乡古社坪发现该摩崖石刻保存非常完整。《四川历代碑刻》[④]、《北宋大观三年摩崖石刻〈紫云坪植茗灵园记〉》等书、文均收有该石刻拓片,可资参看。《中国农学书录》《中国古农业古籍目录》未著录。

该记文署款“大观三年(1109)十月念三王敏记”,弟王古、兄王

---

① 王曾瑜:《北宋晚期政治简论——从腐败走向灭亡》,《丝毫编》,石家庄:河北大学出版社,2009年,第145页。

② (宋)庄绰撰,萧鲁阳点校:《鸡肋编》卷中,北京:中华书局,1983年,第81页。

③ 光绪《太平县志》卷9《艺文》,转引自胡平生:《北宋大观三年摩崖石刻〈紫云坪植茗灵园记〉》,《文物》1991年第4期,第84页。

④ 高文、高成刚编:《四川历代碑刻》,成都:四川大学出版社,1990年,第178页。

俊附名于后。但文中却有“令男王敏”云云，透露出执笔者的第三人称思维方式，故有研究者认为王氏兄弟恐并不识字，只是花钱请人写好依样刻石而已。[①] 实际上文中已明确指出“求文于蓬莱释，刻石以为记”——显为一僧人所撰。至于其名则略而不书，毕现该僧人既受人请托又不忠于其事，既欲借机留名又恐被人发现的心态。

《紫云坪植茗灵园记》叙元符二年(1099)王敏同其父王雅“得建溪绿茗，于此种植”，“一纪”(实际没有十二年，盖约言也)之后，“灵根转增郁茂”。文末附诗一首：“筑成小圃疑蒙顶，分得灵根自建溪。昨夜风雷先早发，绿芽和露濯春畦。”[②]据此可知其植茶方式是茶苗移植。古代因为茶苗移栽很难成活，因此种植茶树一般都是用茶籽直播的方法。如《茶经》云“植而罕茂”[③]，至明时仍多谓“凡种茶树必下子，移植则不复生”[④]、“茶不移本，植必子生”[⑤]。但王雅、王敏父子在北宋后期却用分栽移植的方法把建茶成功引种川东北，这是中国茶树栽培史上重大事件。《紫云坪植茗灵园记》也是现存最早的记载通过茶苗移栽法种植茶树的史料——比这更早的苏轼移种桃花茶，是通过茶籽直播方式实现的，其诗句“不令寸地闲，更乞茶子艺”[⑥]可证。

---

① 胡平生：《北宋大观三年摩崖石刻〈紫云坪植茗灵园记〉》，《文物》1991 年第 4 期，第 84 页。

② 胡平生：《北宋大观三年摩崖石刻〈紫云坪植茗灵园记〉》，《文物》1991 年第 4 期，第 80 页。

③ (唐)陆羽等撰，宋一明译注：《茶经译注(外三种)》，第 4 页。

④ (明)陈耀文编：《天中记》卷 44《茶》，扬州：广陵书社，2007 年影印本，第 1469 页。

⑤ (明)许次纾：《茶疏》，(唐)陆羽等撰，宋一明译注：《茶经译注(外三种)》，上海：上海古籍出版社，2017 年，第 163 页。

⑥ (清)王文诰辑注，孔凡礼点校：《苏轼诗集》卷 21《问大冶长老乞桃花茶栽东坡》，第 1119 页。

17.《茶山节对》

一卷，已佚，蔡宗颜撰。《通志・艺文略》著录于“茶”类，故《中国农学书录》推断“至迟作于南北宋之间”。[①] 实际上成书于政和六年(1116)的《本草衍义》即已引用此书，可知其必撰于此年之前。《本草衍义》所引仅1条：“苦樣：今茶也……蔡宗颜《茶山节对》其说甚详。”[②]虽仅聊胜于无，但仍可据之稍窥原书涯涘。

《直斋书录解题》记蔡宗颜曾“摄衢州长史”[③]，余无可考。州长史是宋代散官，元丰之后散官无实际职掌，可由纳粟、恩荫等途径取得，蔡氏的摄衢州长史可能为进纳取得。

18.《茶谱遗事》

一卷，已佚。宋元史志书目仅见于《通志・艺文略》[④]，亦蔡宗颜所撰。撰著时间当与《茶山节对》同。《中国农业古籍目录》未著录。

19.《斗茶记》

一卷，唐庚撰。《中国农学书录》未著录。

此本一篇短文，收于《唐子西集》中，明《说郛》将之摘出，后世遂沿袭以为一本独立的茶书。《说郛》而外，尚有《古今图书集成》本、康熙四十七年佩文斋刻《广群芳谱》本、雍正十二年寿椿堂刻《续茶经》本等版本传世。《斗茶记》叙记了唐庚政和二年(1112)贬谪惠州期间与人斗茶的一次经过。唐庚在文中强调，茶的好坏“不问团銙”，最重要的是“贵新”；煮茶之水“不问江井”，最重要的是“贵活”。因此他评价欧阳修将嘉祐七年仁宗赐茶保存到熙宁元年达7年之久，实际上是毁茶的行为。至于李德裕好惠山泉，不远千

---

① 王毓瑚：《中国农学书录》，第84页。

② (宋)寇宗奭：《本草衍义》卷14，北京：人民卫生出版社，1990年，第90页。

③ (宋)陈振孙撰，徐小蛮、顾美华点校：《直斋书录解题》卷14，第418页。

④ (宋)郑樵：《通志》卷66《艺文略四》，第784页。

里而置驿传送，也无必要。文中还说每年建安新茶出产后，“不数日可至”[①]惠州，为其谪居生活之乐。这些记载反映了宋代社会饮茶之风的兴盛及建茶全国性市场行销网络的存在。

唐庚字子西，眉州丹棱（治今四川丹棱县）人，人称眉山先生。宋代著名经学家、鲁国先生唐淹次子，《宋史》有传。据唐庚《亡兄墓铭》记，其兄唐伯虎“崇宁五年（1106）五月二十一日卒于家”，享年五十二，则其兄生于至和二年（1055）；他本人“少兄十有五年”，[②]则唐庚生于熙宁三年（1070）。又其友人强幼安云：“宣和元年（1119），行父（幼安字）自钱塘罢官如京师，眉山唐先生同寓于城东景德僧舍……明年正月六日而别，先生北归还朝，得请宫祠归泸南，道卒于凤翔，年五十一。”[③]则唐庚卒于宣和二年（1120）。两条材料一出自述，一出友人而详及月日；且《宋史》本传[④]、《东都事略》[⑤]均载其“归蜀，道病卒。年五十一”，此本应无可疑，但因唐集吕荣义序云：“先生死不一年，果有橐其文以来京师者，而太学之士日传千百本而未已……今始叙而藏之，庶几他日必有得其完本者。”系时为“宣和四年八月十五日”，[⑥]清陆心源遂据以定唐庚卒于宣和三年，研究者颇采信。然细绎文意，吕氏“先生死不一年”之

① 黄鹏编著：《唐庚集编年校注》，北京：中央编译出版社，2012年，第392—393页。

② 黄鹏编著：《唐庚集编年校注》，第407页。按：校注本原文“兄讳瞻，改伯虎，始字望之，今长孺氏望于鲁。五十二年卒归土”，既脱数字，句读亦误，应为“兄讳瞻，改伯虎，始字望之，今长孺。氏于唐，望于鲁，五十二年卒归土”。

③ （宋）强幼安：《〈唐子西文录〉记》，（清）何文焕辑：《历代诗话》，北京：中华书局，1981年，第442页。

④ 《宋史》卷443《文苑传五·唐庚传》，第13100页。

⑤ （宋）王称撰，孙言诚、崔国光点校：《东都事略》卷116《文艺传·唐庚传》，第1016页。

⑥ （宋）唐庚撰，唐玲校注：《唐庚诗集校注·温陵吕荣义德修序》，北京：中华书局，2016年，第7页。

说并不是针对其作序时间而言，而是指唐庚死后不到一年就有人“橐其文以来京师”。从有人“橐其文以来京师”至吕氏作序中间又隔了一段时间（至于多久，序文未言及），因此不能从宣和四年八月十五日减去一年即得出“知唐庚卒于宣和三年八月十五日以后”[①]的结论（还应减去“橐其文以来京师”至吕氏作序这段时间）。又有研究者据唐庚子文若“先君年二十擢第，四十南迁，五十而死”之说认为唐庚享年五十，因为“说自己父亲的卒年，绝不可能用概数，如果唐庚寿五十一，其子却说是五十，这在当时是极为不敬极乖情理也是极不可能的，因此五十必非虚举而是实数”，遂推断其生于熙宁四年（卒年依宣和二年）。[②] 此实似是而非的想当然之说，兹不外举证据，仅以唐文若语为论：无论唐庚生于熙宁三年还是四年，其中第年龄均不是“二十”（已 24 或 25 岁），这不正是“虚举”吗？其次，如因行文修辞概言父亲寿数就是“极为不敬极乖情理”的话，唐文若直言其父五十而“死”又作何说？复次，唐庚之名“唐庚”，当因其生年熙宁三年干支为庚戌，倘其生于熙宁四年，焉名为“庚”？

绍圣元年（1094），唐庚登第，[③]初授利州（治今四川广元市）司理参军，有“黎城（即利州城）酒贵如金汁……司理参军穷到骨”[④]句自嘲。元符中迁知阆中，为政以“清严”著称。[⑤] 徽宗崇宁中先后任绵州（治今四川绵阳市）录事参军[⑥]、凤州（治今陕西凤县凤州镇）教授。大观四年（1110）初，徽宗第二次贬谪蔡京，起用其政敌张商英。张氏蜀人，颇爱子西之才，遂荐为宗子博士、京畿路提举

---

① 黄鹏编著：《唐庚集编年校注》卷首《唐庚年谱》，第 26 页。

② 马德富：《唐庚年谱》，《宋代文化研究》第 3 辑，成都：四川大学出版社，1993 年，第 201—202、225 页。

③ 嘉庆《四川通志》卷 122《进士一》，成都：巴蜀书社，1984 年影印本，第 3700 页。

④ （宋）唐庚撰，唐玲校注：《唐庚诗集校注》卷 4《黎城酒》，第 287 页。

⑤ （宋）王象之：《舆地纪胜》卷 185《利东路 · 阆州》，第 4771 页。

⑥ 据马德富：《唐庚年谱》，《宋代文化研究》第 3 辑，第 214—215 页。

常平。[①] 但张商英很快受到何执中等人攻击，唐庚被视为其羽翼亦遭到翦除，任职仅数月即被罢并处惠州安置。[②] 次年蔡京东山再起，张商英亦被贬。政和五年(1115)，因诏立皇太子大赦天下，唐庚复官承议郎[③]，离惠返乡。宣和元年(1119)入京，寓居景德寺，与强幼安、吕荣义交游。[④] 次年蔡京致仕，年底方腊为乱，唐庚也终于请到提举上清太平宫祠禄，但却在随后的返乡途中病卒于凤翔(治今陕西宝鸡市)。

唐庚善诗文，主张"作文当学司马迁，作诗当学杜子美"[⑤]。因与苏轼同乡而文采风流，故"人谓为'小东坡'"[⑥]。有《唐子西集》《三国杂事》等传世。

20.《鋆源茶录》

一卷，章炳文撰。见载于《宋史·艺文志》[⑦]，已佚，亦不见他书征引。《宋史》又记章炳文"《搜神秘览》"[⑧]一书，《搜神秘览》有"临安府太庙前尹家书籍铺刊行"之本传世，署款为"京兆章炳文叔虎"。书前自序系时于政和三年(1113)，《鋆源茶录》或亦作于此期。

《搜神秘览》多记熙宁、元丰间事，有明确系时者为元祐二年(1087)[⑨]。其"疾疫"条又云："(颍)[颖]州今建作(颍)[颖]川府是

---

① 《宋史》卷443《文苑传五·唐庚传》，第13100页。

② 《宋史》卷351《张商英传》，第11097页。

③ (宋)唐庚：《惠州谢复官表》，黄鹏编著：《唐庚集编年校注》，第397页。

④ (宋)强幼安辑：《〈唐子西文录〉记》，(清)何文焕辑：《历代诗话》，第442页；(宋)唐庚撰，唐玲校注：《唐庚诗集校注·温陵吕荣义德修序》，第7页。

⑤ (宋)强幼安辑：《〈唐子西文录〉记》，(清)何文焕辑：《历代诗话》，第443页。

⑥ (宋)马端临：《文献通考》卷237《经籍考六十四》，第1887页。

⑦ 《宋史》卷205《艺文志四》，第5206页。

⑧ 《宋史》卷205《艺文志四》，第5229页。

⑨ (宋)章炳文：《搜神秘览》卷中，《续古逸丛书》第39册，上海：商务印书馆，1935年影印本，叶六a。

也。"①"颍川府"讹，颍州（治今安徽阜阳市）所升府名为顺昌府，升府时间是政和六年（1116）。② 这说明政和六年章炳文在世，当然也说明政和三年《搜神秘览》序成后继有补充。

其"郇公"条透露了章氏更多家世信息，兹移录于此：

> 吾族九代祖避黄巢之乱，自洪州武宁（治今江西武宁县）徙于建安浦城（治今福建浦城县）。七代祖（章仔钧）事王审知王闽中，为高州刺史、检校太傅。伪唐李氏举兵来伐，太傅将兵御之，遣二校求救于审知，失期将戮以徇。夫人练氏请赦二校曰："世方乱，人未易知，当责以后功。"二校得以脱去而仕伪唐。后时一校王建封者为李氏将兵，议屠建安城。太傅已捐馆，夫人犹家城中，潜谕一言，建封怀旧德降其城而完其民，人知吾族之必大也。历世衣冠遂相推，绍至叔祖郇公而始盛，如人之所期矣。郇公之未生，邓国太夫人梦陟山颠礼高广，坐授玉像一，既喜，寤。郇公之始生，太师密公梦相拜者于前，傍有人曰："相而拜，台辅也。"二尊尝为诗以励之曰："吾家累世多阴施，今日青云岂假梯。"已而果然。闽江南台，古传沙合者出相，郇公之入西枢而沙已愤为洲矣。既正宰席，乃大固焉。公方为省郎时，杨文公亿属广坐，谓公曰："希言当为贤宰相。"推公之辅仁宗皇帝，妥安天下，清忠肃艾，万邦以揉，而人克服，

① （宋）章炳文：《搜神秘览》卷下，《续古逸丛书》第39册，叶九a。按：陈思《宝刻丛编》所记"元丰三年（许州）升颍川府"（卷5《京西北路下》，《历代碑志丛书》第1册，南京：江苏古籍出版社，1998年影印本，第429页）之"颍川府"应为"颍昌府"。

② 《宋史》记作"顺昌府……旧颍州，政和六年，改为府"（卷38《地理志一》，第2117页），《文献通考》记作"政和六年，改为顺昌府"（卷320《舆地考六》，第2515页）。《宋朝事实》记作"政和六年，升为颍州府"（卷18《升降州县一》，《丛书集成初编》第835册，上海：商务印书馆，1936年，第281页），误，故聂崇岐《宋代府州军监之分析》引此径改为"顺昌府"（《宋史丛考》，北京：中华书局，1980年，第90页）。

则文公之言至矣。[①]

练夫人保全建安一城之事，彭乘《墨客挥犀》、司马光《涑水记闻》、沈括《梦溪笔谈》等言之者甚众，固当为事实。其至于明清，乃被视为神灵，今闽北民间尚有练夫人信仰（传至广东演变为七姑信仰）。文中“郇公”即仁宗前期宰相、获封郇国公的章得象（978—1048）；“太师密公”为章得象之父，名章奂，因得象而获“太师、尚书令兼中书令、密国公”封赠，故称。章奂父名士廉、祖父名仁嵩，[②]仁嵩即章仔钧与练夫人之子。[③]

浦城人、嘉祐二年（1057）科考状元章衡曾为宝文阁待制[④]，章炳文《搜神秘览》“预兆”条有云：“家府宝文未第时，丁内艰，自吴门扶护先祖归闽中，于浦城昭文乡上相里卜地以葬。”复记当地将出状元的种种征兆，然后谓“宝文遂魁多士”。[⑤] 显然，章炳文即章衡之子，其称“宝文”云云，正为避讳耳。据《万姓统谱》“嘉祐二年，（章）诉子衡作大魁”[⑥]的记载，则章衡之父为章诉。章炳文既称章得象为“叔祖”，则其祖父章诉为章得象之兄。概言之，章炳文家世

① （宋）章炳文：《搜神秘览》卷中，《续古逸丛书》第39册，叶一四a至一五b。

② （宋）宋祁：《景文集》卷59《文宪章（得象）公墓志铭》，《景印文渊阁四库全书》第1088册，第559页。按：赵惠俊谓章得象父名“奂志”（《文史之间：〈搜神秘览〉的笔记世界与宋代笔记写作》，《新宋学》第6辑，上海：复旦大学出版社，2018年，第285页），误，墓志铭原文为“（章得象）考奂志耿介以儒术发闻不乐仕进”，当句读为“（章得象）考奂，志耿介，以儒术发闻，不乐仕进”。

③ （宋）章定：《名贤氏族言行类稿》卷26，《景印文渊阁四库全书》第933册，第399页。

④ 《宋史》卷347《章衡传》，第11007页。

⑤ （宋）章炳文：《宋本搜神秘览》卷中，《续古逸丛书》第39册，叶一〇a至b。

⑥ （明）凌迪知：《万姓统谱》卷49，《景印文渊阁四库全书》第956册，第760页。按：另嘉靖《建宁府志》亦载章衡“父（章）诉，润州长史”（卷18《人物》，《天一阁藏明代方志选刊》第28册，叶五〇a）。

谱系为:章仔钧→章仁嵩→章士廉→章奂→章沂(章得象兄)→章衡→章炳文。与章惇、章楶、章谊等属同一家族。[①] 则章炳文为建州浦城人——撰《壑源茶录》以记建茶自属应然——但何以其《搜神秘览》自署"京兆章炳文"?有研究者认为"章氏迁居陕西的具体缘故,则概莫可知,或是章衡葬于京兆,故章炳文即以父亲墓地所在言己名籍"[②],岂有是理哉!其实不过因京兆府章氏为该姓著名郡望(相当于说自己是秦章邯后裔),故以自署而已(如同韩愈自署"昌黎韩愈"),并不是真的迁去了西安。

章炳文又作有《陕府芮城县题名序》一文,文末署云:"(元祐)七年四月十三日,右承事郎、鼎湖令京兆章炳文序。"鼎湖为陕州湖城县(治今河南灵宝市西北)代称,毗连芮城,故他在文中对邀请他写序的芮城知县褚端说"于公诚兄弟毗邻也"。[③] 绍圣(1094—1098)中章炳文曾任虞城(治今河南虞城县)令,"修举废坠,尽力于所当。采事迹可行者刻石纪之,必行而后已"[④],其碑全祖望尚见之:"是碑乃绍圣中县令章炳文所立,历叙地望、陵墓、诗文之属,凡二十七例。令长而留意于此,盖能以儒术饰吏治者。"[⑤]崇宁二年(1103),章炳文任兴化军(治今福建莆田市)通判,"剸裁如流,事不疑滞"[⑥],曾

① 参见王善军:《"尽有诸元":科举与宋代浦城章氏家族的发展》,《中国史研究》2014年,第3期,第129—150页。

② 赵惠俊:《文史之间:〈搜神秘览〉的笔记世界与宋代笔记写作》,《新宋学》第6辑,第285页。

③ (宋)章炳文:《陕府芮城县题名序》,《全宋文》第125册,第279页。

④ (明)李贤等:《明一统志》卷27《开封府下》,《景印文渊阁四库全书》第472册,第677页。

⑤ (清)全祖望:《鲒埼亭集》卷38《应天府虞城县故迹碑跋》,《清代诗文集汇编》第302册,上海:上海古籍出版社,2010年影印本,第708页。

⑥ 乾隆《莆田县志》卷7《职官志》,清光绪五年刻本,叶七a。按:弘治《八闽通志》记为"兴化军通判章炳文、张祖良,俱崇宁间任"(卷35《秩官》,上册第1017页)。

在镇海门外造斗门(亦作陡门),后废而为桥,因名章公桥。[①] 三年任泉州提举市舶,曾与人同游泉州九日山,并留有题刻:"知州事方谷正叔、提举市舶章炳文叔虎、新下邳令林深之原然同游,崇宁三年八月初浣。"[②]五年正月初七,章炳文与人同游闽县(治今福建福州市)于山,在金粟台也留有题刻:"叶彦成、乔叔彦、章叔虎、朱知叔同游,崇宁五年人日。"[③]叶彦成名棣,乔叔彦名世材,朱知叔名英,三人二月又同游福州乌石山(即乌山,亦名道山),亦留有题刻,正好可见当时诸人所任官职:"崇宁五年二月癸酉,提点刑狱乔世材、提举学事朱英、知郡事叶棣同游乌石山诸寺,会食横山阁,晚归。"[④]崇宁初乔世材为建宁府知州[⑤],四年五月到福州莅任提点福建路刑狱[⑥],叶棣为福州知州,提举福建路学事司朱英亦路级长官。两次出游诸人均为福建路、福州府高官,章炳文其时亦当在福州任职(很可能是通判)。

章衡卒于元符二年(1099)[⑦],年七十五[⑧],则生年为天圣三年(1025),中状元时已 33 岁,中第前当已结婚。按其 20 岁生章炳文计,则后者崇宁五年(1106)时已 60 余岁,或此后即致仕,故再无宦迹。政和三年(1113)章炳文自序《搜神秘览》时,年已 70 岁,下距

---

① (明)黄仲昭修纂:《(弘治)八闽通志》卷 19《地理》,上册第 528 页。

② 黄威廉编注:《九日山摩崖石刻诠释》,出版社不详,2002 年,第 4 页。

③ (清)冯登府辑:《闽中金石志》卷 7,《石刻史料新编》第 1 辑第 17 册,台北:新文丰出版公司,1977 年影印本,第 12749 页。

④ 黄荣春主编:《福州十邑摩崖石刻》,福州:福建美术出版社,2008 年,第 8 页。

⑤ (明)黄仲昭修纂:《(弘治)八闽通志》卷 31《秩官》,上册第 897 页。按:嘉靖《建宁府志》作"乔世林"(卷 5《官师》,《天一阁藏明代方志选刊》第 28 册,叶八 b),误。福建省地方志编纂委员会整理本失考,沿之而误(卷 5《官师》,第 103 页)。

⑥ (宋)梁克家纂修:《淳熙三山志》卷 25《秩官类六》,《宋元方志丛刊》第 8 册,第 8002 页。

⑦ (宋)李焘:《续资治通鉴长编》卷 514 元符二年八月癸巳,第 12227 页。

⑧ 《宋史》卷 347《章衡传》,第 11008 页。

靖康之变还有 13 年。

21.《龙焙美成茶录》

一卷，范逵撰。已佚，历代书志不载，《中国农学书录》《中国农业古籍目录》亦未著录。从书名看，既曰“龙焙”，又曰“美成”，内容当为记官焙龙团制法、贡数者。熊蕃《宣和北苑贡茶录》残存的一条转引亦可为证：“然龙焙初兴，贡数殊少（太平兴国初才贡五十片）；累增至元符，以片计者一万八千，视初已加数倍而犹未盛；今则为四万七千一百片有奇矣（此数皆见范逵所著《龙焙美成茶录》。逵，茶官也）。”[①]该书既下及宣和官焙龙团贡数，而又为成书于宣和五、六年间（详见下文）的熊书引述，则必成于宣和元年（1119）至四年间。范逵生平无考，当即北苑普通茶官，其书流传亦不广，或未付梓。

22.《宣和北苑贡茶录》

一卷，亦名《宣和贡茶经》，熊蕃撰，其子熊克绘图。[②]

该书首述北苑贡茶历史及品种：北苑茶唐末始渐知名，前蜀毛文锡《茶谱》尚第言“建（州）有紫笋，而蜡面乃产于福（州）”。南唐时北苑初造研膏，继造蜡面，后又制京铤。宋立国后太平兴国二年（977）始遣使以龙凤模在北苑制造团茶以别庶饮，此即龙凤茶之始；至道（995—997）初又诏造石乳、的乳、白乳。此四茶出，腊面之类就等而下之了。庆历中蔡襄任福建转运使，创制小龙团以进。

① （宋）熊蕃撰，熊克绘图：《宣和北苑贡茶录》，《景印文渊阁四库全书》第 844 册，第 638 页。

② （宋）熊蕃撰，熊克绘图：《宣和北苑贡茶录》，《景印文渊阁四库全书》第 844 册，第 647、635 页。按：顾吉辰云“熊克之父熊博，官至御史大夫。熊克从小随父在任所，有机会听到和见到很多事情”（《熊克和他的〈中兴小纪〉》，《古籍整理研究学刊》1986 年第 3 期，第 42 页），误，《宋史》本传谓其“御史大夫（熊）博之后”（《宋史》卷 445《熊克传》，第 13143 页），非谓其“熊博之子”。熊博，唐中和年间任建州刺史，景福二年（893）王潮入福州自称留后，“刺史熊博死之”（清吴任臣撰，吴敏霞、周莹点校：《十国春秋》卷 90《闽司空世家》，第 1300 页）。

此茶尤极精好，二十八片才一斤（龙茶八片一斤），“被旨号为上品龙茶”[①]，“其价直金二两。然金可有而茶不可得”[②]。小团茶一出，龙凤茶就为次了。元丰间诏造“密云龙”，其品又在小团之上。至大观初，徽宗御制《茶论》，以白茶与常茶不同，“偶然生出，非人力可致”，于是白茶又为第一。既而又制御苑玉芽、万寿龙芽、无比寿芽三色细芽，瑞云翔龙等白茶名品又复居下矣。[③] 熊蕃指出，凡茶芽“最上曰小芽，如雀舌鹰爪，以其劲直纤锐，故号‘芽茶’；次曰中芽，乃一芽带一叶者，号‘一枪一旗’；次曰紫芽，其一芽带两叶者，号‘一枪两旗’。带三叶、四叶者皆渐老。宣和二年（1120），福建转运使郑可（简）[闻]创为（绿）[银]线水芽，[④]方法是“将已拣熟芽再剔去，祇取其心一缕，用珍器贮清泉渍之，光明莹洁若银线然，诚所谓‘旷古未之闻也’。其制，方寸新銙有小龙蜿蜒其上，号‘龙园（一作团）胜雪’”，其色如乳，其味腴而美。[⑤] 于是白乳、的乳、石乳俱废，而以龙团胜雪为极，惟因徽宗好白茶而列居其下。宋朝初年北苑贡茶数量很少，太平兴国时仅 50 斤，后历代累增，元符达一万八千片

---

① （宋）蔡襄撰，陈庆元等校注：《蔡襄全集》卷 2，第 53—54 页。

② （宋）欧阳修撰，李伟国点校：《归田录》卷 2，北京：中华书局，1981 年，第 24 页。按：此书记为小龙团“凡二十饼重一斤”、龙凤茶“凡八饼重一斤”，则“片”亦言“饼”。

③ （宋）熊蕃撰，熊克绘图：《宣和北苑贡茶录》，《景印文渊阁四库全书》第 844 册，第 637—638 页。

④ （宋）熊蕃撰，熊克绘图：《宣和北苑贡茶录》，《景印文渊阁四库全书》第 844 册，第 638 页。按：明喻政辑刊《茶书》本同作“郑可简”，《说郛》本作“郑可闻”，考以他书，以后者为是；“绿线水芽”《说郛》本（《说郛三种》卷 60，第 914 页）、《茶书》本（叶二 b）均作“银线水芽”，结合后文，应以此为是。

⑤ （宋）熊蕃撰，熊克绘图：《宣和北苑贡茶录》，《景印文渊阁四库全书》第 844 册，第 638 页。按：《说郛》本（《说郛三种》卷 60，第 914 页）、明喻政辑刊《茶书》本均作“龙团胜雪”（叶三 b），应以此为是。

(即“饼”),宣和时更达到四万七千一百片。①

其次,《宣和北苑贡茶录》详细记载了当时北苑所贡的51种茶品(宣和二年所制的琼林毓粹等10种五年后省去)及其创制时间。贡茶每年分为10余纲,其中白茶与胜雪自惊蛰前兴役,旬日即成,乃以飞骑疾送京师,号为头纲。其余按照时间先后发运,“逮贡足时,夏过半矣”②。更为可贵的是,书中熊克绘有贡茶制茶模具,使得今人有幸一见千年之前的团茶形状。兹引当时最高等级之白茶、龙团胜雪模具图(图20)以见一斑:

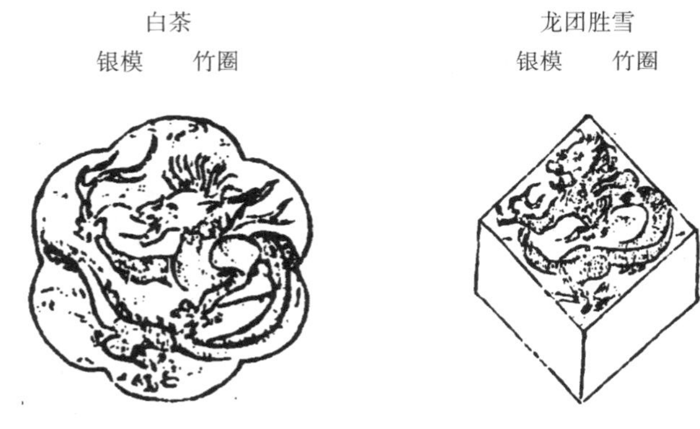

图20　白茶、龙团胜雪模具图③

《宣和北苑贡茶录》第三部分为熊蕃和前人的《御苑采茶歌十首》,其后为熊克所作跋语及刊刻题记。跋语云建炎南渡之初,诏北苑贡茶罢去三分之一,绍兴十五年(1145)仍复旧额,并改京铤为大龙团,又补种茶树2万株。跋语作于绍兴二十八年(1158)即熊

① (宋)熊蕃撰,熊克绘图:《宣和北苑贡茶录》,《景印文渊阁四库全书》第844册,第638页。

② (宋)熊蕃撰,熊克绘图:《宣和北苑贡茶录》,《景印文渊阁四库全书》第844册,第639页。

③ (宋)熊蕃撰,熊克绘图:《宣和北苑贡茶录》,《景印文渊阁四库全书》第844册,第640页。

克中第之次年，时熊克“摄事北苑”，故署“北苑寓舍书”。① 题记作于淳熙九年（1182），云乃父书中所记皆为亲见。当时福建转运司新刊蔡襄《茶录》，熊克遂刻父书。

熊蕃，字叔茂，建阳（治今福建南平市建阳区）人。善属文，长于吟咏，学宗王安石。筑堂名“独善”，因号独善先生。② 显为隐士者流。《宣和北苑贡茶录》所记贡茶最晚者为宣和四年（1122）③，且书中未见丝毫丧乱征象，则书必成于宣和五、六两年即北宋最后的静好岁月中。书成未刊，淳熙九年（1182）熊克增绘图形 38 幅后乃予刻印，遂行于世。嘉靖《建阳县志》言熊氏此书外尚有《制茶十咏》④，恐即为书末所附《御苑采茶歌十首》。

熊克，字子复，《宋史》有传。绍兴二十七年（1157）登进士第，初任余姚尉。后历官镇江府儒学教授、知绍兴府诸暨县、提辖文思院。曾献文章于孝宗亲信曾觌，孝宗览之甚喜，御笔除直学士院，因不符制度乃改为校书郎兼国史院编修官⑤。熊克既见知于上，数有论奏，尝言“以和为守，以守为攻”、和好之时亦当为备守之计。淳熙九年（1182）以秘书郎兼学士院权直，⑥其整理乃父著作即此时。次年除中书舍人，为言者所论，十一年出知台州⑦，因纵容军

---

① （宋）熊蕃撰，熊克绘图：《宣和北苑贡茶录》，《景印文渊阁四库全书》第 844 册，第 646—647 页。

② 嘉靖《建阳县志》卷 10，《天一阁藏明代方志选刊》第 31 册，叶一五 b。

③ （宋）熊蕃撰，熊克绘图：《宣和北苑贡茶录》，《景印文渊阁四库全书》第 844 册，第 639 页。

④ 嘉靖《建阳县志》卷 10，《天一阁藏明代方志选刊》第 31 册，叶一五 b。

⑤ 《宋史》卷 445《熊克传》，第 13143 页；（宋）佚名撰，张富祥点校：《南宋馆阁续录》卷 9《官联三》，第 366 页。按：《齐东野语》云熊克入馆阁为王淮所荐（卷 8《熊子复》，第 148 页）。

⑥ （宋）何异：《宋中兴学士院题名》，《续修四库全书》第 748 册，上海：上海古籍出版社，2002 年影印本，第 402 页。

⑦ （宋）陈耆卿纂：《嘉定赤城志》卷 9《秩官门二》，《宋元方志丛刊》第 7 册，第 7357 页。

人盗贩私盐、改刺军人私取缗钱而被放罢[①]。熊克性俭约，虽贵不改。绍熙(1190—1194)间卒[②]，享寿73岁[③]。著作有《九朝通略》、《官制新典》、《圣朝职略》、《帝王经谱》、《诸子精华》、《京口诗集》、《馆学喜雪唱和诗》、《四六类稿》、《家谱》、《镇江志》、《皇朝中兴纪事本末》(亦名《中兴小历》，清避乾隆弘历讳改称《中兴小纪》)等，仅有《皇朝中兴纪事本末》传世。熊克主和的政治观点在是书中亦有明显表现："多诋抑李纲、赵鼎诸贤而傅会和议，是非已谬于当时。君臣谀颂之辞琐屑必录，而韩、岳战功反略。武穆之冤，未能表白。所征引如汪伯彦《时政记》、朱胜非《闲居录》等书，尤属诬辞，殊少别择。"[④]

《宣和北苑贡茶录》传世版本有明万历间刻《茶书》甲、乙本(无图)，明末刻《茶书》本(无图)，明末清初宛委山堂刻《说郛》本(无图)，清《四库全书》本，嘉庆间桐川顾氏刻《读画斋丛书》本，民国扫叶山房石印《五朝小说》本(无图)等。

23.《茶录》

一卷，《中国农学书录》《中国农业古籍目录》均未著录。已知宋代茶书或记茗品，如《荈茗录》；或载采造，如《东溪试茶录》；或叙烹试，如《北苑煎茶法》；或列贡茶品类纲次，如《宣和北苑贡茶录》；或谱煮茶之水，如《述煮茶泉品》；或言饮茶之具，如《茶具图谱》；或兼而言之，如著名的蔡襄《茶录》、徽宗《大观茶论》，皆为就某一或某些主题论述的专书。《类说》所录《茶录》汇辑涉茶术语纂为一

---

① (清)徐松辑：《宋会要辑稿》职官七二之四三，第4009页。

② (宋)章定：《名贤氏族言行类稿》卷1，《景印文渊阁四库全书》第933册，第29页。按：辛更儒《有关熊克及其〈中兴小历〉的几个问题》考熊克卒年为绍熙五年(1194)，生年为政和八年(1118)，寿87岁(《文史》2002年第1辑，第193—194页)。

③ 《宋史》卷445《熊克传》，第13144页；(清)钱保塘编：《历代名人生卒录》卷5，北京：北京图书馆出版社，2002年影印本，第437页。

④ (清)廖廷相：《跋》，(宋)熊克：《中兴小纪》，《丛书集成初编》第3860册，上海：商务印书馆，1936年，第479页。

书，这在宋代茶书中是别具一格的，可以说创立了茶书辞典体例，称得上是中国最早的一部茶文化辞典。该书共分云脚乳面、候汤、茗战、火前火后、报春鸟、蟾背虾目、文火、苦茶、秘水、茶诗 10 目。朱自振已撰文指出此为曾慥所辑①，但朱文阙误颇多，如误曾慥号"至游居士"为"圣游居士"、误其著作《乐府雅词》为《雅府诗词》等，最重要的是，该书作者并非其所言的曾慥。

曾慥，字端伯，号至游子、至游居士，晋江（治今福建泉州市）人。徽宗政宣之间曾慥在济北为官②，靖康二年（1127）时任仓部员外郎："金人以兵部尚书吕好问……仓部员外郎曾慥、秘书省著作郎颜博文为事务官，限三日立（张）邦昌，不然，下城尽行焚戮，都人震恐，有自杀者……（曾）慥娶吴幵女，故金人用之。"③绍兴元年（1131）九月，侍御史沈与求奏劾范宗尹云："曾慥（靖康时）指斥国家，语言不顺。（范）宗尹以慥系吴幵之婿，面欺陛下，除江西转运判官。"④则曾慥此前任江西转运判官一职。不久被罢，遂"侨寓银峰"⑤，集数年之功纂成《类说》一书。绍兴六年（1136）六月，朝廷召其任京西路转运判官兼宣抚司随军转运，曾慥以父母年高推辞未就。⑥ 七年秦桧任枢密使，次年独相，其间曾慥出任湖北兼京西

① 朱自振：《一部误作蔡襄〈茶录〉的南宋〈茶录〉》，《茶业通报》2001 年第 4 期，第 47—48 页。

② 李之仪有《送曾端伯之官济北》（《姑溪居士集前集》卷 4，《景印文渊阁四库全书》第 1120 册，第 406 页），而李卒于建炎元年（1127）（任群：《李之仪卒于建炎元年考》，《南京师范大学文学院学报》2009 年第 3 期，第 30—34 页）。又，济北为古称，当指宋京东西路兖州奉符县（治今山东肥城市）一带。

③ （宋）李心传撰，辛更儒点校：《建炎以来系年要录》卷 3 建炎元年三月壬辰，第 66 页。

④ （宋）李心传撰，辛更儒点校：《建炎以来系年要录》卷 47 绍兴元年九月戊午，第 874 页。

⑤ （宋）曾慥：《类说・序》，明天启六年岳钟秀刻本，卷首。按：宋本均残，天启刻本为存世最早完整刻本。

⑥ （宋）李心传撰，辛更儒点校：《建炎以来系年要录》卷 102 绍兴六年六月乙巳，第 1721 页。

路转运副使。[①] 曾慥岳父吴幵早年对秦桧有知遇之恩——秦桧还是一个小官时，吴幵在翰林“尝封章荐之”，秦桧由此进用。[②] 绍兴九年(1139)底，曾慥迁行尚书户部员外郎、总领应办湖北京西路宣抚使司大军钱粮，[③]次年升任太府少卿、总领京湖钱粮财赋，[④]一年后再升太府卿，总领湖广江西财赋、京湖军马钱粮，成为南宋任总领官之第一人。[⑤] 同年底曾慥以疾请祠，提举洪州玉隆观。[⑥] 绍兴十四年(1144)，因其岳父吴幵南宋建国后一直“惭不敢归”而寓家虔州(治今江西赣州市)，秦桧特命曾慥出任该州知州。[⑦] 十八年，移知荆南(即江陵府，治今湖北江陵县)，[⑧]后历知夔州、庐州。[⑨] 二十四年(1154)，时知庐州的曾慥上书自诉未受张邦昌伪命，并“乞

① 据陆三强考，曾慥东山再起的时间正在七年至绍兴九年间(《曾慥三考》，黄永年编：《古代文献研究集林》第2集，西安：陕西师范大学出版社，1992年，第205页)。

② (宋)王明清：《挥麈录·余话》卷2，北京：中华书局，1964年，第318页。

③ (宋)李心传撰，辛更儒点校：《建炎以来系年要录》卷133绍兴九年十一月乙巳，第2232页。

④ (宋)李心传撰，辛更儒点校：《建炎以来系年要录》卷136绍兴十年闰六月丙戌，第2295页。

⑤ (宋)李心传撰，辛更儒点校：《建炎以来系年要录》卷140绍兴十一年五月辛丑，第2369页。按：《宋会要辑稿》记为“总领湖广江西京西路财赋”(职官四一之四六，第3189页)。

⑥ (宋)李心传撰，辛更儒点校：《建炎以来系年要录》卷140绍兴十一年六月壬申，第2375页。

⑦ (宋)李心传撰，辛更儒点校：《建炎以来系年要录》卷152绍兴十四年九月丁卯，第2596页。

⑧ (宋)李心传撰，辛更儒点校：《建炎以来系年要录》卷158绍兴十八年十一月戊戌，第2724页。

⑨ (宋)周麟之：《海陵集》卷13《曾慥知庐州》，《景印文渊阁四库全书》第1142册，第98页。

付史馆”[1]，为言官论罢，次年初即卒。[2]

《郡斋读书志》载曾慥为“鲁（国）公（曾公亮）裔孙”[3]，万历《泉州府志》载其为曾公亮“玄孙（五世孙”），今人多从之。然宋曾敏求《独醒杂志》云：“丞相鲁公一传而有枢密孝宽，再传而为秘监诚，三传而为今丞相怀。”[4]韩元吉《高邮军曾使君（崇）墓志铭》云：“宣靖（曾公亮谥号）之子讳孝纯者，君曾祖也，仕至光禄少卿；光禄之子讳宜者，君祖也，仕至尚书虞部郎中；虞部之子讳恬者，君父也。”[5]卫泾《故朝散大夫主管华州云台观曾公墓志铭》云：“君讳耆年，字寿翁，故朝散郎、权知高邮军讳崇之子，故朝请大夫、知大宗正丞讳恬之孙，故朝请大夫、尚书虞部郎中讳谊之曾孙，而侍中、鲁国宣靖公讳公亮之五世孙也。”[6]可知曾公亮子以“孝”字取名（孝宽、孝纯），孙名带“言”旁（诚、谊），曾孙名带“忄”旁（怀、恬），因此曾慥必为曾公亮曾孙。李之仪《送曾端伯之官济北》“貂蝉七叶想前人，四世三公表一门”[7]句亦可旁证——曾慥为曾公亮曾孙，正是“四世”。[8]

曾慥著述甚多，除《类说》外，还有《高斋漫录》《通鉴补遗》《乐

---

① （宋）李心传撰，辛更儒点校：《建炎以来系年要录》卷166绍兴二十四年六月乙酉，第2876页。

② （宋）李心传撰，辛更儒点校：《建炎以来系年要录》卷168绍兴二十五年二月甲申，第2903页。

③ （宋）晁公武撰，孙猛校证：《郡斋读书志校证》卷20，第1072页。

④ （宋）曾敏行撰，朱杰人整理：《独醒杂志》卷7，《全宋笔记》第4编第5册，郑州：大象出版社，2008年，第171页。

⑤ （宋）韩元吉：《南涧甲乙稿》卷21，《景印文渊阁四库全书》第1165册，第348页。

⑥ （宋）卫泾：《后乐集》卷18，《景印文渊阁四库全书》第1169册，第728页。

⑦ （宋）李之仪：《姑溪居士集前集》卷4，《景印文渊阁四库全书》第1120册，第406页。

⑧ 详参陆三强：《曾慥三考》，黄永年编：《古代文献研究集林》第2集，第202—203页。按：有研究者据曾氏族谱认为曾慥是曾公亮四世从孙（黄永峰：《曾慥生平考辨》，《宗教学研究》2004年第1期，第138—139页）。

府雅词》《道枢》《集仙传》《八段锦》等。《类说》为曾慥“集百家之说，采摭事实”[①]编纂而成，《茶录》作者如为曾慥，自不例外，亦应为曾氏辑自他书。但笔者在检核其引书来源时，发现第10条“茶诗”透露出《茶录》作者非曾慥的疑点。“茶诗”条原文为：“古人茶诗：‘欲知花乳清泠味，须是眠云卧石人。’杜牧茶诗云：‘山实东吴秀，茶称瑞草魁。’刘禹锡试茶诗云：‘何况蒙山顾渚春，白泥赤印走香尘。’”[②]但其中“欲知花乳清泠味，须是眠云卧石人”“何况蒙山顾渚春，白泥赤印走风尘”四句皆刘禹锡作，且为同一诗《西山兰若试茶歌》的最后四句——显然，曾慥不是直接引自刘氏诗集，否则不可能把连在一起的四句诗表述为“古人茶诗：……。杜牧茶诗云：……刘禹锡试茶诗云：……”，必然是自他书转录；换言之，即必有另一本已如此表述之书。笔者遍搜诸书，发现《绀珠集》亦录有《茶录》(署作者为蔡襄)一书，内容与《类说》所录大体相同，为便比较，兹将《类说》《绀珠集》相关内容都为下表(表6)：

表6　《类说·茶录》《绀珠集·茶录》比较表

《类说·茶录》③	来　源	《绀珠集·茶录》④
1. 云脚乳面 凡茶少汤多则“云脚散”，汤少茶多则“乳面聚”。	蔡襄《茶录》	1. 云脚粥面 凡茶少汤多则“云脚散”，汤少茶多则“乳面聚”。
2. 候汤 《茶经》：一曰茶，二曰槚，三曰蔎，四曰茗，五曰荈。郭璞云：“早取为茶，晚取为荈。”又候汤有三沸：如鱼目微有声为一沸；四边如涌泉连珠为二沸；腾波鼓浪为三沸，汤老矣。	陆羽《茶经》	3. 茶名 一曰茶，二曰槚，三曰蔎，四曰茗，五曰荈。扬雄注云：“蜀西南谓茶曰蔎。”郭璞云：“早取为茶，晚为茗，又为荈。”

① (宋)曾慥：《类说·序》，明天启六年岳钟秀刻本，卷首。

② (宋)曾慥：《类说》卷13，明天启六年岳钟秀刻本，叶四一a。

③ (宋)曾慥：《类说》卷13，明天启六年岳钟秀刻本，叶三九b至四一a。

④ (宋)朱胜非：《绀珠集》卷10《茶录》，明天顺刻本，叶一二a至一三b。按：天顺刻本为存世最早完整刻本。

续表

<table>
<tr><th>《类说·茶录》</th><th>来　源</th><th>《绀珠集·茶录》</th></tr>
<tr><td></td><td></td><td>4. 候汤三沸
《茶经》:凡候汤有三沸:如鱼眼微有声为一沸;四向如涌泉连珠为二沸;腾波鼓浪为三沸,则汤老。</td></tr>
<tr><td>3. 茗战
建人谓斗茶为茗战。</td><td>冯贽《云仙杂记》</td><td>2. 茗战
建人谓斗茶为茗战。</td></tr>
<tr><td rowspan="2">4. 火前火后
蜀雅州蒙顶上有“火前茶”,谓禁火以前采者,后者曰“火后茶”。又有石花茶。</td><td rowspan="2">李肇《国史补》</td><td>6. 火前茶
蜀雅州蒙顶上有“火前茶”最好,谓禁火以前采者,后者谓之“火后茶”。</td></tr>
<tr><td>7. 五花茶
蒙顶又有“五花茶”,其片作五出。</td></tr>
<tr><td>5. 报春鸟
《顾渚山茶记》:山中有鸟,每至正月、二月鸣云“春起也”,至三四月云“春去也”,采茶者呼为报春鸟。</td><td>陆羽《顾渚山茶记》</td><td>9. 报春鸟
《顾渚山茶记》:山中有鸟,每至正月、二月鸣云“春起也”,至三月、四月云“春去也”,采茶者咸呼为报春鸟。</td></tr>
<tr><td rowspan="2">6. 蟾背虾目
谢宗论茶云:“岂可为酪苍头?便应代酒从事。”又云:“候蟾背之芳香,观虾目之沸涌。”细沤:花泛,浮浡云腾,昏俗尘劳一啜而散。</td><td rowspan="2">谢宗《谢茶启》</td><td>10. 酪苍头
谢宗论茶:“岂可为酪苍头?便应代酒从事。”</td></tr>
<tr><td>11. 沤花
又曰:“候蟾背之芳香,观虾目之沸涌。”故细沤花泛,浮饽云腾,昏俗尘劳一啜而散。</td></tr>
<tr><td>7. 文火
顾况论茶云:“煎以文火细烟、小鼎长泉。”</td><td>顾况</td><td>8. 文火长泉
顾况论茶云:“煎以文火细烟、小鼎长泉。”</td></tr>
<tr><td>8. 苦茶
陶隐居云:“苦茶换骨轻身,丹岳黄石君服之仙去。”</td><td>据陆羽《茶经》所录陶弘景《杂录》</td><td>12. 换骨轻身
陶弘景云:“苦茶换骨轻身,昔丹丘山黄(山)[仙]服之。”</td></tr>
</table>

续表

<table>
<tr><th>《类说·茶录》</th><th>来　源</th><th>《绀珠集·茶录》</th></tr>
<tr><td>9. 秘水
唐秘书省中水最佳，名秘水。</td><td></td><td>5. 秘水
唐秘书省中水最佳，故名秘水。</td></tr>
<tr><td rowspan="3">10. 茶诗
古人茶诗："欲知花乳清冷味，须是眠云卧石人。"杜牧茶诗云："山实东吴秀，茶称瑞草魁。"刘禹锡试茶诗云："何况蒙山顾渚春，白泥赤印走香尘。"</td><td rowspan="3">刘禹锡《西山兰若试茶歌》

杜牧《题茶山》</td><td>13. 花乳
刘禹锡试茶歌："欲知花乳清冷味，须是眠云跂石人。"</td></tr>
<tr><td>14. 瑞草魁
杜牧茶山诗云："山实东吴秀，草称瑞草魁。"</td></tr>
<tr><td>15. 白泥赤印
刘禹锡试茶歌云："何况蒙（上）［山］顾渚春，白泥赤印走风尘。"</td></tr>
<tr><td></td><td></td><td>16. 茗粥
茗古不闻食，晋宋已降，吴人采叶煮之曰"茗粥"。</td></tr>
</table>

两相比较，可见除《绀珠集》所录《茶录》第 16 条舍去（或《类说》在流传中脱去）外，曾慥大体照录，但各条顺序有变，有的则文字略有改易，有的则综数条为一条。上揭《类说·茶录》第 10 条之误即由其综合《绀珠集·茶录》第 13、14、15 条产生。因此，《类说》之《茶录》必抄自《绀珠集》之《茶录》。从《绀珠集·茶录》第 13、14、15 条分列不误的情况看，其当分别辑自原书。

《绀珠集》性质与《类说》一样，也是一部类书。《郡斋读书志》记为"皇朝朱胜非编百家小说成此书"[①]，《直斋书录解题》记为"朱胜非钞诸家传记、小说"[②]；但该书最早之宋刻本（建阳詹寺丞本，已佚）卷首王宗哲绍兴七年（1137）中元日（七月十五）序却说："《绀

① （宋）晁公武撰，孙猛校证：《郡斋读书志校证》卷 13，第 595 页。

② （宋）陈振孙撰，徐小蛮、顾美华点校：《直斋书录解题》卷 11，第 332 页。

珠》之集，不知起自何代"[①]，《宋史》亦云"不知作者"[②]。晁公武藏书二万四千多卷、陈振孙藏书五万卷；且二氏著书态度严谨，如晁氏自云："日夕躬以朱黄雠校舛误，每终篇辄撮其大旨论之。"[③]因此二人所记必当有据。学界一般亦信从其说，以《绀珠集》为朱胜非撰。[④] 对于王宗哲序所言与晁、陈之矛盾，清周中孚推测："盖当时有两本行世，一署名，一不署名，今所传乃不署名本，故今亦不题朱名氏焉。"[⑤]陆心源认为："是书为朱胜非撰无疑。其书随手摘录，以备遗忘。胜非亦绍兴时人。想詹寺丞所得传抄之本，不著姓名，故曰'不知起于何代也'。"[⑥]

朱胜非，字藏一，蔡州（治今河南汝南县）人。《宋史》有传。崇宁四年（1105）上舍及第[⑦]。靖康二年（建炎元年，1127）初，时任直龙图阁、东道副总管、权应天府的朱胜非曾至济州（治今山东巨野县南）谒见天下兵马大元帅、康王赵构劝进[⑧]，赵构于南京（治今河

① （宋）朱胜非：《绀珠集》卷9《茶录》，明天顺刻本，叶一a。

② 《宋史》卷206《艺文志五》，第5231页。

③ （宋）晁公武撰，孙猛校证：《郡斋读书志校证·袁本昭德先生郡斋读书志序》，第17页。

④ 详参赵龙：《略论〈绀珠集〉版本及其价值》，《宋史研究论丛》第16辑，保定：河北大学出版社，2015年，第428—431页。

⑤ （清）周中孚撰，黄曙辉、印晓峰标校：《郑堂读书记·补遗》卷26《杂家类二》，第1693页。

⑥ （清）陆心源：《皕宋楼藏书志》卷58，第656页。

⑦ （宋）徐梦莘：《三朝北盟会编》卷13《政宣上帙十三》引《中兴遗史》，上海：上海古籍出版社，1987年影印本，第1534页；（宋）彭百川：《太平治迹统类》卷27《祖宗科举取人》，《景印文渊阁四库全书》第408册，第706页。按：《南宋馆阁录》载其"（崇宁二年）霍端友榜上舍及第"（卷7《官联上》，第77页），《宋史》本传载其"崇宁二年，上舍登第"（卷362《朱胜非传》，第11315页），恐误。

⑧ （宋）李心传撰，辛更儒点校：《建炎以来系年要录》卷4建炎元年夏四月戊寅，第111页。

南商丘市)即位后召试中书舍人,[①]寻为试尚书礼部侍郎兼直学士院[②]、翰林学士[③],次年先后除尚书右丞[④]、守中书侍郎[⑤]。三年初,高宗自镇江继续南逃,留朱胜非节制平江府、秀州军民控扼等事断后[⑥],旋为守尚书右仆射兼中书侍郎、御营使[⑦]。不一月,因明受之变引咎罢政,遂以观文殿大学士知洪州,[⑧]寻落职提举亳州明道宫。[⑨] 四年六月出任江州路安抚大使兼知江州(治今江西九江市)[⑩],因游寇李成部正围攻江州,朱胜非直到次年(绍兴元年,1131)正月始赴任,治事于新余(治今江西新余市)——当时江池路复为江南东、西路,故其"江州路安抚大使"之职改称"江西(路)安抚大使"——江州已于数日前陷落矣,朱胜非因此受到弹劾,免职

① (宋)李心传撰,辛更儒点校:《建炎以来系年要录》卷 5 建炎元年五月甲午,第 123 页。

② (宋)李心传撰,辛更儒点校:《建炎以来系年要录》卷 8 建炎元年八月甲申,第 212 页。

③ (宋)李心传撰,辛更儒点校:《建炎以来系年要录》卷 10 建炎元年十一月庚寅,第 247 页。

④ (宋)李心传撰,辛更儒点校:《建炎以来系年要录》卷 15 建炎二年五月戊子,第 328 页。

⑤ (宋)李心传撰,辛更儒点校:《建炎以来系年要录》卷 18 建炎二年十二月己巳,第 387 页。

⑥ (清)徐松辑:《宋会要辑稿》兵一四之七,第 6996 页。

⑦ (宋)李心传撰,辛更儒点校:《建炎以来系年要录》卷 21 建炎三年三月庚辰,第 424 页。

⑧ (宋)熊克:《中兴小纪》卷 6,第 65 页。

⑨ (宋)徐梦莘:《三朝北盟会编》卷 130《炎兴下帙三十》,第 945 页。

⑩ (宋)李心传撰,辛更儒点校:《建炎以来系年要录》卷 34 建炎四年六月丙戌,第 686—687 页。按:《宋会要辑稿》作"五月二十七日"、"江南西路"(职官四一之一〇一至一〇二,第 3217 页)。江州路建炎二年(1128)始设,绍兴元年(1130)正月复江南东、西路,但数月后又改,数反复,最终次年(1132)罢设入属江南西路。

分司南京，江州居住（后许自便）。[①] 二年，左相吕颐浩为了对抗右相秦桧的倾轧，乃向高宗推荐朱胜非出任同都督江、淮、荆、浙诸军事，但被给事中胡安国奏罢，高宗遂于五月初以朱胜非提举醴泉观兼侍读先回到朝廷[②]，随即在月底出任观文殿学士、知绍兴府，数月后秦桧被劾罢，朱胜非接任其右相。[③] 三年，因母丧守制去职，旋起复旧官。[④] 朱胜非再相后建议遣诸大帅分屯于淮南、荆襄等路，各据要害，即设置大军区以取代前此镇抚使小军区方案，这是高明的军事方案和部署。[⑤] 次年因言官弹其用人不公等状，朱胜非被罢，史载为"主动辞职"："朱胜非解官持余服，从所请也。"[⑥]此后朱胜非基本上在乡里居，直至绍兴十四年（1144）底逝世。[⑦] 朱氏享寿63岁，则其生于元丰五年（1082）。朱胜非与张邦昌是连襟，同为徽宗朝宰相邓洵武的女婿。

除《绀珠集》外，朱胜非尚有《秀水闲居录》传世。由上文对朱胜非生平仕履之缕述，可知《绀珠集》之作当在绍兴五年（1135）退闲之后，又因该书七年已有抄本传世[⑧]，则必成书于此年之前。

---

① （宋）李心传撰，辛更儒点校：《建炎以来系年要录》卷48绍兴元年十月丙寅，第880页。

② （宋）李心传撰，辛更儒点校：《建炎以来系年要录》卷54绍兴二年五月壬戌，第980页。

③ （宋）李心传撰，辛更儒点校：《建炎以来系年要录》卷58绍兴二年九月乙丑，第1034页。

④ （宋）李心传撰，辛更儒点校：《建炎以来系年要录》卷67绍兴三年七月乙亥，第1163页。

⑤ 参见王曾瑜、史泠歌：《南宋宰相吕颐浩和朱胜非的重要事迹述评》，《首都师范大学学报》2013年第3期，第4页。

⑥ （宋）李心传撰，辛更儒点校：《建炎以来系年要录》卷80绍兴四年九月庚午，第1350页。

⑦ 《宋史》卷30《高宗本纪》，第562页。按：原文系时于十一月"乙亥"，《建炎以来系年要录》系时于同月"乙丑"（卷152，第2601页）。

⑧ （宋）朱胜非：《绀珠集·序》，明天顺刻本，叶一b。

《类说》成书于绍兴六年[1]，曾慥自有机会参考该书，且学界已公认《类说》有相当一部分内容袭取自《绀珠集》[2]，因此可以肯定地说，《类说》所收之《茶录》整体抄自《绀珠集》，换言之即其作者为朱胜非。至于今本《绀珠集》之《茶录》书名下有“蔡襄”一名，笔者认为，该书既为朱胜非本人辑纂，自无署“蔡襄”之可能；退一步说，假定非朱胜非辑纂，而是抄自他书，以朱胜非第三人及第的才学及两度拜相的地位、识见不可能未及见蔡襄《茶录》，亦不可能谬题“蔡襄”。二字必原书所无。但《绀珠集》宋本已不传，存世最早者为明天顺重刻本，明人刻书每喜凭己意增删改易，故有“明人喜刻书而书亡”之说，因此“蔡襄”二字当为天顺重刊该书时刻书者所妄加，今本皆承之而误。

至于南宋晚期《记纂渊海》引录“文火”条注云来源为“蔡君谟《茶录》”[3]，从逻辑上讲，有两个可能。一是《记纂渊海》原本从《类说》中抄引，《类说》中《茶录》未署作者名——此为朱胜非《绀珠集》原本未署题“蔡襄”之又一证——但因蔡襄《茶录》太过有名，故《记纂渊海》编纂者误以为出自蔡襄《茶录》而径加其名，这是犯了《绀珠集》天顺本刻书者同样的错误。二是《记纂渊海》原本和《绀珠集》一样，本无“蔡君谟”三字，是为后人所加。《记纂渊海》前集为潘自牧作，内容为“纂言”，今存宋、元刊本（195 卷）及明弘治汇通馆活字本（200 卷）；后集为宋惠父[4]作，内容为“类事”，仅有明抄本传世（125 卷，现存 90 多卷）。明万历时又有陈文燧等

① （宋）曾慥：《类说·序》，明天启六年岳钟秀刻本，叶一二 a。

② 详参李更：《〈类说〉本〈续博物志〉的前世今生——兼议〈类说〉对〈绀珠集·诸集拾遗〉的袭用及古书作伪》，《中国典籍与文化》2018 年第 3 期，第 72 页；关静：《曾慥〈类说〉编纂及版本流传研究》，北京大学硕士学位论文，2015 年，第 49—50 页。

③ （宋）潘自牧：《纪纂渊海》卷 90，《景印文渊阁四库全书》第 932 册，第 656 页。

④ 金菊园考此宋惠父即宋慈（《万历刻本〈记纂渊海·郡县部〉初探》，《历史地理》第 30 辑，上海：上海人民出版社，2014 年，第 381—382 页）。

综括前、后集之重编重刻本(100卷),《四库全书》所收即万历本。[①]《茶录》为类事之作,应在《记纂渊海》原本后集之中。笔者检核了前集之宋刻本,确无其文;明抄本后集台北故宫博物院藏有一本,笔者未能寓目,但据其分部来看,似无容纳《茶录》之位置,且即或其引录《茶录》"茶诗"条且署题来源为"蔡君谟《茶录》",亦不能确证宋代原本即如此。而万历重编重刻本多出《记纂渊海》前、后集16个部类,"茶诗"条正见于其多出的"饮食部"之中,因此,很可能为万历本所增收——陈文燧《〈记纂渊海〉序》亦自承"公暇谬为补注,剥落太甚者,属别驾蔡公(蔡呈奇[②])、司理顾公(顾尔行)、学博吴君(吴腾龙或吴嶙)采辑诸书,补阙序次"[③]——来源则为天顺本《绀珠集》。天顺本《绀珠集》刻于天顺七年(1463),陈文燧等万历七年(1579)重编重刻《记纂渊海》时自可引据天顺本《绀珠集》。则所谓宋人即误《类说》所收《茶录》为蔡襄《茶录》云云是不正确的,其误实起于明人。[④]

24.《北苑煎茶法》

一卷,佚名撰。惟见载于《通志·艺文略》[⑤],已佚。《中国农学书录》《中国农业古籍目录》未著录。

25.《北苑别录》

一卷,赵汝砺撰。

宋代载籍中同名为赵汝砺者有五人,一为神宗时监察御史里行赵汝砺,一为理宗嘉熙二年(1238)周坦榜进士赵汝砺,一为赵宗

① 李伟国:《〈记纂渊海〉的作者、体例及版本考略》,《宋代财政和文献考略》,上海:上海古籍出版社,2007年,第249—260页。

② 《记纂渊海》卷首《提要》误"蔡呈奇"为"蔡之奇"(《景印文渊阁四库全书》第930册,第6页)。

③ 《记纂渊海》卷首载胡维新《〈记纂渊海〉序》,《景印文渊阁四库全书》第930册,第6页。按:此数句应为其前陈文燧《刻〈记纂渊海〉序》之内容,误衍于此。

④ 这一部分据拙文《最早的茶文化辞典南宋〈茶录〉作者考索》修改,原刊于《农业考古》2021年第2期,第171—176页。

⑤ (宋)郑樵:《通志》卷66《艺文略四》,第784页。

楷曾孙赵汝砺，一为赵善古子赵汝砺，一为赵善颐子赵汝砺，五者中最后一位是为《北苑别录》作者。[1]《北苑别录》卷末有赵氏跋语："舍人熊公（熊克）博古洽闻，尝于经史之暇，辑其先君所著《北苑贡茶录》镘诸木以垂后，漕使、侍讲王公（王纯白[2]）得其书而悦之，将命摹勒以广其传。汝砺白之（王）公曰……（王）公曰然。遂……丽于（熊蕃书）编末，目曰《北苑别录》……淳熙丙午孟夏望日，门生从政郎、福建路转运司主管帐司赵汝砺敬书。"[3]可见该书为淳熙十三年（1186）赵汝砺在福建路转运司主管帐司任上，因感于熊书要而未备而作。因赵氏跋语署款有"门生"二字，研究者多指其为熊蕃学生。然赵氏称熊蕃为"其（指熊克）先君"，恐不为熊蕃弟子；又赵氏于王纯白处始得观熊克两年前刊行的乃父之书（作于北宋宣和五六年间），如此焉得为师弟子？即为熊克弟子也不可能。再细绎其语脉，"门生"云者，盖对王纯白言也。范成大《送王纯白郎中赴闽漕》有"才名政尔归安往"等语，又自注云"纯白先君平生约官至正郎而休，卒践言，故纯白为兵部便丐去，以承其志"，[4]可约见王氏才德、年岁。赵汝砺绍兴二十三年（1153）入仕[5]，官终知建昌军（治今江西南城县），《宋会要辑稿》录其开禧元年（1205）奏事两

---

① 方健：《宋代农书考略》，《农业考古》1998 年第 2 期，第 273 页。

② 南宋王姓福建路转运使有王纯白、王幼学二人。范成大（1126—1193）有《送王纯白郎中赴闽漕》，黄榦（1152—1221）有《复王幼学书》、王迈（1184—1248）有《读王伯大（王幼学字）都承奏疏》、戴复古（1167—1248）有《江西壬辰秋大旱饥，临江守王幼学监簿极力救民，癸巳夏不雨几成荐饿，监簿祷之甚切，终有感于天》。王幼学既与黄榦、王迈、戴复古交游，绍定五年（1232）还曾任临江知军，则淳熙十三年（1186）之福建转运使"王公"只能是王纯白。

③ （宋）赵汝砺：《北苑别录》，《丛书集成初编》第 1480 册，上海：商务印书馆，1936 年，第 14—15 页。

④ （宋）范成大：《范石湖集》卷 8，上海：上海古籍出版社，1981 年，第 105 页。

⑤ （清）徐松辑：《宋会要辑稿》帝系六之二〇，第 140 页。

条，[①]同年刊刻曾巩《元丰类稿》五十卷、续集四十卷。[②]

赵书序中简要回顾北苑贡茶史后指出当时北苑茶独冠天下，时人有“至建安而不诣北苑，与不至者同”[③]之说。正文主要叙记制茶过程，尤详于技术细节，分为御园、开焙、采茶、拣茶、蒸茶、榨茶、研茶、造茶、过黄、纲次、开畬、外焙12目。“御园”列述南宋中期官焙茶园名称，包括九窠十二陇（窠、陇指山之凹凸处，凹为窠、凸为陇）、麦窠（即《东溪试茶录》所记麦园）、小苦竹、苦竹、教炼陇、凤凰山、张坑、曾坑、焙东、中历（即《东溪试茶录》所记中历坑）、马鞍山、和尚园、高畬、小山等46处。九窠十二陇等为内园，曾坑等为外园，官焙茶园比民焙早十余日，九窠十二陇、小苦竹等又为官园之早者。“开焙”言开焙时间在惊蛰前三日，闰年则在后三日。[④]“采茶”记采茶之法，强调采茶时间“须是侵晨，不可见日，侵晨则露未晞，茶芽肥润。见日则为阳气所薄，使芽之膏腴内耗，至受水而不鲜明”，采摘方法要以甲断而不以指断——宋子安《东溪试茶录》已言此，盖建人多知之。每至采茶时节，五更即于凤凰山擂鼓召集采夫225名，监采官每夫发给一牌，方使入山，至辰刻复鸣锣停采，以免其逾时采摘导致茶叶质量受损。“拣茶”指出茶有小芽、中芽、紫芽、白合、乌蒂之别，因须拣择。书中对小芽、中芽、紫芽的记载同于《东溪试茶录》。但指出“初造龙团胜雪、白茶，以其芽先次蒸熟，置水盆中，剔取其精英，仅如针小……是小芽中之最精者也”。白茶亦有水芽之制，为前此诸茶书所不言。至于白合、乌蒂，前此茶书亦未言其详，今据此书之说乃可知之：白合“乃小芽有两叶抱

---

① （清）徐松辑：《宋会要辑稿》职官四八之五七、一四二，第3484、3526页。

② （宋）陈振孙撰，徐小蛮、顾美华点校：《直斋书录解题》卷17，第504页。

③ （宋）赵汝砺：《北苑别录》，《丛书集成初编》第1480册，第1页。

④ （宋）赵汝砺：《北苑别录》，《丛书集成初编》第1480册，第1—3页。按：开焙时间诸本均作“每岁尝以惊蛰前三日开焙，遇闰则反之”，惟《说郛》百二十卷本作“后之”（《说郛三种》弓93，第4261页）。“反之”“后之”之别无损于文意，然应以“反之”为是——《说郛》百卷本亦作“反之”（《说郛三种》卷60，第915页）。

而生者”，乌蒂乃“茶之蒂头是也”。拣茶即择出紫芽、白合、乌蒂，否则就会影响品质，使茶“色浊而味重”。[①]

《北苑别录》指出蒸茶前茶芽须再四洗涤，必欲令其洁净然后入甑，代水沸腾后方上甑蒸之。蒸茶要注意毋令过熟，过熟则色黄而味淡；亦不能不熟，不熟则色青易沉，且有草木之气。蒸熟之茶谓之“茶黄”，须以冷水淋之数过，其温度降低后方上小榨榨之以去其水；然后用布帛包裹，以竹皮捆束，又入大榨榨出其膏，膏不尽则“色味重浊”。惟水芽太嫩，仅以马榨压之。“研茶”即将茶芽研为粉末，工具为柯杵、瓦盆，研茶过程中须加水：胜雪、白茶加十六次水，拣芽加六次水，小龙凤四水，大龙凤二水，其余皆十一二水。“每水研之，必至于水干茶熟而后已。水不干则茶不熟，茶不熟则首面不匀、煎试易沉。”十二水以上之茶日研一团，六水以下之茶日研三团至七团。“造茶”即将茶粉制成团茶。北苑旧有四局工匠，后并为二局，故茶堂有东局西局、茶銙有东作西作之名。初研之茶须“荡之欲其匀，揉之欲其腻”，然后入圈制銙，随笪过黄。銙随贡茶品名形制的不同而有方銙、花銙、大龙、小龙等区别。“过黄”之“黄”指“茶黄”，过黄即团茶的干燥工序。其程序是先入烈火焙之，再过沸汤爁之。这一过程须反复三次。然后翌日再过烟焙之火，烟焙火不能太大，仅略温而已，火太大则茶团“面炮而色黑”；亦不能有烟，有烟则茶团“香尽而味”。过火遍数取决于銙之厚薄，厚銙过十火甚至十五火，薄銙一般过七、八、九火，最多十火。最后过汤上出色，置于密室中“急以扇扇之，则色自然光莹矣”。[②]

“纲次”叙载北苑贡茶顺序、品种、制茶技术要点、数量等，[③]兹都为下表（表7）以清眉目：

---

① （宋）赵汝砺：《北苑别录》，《丛书集成初编》第1480册，第3—5页。

② （宋）赵汝砺：《北苑别录》，《丛书集成初编》第1480册，第5—7页。

③ （宋）赵汝砺：《北苑别录》，《丛书集成初编》第1480册，第7—13页。

表 7　北苑贡茶纲次表

纲　次	品　名	技术要点	数　量
细色第一纲	龙焙贡新	水芽，十二水，十宿火	正贡三十銙，创添二十銙
细色第二纲	龙焙试新	水芽，十二水，十宿火	正贡一百銙，创添五十銙
细色第三纲	龙(园)[团]胜雪	水芽，十六水，十二宿火	正贡三十銙，续添二十銙，创添六十銙
	白茶	水芽，十六水，七宿火	正贡三十銙，续添五十銙，创添八十銙
	御苑玉芽	小芽，十二水，八宿火	正贡一百片
	万寿龙芽	小芽，十二水，八宿火	正贡一百片
	上林第一	小芽，十二水，十宿火	正贡一百銙
	乙夜清供	小芽，十二水，十宿火	正贡一百銙
	承平雅玩	小芽，十二水，十宿火	正贡一百銙
	龙凤英华	小芽，十二水，十宿火	正贡一百銙
	玉除清赏	小芽，十二水，十宿火	正贡一百銙
	启沃承恩	小芽，十二水，十宿火	正贡一百銙
	雪英	小芽，十二水，七宿火	正贡一百片
	云叶	小芽，十二水，七宿火	正贡一百片
	蜀葵	小芽，十二水，七宿火	正贡一百片
	金钱	小芽，十二水，七宿火	正贡一百片
	玉华	小芽，十二水，七宿火	正贡一百片
	寸金	小芽，十二水，九宿火	正贡一百銙
细色第四纲	龙(园)[团]胜雪		正贡一百五十銙
	无比寿芽	小芽，十二水，十五宿火	正贡五十銙，创添五十銙

续表

纲　次	品　名	技术要点	数　量
细色第四纲	万春银芽	小芽，十二水，十宿火	正贡四十片，创添六十片
	宜年宝玉	小芽，十二水，十二宿火	正贡四十片，创添六十片
	玉清庆云	小芽，十二水，九宿火	正贡四十片，创添六十片
	无疆寿龙	小芽，十二水，十五宿火	正贡四十片，创添六十片
	玉叶长春	小芽，十二水，七宿火	正贡一百片
	瑞云翔龙	小芽，十二水，九宿火	正贡一百八片
	长寿玉圭	小芽，十二水，九宿火	正贡二百片
	兴国岩銙	中芽，十二水，十宿火	正贡二百七十銙
	香口焙銙	中芽，十二水，十宿火	正贡五百銙
	上品拣芽	小芽，十二水，十宿火	正贡一百片
	新收拣芽	中芽，十二水，十宿火	正贡六百片
细色第五纲	太平嘉瑞	小芽，十二水，九宿火	正贡三百片
	龙苑报春	小芽，十二水，九宿火	正贡六(百)[十]片①，创添六十片
	南山应瑞	小芽，十二水，十五宿火	正贡六十銙，创添六十銙
	兴国岩拣芽	中芽，十二水，十宿火	正贡五百一十片
	兴国岩小龙	中芽，十二水，十五宿火	正贡七百五十片

---

①　四库本同此(《景印文渊阁四库全书》第844册，第651页)，《说郛》百卷本、百二十卷本(《说郛三种》卷60、弓103，第918、4265页)、明喻政辑刊《茶书》本(叶一〇b)均作“正贡六十片”，应以六十片为是。

续表

纲次	品名		技术要点	数量
细色第五纲	兴国岩小凤		中芽，十二水，十五宿火	正贡五十片①
	先春二色	太平嘉瑞		正贡二百片
		长寿玉圭		正贡一百片
	续入额四色	御园玉芽		正贡一百片
		万寿龙芽		正贡一百片
		无比寿芽		正贡一百片
		瑞云翔龙		正贡一百片
粗色第一纲	不入脑子上品拣芽小龙		六水，十六[宿]火	正贡一千二百片
	入脑子小龙		四水，十五宿火	正贡七百片
	不入脑子上品拣芽小龙			增添一千二百片
	入脑子小龙			增添七百片
	建宁府附发	小龙茶		增添八百四十片
粗色第二纲	不入脑子上品拣芽小龙			正贡六百四十片
	入脑子小龙			正贡六百（四）[七]十二片②
	入脑子小凤		四水，十五宿火	正贡一千三百四十四片
	入脑子大龙		二水，十五宿火	正贡七百二十片
	入脑子大凤		二水，十五宿火	正贡七百二十片
	不入脑子上品拣芽小龙			增添一千二百片

① 《说郛》百二十卷本(《说郛三种》弓103，第4265页)、明喻政辑刊《茶书》本(叶一一a)、四库本(《景印文渊阁四库全书》第844册，第651页)同此，《说郛》百卷本作“正贡七百五十片”(《说郛三种》卷60，第918页)。上栏兴国岩小龙四库本分别作“正贡七百五片”“正贡七十五片”“正贡七百五十(斤)[片]”“正贡七百五十片”。

② 《说郛》百卷本、百二十卷本(《说郛三种》卷60、弓103，第918、4266页)，明喻政辑刊《茶书》本(叶一二a)，四库本(《景印文渊阁四库全书》第844册，第652页)均作“六百七十二片”。

续表

<table>
<tr><th>纲　次</th><th colspan="2">品　名</th><th>技术要点</th><th>数　量</th></tr>
<tr><td rowspan="2">粗色第二纲</td><td colspan="2">入脑子小龙</td><td></td><td>增添七百片</td></tr>
<tr><td>建宁府附发</td><td>小凤茶</td><td></td><td>一千二百片①</td></tr>
<tr><td rowspan="9">粗色第三纲</td><td colspan="2">不入脑子上品拣芽小龙</td><td></td><td>正贡六百四十片</td></tr>
<tr><td colspan="2">入脑子小龙</td><td></td><td>正贡六百四十四片②</td></tr>
<tr><td colspan="2">入脑子小凤</td><td></td><td>正贡六百七十二片</td></tr>
<tr><td colspan="2">入脑子大龙</td><td></td><td>正贡一千八[百]片</td></tr>
<tr><td colspan="2">入脑子大凤</td><td></td><td>正贡一千八[百]片③</td></tr>
<tr><td colspan="2">不入脑子上品拣芽小龙</td><td></td><td>增添一千二百片</td></tr>
<tr><td colspan="2">入脑子小龙</td><td></td><td>增添七百片</td></tr>
<tr><td rowspan="2">建宁府附发</td><td>大龙茶</td><td></td><td>四百片</td></tr>
<tr><td>大凤茶</td><td></td><td>四百片</td></tr>
</table>

① 四库本同此(《景印文渊阁四库全书》第844册,第652页),《说郛》百二十卷本作“小凤茶一千三百片”(《说郛三种》弓103,第4266页),明喻政辑刊《茶书》本作“小凤芽一千三百片”(叶一三a),《说郛》百卷本作“大龙茶四百片、大凤茶四百片”(《说郛三种》卷60,第918页)。

② 四库本同此(《景印文渊阁四库全书》第844册,第652页),《说郛》百二十卷本(《说郛三种》弓103,第4266页)、明喻政辑刊《茶书》本(叶一三a)均作“六百四十片”,《说郛》百卷本作“六百七十二片”(《说郛三种》卷60,第919页)。

③ 四库本同此(《景印文渊阁四库全书》第844册,第652页),《说郛》百卷本入脑子大龙、入脑子大凤均作“一千八百片”(《说郛三种》卷60,第919页),《说郛》百二十卷本(《说郛三种》弓103,第4266页)、明喻政辑刊《茶书》本(叶一三a)入脑子大龙同作“一千八百片”、入脑子大凤同作“一千八片”,均当以“一千八百片”为是。

续表

<table>
<tr><th>纲　次</th><th colspan="2">品　名</th><th>技术要点</th><th>数　量</th></tr>
<tr><td rowspan="7">粗色第四纲</td><td colspan="2">不入脑子上品拣芽小龙</td><td></td><td>正贡六百片</td></tr>
<tr><td colspan="2">入脑子小龙</td><td></td><td>正贡三百三十六片</td></tr>
<tr><td colspan="2">入脑子小凤</td><td></td><td>正贡三百三十六片</td></tr>
<tr><td colspan="2">入脑子大龙</td><td></td><td>正贡一千二百四十片</td></tr>
<tr><td colspan="2">入脑子大凤</td><td></td><td>正贡一千二百四十片</td></tr>
<tr><td rowspan="2">建宁府附发</td><td>大龙茶</td><td></td><td>四百片</td></tr>
<tr><td>大凤茶</td><td></td><td>四百片①</td></tr>
<tr><td rowspan="5">粗色第五纲</td><td colspan="2">入脑子大龙</td><td></td><td>正贡一千三百六十八片</td></tr>
<tr><td colspan="2">入脑子大凤</td><td></td><td>正贡一千三百六十八片</td></tr>
<tr><td colspan="2">京铤改造大龙</td><td></td><td>正贡一千六[百]片②</td></tr>
<tr><td rowspan="2">建宁府附发</td><td>大龙茶</td><td></td><td>八百片</td></tr>
<tr><td>大凤茶</td><td></td><td>八百片</td></tr>
<tr><td rowspan="2">粗色第六纲</td><td colspan="2">入脑子大龙</td><td></td><td>正贡一千三百六十片</td></tr>
<tr><td colspan="2">入脑子大凤</td><td></td><td>正贡一千三百六十片</td></tr>
</table>

① 《说郛》百卷本(《说郛三种》,第 919 页)、明喻政辑刊《茶书》本(叶一四 a)、四库本(《景印文渊阁四库全书》第 844 册,第 652 页)均同此,《说郛》百二十卷本作“四十片”(《说郛三种》弓 103,第 4267 页),应以前者为确。

② 据《说郛》百卷本、百二十卷本(《说郛三种》卷 60、弓 103,第 919、4267 页),明喻政辑刊《茶书》本(叶一四 a),《五朝小说》本(叶一三 b)补。

续表

<table>
<tr><th>纲次</th><th colspan="2">品名</th><th>技术要点</th><th>数量</th></tr>
<tr><td rowspan="4">粗色第六纲</td><td colspan="2">京铤改造大龙</td><td></td><td>正贡一千六百片</td></tr>
<tr><td rowspan="3">建宁府附发</td><td>大龙茶</td><td></td><td>八百片</td></tr>
<tr><td>大凤茶</td><td></td><td>八百片</td></tr>
<tr><td>京铤改造大龙</td><td></td><td>一千三百片①</td></tr>
<tr><td rowspan="6">粗色第七纲</td><td colspan="2">入脑子大龙</td><td></td><td>正贡一千二百四十片</td></tr>
<tr><td colspan="2">入脑子大凤</td><td></td><td>正贡一千二百四十片</td></tr>
<tr><td colspan="2">京铤改造大龙</td><td></td><td>正贡二千三百五十二片②</td></tr>
<tr><td rowspan="3">建宁府附发</td><td>大龙茶</td><td></td><td>二百四十片</td></tr>
<tr><td>大凤茶</td><td></td><td>二百四十片</td></tr>
<tr><td>京铤改造大龙</td><td></td><td>四百八十片</td></tr>
</table>

“开畬”指养护茶树，一是中耕除草，二是为茶树培土施肥。茶园可栽植桐木，因“桐木之性与茶相宜”，茶树冬日畏寒、夏日畏日，桐木秋季落叶可为保暖，夏季叶茂可为遮荫。“外焙”言石门、乳吉、香口三焙，常晚于北苑五七日兴工，但所采茶均送北苑制造，故被目为在外官焙。③

《北苑别录》所载宋代建茶制茶技术及贡茶为他书所无或语焉不详者，与宋子安《东溪试茶录》可称“双璧”，是非常珍贵的中国古代茶史研究资料。传世版本有明万历间刻《茶书》甲、乙本（作者

① 四库本同此（《景印文渊阁四库全书》第844册，第653页），《说郛》百卷本、百二十卷本（《说郛三种》卷60、弓103，第919、4267页）、明喻政辑刊《茶书》本（叶一四b）均作“一千二百片”。

② 《说郛》百卷本（《说郛三种》卷60，第919页）、明喻政辑刊《茶书》本（叶一五a）、四库本（《景印文渊阁四库全书》第844册，第653页）均同此，《说郛》百二十卷本作“二千三百二十片”（《说郛三种》弓103，第4267页），当以前者为是。

③ （宋）赵汝砺：《北苑别录》，《丛书集成初编》第1480册，第14页。

删去赵汝砺跋语而署作者为"熊克子复")、明末刻《茶书》本、明末清初宛委山堂刻《说郛》本(无赵跋)、清《四库全书》本、嘉庆间桐川顾氏刻《读画斋丛书》本、民国扫叶山房石印《五朝小说》本(作者署"无名氏",亦无赵跋)、民国上海商务印书馆《丛书集成初编》本等。

26.《北苑修贡录》

佚名撰,书亦佚亡,当止一卷。历代史志书目及《中国农学书录》《中国农业古籍目录》均未著录。赵汝砺《北苑别录》跋云:"(自己)遂摭书肆所刊《修贡录》曰几水、曰火几宿、曰某纲、曰某品若干云者条列之,又以所采择、制造诸说并丽于编(指熊蕃《宣和北苑贡茶录》)末,目曰《北苑别录》。"[①]可见赵书内容来源于"书肆所刊《修贡录》"。又周煇《清波杂志》云:"淳熙间,亲党许仲启官麻沙,得《北苑修贡录》,序以刊行。其间载岁贡十有二纲,凡三等,四十有一名。第一纲曰'龙焙贡新',止五十余夸,贵重如此,独无所谓'密云龙'。岂以'贡新'易其名,或别为一种又居'密云龙'之上耶?"[②]以《北苑别录》核之,所记岁贡细色五纲加粗色七纲确为十二纲,总计亦为41个品种,第一纲亦名为"龙焙贡新",可见赵汝砺所谓《修贡录》实即周煇所谓《北苑修贡录》。史容《山谷外集诗注》所引"《北苑修贡录》:'茶有小芽,有中芽。小芽者,其小如鹰爪'"[③],亦见于《北苑别录》"茶有小芽,有中芽,有紫芽,有白合,有乌蒂,此不可不辨。小芽者,其小如鹰爪"[④]——史为注"茶如鹰爪拳,汤作蟹眼煎"而引,当非全文具引——可见,《北苑修贡录》内容基本上保存在《北苑别录》中,是佚而不亡矣。

《北苑修贡录》刊刻者许仲启名开,丹徒县(治今江苏镇江市)

---

① (宋)赵汝砺:《北苑别录》,《丛书集成初编》第1480册,第15页。

② (宋)周煇撰,刘永翔校注:《清波杂志校注》,第154页。

③ (宋)史容:《山谷外集诗注》卷1,元至元二十二年万卷书堂刻本,叶五八a。

④ (宋)赵汝砺:《北苑别录》,《丛书集成初编》第1480册,第4页。

人。乾道八年(1172)进士[①],曾任湖州签判、南安军(治今江西大余县)教授,庆元五年(1199)自诸王宫大小学教授除司农寺丞兼实录院检讨官,但次年初即因“议论不顾是非,惟务横说”被放罢[②]。后起为权发遣临江军(治今江西樟树市临江镇),累迁至江东提刑,嘉定元年(1208)因“狠傲凌物”再被放罢[③]。引用《北苑修贡录》的三书以《北苑别录》最早,则许开刊刻《北苑修贡录》至少当在淳熙十三年前。又许开在南安军教授任上与知军方崧卿纂有《南安志》一书[④],方崧卿知军在淳熙十二年(1185)至十五年间[⑤],许氏此前尚有湖州签判之任,则其在建州任职的时间必在淳熙(1174—1189)初年,即其登第后初授之职。据他书转引看,其人对于建茶的制造特别是贡茶名色和纲次非常了解,因此许开在建州所任职务很可能是北苑官焙的茶官。

27.《茶苑杂录》

一卷,惟见载于《宋史·艺文志》,然其谓“不知作者”[⑥]。书已佚,亦未见他书征引,完全无法考证。

28.《茶杂文》

一卷,佚名撰。见载于《郡斋读书志》,《文献通考》移录晁文亦载。书已佚,内容是“集古今诗文及茶者”[⑦]。《中国农学书录》《中国农业古籍目录》未著录。

① (清)阮元编:《两浙金石志》卷10《宋绍兴府进士题名碑》,杭州:浙江古籍出版社,2012年影印本,第238页。按:原文“八”字阙。

② (清)徐松辑:《宋会要辑稿》职官七三之二七,第4030页。

③ (清)徐松辑:《宋会要辑稿》职官七四之二九,第4065页。

④ (宋)陈振孙撰,徐小蛮、顾美华点校:《直斋书录解题》卷8,第251页。

⑤ 李之亮:《宋两江郡守易替考》,成都:巴蜀书社,2001年,第578页。

⑥ 《宋史》卷205《艺文志四》,第5205页。

⑦ (宋)晁公武撰,孙猛校证:《郡斋读书志校证》卷12,第538页。

第五章　宋代蚕桑类农书

中国素称丝绸之国，种桑养蚕、纺织丝绸早在原始社会末期即已为先民所掌握，青台遗址、钱山漾遗址出土的丝织品实物（图21、22）就是确证。[1] 甲骨文多见（桑）、（蚕）、（丝）、（帛）字[2]，《诗经》《孟子》《管子》《吕氏春秋》等书多涉蚕桑，可见先秦时期丝织业获得了进一步发展。但直到东汉才产生了第一部蚕桑专著，即著名循吏庐江（治今安徽庐江县西南）太守王景训民之《蚕织法》。[3] 此后又有曹魏刘靖（刘馥子）《益蚕说》[4]，唐佚名《蚕经》（一卷）[5]、佚名《蚕经》（二卷）[6]。然均亡佚，因此宋秦观《蚕书》是为存世最早的蚕桑类农书专著，对后世产生了很大影响，这从宋以后蚕书不再称“经”而多从之称“书”即可见一斑。宋代蚕桑类农书记载

---

① 郑州市文物考古研究所：《荥阳青台遗址出土纺织物的报告》，《中原文物》1999年第3期，第8页；张松林、高汉玉：《荥阳青台遗址出土丝麻织品观察与研究》，《中原文物》1999年第3期，第10—13页；浙江省文物管理委员会：《吴兴钱山漾遗址第一、二次发掘报告》，《考古学报》1960年第2期，第75、86页。

② 详参胡厚宣：《殷代的蚕桑和丝织》，《文物》1972年第11期，第4—5页。

③ 《后汉书》卷76《循吏传·王景传》，北京：中华书局，1965年点校本，第2466页。按：原文云：“（王景）训令蚕织，为作法制，皆著于乡亭，庐江传其文辞。”虽《蚕织法》本身非有意著述，而是王景推行农桑的公文，但以今标准可视之为最早的蚕书。

④ 参见华德公编著：《中国蚕桑书录》，北京：农业出版社，1990年，第3页。

⑤ 《旧唐书》卷47《经籍志下》，第2035页；《新唐书》卷59《艺文志三》，第1538页。

⑥ 《新唐书》卷59《艺文志三》，第1538页。

了全国不同区域的技术内容，透显了北方种桑养蚕技术向南方传播的历史过程，具有重要的学术意义。

图 21　青台遗址出土残罗片(距今约 5500 前)①

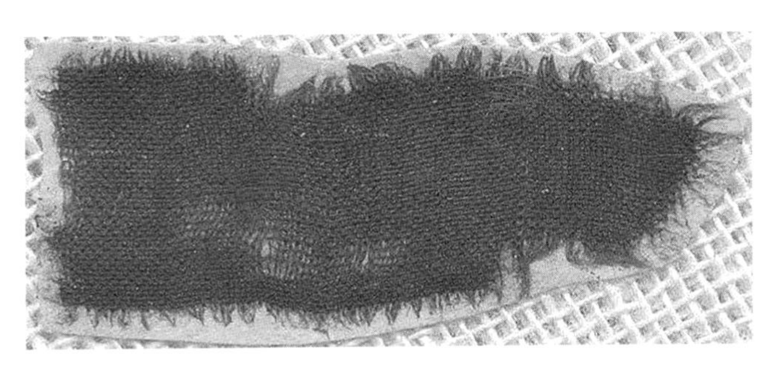

图 22　钱山漾遗址出土残绢片(距今约 4750 年前)②

① 引自《河南经济报》:《中国丝绸之源在哪里？最早丝织品在哪儿发现？荥阳青台遗址告诉你》,2019 年 12 月 4 日,http://baijiahao.baidu.com/s?id=1651950571337656363&wfr=spider&for=pc,2021 年 4 月 9 日。

② 引自《河南经济报》:《中国丝绸之源在哪里？最早丝织品在哪儿发现？荥阳青台遗址告诉你》,2019 年 12 月 4 日,http://baijiahao.baidu.com/s?id=1651950571337656363&wfr=spider&for=pc,2021 年 4 月 9 日。

第一节　秦观《蚕书》

秦观所撰《蚕书》是存世最早的蚕桑专著，《中兴馆阁书目》记云："南唐秦处度撰，以九州蚕事独兖州为最。"[①]《宋史·艺文志》亦记作者为"秦处度"[②]。王应麟已考指《中兴馆阁书目》之误："《蚕书》见秦少游《淮海后集》。少游子湛，字处度。以为南唐人，误矣。"[③]嘉定七年(1214)，知高邮军(治今江苏高邮市)汪纲刊刻陈旉《农书》时将秦观《蚕书》与之合编，"急锓诸木，以为邦人劝"。[④] 此当为秦书最早刊本。此后宝庆末年，汪纲在知绍兴府[⑤]任上再度刻印陈旉《农书》，除秦观《蚕书》外，又附以楼璹《耕织图诗》。[⑥] 惜两宋本均已亡佚。

《蚕书》一卷，除序文外分种变、时食、制居、化治、钱眼、锁星、添梯、车、祷神、戎治 10 节。"化治"之前叙论养蚕技术，"种变"云："腊之日聚蚕种，沃以牛溲，浴于川，毋伤其籍，乃县(同'悬')之。"即在腊日浴蚕，通过低温筛选良种，并以牛尿消毒。至春日，则以人体体温孵化蚕种(催青)。秦观还详细记录了蚕种的孵化发育过程："始雷，卧之五日，色青；六日，白；七日，蚕已蚕。尚卧而不伤。"[⑦]《蚕书》所记以人体体温催青的方法与陈旉《农书》、高宗吴皇后《蚕织图》

① (宋)陈骙等撰，赵世炜辑考：《中兴馆阁书目辑考》卷 4，《中国历代书目丛刊》第 1 辑，第 426 页。

② 《宋史》卷 205《艺文志四》，第 5205 页。

③ (宋)王应麟著，(清)翁元圻等注，栾保群、田松青、吕宗力校点：《困学纪闻》卷 20《杂识》，第 2099 页。

④ (宋)汪纲：《跋》，(宋)陈旉著，刘铭校释：《陈旉农书校释》，第 153 页。

⑤ (宋)张淏纂修：《宝庆会稽续志》卷 2，《宋元方志丛刊》第 7 册，第 7103、7113 页。

⑥ 参见(日)周藤吉之：《宋代経済史研究》第 1 章，東京：東京大学出版会，第 1962 年，第 32—33 页。

⑦ (宋)秦观撰，徐培均笺注：《淮海集笺注·后集》卷 6《蚕书》，第 1516 页。

注所记在室内以糠火升温“暖种”的方法(详见下节)不同,操作更加简便、温度条件保持衡定,更加安全有效。

“时食”记载了蚕的饲养管理方法:

> 蚕生明日,桑或柘叶风戾以食之。寸二十分,昼夜五食。九日,不食一日一夜,谓之初眠。又七日,再眠如初。既食叶,寸十分,昼夜六食。又七日,三眠如再。又七日,若五日,不食二日,谓之大眠。食半叶,昼夜八食。又三日,健食,乃食全叶,昼夜十食。不三日,遂茧。凡眠已初食,布叶勿掷,掷则蚕惊,毋食二叶。①

概括言之即在蚕的不同龄期给桑次数和给桑量不同:初生时桑叶需切细,约5小时喂食一次。初眠后至三眠前约4小时喂食一次。大眠(四眠)初起桑叶对切即可,约3小时喂食一次;三日后是蚕的盛食期,桑叶无须再切,约2.5小时喂食一次。并强调不让蚕吃剩叶,以确保达到多次、薄饲的目的,促进蚕的生长发育。《制居》则叙记造作蚕室、蚕筐、箔簇之法,并指出对蚕要“时分其居”,将蚕砂、剩叶“时去之”。又指出蚕所结茧须七日采之,并要“以萑铺茧,寒之以风,以缓蛾变”。② 这样做的目的是延缓发蛾进程,延长缫丝时间。

《蚕书》还记载了历史时期中国蚕桑业的分布,并认为兖州(治今山东济宁市兖州区东北)的种桑养蚕技术水平最高:

> 考之《禹贡》,扬、梁、幽、雍不贡茧物,兖篚织文,徐篚玄织缟,荆篚玄纁玑组,豫篚织纩,青篚檿丝,皆茧物也。而“桑土既蚕”,独言于兖,然则九州蚕事,兖为最乎?予游济、河之间,见蚕者豫事时作,一妇不蚕,比屋詈之,故知兖人可为蚕师。

① (宋)秦观撰,徐培均笺注:《淮海集笺注·后集》卷6《蚕书》,第1516—1517页。

② (宋)秦观撰,徐培均笺注:《淮海集笺注·后集》卷6《蚕书》,第1517页。

今予所书，有与吴中蚕家不同者，皆得之兖人也。[①]

我们知道，唐代前期蚕桑业中心在北方，河北、河南、山东一带尤为发达，“缫丝鸣机杼，百里声相闻”[②]；后期则因战乱而衰落，南方“蜀桑万亩，吴蚕万机”[③]，产量超过北方。到北宋时，吴、蜀两地丝织业中心地位进一步加强，同时“鄂、岳之间”蚕桑亦盛[④]，两湖地区丝织业也发展起来。蚕桑业生产重心完全转移到南方：仅长江中下游地区缴纳租税及上供的主要丝织品（绢、绸）总数即达4068404匹，占全国总数的61.15％；其中两浙一路总数即达1959602匹，占全国的29.45％。长江中下游地区缴纳租税及上供的丝绵总数达7107083两，占全国的61.26％；其中两浙一路总数即达3618198两，占全国的31.19％。[⑤] 一般认为，随着经济重心南移，相关技术自然流传至南方。但据《蚕书》记载，直到北宋中期，虽然从产量上看北方蚕桑业发展水平已远不及南方，但以京东路兖州为代表的北方在技术水平上仍然超过南方，丝织品“质量之精美，在当时仍居首位”[⑥]，并且依然保有着“衣被天下”[⑦]的名号。此后北宋与西夏、金、辽战事连

① （宋）秦观撰，徐培均笺注：《淮海集笺注·后集》卷6《蚕书》，第1516页。

② （唐）李白著，（清）王琦注：《李太白全集》卷9《赠清漳明府侄聿》，北京：中华书局，1977年，第497页。

③ （唐）罗隐：《谗书》卷4《市赋》，《丛书集成初编》第599册，上海：商务印书馆，1936年，第21页。

④ （宋）沈括撰，胡道静校证：《梦溪笔谈校证·补笔谈校证》卷2《官政》，第947页。

⑤ 据章楷《中国蚕业发展概述》统计数据加总计算得出（《农史研究集刊》第2集，北京：农业出版社，1960年，第116—118页）。

⑥ 参见韩茂莉：《宋代农业地理》，太原：山西古籍出版社，1993年，第252页。

⑦ 孔凡礼点校：《苏轼文集》卷39《王荀龙知（河北路）棣州制》、卷48《上文侍中论榷盐书》，第1116、1401页；（宋）苏轼撰，（明）王如锡编，吴文清、张志斌校点：《东坡养生集》卷1《饮食》，福州：福建科学技术出版社，2013年，第23页。

绵，“陕西上户多弃产而居京师，河东富人多弃产而入川蜀，河北衣被天下而蚕织皆废，山东频遭大水而耕稼失时”[1]，有的地方甚至“无木植送纳，尽伐桑柘”以应官需[2]。北方人口大量移徙南方，到了南宋时期，南方蚕桑业不仅在产量上又有大幅度提升（从纳税所输考察，整个东南地区提高了66%，其中两浙路提高61%，江南东、西路分别提高52%、23%[3]），种桑养蚕技术、丝织品生产技术及产品质量也全面超过北方。这说明中国古代经济中心南移与技术中心的转移并不是同步的，技术的转移落后于经济中心南移进程。另外，《蚕书》记载的宋代淮河流域养蚕技术，既不同于其时北方技术，也不同于南方技术，[4]结合上文论述，可知其实为唐宋时期北方养蚕技术向南方传播的一个过渡节点。

《蚕书》还记载了蚕桑业在西域地区的传播：“唐史载，于阗初无桑[蚕]，丐邻国，不肯出。其王即求婚，许之，将迎，乃告曰：‘国无帛，可持蚕自为衣。’女闻，置蚕帽絮中，关守不敢验，自是始有蚕。女刻石，约无杀蚕，蛾飞尽乃得治茧。”[5]于阗王妃刻石之约是为了快速推广蚕桑业故命发蛾（以产更多蚕卵）后方可治茧——所缫即使悉皆断丝也在所不惜，因目的不在此也，何况断丝亦有用处——但秦观却认为“于阗治丝法”可缫治“蛾变”后之“窍茧”，故发出“呜呼！世有知于阗治丝法者肯以教人，则贷蚕之死可胜计哉”[6]的感叹，这当然是错误的理解。《蚕书》“化治”至“车”为缫丝

---

① 《宋史》卷179《食货志下》，第4362页。

② （宋）欧阳修著，李逸安点校：《欧阳修全集》卷103《论乞止绝河北伐民桑柘札子》，第1574页。

③ 韩茂莉：《宋代农业地理》，太原：山西古籍出版社，1993年，第256—257页。

④ 详参魏东：《论秦观〈蚕书〉》，《中国农史》1987年第1期，第83页。

⑤ （宋）秦观撰，徐培均笺注：《淮海集笺注·后集》卷6《蚕书》，第1518页。按：“于阗初无桑[蚕]”之“蚕”字，据《白孔六帖》（《唐宋白孔六帖》卷82《蚕桑》，明嘉靖间刻本，叶二三b）增补。

⑥ （宋）秦观撰，徐培均笺注：《淮海集笺注·后集》卷6《蚕书》，第1519页。

工艺及相关机具改进的内容①。总之,《蚕书》客观地描述了蚕体生理变化,并根据其发育过程提出了科学的饲育方法,是中国传统农学史上一部卓越的著作。

该书传世版本主要有明末毛氏汲古阁影宋抄本、清初钱氏述古堂抄本、乾隆三十七年至道光三年长塘鲍氏刻《知不足斋丛书》本、乾隆五十九年石门马氏大酉山房刻《龙威秘书》本、清末世德堂刻《龙威秘书》本、同治间刻《艺苑捃华》本、光绪二十一年南京石印本(以上与陈旉《农书》《耕织图诗》合刻)、《四库全书》本、日本静嘉堂藏清苏州吴翊凤抄本(以上与陈旉《农书》合刻)、明嘉靖二十三年郑梓刻隆庆万历间王文禄增补《明世学山》本、隆庆二年至万历十二年王文禄刻《百陵学山》本、万历二十五年金陵荆山书林刻《夷门广牍》本、明末清初宛委山堂刻《说郛》本、乾隆间绵州李氏万卷楼刻《函海》本、《文渊阁四库全书》本、道光五年李朝夔补刻《函海》本、国家图书馆藏清刻本、光绪间津河广仁堂刻《光绪间津河广仁堂所刻书》本、光绪末上海农学会编刊《农学丛书》石印本、民国上海商务印书馆《丛书集成初编》本(以上单行)等。

《蚕书》作者秦观,初字太虚,后改少游,号淮海居士、邗沟处士,高邮军(神宗时一度废军以县隶扬州,治今江苏高邮市)武宁乡左厢里人。②《宋史》有传。仁宗皇祐元年(1049),秦观生于祖父秦咏(字正之)赴南康军监茶盐酒税任途经九江之时③,约五六岁

① 详参蒋成忠:《秦观〈蚕书〉释义》,《中国蚕业》2012 年第 1、2 期,第 83—84、79—80 页;魏东:《论秦观〈蚕书〉》,《中国农史》1987 年第 1 期,第 84 页。

② 参见陈友兴、李艾国:《也说秦观故里》,《江苏地方志》2018 年第 6 期,第 93—96 页。按:黄志浩《秦观:他的相貌和名字》认为秦观之"观"字应读仄声,主要理由是陆游"务观"之"观"读仄声,而陆游又有"我名公(秦观)字正相同"之说(《文史知识》2011 年第 12 期,第 62—63 页),这显然不可能是所谓"铁证",陆游怎么说跟秦观何涉?"观"字应读平声,仅由秦观初字"太虚"及"仰面观太虚"一语即可知也。

③ (宋)秦观撰,徐培均笺注:《淮海集笺注·后集》卷 6《书王氏斋壁》,第 1529 页。

时回到故乡高邮[①]。其父秦完（字元化）[②]时师从胡瑗在太学读书，归省时"具言太学人物之盛"，又亟称同学王观（《扬州芍药谱》作者）之才，秦观"闻而心慕之"。[③] 嘉祐六年（1061）从同乡孙觉（亦胡瑗弟子）学[④]，八年遭父丧。熙宁四年（1071），受富国强兵时代风气影响，好读兵家书而志欲"回幽、夏之故墟"。[⑤] 次年赴湖州拜访谪知州事的老师孙觉，孙氏反对新法的态度对秦观有一定影响。熙宁十年（1077），秦观既未业举，即不得不从事耕作，此年开始常与妻儿共同劳动，并写有反映农村生活的诗作。元丰元年（1078），与王安石弟子龚原交往并入京应举，途经徐州时拜谒苏轼，此为二人第一次相见。[⑥] 过南京（治今河南商丘市）又拜会了苏辙，被其推许为"谪仙人"。不过秦观这次科考并不成功，其大感挫折，因萌马少游（汉马援从弟）优游乡里之意，遂改字少游。[⑦] 次年苏轼

---

① 据徐培均考（《秦少游年谱长编》，北京：中华书局，2002年，第5—6页）。

② 一般均以秦观祖父、父亲名佚，据新发现《宋故内殿崇班致仕秦公墓志并序》《宋故长乐县君朱夫人墓志》可知。参见束家平：《秦咏及夫人朱氏墓志的释读与研究》，中国考古学会等编：《扬州城考古学术研讨会论文集》，北京：科学出版社，2016年，第39—44页；王潇潇、刘刚、束世平：《五代北宋高邮秦氏家族世系研究——以江苏扬州发现秦咏夫妇墓志为线索》，《东南文化》2018年第4期，第57—67页。

③ （宋）秦观撰，徐培均笺注：《淮海集笺注》卷33《李氏夫人墓志铭》，第1094页。

④ （宋）秦观撰，徐培均笺注：《淮海集笺注·后集》卷3《奉和莘老》序，第1437页。

⑤ （宋）陈师道：《后山居士文集》卷16《秦少游字序》，上海：上海古籍出版社，1984年影印本，第724—725页。

⑥ 于翠玲：《秦观与苏轼的交往》，《扬州师院学报》1985年第4期，第36—37页。

⑦ 参见黄志浩：《秦观：他的相貌和名字》，《文史知识》2011年第12期，第63—64页。按：徐培均《秦少游年谱长编》系于元祐元年（1086）初任官蔡州时（第298页），当为误解所据陈师道《秦少游字序》"今吾年至而虑易"一语而致。

自徐州移知湖州，秦观遂随之南下经湖入越探望祖父及叔父秦定（时任会稽尉）。同年七月，苏轼因乌台诗案被鞫治。元丰三年（1080）秋，黄庭坚赴知吉州太和县道过高邮，两人首次相见。同年底苏轼致书秦观，勉以科举之事。秦观于是重整旗鼓，与弟秦觏、秦觌（初名秦震、秦鼎[①]）同学时文，五年春再次入京应试，然又不中。遂西游洛阳，至黄州访苏轼而归。对于屡试不中，秦观反省认为是自己以聪明自负而“废于不勤”[②]，乃真正发愤读书。六年，因其妻徐文美善蚕桑，秦观从之讨论，遂有《蚕书》之作。[③] 次年初吕公著知扬州，观乃投书干谒。八月苏轼道经江宁、润州（治今江苏镇江市）归家常州，秦观往会苏轼于金山，轼作书荐之于荆公。

元丰八年三月神宗崩，秦观为文指斥王安石三经新义。[④] 五月，秦观终于进士及第，授明州定海（治今浙江舟山市定海区）主簿，后改蔡州（治今河南汝南县）教授。其时主持朝政的司马光欲弃兰州、米脂等地以与西夏，秦观是之。年底，苏轼、苏辙均复起入朝任官。次年（元祐元年，1086）四月吕公著拜右相，秦观作启贺之。二年与东坡、米芾等参加王诜西园雅集，作《望海潮（梅英疏淡）》纪其事。三年受苏轼荐应制科，为言者所论，引疾归蔡。[⑤] 五

---

① 参见王潇潇、刘刚、束世平：《五代北宋高邮秦氏家族世系研究——以江苏扬州发现秦咏夫妇墓志为线索》，《东南文化》2018年第4期，第63页。

② （宋）秦观撰，徐培均笺注：《淮海集笺注·后集》卷6《精骑集序》，第1546页。

③ （宋）秦观撰，徐培均笺注：《淮海集笺注·后集》卷6《蚕书》，第1516页。按：有学者认为《蚕书》序所谓“予闲居，妇善蚕，从妇论蚕，作《蚕书》”之“妇”非指其妻，而是“指秦观家乡善养蚕的农村妇女”（魏东：《论秦观〈蚕书〉》，《中国农史》1987年第1期，第86页），细审文意，显误。

④ （宋）秦观撰，徐培均笺注：《淮海集笺注》卷39《王定国注论语序》，第1273页。

⑤ 参见徐培均：《秦少游年谱长编》，第366—370页。

年入朝除太学博士，寻罢，范纯仁荐为秘书省校对黄本。次年迁秘书省正字，寻被劾以党附仍罢为校对。八年复擢正字，继迁史馆编修。绍圣元年(1094)，坐元祐党籍出为杭州通判，未至即因“影附于(苏)轼”贬监处州(治今浙江丽水市)茶盐酒税。[①] 三年春追官勒停编管郴州(治今湖南郴州市)，四年初移横州(治今广西横州市)编管，元符元年(1098)九月再移雷州(治今广东雷州市)编管，[②]正与昌化军(治今海南儋州市西北新州镇)安置的苏轼隔海相望。三年正月哲宗崩，徽宗继位，诏之量移英州(治今广东英德市)，又移衡州(治今湖南衡阳市)。启程之前与量移廉州(治今广西浦北县西南泉水镇旧州村)道经雷州的苏轼再次相会，赋《江城子(南来归雁北归鸿)》纪之，这是两人最后一次见面。八月，秦观行至藤州(治今广西藤县西北)时中暑病逝，享年五十二。次年东坡归家常州不久亦卒。秦观的一生可以说是与东坡紧密联系的一生。

秦氏外貌多须粗豪，人称“髯秦”，其词则清雅婉丽，远绍温韦，中承柳永，近开美成，为宋代婉约派代表词人之一。“两情若是长久时，又岂在朝朝暮暮”“郴江幸自绕郴山，为谁流下潇湘去”等名句皆播在人口。更因《满庭芳》之作而与柳永并驾，有“山抹微云秦学士，露花倒影柳屯田”之称。著述收为《淮海集》《淮海后集》《淮海居士长短句》。秦观叔父秦定官至福建路转运使，姑母为元祐三年(1088)榜状元李常宁妻[③]。二弟秦觏、秦觌皆能文[④]。子秦湛字处度，外貌特异，“大鼻类蕃人，而柔媚舌短”，绰号“娇波斯”，[⑤]亦

① (宋)杨仲良撰，李之亮校点:《皇宋通鉴长编纪事本末》卷105《哲宗皇帝·二苏贬逐》，哈尔滨:黑龙江人民出版社，2006年，第1842页。

② (宋)李焘:《续资治通鉴长编》卷502元符元年九月庚戌，第11952页。

③ (宋)秦观撰，徐培均笺注:《淮海集笺注》卷33《李状元墓志铭》，第1078页。

④ 《宋史》卷444《文苑传六·秦观传》，第13113页。

⑤ (宋)庄绰撰，萧鲁阳点校:《鸡肋编》卷上，第25页。

有文名，兼擅山水，绍兴初曾通判常州。有女三，一为范祖禹儿媳[1]，一为金人所掳。堂弟秦规、规子渊均官至建康府通判。[2]

第二节　其他蚕桑类农书

1.《蚕书》

孙光宪撰，已佚。《崇文总目》《玉海》著录书名、卷帙为“《孙氏蚕书》，二卷”[3]；《通志·艺文略》《直斋书录解题》俱著录为“《蚕书》，二卷”[4]；《宋史》一作“《蚕书》二卷”[5]，一作“《蚕书》三卷”[6]。显然以《蚕书》、二卷为是。则《崇文总目》当句读作“孙氏《蚕书》，二卷”。

孙光宪，约生于唐乾宁二年(895)或稍后[7]，字孟文，号“葆光子”，陵州贵平(治今四川仁寿县东北贵平镇)人。《宋史》有传。其

---

① (宋)蔡絛撰，冯惠民、沈锡林点校：《铁围山丛谈》卷4，北京：中华书局，1983年，第63页。

② (宋)周应合纂：《景定建康志》卷24《官守志一》，《宋元方志丛刊》第2册，第1712、1713页。

③ (宋)王尧臣等编，(清)钱东垣辑释：《崇文总目》卷3，第147页；(宋)王应麟纂：《玉海》卷77《礼仪·亲蚕》、卷199《祥瑞·动物》，第1418、3651页。

④ (宋)郑樵：《通志》卷66《艺文略四》，第784页。

⑤ 《宋史》卷483《荆南高氏世家·孙光宪传》，第13956页。

⑥ 《宋史》卷205《艺文志四》，第5205页。

⑦ 参见庄学君：《孙光宪生平及其著述》，《四川师大学报》1986年第4期，第66页。按：此后拜根兴(《孙光宪生年考断》，《中国史研究》1998年第1期，第120页)、房锐(《孙光宪与〈北梦琐言〉研究》，北京：中华书局，2006年，第5页)用相同材料一断孙氏生年为唐乾宁二年、一定在唐乾宁三年(相差一年之故在于拜文未用虚岁计算)，实际上并不可“断”“定”，只能说孙光宪当生于乾宁三年前后。

"家世业农,至光宪独读书好学"[1],少时客居成都,遍游蜀中。[2] 既长,曾任前蜀陵州判官。[3] 后唐明宗天成元年(926)入荆南,深受武信王高季兴信用的蜀人梁震荐之,高氏使掌书记。[4] 长兴二年(931),升为节度支使。[5] 清泰二年(935),因梁震固请退居,荆南节度使高从诲"悉以政事属孙光宪"。[6] 后晋天福三年(938)初,释西文集乃师释齐己遗作为《白莲集》,孙光宪为作序,结衔为"荆南节度副使,朝议郎、检校秘书少监、试御史,赐紫金鱼袋"[7]。后高保融、高保勖、高继冲相继立,孙光宪"累官至检校秘书监兼御史大夫,赐金紫"[8]。孙氏自负文学之才,"常怏怏如不得志,又尝慕史氏之作,自恨诸侯幕府不足展其才力。每谓交、亲曰:"安知获麟之笔反为倚马之用!"[9]宋初建立,孙氏即劝谏高保勖归宋:"宋有天下,四方诸侯屈服面内,凡下诏书皆合仁义,此汤武之君也。公宜克勤克俭,勿奢勿僭,上以奉朝廷,中以嗣祖宗,下以安百姓。"[10]乾

① (清)吴任臣撰,吴敏霞、周莹点校:《十国春秋》卷102《荆南三·孙光宪传》,第1463页。

② 详参陈尚君:《"花间"词人事辑》,《唐代文学丛考》,北京:中国社会科学出版社,1997年,第403页。

③ (五代)孙光宪撰,贾二强点校:《北梦琐言》卷10《钟大夫知命丹效》,北京:中华书局,2002年,第229页。

④ (宋)司马光等:《资治通鉴》卷275后唐明宗天成元年夏四月乙未,北京:中华书局,1956年,第9105页。

⑤ 参见陈尚君:《"花间"词人事辑》,《唐代文学丛考》,第405页。

⑥ (宋)司马光等:《资治通鉴》卷275后唐潞王清泰二年十月,第9262页。

⑦ (五代)孙光宪:《白莲集序》,王秀林:《齐己诗集校注》,北京:中国社会科学出版社,2011年,第8页。

⑧ 《宋史》卷483《荆南高氏世家·孙光宪传》,第13956页。

⑨ (宋)周羽翀:《三楚新录》卷3,《景印文渊阁四库全书》第464册,第172页。

⑩ (宋)李焘:《续资治通鉴长编》卷2建隆二年九月甲子,第53—54页。

德元年(963)初,宋假道荆南取湖南,孙光宪再谏高继冲云:“圣宋受命,凡所措置,规模益宏远。今伐(张)文表,如以山压卵尔,湖湘既平,岂有复假道而去耶?不若早以疆土归朝廷。”[①]高氏从之,孙光宪随之归宋,为黄州(治今湖北黄冈市)刺史,在郡有治声。乾德六年卒,子谓、说并进士及第。[②]

孙光宪著述虽多然均亡佚,如《续通历》《纪遇录》《五书》《贡湖编玩》《橘斋集》《笔佣集》《荆台集》《纪遇诗》《北梦琐言》《五湖日擎歌》《太原金阙三洞八景阴阳仙班朝会图》《北户杂录注》《纂唐赋》等,传世者仅《北梦琐言》及见收于《花间集》《尊前集》之词作84首。[③]

2.《淮南王蚕经》

《崇文总目》记云:“《淮南王蚕经》,三卷,刘安撰。”[④]《通志·艺文略》《玉海》所记书名卷帙亦同[⑤]。《宋史·艺文志》误书名为《淮南王养蚕经》(卷帙亦作“一卷”)[⑥],《中国农学书录》《中国农业古籍目录》俱承之而误。淮南王云云,显系托名,盖自唐以来已有数种《蚕经》,故托之于刘安以求显耳——《宋史·艺文志》中的《淮南王练圣法》《淮南王见机八宅经》等书即是证据。

书已佚,仅《路史》征引一条,兹移录于此:“《淮南王蚕经》云:‘西陵氏劝蚕稼。’亲蚕始此。”[⑦]

① (宋)李焘:《续资治通鉴长编》卷4乾德元年二月丙戌,第84页。

② 《宋史》卷483《荆南高氏世家·孙光宪传》,第13956页。

③ 房锐:《孙光宪与〈北梦琐言〉研究》,第48—87页。

④ (宋)王尧臣等编,(清)钱东垣辑释:《崇文总目》卷3,第147页。

⑤ (宋)郑樵:《通志》卷66《艺文略四》,第784页;(宋)王应麟纂:《玉海》卷77《礼仪·亲蚕》、卷199《祥瑞·动物》,第1418、3651页。

⑥ 《宋史》卷205《艺文志四》,第5205页。原文标点为“淮南王《养蚕经》”。

⑦ (宋)罗泌:《路史》卷14《黄帝纪上》,《景印文渊阁四库全书》第383册,第123页。

3.《养蚕经》

一卷,已佚。历代史志书目未载,《玉海》记书名一作《养蚕经》,一作《蚕经》。[①]《洺水集》云:"臣近因进读《三朝宝训》,内'农穑门'一段,云太宗朝有同州民李元真者献《养蚕经》。"[②]可见书名以《养蚕经》为是。《宋会要辑稿》有更详细的记载:"至道元年(995)五月十九日,同州冯翊县民李元真诣阙献《养蚕经》一卷。有司以非前代名贤所撰,不敢以闻,帝遽索观之,怜其不忘本业,留书禁中,赐元真钱一万。"又据同卷"淳化三年(992)七月,翰林承旨苏易简献故著作郎直史馆罗处约平生所著文十卷……(至道)二年四月,知长州乐史献《总仙集》三十七卷并目录四卷。帝宣示宰臣等,称其从政之余能有撰述,诏付史馆"[③]书法,《养蚕经》应即李元真所撰。《中国农学书录》《中国农业古籍目录》未加著录。

蚕桑业在中国传统农业中具有非常重要的地位,从"农桑""农蚕""耕桑""耕织"等词"农/耕"与"桑/蚕/织"并用即显见之。但古代蚕桑专著却并不多,笔者据华德公《中国蚕桑书录》统计,唐以前总计才 4 部,宋代亦仅 4 部[④],元明 8 部,清前中期 21 部,清后期(嘉庆以后)则达 174 种(尚不包括译介西方蚕桑技术者)。换言之,古代蚕桑类专著很长时间数量一直都很少,大多是清后期救亡图存大力发展农业的产物,这是为什么呢?原因正在于其地位重要,故综合性农书必每述及之,如汉之《氾胜之书》、《种树臧果相蚕》、《四民月令》,魏晋南北朝隋唐之《齐民要术》、《四时纂要》,宋元明至清前中期之陈旉《农书》、《分门琐碎录》、《农桑辑要》、王祯《农书》、《种树书》、《便民图纂》、《农政全书》、《沈氏农书》、《授时通

① (宋)王应麟纂:《玉海》卷 77《礼仪·亲蚕》、卷 199《祥瑞·动物》,第 1418、3651 页。

② (宋)程珌:《洺水集》卷 2《缴进耕织图札子》,《景印文渊阁四库全书》第 1171 册,第 248—249 页。

③ (清)徐松辑:《宋会要辑稿》崇儒五之一九,第 2256 页。

④ 华德公《中国蚕桑书录》及《中国农学书录》《中国农业古籍目录》均著录宋代蚕桑专著为 3 部,笔者新发现 1 部(李元真《养蚕经》)。

考》、《补农书》等无不包括蚕桑内容。据前揭宋代蚕桑类专著仅秦观《蚕书》一书传世，因此下文结合宋代综合性农书中有关记载加以论述，以见宋代种桑技术全貌。

据《梦粱录》载，宋代桑树品种有“青桑、白桑、拳桑、大小梅红、鸡爪等”①，此外还有花桑、海桑②等。种植方法一是实生苗：

> 若欲种椹子，则择美桑种椹。每一枚翦去两头，两头者不用，为其子差细，以种即成鸡桑、花桑，故去之。唯取中间一截，以其子坚栗特大，以种即其干强实、其叶肥厚，故存之。所存者先以柴灰淹揉一宿，次日以水淘去轻秕不实者，择取坚实者，略晒干水脉，勿令甚燥，种乃易生。预择肥壤土，锄而又粪，粪毕复锄，如此三四转，踏令小紧。平整了，乃于地面匀薄布细沙，约厚寸许，然后于沙上匀布椹子，令疏密得所。下子了，又以薄沙掺盖其上，即疏爽而子易生，芽蘖不为泥瓮腐，而根渐蚀下所踏实者肥壤中，则易以长茂矣。③

待桑苗长成，再于秋季移苗栽植。另一种方法是压条法：

> 若欲压条，即于春初，相视其低近根本处条，以竹木钩钩钉地中，上以肥润土培之，不三两月生根矣。次年凿断徙植，尤易于种椹也。

第三种方法即嫁接法：

---

① （宋）吴自牧著，符均、张社国校注：《梦粱录》卷18《物产》，西安：三秦出版社，2004年，第270页。

② （宋）陈旉著，刘铭校释：《陈旉农书校释》卷下《种桑之法》，第122、126页。

③ （宋）陈旉著，刘铭校释：《陈旉农书校释》卷下《种桑之法》，第122页。

若欲接缚，即别取好桑直上生条，不用横垂生者，三四寸长，截如接果子样接之。其叶倍好，然亦易衰，不可不知也。湖中安吉人皆能之。[1]

宋代对桑萎缩病已有一定认识，如《琐碎录》云："桑叶生黄衣而皱者号曰'金桑'，非特蚕不食，而木亦将就槁矣。"[2]

4. 高宗吴皇后《〈蚕织图〉注》

关于宋代养蚕、纺织技术，楼璹《耕织图》从"浴蚕"到"剪帛"共分为24个步骤作了说明（见本书第一章第一节），但其为图画所配说明文字采用诗歌体裁，很多技术细节自难具述。可能正是为了弥补这一缺憾，高宗吴皇后乃在翰林图画院所摹织图部分亲为作题注，共计24条，称得上一部重要的宋代蚕桑专著（《中国农学书录》《中国农业古籍目录》未著录），下文以其为纲并结合宋代综合性农书中有关记载加以论述，以见宋代养蚕技术要点。

一是通过"浴蚕"优选蚕种："待腊日或腊月大雪，即铺蚕种于雪中，令雪压一日，乃复摊之架上，幂之如初。"[3]这样做的目的在于以低温环境作为淘汰手段选育良种。待至春日清明节前后，再次在盆内注加温水浴蚕，并添加朱砂杀菌："至春，候其欲生未生之闲，细研朱砂，调温水浴之，水不可冷，亦不可热，但如人体斯可矣，以辟其不祥也。"然后在室中"暖种""拂乌儿"，"暖种"即秦观《蚕书》所谓"催青"，具体方法是："次治明密之室，不可漏风，以糠火温之，如春三月。然后置种其中，以无灰白纸藉之，斯出齐矣。"[4]"拂

① (宋)陈旉著，刘铭校释：《陈旉农书校释》卷下《种桑之法》，第126页。

② 化振红：《〈分门琐碎录〉校注》，第31页。

③ (宋)陈旉著，刘铭校释：《陈旉农书校释》卷下《收蚕种之法》，第130页。

④ (宋)陈旉著，刘铭校释：《陈旉农书校释》卷下《收蚕种之法》，第131页。

乌儿”即收蚁，“乌儿出壳，头发细，长一分来”[①]，当时常见的方法是用鸡鹅羽毛拂扫，陈旉指出这是不正确的：“及已出齐，慎勿扫。多见人才见蚕出，便即以篝刷或以鸡鹅翎扫之，夫以微渺如丝发之弱，其能禁篝刷之伤哉？必细切叶，别布白纸上，务令匀薄，却以出苗和纸覆其上，蚕喜叶香，自然下矣。”[②]

二是注意喂养管理。吴皇后题注指出，蚕蚁“出七八日，粗如麻线，长三分，头微肿，身青黑”，在谷雨前一眠。“又七八日，粗一分，长半寸，淡黑色，方第二眠”，“又七八日，粗分半，长九分，淡青色，方第三眠”，“又七八日，粗二分半，长寸半，带白色，方第四大眠”。[③] 蚕蚁初出时要将嫩桑叶切细喂之，即楼璹诗“柔桑摘蚕翼，簌簌才容刀”之意。一眠后要摘采嫩叶喂之，故楼诗云：“蚕儿初饭时，桑叶如钱许。扳条摘鹅黄，藉纸观蚁聚。”[④]从蚕蚁到大眠期间要“暖蚕”，即控制蚕室的温度和湿度以防止蚕病，因为蚕最怕湿热及冷风：“伤湿即黄肥，伤风即节高，沙蒸即脚肿，伤冷即亮头而白蜇，伤火即焦尾。又伤风亦黄肥，伤冷风即黑、白、红僵。能避此数患乃善”。故陈旉云：“蚕，火类也，宜用火以养之。”具体方法是：

别作一小炉，令可抬舁出入。蚕即铺叶喂矣，待其循叶而上，乃始进火。火须在外烧令熟，以谷灰盖之，即不暴烈生焰。

---

① （宋）高宗吴皇后：《〈蚕织图〉题注》，林桂英：《我国最早记录蚕织生产技术和以劳动妇女为主的画卷——介绍八百年前宋人绘制的〈蚕织图〉》，《农业考古》1986 年第 1 期，第 341 页。按：以下引录此文并以浙江大学编著《中国蚕业史》录文（上海：上海人民出版社，2010 年，第 101 页）互校。

② （宋）陈旉著，刘铭校释：《陈旉农书校释》卷下《收蚕种之法》，第 132 页。

③ （宋）高宗吴皇后：《〈蚕织图〉题注》，林桂英：《我国最早记录蚕织生产技术和以劳动妇女为主的画卷——介绍八百年前宋人绘制的〈蚕织图〉》，《农业考古》1986 年第 1 期，第 341 页。

④ （宋）楼璹：《耕织图诗》，《丛书集成初编》第 1461 册，第 4 页。

> 才食了，即退火。铺叶然后进火，每每如此，则蚕无伤火之患。若蚕饥而进火，即伤火。若才铺叶，蚕犹在叶下，未能循援叶上而进火，即下为粪薙所蒸，上为叶蔽，遂有热蒸之患。[①]

三眠之后天气转暖，无须再“暖蚕”，亦无须再饲以嫩桑叶。又七八日大眠起，蚕“粗三分，长二寸，青白色，长起盛餧（同‘喂’）大叶”。这时要“用茅草装山子为之簿蔟”，以待“拾蚕于上作茧”。又十来日，“（蚕）身微皱、透明、红色，粗四分，长二寸半，长足，故拾巧者上山子”，即将早熟之蚕先拾到山子上让其吐丝。“蚕共出四十来日，渐不食叶，身粉红，照得透明红色，装上山子”[②]，即将大批熟蚕都装山让其吐丝结茧。

宋人还认识到了由多化性寄生蝇幼虫（蛆）引起的蚕病，如苏轼云：“苍蝇叮蚕则生肚虫。”[③]范处义云：“今人养晚蚕者，苍蝇亦寄卵于蚕之身，久之，其卵为蝇，穴茧而去。”[④]这种病今称蝇蛆病，所谓的“叮蚕”指多化性蝇在蚕体褶皱处产卵，1—2 天蝇卵即孵化成幼虫钻入蚕体，蚕体表便生出不规则黑斑并发生病肿。3、4 龄蚕被寄生发病则大眠时不能蜕皮变黑而死，此即陈旉所谓“黑僵”；5 龄蚕被病虽能结薄皮茧，但在茧中不能化蛹亦死。认识到了“黑僵”病的致病之由，就可以采取阻蝇、灭蝇措施加以预防，这是宋代养蚕技术的又一重大进步。

三是注意择茧、剥茧、贮茧以提高蚕茧质量。择茧即淘汰黄

---

① （宋）陈旉著，刘铭校释：《陈旉农书校释》卷下《收蚕种之法》，第 138、137、137—138 页。

② （宋）高宗吴皇后：《〈蚕织图〉题注》，林桂英：《我国最早记录蚕织生产技术和以劳动妇女为主的画卷——介绍八百年前宋人绘制的〈蚕织图〉》，《农业考古》1986 年第 1 期，第 341 页。

③ （宋）苏轼：《物类相感志》，《丛书集成初编》第 1344 册，上海：商务印书馆，1937 年，第 1 页。

④ （宋）范处义：《诗补传》卷 19，《景印文渊阁四库全书》第 72 册，台北：台湾商务印书馆，1986 年，第 233 页。

斑、畸形等不符合缫丝要求的蚕茧。剥茧即将个别蚕茧强度和纤度指标较差的外层松散茧衣剥去。[①] 常温下一般采茧后七八天就会发蛾,为了防止蚕蛹化蛾破茧以延长缫丝时间,故而要杀蛹贮茧,宋代普遍采用的方法仍是魏晋南北朝发明的"盐茧瓮藏法":

> 藏茧之法,先晒令燥。埋大瓮地上,瓮中先铺竹箦,次以大桐叶覆之,乃铺茧一重,以十斤为率,掺盐二两;上又以桐叶平铺,如此重重隔之,以至满瓮。然后密盖,以泥封之。七日之后,出而(缫)[澡]之,频频换水,即丝明快,随以火焙干,即不黏戮而色鲜洁也。[②]

盐腌法利用盐作为封闭层,既使蚕茧与外界气温隔绝,又以吸收蚕蛹体内水分而灭杀之。由于不像日晒法那样破坏茧丝蛋白质,因而蚕丝的强度得到较好保持;且盐腌可防止蚕蛹腐烂,更有利于用其作为食品或饲料。[③]

盐腌法既为陈旉《农书》所载,固为宋朝普遍行用之法无疑。至于蒸馏杀蛹贮茧法,一般认为是元代才发明的,这一看法是否确实呢?我们知道,蒸馏法虽最早见载于《农桑辑要》,但书中明言引自《韩氏直说》[④],而《韩氏直说》一书既在元纂《农桑辑要》(初刊于至元十年,1273)时便已被征引,很可能为金朝农书。退一步讲,即或《韩氏直说》成书于元朝建立至《农桑辑要》出版13年间,蒸馏法从发明到相对普及再到被记入《韩氏直说》,这一过程显然不可能在13年内完成,因此笔者认为蒸馏杀蛹贮茧的方法当在金朝——

① 参见赵丰:《〈蚕织图〉的版本及所见南宋蚕织技术》,《农业考古》1986年第1期,第354页。

② (宋)陈旉著,刘铭校释:《陈旉农书校释》卷下《簇箔藏茧之法》,第142页。

③ 金琳:《中国古代杀蛹贮茧史》,《蚕桑通报》1995年第4期,第14页。

④ (元)大司农司编撰,缪启愉校释:《元刻农桑辑要校释》,北京:农业出版社,1988年,第290—291页。

从时间角度看，亦属宋代——即已发明。再退一步讲，蒸馏法从发明到相对普及再到被记入《韩氏直说》即或完成于彼 13 年间，其时南宋尚存，从时间角度看亦属于宋代。总之，我们要意识到蒸馏法并非发明于“宋代之后”的元代。